21世纪高等学校计算机类课程创新规划

U0682964

# Java程序设计任务驱动式实训教程（第三版）

## 微课版

◎ 王宗亮　编著

清华大学出版社

北京

## 内 容 简 介

本书围绕 Java 程序设计语言的基础知识,采用任务驱动与项目实训的方式,介绍如何在 JDK1.8 和 Eclipse 开发环境下进行面向对象程序设计与应用开发。典型的实训项目有商场打折计价、学生成绩统计、可设置范围和人数的按号抽奖、运用多线程的龟兔赛跑、关于事件处理的鼠标测试、简易记事本、手动绘图、三层结构的学生信息管理、双人和多人聊天等。实训项目的代码是与数据分离的。

本书概念清晰,层次结构合理,叙述简明易懂,融入了编者三十余年计算机软件专业学习、工作、项目开发和教学的经验。每章均有小结、习题(附答案)以及项目实训(有代码骨架),读者学完本章,可立即上机实操,以巩固所学知识。无论是编程新手,还是具有 C、C++、C♯ 或 VB 基础的程序员,都可从本书获取新知识。本书特别适合高职高专、应用型本科、要考 Java 证书的学生以及初入 IT 行业的新手使用。

**图书在版编目(CIP)数据**

Java 程序设计任务驱动式实训教程：微课版/王宗亮编著. —3 版. —北京：清华大学出版社,2019
(2021.8重印)
(21 世纪高等学校计算机类课程创新规划教材：微课版)
ISBN 978-7-302-53536-2

Ⅰ. ①J… Ⅱ. ①王… Ⅲ. ①JAVA 语言－程序设计－高等学校－教材 Ⅳ. ①TP312.8

中国版本图书馆 CIP 数据核字(2019)第 180080 号

策划编辑：刘向威
责任编辑：刘向威
封面设计：刘　键
责任校对：白　蕾
责任印制：杨　艳

出版发行：清华大学出版社
　　　网　　　址：http://www.tup.com.cn,http://www.wqbook.com
　　　地　　　址：北京清华大学学研大厦 A 座　　　　邮　　编：100084
　　　社 总 机：010-62770175　　　　　　　　　　邮　　购：010-83470235
　　　投稿与读者服务：010-62776969,c-service@tup.tsinghua.edu.cn
　　　质量反馈：010-62772015,zhiliang@tup.tsinghua.edu.cn
　　　课件下载：http://www.tup.com.cn,010- 83470236
印 装 者：三河市君旺印务有限公司
经　　　销：全国新华书店
开　　　本：185mm×260mm　　印　　张：26　　　　　字　　数：632 千字
版　　　次：2012 年 1 月第 1 版　　2019 年 10 月第 3 版　　印　　次：2021 年 8 月第 4 次印刷
印　　　数：5001～7000
定　　　价：59.00 元

产品编号：083415-01

# 前　言

  Java是一种功能强大的面向对象程序设计语言,是目前最流行的程序设计语言之一。本书旨在介绍Java语言基础知识,引导读者借助当前流行的Eclipse开发环境,学习Java语言的基本语法、面向对象程序设计的基本方法,开发运行在JDK1.8版本上的应用程序。学完本书之后,读者能对Java有一个全面的认识和理解,并能运用Java语言开发商场打折计价、学生成绩统计、按号码抽奖、三层结构的学生信息管理以及双人或多人聊天等应用程序。

  全书共21章,每章包含一两个项目任务,均从任务预览开始,围绕任务层层展开,深入浅出地介绍与任务有关的基本知识和基本方法。本书在讲述基础知识的同时,注重系统性、结构性和层次性,对一些知识点做了适当延伸,但由于篇幅所限,一般不做长篇叙述,点到为止。特别是对于复杂难懂的I/O流编程,本书采用直观、简明的示意图进行剖析。

  每章结束均有小结,提炼本章重点,后面有习题和项目实训,读者学习完本章,可立即上机实操,以巩固所学知识。我们深知,知识可以学习,但技能还要靠实际操作,才能逐步养成习惯、积累经验并掌握。

  考虑到初学者学习过程的循序渐进性,在实训项目中会给出框架性的代码供参考,大部分代码需要读者在理解、贯通本章知识点的情况下,自行编写、调试程序。

  本书既讲述知识点,又列举有价值、有代表性且容易明白的例子。每章尽可能围绕一个具体案例展开。本书绝大部分项目和案例是编者多年应用开发和教学工作的积累和总结,融入了程序设计和软件开发的思维、方法与技巧。

  任务驱动是本书第一个特色,数据和代码分离的实训项目是第二个特色。

  在本书编写过程中,得到各级领导和软件行业专家的大力支持、帮助和鼓励,在此特别感谢IT行业教授级高级工程师朱继文先生、技术总监叶世淳先生、高级经理洪立思先生、研究员蓝方勇先生,还有鱼滨教授和凌应标副教授。

  在编写过程中,笔者还得到不少学生的启发和帮助,他们朝气蓬勃、思维活跃,是未来IT行业的栋梁,感谢他们的热情帮助。

  第三版修订之时正逢2019年新春,笔者居住的花城广州恰逢木棉花盛开,正所谓:又见枝头发新绿,恰逢木棉开春红;风清气正一环宇,日朗月明八方隆。

  由于笔者水平有限,书中难免有不足之处,敬请读者批评指正。

  本书配套网络资源包括微课视频、PPT和项目源代码等,使用本书的读者可登录清华大学出版社网站(www.tup.com.cn)获取。读者刮开封四文泉云盘防盗码涂层,用微信扫描二维码,绑定微信帐号后,即可观看微课视频。

编　者

2019年7月

# 目　录

# 第 1 章　您好——Java 入门

ch1.1~1.3

## 能力目标

- 能建立 Java 开发环境；
- 掌握编写简单 Java 程序的基本步骤；
- 能编写"您好"之类的简单应用程序；
- 能编写实训报告。

## 1.1　任务预览

本章实训学习编写简单的 Java 程序，运行结果如图 1-1 所示。

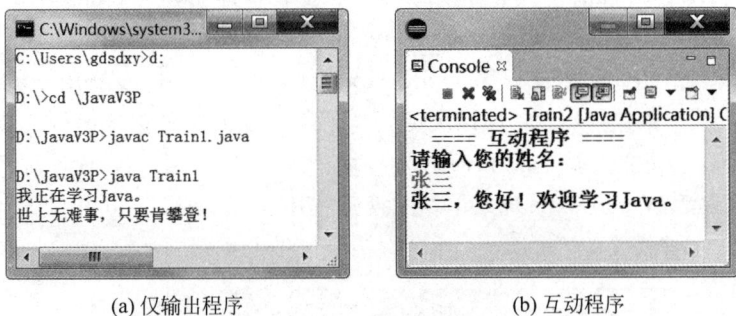

(a) 仅输出程序　　　　　　　　(b) 互动程序

图 1-1　实训程序运行界面

## 1.2　Java 语言概述

Java 语言诞生于 1995 年，是美国 Sun Microsystems 公司在 C、C++语言的基础上创建的，最初用于开发电冰箱、电烤箱之类的电子消费产品，目前已广泛用于开发各种网络应用软件，成为最流行的程序设计语言之一。

💡注意：Java 诞生 15 年后，于 2010 年被美国 Oracle（甲骨文）公司收购。

Java 是面向对象的语言，具有安全、健壮、动态、多线程、跨平台等特性。跨平台就是与平台无关，即 Java 程序具备"一次编写，到处运行"的特点。

针对不同的应用领域,Java 分为 3 个不同的平台: Java SE、Java EE 和 Java ME,它们依次是: Java 标准版(Standard Edition,SE)、Java 企业版(Enterprise Edition,EE)和 Java 微型版(Micro Edition,ME)。其中 Java 标准版是基础,学习 Java 语言必须从标准版开始。本书就是讲述 Java 标准版的程序设计。

## 1.3　建立 Java 开发环境

使用 Java 语言编程,所编写的程序能正常运行的前提条件是: 必须在计算机中建立 Java 开发和运行环境。

Java 开发软件有 JDK、EditPlus、JCreator、UltraEdit、Eclipse、MyEclipse、NetBeans 和 IDEA 等,其中 JDK 是最基本的开发软件,它本身没有编辑器,必须使用记事本等编写程序。EditPlus、JCreator 和 UltraEdit 是增强型的编辑器。Eclipse、MyEclipse、NetBeans 和 IDEA 则是集成开发环境(Integrated Development Environment,IDE),集程序编写、编译和运行于一体。

### 1.3.1　Java 开发工具包 JDK

基本的 Java 开发环境是安装了 Java 开发工具包(Java Development Kit,JDK)的计算机。JDK11 版已于 2018 年 9 月发布,但不再完全免费,而第 9 版和第 10 版是短期的版本。JDK8 版(也称 JDK1.8)目前使用最成熟。JDK8 安装程序可从 Oracle(甲骨文)公司官网 https://www.oracle.com/technetwork/java/javase/downloads 免费下载。运行在 Windows 操作系统的 JDK 安装程序为 jdk-8uxxx-windows-x64.exe(用于 64 位机),其中 8uxxx 表示第 8 版中的第 xxx(如 181)次更新。下载完双击便可直接运行安装。

安装了 JDK,便建立了基本的 Java 开发环境。

安装后,可激活 Windows 系统菜单,在"搜索程序"框中输入 cmd 并按 Enter 键,进入命令行窗口,如图 1-2 所示。

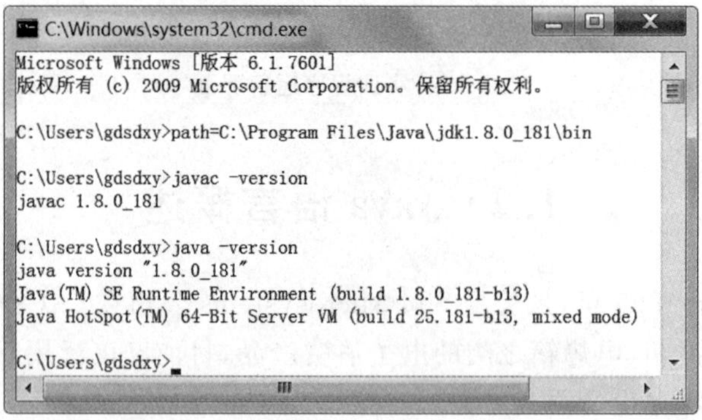

图 1-2　在命令行窗口中测试 JDK

命令行窗口默认背景颜色是黑色,单击其标题栏,在快捷菜单中执行"属性"命令,选择"颜色"选项卡,更改屏幕背景色为白色,并更改文字为黑色。然后依次执行如下 3 条命令。

```
path = C:\Program Files\Java\jdk1.8.0_181\bin
javac - version
java - version
```

第一条命令用于设置执行 Java 命令的路径,"path＝"后面包含 JDK 的安装路径,安装位置和版本若不同,则路径要作相应更改。第二、三条命令测试 JDK 编译、运行命令并显示版本号,运行结果参见图 1-2。

也可通过设置 Windows 环境变量 Path,一次性地设置在命令行窗口中执行 Java 命令的路径。在 Windows 7 系统中设置 Path 环境变量的步骤:在桌面上右击"计算机"图标,弹出快捷菜单,执行其中的"属性"命令,出现"控制面板"对话框,单击其中的"高级系统设置"节点,出现如图 1-3 所示的"系统属性"对话框,选择"高级"选项卡,单击"环境变量"按钮,出现"环境变量"对话框,如图 1-4 所示,选择系统变量 Path,单击"编辑"按钮,出现"编辑系统变量"对话框,在"变量值"文本框中,先按下 Home 键把光标移到首位,再添加 JDK 安装目录到 bin 的路径,如 C:\Program Files\Java\jdk1.8.0_181\bin,并加上英文分号,以分隔原来的值,然后单击"确定"按钮。

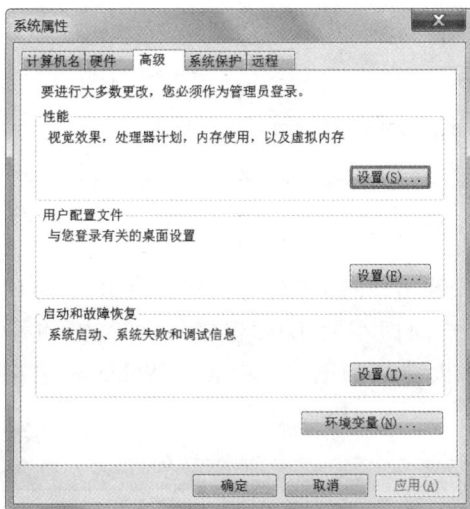

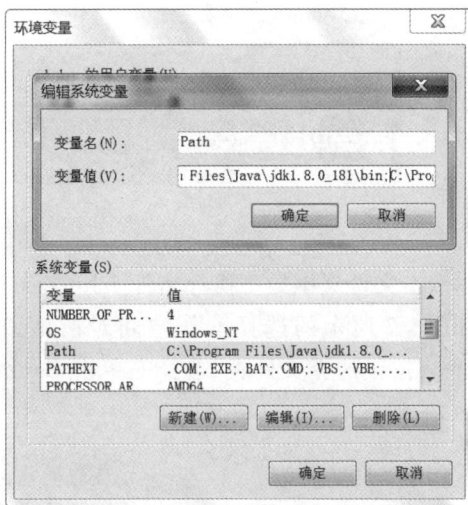

图 1-3  "系统属性"对话框        图 1-4  "环境变量"对话框

在 Windows 10 系统中设置 Path 环境变量的步骤类似,不再赘述。

注意:环境变量 Path 各路径之间要以英文分号分隔,其原来的值不要删除。

## 1.3.2  集成开发环境 Eclipse

Eclipse 是开源、可扩展的集成开发环境,官网为 https://www.eclipse.org/。用于开发 Java 标准版程序的 Eclipse 压缩包(如 eclipse-committers-2018-09-win32-x86_64.zip)可从官网免费下载。

您好——Java 入门

💡 注意：解压安装 Eclipse 之前，必须先安装 JDK 软件。

安装 Eclipse 很简单，直接解压便完成安装，即把压缩包解压到硬盘根目录(或一个文件夹)下即可。解压过程中自动建立文件夹 eclipse，里面包含程序文件 eclipse.exe 等。解压后 eclipse 文件夹的内容如图 1-5 所示。

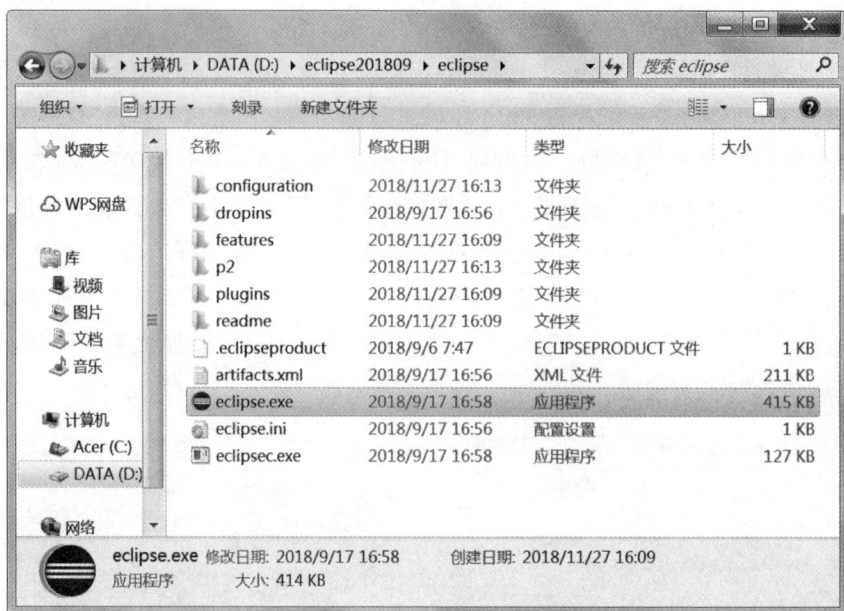

图 1-5  eclipse 文件夹内容

双击文件夹中的可执行文件 eclipse.exe，首先弹出如图 1-6 所示的运行标志图，然后出现如图 1-7 所示的选择工作空间对话框。工作空间即存放 Java 程序的文件夹，可单击 Browse 按钮选择文件夹，选择完单击 Launch 按钮，进入如图 1-8 所示带 Welcome 窗格的界面。

图 1-6  Eclipse 运行标志

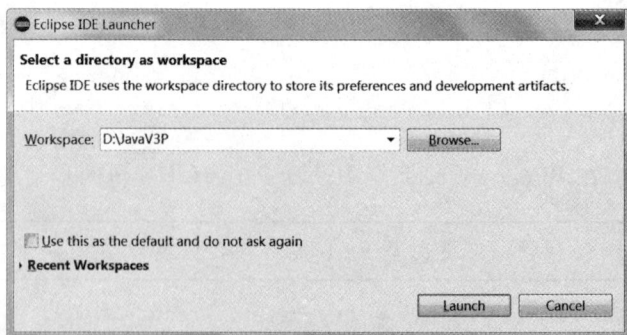

图 1-7  Eclipse 选择工作空间

单击 Welcome 窗格里面的各个图标或英文链接，可阅读相关的内容。关闭 Welcome 窗格，便出现如图 1-9 所示的开发界面。

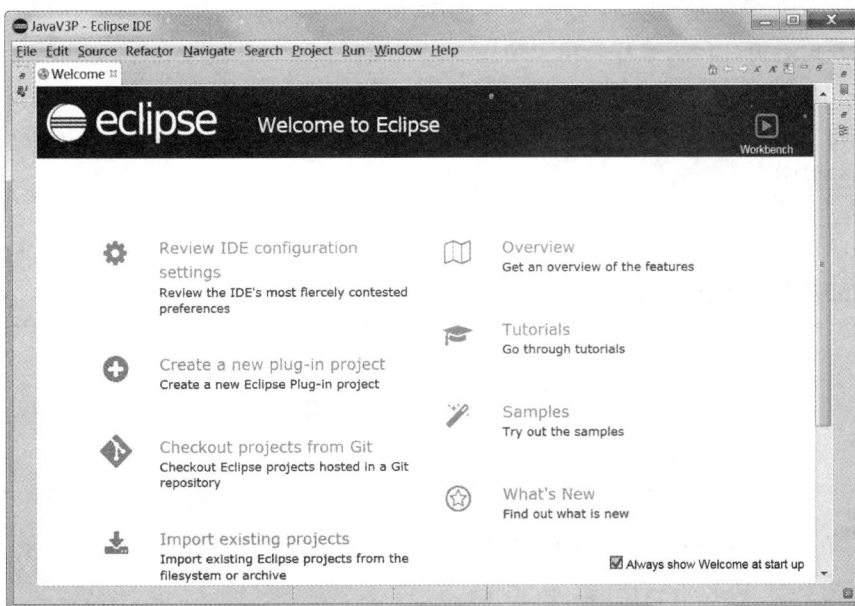

图 1-8　带 Welcome 窗格的 Eclipse 界面

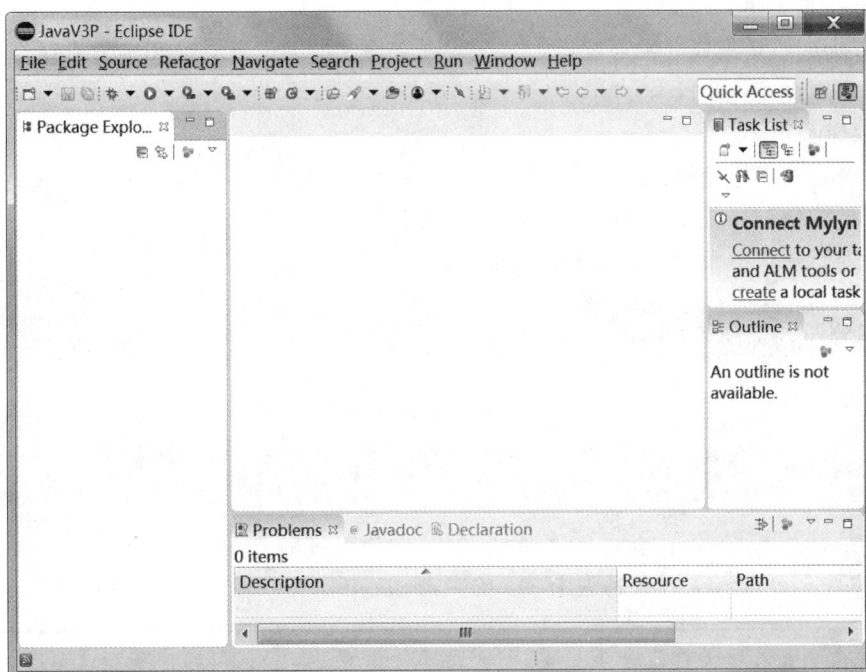

图 1-9　Eclipse 开发界面

💡注意：右击 eclipse 文件夹中的程序文件 eclipse.exe，在弹出的快捷菜单中单击"发送到"|"桌面快捷方式"命令，可在屏幕上建立启动 Eclipse 的快捷图标█。

Eclipse 是集成开发环境,集程序编写、编译和运行于一体。不论程序大小,都是以项目(Project)方式组织,因此,编写应用程序先要建立项目。

在 Eclipse 开发环境下编写、运行程序,会生成扩展名为.class 的字节码文件,这些字节码文件可脱离 Eclipse 环境,在安装了 Java 运行环境(Java Runtime Environment,JRE)的计算机命令行窗口中运行。

注意:安装 JRE 软件的平台称为 Java 虚拟机(Java Virtual Machine,JVM)。安装 JDK 的计算机拥有 JRE 功能。JRE 也可在官网中单独下载安装。

# 1.4  Java 开发步骤

JDK 与记事本是最基本的 Java 开发环境。下面先介绍使用它们编写 Java 程序的方法,然后再讲述使用集成开发环境 Eclipse 编写 Java 程序的方法。

## 1.4.1  记事本加 JDK 开发步骤

程序设计一般分三步:编写源文件、编译源程序和运行编译后的代码。

**1. 编写源文件**

由于 JDK 不是集成开发环境,因此,编写源文件要借助记事本等文本编辑器,源文件必须以 java 作扩展名,如 Hello.java。

**2. 编译源程序**

在命令行窗口中编译程序要使用编译命令 javac,字母 c 代表编译(compile)。编译程序就是把源代码翻译成 Java 虚拟机能够运行的字节码。

在命令行窗口中编译源程序的格式如下:

```
javac 源文件名
```

例如:

```
javac Hello.java
```

编译后产生扩展名为 class 的字节码文件,而主文件名则与源文件中的类名相同。例如,设源文件 Hello.java 含有名为 Hello 的类,则经过编译,产生 Hello.class 文件。

注意:如果源文件包含多个类,将产生多个扩展名为 class 的字节码文件。

**3. 运行程序**

Java 源程序不能直接运行,必须经过编译,生成字节码文件才能运行。

在命令行窗口中运行 Java 程序的格式如下:

```
java 主类名
```

例如：

```
java Hello
```

**【例 1-1】** 使用记事本作编辑器，编写输出两行文字的 Java 程序。

操作步骤如下：

（1）打开记事本，输入下面代码：

```
public class Hello
{
    public static void main(String[] args)
    {
        System.out.println("您好!");
        System.out.println("我正在学习Java");
    }
}
```

代码说明：定义一个公共的类 Hello，该类含有一个公共的、静态的、没有返回值的主方法 main，该方法含有字符串数组参数，方法体有两条语句，各输出一行文字（字符串）。

以文件名 Hello.java 保存到某个文件夹中（如 D:\JavaV3P）中。

---

☀注意：Java 源文件不能随意命名，主文件名必须与类名相同，扩展名必须为 java。类名就是代码中关键字 class 后面的名称，如上面的 Hello。另外，使用记事本保存源文件时必须输入完整的文件名，如 Hello.java，不能省略扩展名，扩展名也不能为 txt。

---

（2）打开命令行窗口，依次进行如下操作：

① 如果还没配置好环境变量，则先设置 path。

② 输入带冒号的盘符（如 D:），按 Enter 键，从默认的 C 盘转换到该盘。

③ 输入更改目录（Change Directory）命令 cd 以及存放源文件的目录，再按 Enter 键，进入该目录。例如：

```
cd \JavaV3P
```

④ 输入如下编译命令，按 Enter 键，编译 Java 源程序：

```
javac Hello.java
```

⑤ 输入如下运行命令，按 Enter 键，运行编译后的 Java 程序：

```
java Hello
```

程序运行结果如下：

```
您好!
我正在学习 Java
```

上述操作过程和运行结果如图 1-10 所示。

💡注意：编写程序并不是一蹴而就的，需要反复调试修改、编译和运行。命令行窗口中执行过的命令会自动保存到缓冲区，可通过上下光标键(↑↓)快速调出执行。

以上介绍了使用记事本加 JDK 编写 Java 程序的基本方法。由于不是集成开发环境，故编写、编译和运行程序要分步进行。

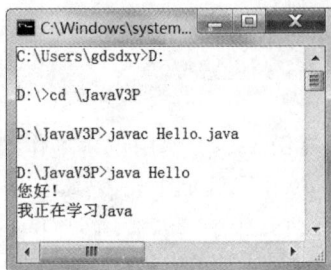

图 1-10　命令行窗口编译运行程序

## 1.4.2　Eclipse 开发步骤

下面以一个简单程序为例，详细介绍使用集成开发环境 Eclipse 的编程步骤。

**【例 1-2】** 使用 Eclipse 编写输出两行文字的 Java 程序。

操作步骤如下。

ch1.4 例 1-2

（1）打开 Eclipse IDE。

运行 Eclipse 软件，选择工作空间文件夹（如 D：\JavaV3P），单击 Launch 按钮，进入如图 1-9 所示的开发界面（若出现 Welcome 窗格，则关闭）。

（2）新建 Java 项目。

执行菜单命令 File|New|Java Project，出现如图 1-11 所示的 New Java Project（新建 Java 项目）对话框，在 Project name（项目名）文本框中输入项目名，如 ch01。单击 Finish（完成）按钮，便建立了一个空白的 Java 项目。

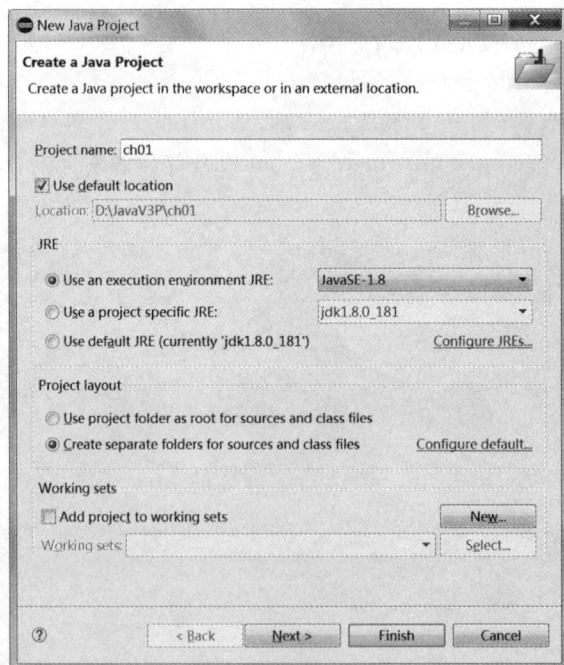

图 1-11　新建 Java 项目对话框

（3）新建 Java 类。

右击项目名（如 ch01），选择快捷菜单 New|Class 命令，出现如图 1-12 所示的 New Java Class（新建 Java 类）对话框，在 Name（名称）文本框中输入类名，如 Hello，并勾选 public static void main(String[] args) 复选框，单击 Finish 按钮，便建立了一个包含主方法 main 的类 Hello。

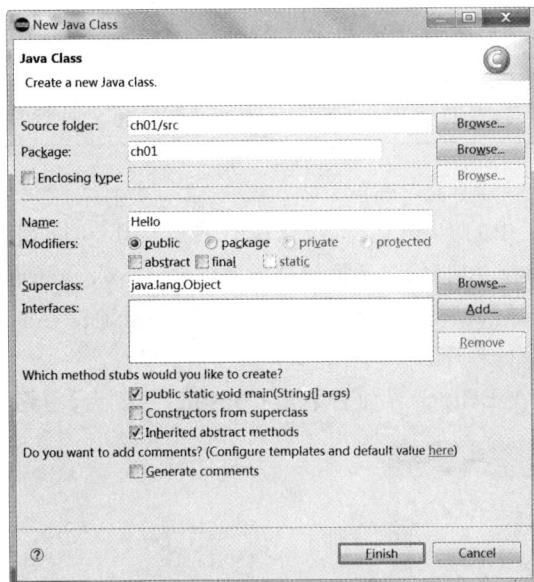

图 1-12　新建 Java 类对话框

这时的编程界面如图 1-13 所示。

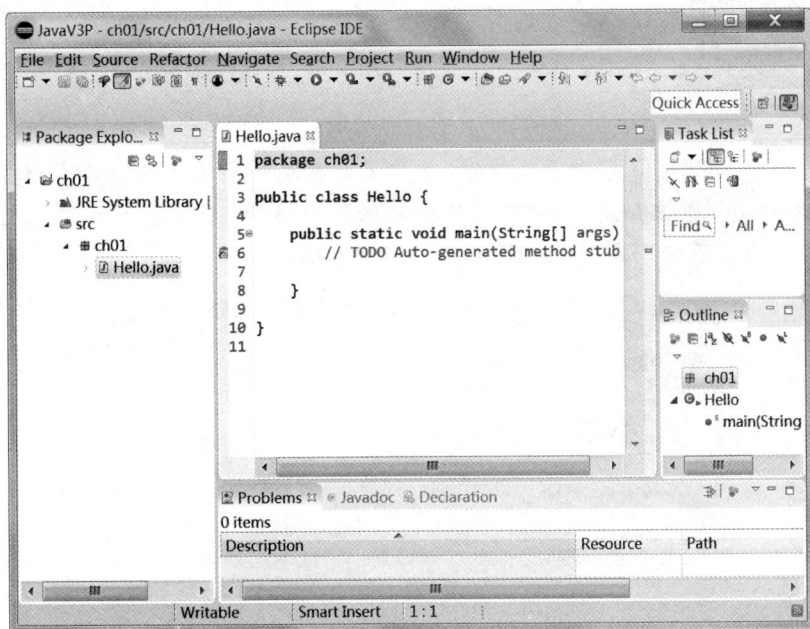

图 1-13　建立项目和类的 Eclipse 编程界面

您好——Java 入门

（4）在 Eclipse 界面的代码窗格中编写代码。

在 main 方法的大括号内部，输入下面代码：

```
System.out.println("您好！");
System.out.println("我正在用 Eclipse 编写 Java 程序。");
```

💡 注意：在自动生成的代码中有两个反斜杠（//）开头的行，是单行注释，属于代码的注解部分，主要帮助人们阅读理解程序的功能。注释不会运行，可以删掉。除了单行注释，还有以/＊开头、＊/结尾的多行注释，以及/＊＊与＊/配对的文档注释。

（5）执行程序。

单击 Eclipse 工具栏中的 Run（运行）按钮 ▶（或按 Ctrl＋F11 组合键），出现如图 1-14 所示的 Save and Launch（保存并启动）对话框。选中 Always save resources before launching（在启动前总是保存资源）复选框，以便下次修改程序在运行时自动保存而不再弹出该对话框，然后单击 OK 按钮，便可运行程序。

程序运行结果显示在 Eclipse 界面右下角 Console（控制台）窗格中，如图 1-15 所示。

图 1-14　保存并启动对话框　　　　　图 1-15　控制台窗格显示运行结果

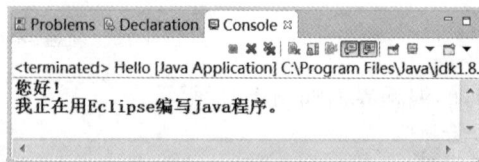

💡 注意：在 Eclipse IDE 中运行程序，实质上是把编译和运行两步合成一步执行。如果代码有错，这时会弹出如图 1-16 所示的代码错误对话框，提示是否继续运行。可单击 Cancel（取消）按钮，返回代码编辑区，修改代码后再运行。

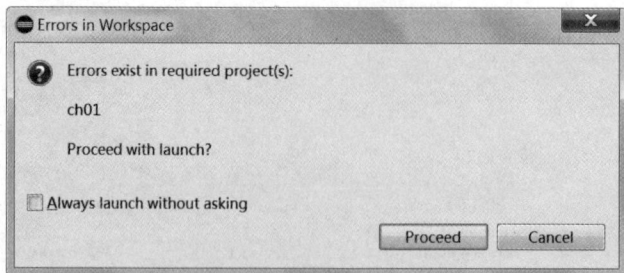

图 1-16　代码错误对话框

下面再举一个人机交互的编程例子。

【例 1-3】 使用 Eclipse 编写"您是谁"问答式互动程序。

在已建立的项目中,新建一个名为 Who 的类,这时 Eclipse 界面左边的 Package Explorer(包管理器)窗格如图 1-17 所示。

在 Eclipse 界面中间的代码窗格中输入如下代码(含自动生成的):

```java
package ch01;
import java.util.Scanner;
public class Who {
    public static void main(String[] args) {
        Scanner sc = new Scanner(System.in);
        System.out.println("您是谁?请输入您的姓名：");
        String str = sc.nextLine();
        System.out.println(str + ",您好,欢迎学习 Java!");
        sc.close();
    }
}
```

代码说明:第 1 行用于建立名为 ch01 的软件包,第 2 行导入 java.util 包中的类 Scanner,第 3 行及以后的代码定义一个公共的类 Who,该类含有一个公共的、静态的、没有返回值的主方法 main,该方法含有字符串数组参数。方法体中,第 1 条语句新建一个扫描器对象 sc,第 2 条语句用于输出一行字符串,第 3 条语句是利用 sc 对象输入一行字符串,第 4 条语句也是输出一行字符串,第 5 条语句则关闭 sc。

按 Ctrl+F11 组合键运行程序,结果如图 1-18 所示,图中第 2 行文字"赵毅"是运行时输入的,其余两行文字是程序运行过程中输出的。

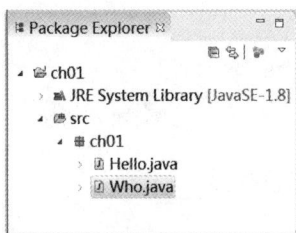

图 1-17　包管理器窗格

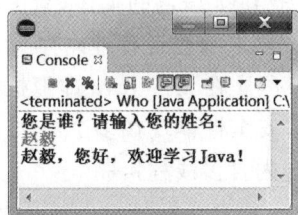

图 1-18　"您是谁"互动程序

💡注意:在 Eclipse 集成开发环境中,用鼠标把 Console 窗格拖离主界面,成为一个独立的窗体,如图 1-18 所示。也可把该窗体再拖回主界面,合并为一个窗体。

# 1.5　本章小结

Java 语言是目前流行的程序设计语言之一,其集成开发环境 Eclipse 是开源的软件。在 IDE 中编程,集代码编写、编译和运行于一体,方便快捷。

## 1.6 习 题 1

**单选题**

1. Java 语言是 1995 年由( )公司发布的。
   A. Sun              B. Microsoft         C. Borland           D. Fox Software

2. 下列选项中,不属于 Java 注释的是( )。
   A. //…               B. /* … */           C. /** … **/         D. /** … */

3. 编写并保存源程序 Test.java,进入其目录,未编译就执行 Test.java,会出现( )。
   A. error:cannot read:Test.java         B. 错误:找不到或无法加载主类 Test
   C. 程序正常执行                          D. 无任何显示

4. Java 虚拟机指的是( )。
   A. 由 Java 语言操作的家用设备            B. 运行 Java 程序所需的硬件设备
   C. Java 源代码的编译器                   D. Java 字节代码的解释程序

5. 编写 Java 程序时,程序员创建源文件,然后编译器把它们转化为( )文件。
   A. HTML             B. .java             C. 源                D. 字节码

6. 编译一个有 3 个类和 8 个方法的 Java 源文件,会产生( )个字节码文件。
   A. 1                B. 3                 C. 8                 D. 11

7. 一个 Java 程序运行从上到下的环境次序是( )。
   A. 操作系统、Java 程序、JRE/JVM、硬件
   B. JRE/JVM、Java 程序、硬件、操作系统
   C. Java 程序、JRE/JVM、操作系统、硬件
   D. Java 程序、操作系统、JRE/JVM、硬件

8. 下列关于 Java 语言的描述,错误的是( )。
   A. Java 要求编程者管理内存
   B. Java 程序在支持 Java 虚拟机的机器上运行
   C. Java 安全性体现在多个层次上
   D. Java 内含多线程机制

9. 保证 Java 语言可移植性的特征是( )。
   A. 面向对象          B. 安全性            C. 分布式计算         D. 平台无关性

## 1.7 实训 1:您好

**1. 实训题目**

(1) 安装 JDK 软件,编写仅输出几行文字的程序,运行结果如图 1-1(a)所示。

**提示**:参考例 1-1 代码。

(2) 安装 Eclipse 软件,编写问答式互动程序,运行结果如图 1-1(b)所示。

**提示**:参考例 1-3 代码。

**2. 实训要求**

每次实训完,用文字处理软件 Word 或 WPS 编写《实训报告》,作为作业保存并提交。

文件以"学号＋姓名＋实训序号＋报告"命名,如"50 张三实训 1 报告.docx"。

《实训报告》内容如下:

(一)实训标题,实训时间、地点、人物。

(二)能力目标。

(三)实训题目、程序运行界面、关键代码(有多个题目的按序号依次列出)。

(四)心得体会(收获、分析、疑问、难点、意见和建议等)。

# 1.8 实训报告样板

### 实训 1 您好

时间、地点、人物:2019-3-5、302 机房、张三。

能力目标:

- 能建立 Java 开发环境;
- 掌握编写简单 Java 程序的基本步骤。

(1) 安装 JDK 软件,编写仅输出几行文字的程序。

程序运行结果如图 1-19 所示。

关键代码如下:

```
public class Train1{
    public static void main(String[ ] args){
        System.out.println("我正在学习 Java。");
        System.out.println("世上无难事,只要肯攀登!");
    }
}
```

(2) 安装 Eclipse 软件,编写问答式互动程序。

程序运行界面如图 1-20 所示。

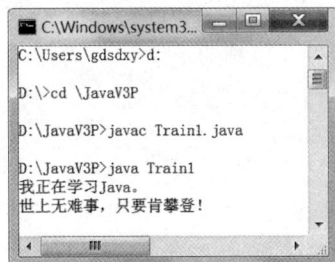

图 1-19　程序(1)运行界面

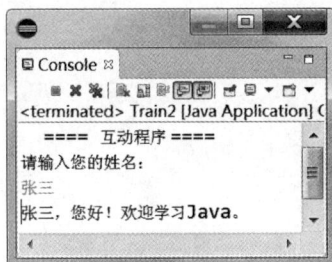

图 1-20　程序(2)运行界面

关键代码如下:

```
import java.util.Scanner;
public class Train2 {
    public static void main(String[ ] args) {
        System.out.println("  ==== 互动程序 ====");
```

```
        Scanner sc = new Scanner(System.in);
        System.out.println("请输入您的姓名:");
        String str = sc.next();
        System.out.println(str + ",您好!欢迎学习 Java。");
        sc.close();
    }
}
```

**心得体会:**

实训结果符合预期,令人颇有成就感。但由于我是第一次上机,输入的代码常常出错,调试程序不够熟练,代码也不太理解,有待进一步强化训练。

通过本次实训,我了解了程序设计的基本步骤,即编写、编译和运行,其中,编写过程不是一蹴而就的,往往要经过反复改错、调试,程序才能通过编译、成功运行。

# 第2章 计算器——数据类型与表达式

## 能力目标

- 理解数据类型，能声明和使用变量，运用算术运算符和表达式；
- 理解语句，能使用声明语句、赋值语句和方法调用语句；
- 能运用运算符、表达式和语句编写简单计算器程序。

## 2.1 任务预览

本章实训要编写的简易计算器程序，运行结果如图 2-1 所示。

ch2.1～2.5

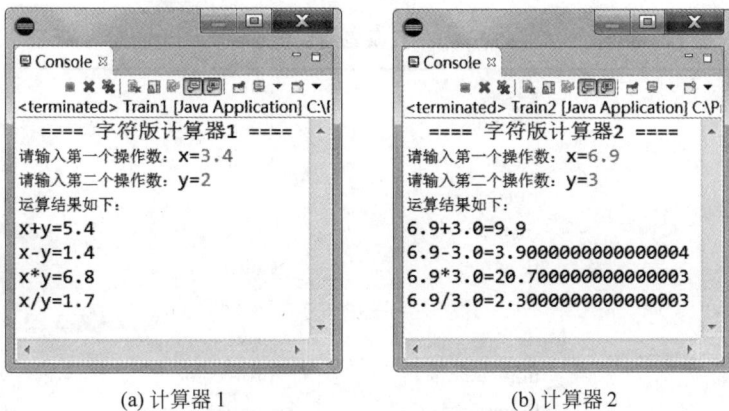

(a) 计算器1　　　　　　　　(b) 计算器2

图 2-1　实训程序运行界面

## 2.2 标 识 符

Java 程序类似英文文章（但语法严格得多），由相当于英语单词的关键字和标识符、加减乘除等运算符以及空格和分号等分隔符组成语句。若干条语句再组成相当于文章段落的方法，方法和声明性语句又组成类。一个类相当于书的一个章节或一篇文章。由多个类（以及接口等类型）再构成一个软件包，相当于整本书或一部主题文集。

Java 语言的标识符是按照一定规则定义、命名的符号名称。

Java 标识符命名规则如下：

（1）只能使用字母（含汉字）、下画线、货币符号（如 $ 或 ¥）和数字。

（2）必须以字母、下画线或货币符号开头。

例如：x、y、i、j、k、str、_age、calculateArea、Who、stu1、stu2、$ 、数 1、变量 2、计算面积等，均是符合语法规则（简称"合法"）的标识符。

虽然汉字可作标识符，但为避免意外，建议不要用汉字命名标识符。

2stu、n!、x＋y、a－b 等均为无效标识符。

---

💡 注意：Java 是字母大小写敏感的语言，一个字母的大写和小写被视作不同的符号。因此 CalculateArea 和 calculateArea 是两个不同的标识符。

---

标识符的用途：对程序的各个组成元素如变量、方法、类等进行命名标识。

从内涵和外延角度来看，标识符有两种：

（1）Java 预定义保留的、含义固定不变的系统性标识符，称为关键字。

（2）编程者在一定范围内自定义的，即用户标识符。

一般情况下所说的标识符，是指用户标识符。

# 2.3 关 键 字

Java 关键字均是小写字母，是特殊的标识符。常见的关键字如表 2-1 所示。

表 2-1 Java 语言关键字

| | | | |
| --- | --- | --- | --- |
| abstract | else | interface | static |
| boolean | extends | long | super |
| break | false | main | switch |
| byte | Final | native | this |
| case | finally | new | throw |
| catch | float | null | throws |
| char | for | package | true |
| class | if | private | try |
| continue | implements | protected | void |
| default | import | public | while |
| do | instanceof | return | double |
| int | short | | |

---

💡 注意：关键字是系统的保留字，不能用于命名变量或方法，不能作用户标识符。

---

# 2.4 变 量

变量，是存放数据的标识符（名称）。变量可看作是容纳数据的存储单元名称。

同一变量所存放的数据在不同时刻允许变更。虽然变量值可以变化，但数据类型不变，故定义变量（也是声明变量）要指定数据类型。

定义、声明变量的语法格式如下：

```
数据类型  变量表；
```

例如：

```
double x;
```

表示定义变量 x 为双精度实数类型。变量声明后即可赋值，如：

```
x = 12.3;
x = 5.6;                    //变量 x 的值从 12.3 变为 5.6
```

可以一次性定义以英文逗号分隔的多个变量，并且声明后马上赋值，如：

```
int a = 2, b, c = 5;
```

变量要"先定义，后使用"，不能使用没经过声明的变量。

方法内部的局部变量，要先赋值，再读取，因为局部变量没有默认值。

变量属于标识符，起名必须遵循标识符的命名规则。此外：

（1）变量以小写字母开头，一般不使用下画线和货币符号。

（2）含多个英文单词的标识符，除了第一个小写外，其余单词首字母要大写。这种风格称为骆驼式（Camel Case）命名法。

---

💡注意：同一范围内不允许同名变量声明两次，只能定义一次，但可多次使用。

---

## 2.5　基本数据类型

定义变量要使用数据类型。Java 数据类型有两大类：基本数据类型（值类型）和复合数据类型（引用类型）。基本数据类型包括布尔型、数值型（整型和浮点型）和字符型；复合数据类型有类、接口和数组等。

Java 基本数据类型见表 2-2。

**表 2-2　Java 基本数据类型**

| 关键字 | 类型 | 类型说明 | 二进制位数 | 范　　围 |
|---|---|---|---|---|
| boolean | 布尔型 | 逻辑型 | | 只有 false 和 true 两个值 |
| byte | 字节型 | 1 字节长度整数 | 8 | −128～127 |
| short | 短整型 | 2 字节长度整数 | 16 | −32 768～32 767 |
| int | 整型 | 4 字节长度整数 | 32 | −2 147 483 648～2 147 483 647 |
| long | 长整型 | 8 字节长度整数 | 64 | −9 223 372 036 854 775 808～9 223 372 036 854 775 807 |
| float | 单精度浮点型 | 4 字节长度实数 | 32 | $\pm1.4E-45～\pm3.402\ 823\ 5E+38$ |

| 关键字 | 类型 | 类型说明 | 二进制位数 | 范　围 |
|---|---|---|---|---|
| double | 双精度浮点型 | 8 字节长度实数 | 64 | $\pm 4.9E-324\sim\pm1.797\,693\,134\,862\,315\,7E+308$ |
| char | 字符型 | 单个字符(2 字节) | 16 | \u0000～\uFFFF |

大数据的范围用 E(10 为底的指数幂)表示,如 E+38 表示 10 的 38 次方。

每个基本数据类型都用一个关键字表示,如关键字 int 表示 32 位的整型,double 代表双精度浮点型(实数)。int 和 double 是最常用的数值类型,也是常数的默认类型。字符采用 Unicode(统一字符编码),每个字符都占 16 位。

注意:数值类型 byte、short、int、long、float 和 double 数据从左到右可自动转换,反之则要强制类型转换。double 转 float 也可在数据后面加 F 或 f,如 float f=2.3F;long 转 int 也可在数据后面加 L 或 l。

## 2.6　字符串及其与数值的转换

字符串类型用 String 表示,字符串是类(class)类型,不属于基本数据类型。

字符串是若干个串在一起的字符,如"abcd"、"123"、"张三"等。每个字符串常量都用英文双引号括起来。这 3 个字符串的有效字符个数(称为字符串长度)分别是 4、3 和 2。因为使用统一字符编码 Unicode,故一个汉字也是一个字符。

下面语句声明字符串变量 str,同时把字符串常量 "abcd" 赋给 str:

```
String str = "abcd";
```

在代码中表示字符串常量必须使用一对英文双引号,它是字符串常量的定界符,属于形式化的一种格式符号。

注意:由于双引号不是字符串的有效内容,故输出时不显示。

字符串长度可用方法 length( )求出,如 str. length( )为 4,又如"张三". length( )为 2。没有有效字符的字符串称为空串,表示为" "。空串的长度为 0。

字符串使用频率很高,无论图形界面还是字符界面,传输数据多涉及字符串。

如果输入的数据是字符串形式,要进行加减乘除等运算,则必须先转换成数值。

把字符串转为数值的方法是 parseXxx(String) 的形式,其中 Xxx 对应不同的数值类型,方法前缀是基本数值类型对应的类名,如把字符串转换为 int 型和 double 型代码:

ch2.6 转义符

```
int i = Integer.parseInt("168");
double d = Double.parseDouble("3.14");
```

反之,把数值转换为字符串的方法是 String. valueOf( ),如:

```
String s = String. valueOf(28.9);
```

【例 2-1】 编程,把字符串转成数值后相加,最后输出结果。

```
public class Ex1 {
    public static void main(String[ ] args) {
        String s1 = "12.3", s2 = "4";
        double d1, d2, d3;
        d1 = Double. parseDouble(s1);
        d2 = Double. parseDouble(s2);
        d3 = d1 + d2;
        System. out. println(String. valueOf(d3));
        //System. out. println(d3);
    }
}
```

ch2.6 例 2-1

执行程序,输出结果为:16.3。

由于 println 方法可直接输出数值,故上面代码倒数第 4 行也可用其下一行语句替换
(替换时要去掉注释符号//)。

有些符号如回车符、换行符等,没法直接用有形字符表示,就用一个反斜杠(\)加有形字
符来表示,如用\n 表示换行符。这些以反斜杠开头的就叫转义符。

除了换行符,常用的转义符还有\r(回车符)、\t(制表符,光标右进 4 格)。

字符串可以包含转义符,例如:

```
String str = "abcd\n123";
System. out. println(str);
```

第 1 行语句定义字符串变量 str 并赋予含换行转义符的字符串常量。第 2 行语句是在
命令行窗口输出 str 的值,输出结果如下:

```
abcd
123
```

要输出反斜杠本身,则需使用两个反斜杠(\\),例如:

```
System. out. println("D:\\JavaProg");                //输出结果:D:\JavaProg
```

## 2.7   算术运算符、算术表达式及字符串连接符

构成表达式的元素有运算符(operator)和操作数(operand)。例如
2+3 是加法运算表达式,其中+是运算符,2 和 3 是两个操作数。

由运算符和操作数按一定语法规则组成的式子,就是表达式。表达
式必有值,这是表达式的重要特征。

ch2.7

计算器——数据类型与表达式

含两个操作数的运算符称为二元运算符(双目运算符)。以此类推,含 1 个操作数的称为一元运算符(单目运算符),含 3 个操作数的称为三元运算符(三目运算符)。

对数值类型数据进行加减乘除等运算,就是算术运算。

二元算术运算符有 5 个:加、减、乘、除、求余,列举如下:

```
+  -  *  /  %
```

两个整数相除是整除,若结果有小数,则去掉小数,只取整数部分(并非四舍五入)。

例如:5/2,按一般除法运算,结果应为 2.5,但因为是整除,只取整数部分,故该表达式的值为 2(不是四舍五入后的 3)。而 5/2.0 或 5.0/2 结果都是 2.5,因为两个操作数中有一个不是整数,不属于整除,故结果带有小数部分。

---

💡 注意:为避免整除,可在整数前添加强制类型转换,如(double)5/2,或 5/(double)2,或整数后加 d,如 5d/2 或 5/2d,先把一个整数转为 double 型,再做除法运算。

---

求余也称为取余、取模,其运算符是%,取两数相除后剩余的数,即余数。例如:

```
int a = 5 % 2;                          //a 值:1
double x = 5 % 1.8;                     //x 值:1.4
```

第 1 条语句把 5 除以 2(结果 2 余 1)的余数 1 赋给整型变量 a,因此其值为 1。第 2 条语句把 5 除以 1.8(结果 2 余 1.4)的余数 1.4 赋给双精度型变量 x,故其值为 1.4。

对于 double 和 float 型的数据,除法运算允许除数为 0,结果为 Infinity(无穷大)。也允许这种类型的 0(如 0.0)除以 0 而不出现语法错误,但结果为 NaN(Not a Number,非数字)。例如:

```
System.out.println(2.3/0);              //输出:Infinity
System.out.println(0.0/0);              //输出:NaN
```

对于运算符+组成的表达式,如果有一个或两个操作数是字符串类型,则+是字符串连接符(串接符),它将前后操作数首尾无缝连接在一起,组成串接表达式。

串接表达式的值就是字符串。例如:

```
System.out.println(12 + "34");
System.out.println("12" + 34);
System.out.println("12" + "34");
```

上述 3 个输出语句中包含的表达式都是串接表达式,运行后均输出 1234。

又如:

```
double x = 4.7, y = 2.4, sum = x + y;   //x 与 y 相加得 7.1,赋给 sum
System.out.println(x + " + " + y + " = " + sum);   //输出串接表达式值 4.7 + 2.4 = 7.1
```

# 2.8 赋值运算符、赋值表达式及赋值语句

声明变量后,就可对变量进行赋值,例如语句:

```
int i;
i = 2;
```

使用了赋值运算符=对变量进行赋值操作。赋值运算符也称为赋值号,由其构成的表达式就是赋值表达式。

赋值表达式的语法格式如下:

变量 = 表达式

赋值号的左边一定是变量,不能是常量或含有运算符的表达式。赋值号右边则可以是各种形式的表达式,包括最简单的常量,但其值要与赋值号左边的变量类型兼容。

赋值表达式与算术表达式一样,也有运算结果,其值就是左边变量的值。例如:

```
double d;
System.out.println(d = 4.7 + 2.4);        //d 及赋值表达式的值均为 7.1
```

第 2 条语句含有赋值表达式 d=4.7+2.4,里面有两个运算符:赋值号=、加号+。其中加号和前后的操作数构成加法表达式 4.7+2.4。先做加法运算,再把结果 7.1 赋给赋值号左边的变量 d。因此,d 的值为 7.1,整个赋值表达式 d=4.7+2.4 的值也是 7.1,当然输出结果也是 7.1。

在声明变量的同时,可使用赋值号给变量赋初值,语法格式如下:

数据类型 变量 = 表达式;

例如:

```
String str = "123";
```

💡 注意:赋值号=不能当成等号。Java 的等号==是两个符号组成的(一个运算符),赋值表达式的求值顺序是从右到左,而由等号构成的关系表达式的求值顺序则是从左到右。如 2==3 和 2=3,前者表示 2 等于 3,符合语法,结果为 false(假);后者则有语法错,因为赋值号左边是常量。又如 x==x+1 和 x=x+1,前者是结果为 false 的关系运算,后者是使得变量 x 增 1 的赋值运算。

赋值表达式后面加上英文分号,构成赋值语句,语法格式如下:

变量 = 表达式;

例如:

```
i = 2;
```

# 2.9 运算符优先级与结合性

ch2.9

在进行算术运算时,先乘除、后加减。运算符是分等级的,不同种类的运算符有不同的执行次序,称为运算符的优先级。

算术运算符的优先级比赋值运算符高。在 5 个二元算术运算符中,又分为两级,其中 *、/和%同级,+和-同级,但前 3 个优先级比后两个高。

例如表达式 d=4.7+2.4,含有+和=两种不同级别的运算符,先加然后才赋值。

可采用圆括号改变运算符的执行次序。例如:

```
a = (b + c) * d
```

本来是先乘后加,因为有圆括号,而圆括号是优先级最高的运算符,故先执行圆括号内的加法运算,然后再与 d 相乘,最后把结果赋给变量 a。

Java 运算符分类和优先级如表 2-3 所示,其中优先级按从高到低的顺序列出,每个分类中,各运算符的优先级相同。

表 2-3 Java 运算符分类及其优先级

| 优先级从高到低 | 运算符分类 | 运 算 符 |
| --- | --- | --- |
| 1 | 基本 | () [] . |
| 2 | 一元 | + - ! ~ ++ -- new |
| 3 | 乘、除、求余 | * / % |
| 4 | 加减 | + - |
| 5 | 移位 | << >> >>> |
| 6 | 关系和类型检测 | < > <= >= instanceof |
| 7 | 相等、不相等 | == != |
| 8 | 逻辑与、按位与 | & |
| 9 | 逻辑异或 | ^ |
| 10 | 逻辑或、按位或 | \| |
| 11 | 条件逻辑与 | && |
| 12 | 条件逻辑或 | \|\| |
| 13 | 三目条件运算 | ? : |
| 14 | 赋值 | = += -= *= /= %= &= \|= ^= <<= >>= >>>= |

同等优先级的运算符通过结合性控制运算顺序。结合性有两种:从左到右(左结合)和从右到左(右结合)。例如下面表达式:

4/2 * 6

两个运算符(/和＊)是同一优先级,按左结合的顺序进行运算,先除后乘。

算术运算符、关系运算符等二元运算符是左结合的,而一元运算符、三目条件运算符和赋值运算符则是右结合的。

运用赋值运算符的右结合,可用一个赋值语句将多个变量赋予同一个值,例如:

```
int a, b, c, d;
a = b = c = d = 18;    //相当于 a = (b = (c = (d = 18)));
```

# 2.10  自增和自减运算符

ch2.10

整型、浮点型等数值型变量可进行自增、自减运算,即对变量执行加1、减1操作。

自增、自减运算符是++和－－,均是一元算术运算符,又分前自增和后自增,以及前自减和后自减。例如:

```
++x    x++    -- x    x--
```

前自增、前自减是运算符在变量之前,后自增、后自减是运算符在变量之后。

对变量 x 的前自增和后自增都能令 x 增1,都相当于 x=x+1。但两者的自增表达式++x 和 x－－有不同值。设 x 初值为3,则表达式++x 的值是4,而表达式 x++ 的值仍是3,因为后自增表达式增1运算滞后,表达式还是之前的值。不过,这两种运算最终都令 x 变为4。

同样,对变量 x 的前自减和后自减都令 x 值减1,都相当于 x=x-1。但前自减表达式－－x 和后自减表达式 x－－的值不同。x－－的值还是原来 x 的值,因为后自减运算滞后。

---

💡 **注意**:不能直接对常数进行自增、自减,如++2、2++、3－－和－－3都是错误的。

---

【例 2-2】  编程,测试自增及自减运算。

```
public class Ex2 {
    public static void main(String[ ] args) {
        int a = 2, b;
        double x = 3.5, y;
        ++a;                             //a = 3
         -- x;                           //x = 2.5
        System.out.println(a);           //输出 3
        System.out.println(x);           //输出 2.5
        b = a-- ;                        //b = 3, a = 2
        y = x++;                         //y = 2.5, x = 3.5
        System.out.println(a);           //输出 2
        System.out.println(b);           //输出 3
        System.out.println(x);           //输出 3.5
```

```
        System.out.println(y);                        //输出 2.5
    }
}
```

程序运行时变量值的变化情况见每行代码右边的注释,请读者自行分析。

# 2.11　语句与方法

　　语句,是执行操作的命令,是驱动程序运行的指令。一条语句对应一个操作步骤。

　　语句的用途:声明定义变量、调用方法、构建对象、变量赋值、控制流程(循环和分支语句)等。这些也是语句的种类。

ch2.11

语句通常以英文分号结束,例如:

```
Scanner sc = new Scanner(System.in);      //定义变量并构建对象语句
double x;                                 //定义变量语句
System.out.print("请输入操作数:x = ");     //方法调用语句
x = sc.nextDouble();                      //赋值表达式加分号构成赋值语句
x++;                                      //自增表达式加分号构成自增语句
System.out.println("x = " + x);           //方法调用语句
sc.close();                               //方法调用语句
```

一些表达式后面加上英文分号就构成了语句。这样的表达式有赋值、自增、自减和方法调用等。

除了以分号结束的(简单)语句外,还可用大括号把若干条语句括起来,组成一个复合语句,这时,大括号后不需加分号。例如,下面 4 行代码组成了一个复合语句:

```
{
    System.out.println("您好!");
    System.out.println("我正在学习 Java。");
}
```

---

　　注意:Java 是一种书写格式自由的语言,为阅读方便,一般是一行书写一条简单语句。为节省空间,复合语句的开大括号通常写在一行代码的末尾,称"行尾"风格。而上面复合语句的开大括号是单独占一行,为"独行"风格。

---

复合语句内部也可再嵌入复合语句,构成嵌套的复合语句。

语句除了要符合语法,还要有明确含义,即"语义"。如上面复合语句的语义是在命令行窗口中输出的两行文字。

一般来说,简单语句是运行过程的一个操作步骤,复合语句则对应多个操作步骤。复合语句如果要反复执行,则起一个名称,定义成一个方法,以方便调用。方法就是命名的语句集。

方法由方法头和方法体构成,其中,方法体即是一个复合语句,如:

```
public static void main(String[ ] args) {
    System.out.println("您好!");
    System.out.println("我正在学习Java。");
}
```

上面方法名是 main,称为主方法,它有特殊用途,是程序运行的入口(起点)。

💡 注意:Java 的方法不能单独存在,要放在类内部,作为类成员出现。

# 2.12 本 章 小 结

本章讲述程序设计语言基础知识:标识符、关键字、变量、数据类型、字符串、运算符、表达式、语句和方法等,它们是程序代码的组成元素和成员。

# 2.13 习 题 2

**单选题**

1. 下列选项中不是合法 Java 标识符的是(　　)。
   A. ab　　　　　　B. $ _3　　　　　　C. 3ab　　　　　　D. ab32

2. 下列选项中,属于 Java 基本数据类型的是(　　)。
   A. byte　　　　　B. String　　　　　C. integer　　　　　D. Float

3. Java 语言 int 类型数据所占的二进制位数是(　　)。
   A. 8　　　　　　　B. 16　　　　　　　C. 32　　　　　　　D. 64

4. Java 语言中,char 类型所占用的位数是(　　)。
   A. 8 位　　　　　B. 16 位　　　　　C. 32 位　　　　　D. 与机器有关

5. Java 中一个 Unicode 字符占用(　　)。
   A. 8 位　　　　　B. 16 位　　　　　C. 32 位　　　　　D. 1 字节

6. 下列数据类型中,需要内存空间最小的是(　　)。
   A. short　　　　　B. boolean　　　　C. int　　　　　　D. byte

7. 将长整型 long 数据转换为较短的整型 int 数据,要进行(　　)。
   A. 类型自动转换　B. 类型强制转换　C. 无须转换　　　D. 无法实现

8. Java 数值数据类型能自动转换,按从左到右的转换次序是(　　)。
   A. byte→int→short→long→float→double
   B. byte→short→int→float→long→double
   C. byte→short→int→long→float→double
   D. short→byte→int→long→float→double

9. 下列定义方式中错误的是(　　)。
   A. short s=28;　　B. char c='1';　　C. double d=2.3;　　D. float f=2.3;

10. 表达式(10 * 49.3)的类型是(　　)。

    A. double　　　　B. char　　　　　　C. long　　　　　　D. float

11. 语句 System. out. println(1.0＋53/2)；输出结果是(　　)。

    A. 27.0　　　　　B. 27.5　　　　　　C. 1.026　　　　　D. 1.026.5

12. 若 a 是 int 型变量,计算表达式 a＝25/3%3 后,a 为(　　)。

    A. 1　　　　　　B. 2　　　　　　　C. 3　　　　　　D. 4

13. 已知变量定义 int k＝7, x＝12;,下列选项中值为 3 的表达式是(　　)。

    A. x%＝(k%＝5)　　　　　　　　B. x%＝( k-k%5)

    C. x%＝k-k%5　　　　　　　　　D. (x%＝k)-(k%＝5)

14. 若定义 int x＝3,y;,则执行语句 y＝(++x)+(++x)+(++x);之后 y＝(　　)。

    A. 12　　　　　B. 18　　　　　　C. 9　　　　　　D. 15

15. 若定义 int x＝3,y;,则执行语句 y＝(x++)+(x++)+(x++);之后 y＝(　　)。

    A. 9　　　　　　B. 12　　　　　　C. 15　　　　　D. 18

# 2.14　实训 2：简易计算器

💡注意：为节省篇幅,从本章开始,各章实训仅给出题目和提示。

ch2.14 实训 1

1. 编写字符界面计算器程序,运行界面如图 2-1(a) 所示：运行时提示输入两个操作数,然后输出加减乘除运行结果。

**提示**：部分代码参考如下。

```
import java.util.Scanner;                 //导入 java.util 包的 Scanner 类
public class … {
    … {
        Scanner sc = new Scanner(System.in);
        double x,y;
        System.out.print("请输入第一个操作数:x = ");
        x = sc.nextDouble();
        …
        System.out.println("运算结果如下:");
        System.out.println("x + y = " + (x + y));
        …
    }
}
```

ch2.14 实训 2

2. 修改第 1 题程序,使得运算结果中能直接显示输入的数据,而不是 x＋y 之类,运行界面如图 2-1(b) 所示。

**提示**：部分代码参考如下。

```
System.out.println(x + " + " + y + " = " + (x + y));
```

# 第3章 计算面积和周长
## ——方法与作用域

## 能力目标

- 能定义、调用方法,理解变量与字段的作用域;
- 能编写方法,计算三角形的面积和周长。

## 3.1 任 务 预 览

ch3.1~3.3

本章实训编写给定三边计算三角形面积和周长程序,运行结果如图 3-1 所示。

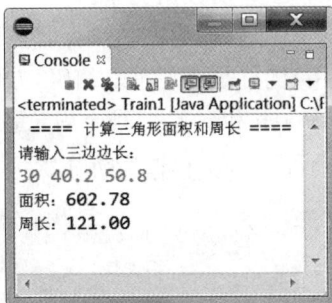

图 3-1 实训程序运行界面

## 3.2 方 法 定 义

程序的方法应用广泛,Java Application 程序就是从名为 main 的方法开始执行的。

方法是命名的语句有序集,是多条语句的代码块,是一系列执行步骤的汇总。Java 语言的方法相当于其他编程语言的函数、过程或子程序。

方法由方法头和方法体两部分组成。定义方法也称声明方法,语法格式如下:

```
可选 public 等   可选 static   返回类型 方法名(形参表) {
    …              //语句构成的方法体
}
```

大括号前面是方法头,可声明方法的访问级别,级别有 public 或 private 等,表示公共或私有的。访问级别决定了方法的使用范围(作用域)。如果没有声明访问级别,则默认为包(package)范围,即包访问级别。

💡注意：Java 是面向对象语言,方法必须在 class 等类型的内部定义。

方法头还可声明是否为 static(静态)。静态方法属于类整体,调用时用类名作前缀。非静态方法则不能,调用时只能以对象名作前缀,因此非静态方法称为实例方法。

定义方法必须声明返回类型(构造方法除外)、方法名和圆括号。

方法名属于标识符,方法名后面紧跟圆括号,无论是否有参数都必须有圆括号。

方法用于执行一系列语句,完成特定任务。如果没有返回值,则返回类型为 void,表示空值。如果执行方法有一个结果,则返回类型为结果数据的类型,如 int 或 double 等,这时方法内部需要关键字 return 标示的返回语句。

返回语句用于结束本方法,返回调用处。返回语句格式如下:

```
return   可选表达式 ;
```

💡注意：返回类型为 void 的方法也可有返回语句,这时 return 后不带表达式。

方法中的形参(形式参数)个数可以是 0 个及以上,多于 1 个用英文逗号分隔(变成一列表)。形参是变量,每个形参都要单独声明数据类型。

大括号括起来的语句组成方法体,内部的语句执行时按顺序逐个执行。

方法一次定义,就可多次调用,优点是避免重复编码,方便维护。

【例 3-1】 设三角形三边长为 a、b 和 c,且 h 是半周长,即 $h = (a+b+c)/2$,则三角形面积计算公式为：$\sqrt{h(h-a)(h-b)(h-c)}$。根据三边计算三角形面积的方法定义如下:

```
public static double area(double a, double b, double c) {
    double h = (a+b+c)/2;                              //半周长
    double ar = Math.sqrt(h*(h-a)*(h-b)*(h-c));        //调用平方根方法计算面积
    return ar;                                          //返回语句(得到面积)
}
```

其中,Math. sqrt 是调用系统定义的数学类 Math 的计算平方根方法 sqrt。

# 3.3  方 法 调 用

定义方法就是为了调用执行。调用方法的语法格式如下:

```
可选 this 或对象名或类名.方法名( 实参表 )
```

其中,方法名和一对圆括号是必选的,调用无参方法也不例外。

实参(实际参数)是传入方法的数据。调用方法时,实参的类型、个数和排列顺序要与方法定义的形参一致。若方法定义没有形参,则调用时无须实参。

最简单的实参是常数,也可以是有值的变量、表达式或另一个方法调用。

调用类内部定义的方法无须加前缀,调用其他类定义的方法则一定要加前缀。

设三角形边长为 3、4 和 5，调用例 3-1 中计算三角形面积的方法如下：

```
double ar = area(3, 4, 5);                //传递常数实参调用方法计算面积并存到变量 ar
```

返回类型不是 void 的方法调用相当于一个表达式，调用后有值，可赋给一个变量，或直接输出，或参与另一个表达式的运算，或作为另一个方法调用的实参。如：

```
double a = 3, b = 4, c = 5;               //声明变量 a、b 和 c 并初始化
System.out.println(area(a, b, c));        //调用计算三角形面积方法并输出结果
```

方法定义后可多次调用，每调用一次，方法体就被执行一次。

# 3.4  变量作用域

声明方法时可在方法头加上 public，使方法能被别的类（对象）调用，这时方法的作用域超出了其所在的类。如果方法头用 private 声明，则只能在类的内部调用。

ch3.4

方法具有作用域，变量也有作用域。作用域（scope）是能够使用的代码区域，是变量或方法发挥作用的领域和范围。

变量根据所声明的位置和作用范围，分为局部变量和字段两种。

方法形参是方法内部声明的变量，作用域局限于方法内部，是方法的局部变量。

方法体大括号内声明的变量也是局部变量，作用域从声明处开始到闭括号(})为止。如例 3-1 中的 a、b、c、h 和 ar，均是 area 方法的局部变量。

除了在方法内声明变量，还可在方法外部声明类的成员变量——字段。字段的作用域为整个类，如果是 public 声明的字段，则作用域更广，其他类也能使用。

---

💡注意：纯面向对象的 Java 语言没有作用范围为整个程序的全局变量，但可以使用 public 和 static 声明类字段达到全局变量的效果。

---

# 3.5  在命令行窗口输入输出数据

在程序运行过程中，通常要进行数据输入输出的互动操作。在图形界面下传输数据，是通过文本框等控件进行的。在字符界面的命令行窗口内传输数据，则通过调用系统预定义的方法进行。

ch3.5

---

💡注意：Eclipse 开发环境的命令行窗口是开发界面右下角的 Console（控制台）窗格。如果该窗格没有出现，则可选择菜单 Window|Show View|Console 命令显示出来。

---

## 3.5.1  输入数据

调用 java.util 包的 Scanner 类对象的 nextBoolean、nextByte、nextShort、nextInt、 nextLong、nextFloat、nextDouble、next 和 nextLine 等方法,可在命令行窗口(或其他输入源)中分别读入布尔型、字节型、短整型、整型、长整型、单精度浮点型、双精度浮点型、字符串和一行字符串等数据。

上述方法执行时,程序将停下来,等待用户在命令行窗口中输入数据,直到按 Enter 键确认,程序才继续运行下去。如果上述方法连续调用,即要输入多个数据,则各数据之间除了用 Enter 键分隔,也可用空格分隔(nextLine 方法除外)。

典型代码如下:

```
import java.util.Scanner;
…
    Scanner sc = new Scanner(System.in);          //构建扫描器对象 sc
    double x = sc.nextDouble();                    //调用 sc 方法输入数据
```

如果在命令行窗口中输入数据,则构建 Scanner 对象要使用标准输入流 System.in 作为构造方法的参数。使用 next 方法输入字符串时,由于空格用作分隔符,所以输入的字符串不能含有空格。不过,可调用 nextLine 方法输入一行(以 Enter 键)结束的字符串,这样该行字符串就允许存在空格了。

也可调用 java.io 包的 BufferedReader 类对象的 readLine 方法,输入一行允许存在空格的字符串。典型代码如下:

```
import java.io.*;
…
    BufferedReader br = new BufferedReader(new InputStreamReader(System.in));
    try{
        String str = br.readLine();
        …
    } catch(Exception e){}
```

构建 BufferedReader 类对象时,要用到 InputStreamReader 对象作为构造方法的参数。而构建 InputStreamReader 对象则以标准输入流 System.in 作为构造方法的参数。由于 readLine 方法会引发输入输出异常,故使用时要作异常处理,即编写 try-catch 代码块处理。

### 3.5.2  输出数据

调用标准输出流 System.out 的 println 和 print 方法,可在命令行窗口中输出字符串及各种基本类型数据。其中方法 println 在输出完数据后光标换行,即输出一行(ln 是单词 line 的缩写),而方法 print 则不换行。

这两个方法都带有一个参数,参数可以是表达式,表示输出表达式的值,如:

```
double x = 2.1, y = 4;
System.out.println(x + " + " + y + " = " + (x + y));
```

输出结果为:

```
2.1 + 4.0 = 6.1
```

💡 注意：println 方法也可不带参数，这时只输出换行符，即光标位于下一行。

除上述两个方法外，还有格式化输出方法 printf，该方法调用格式如下：

```
System.out.printf("格式字符串", 参数 1, 参数 2, …, 参数 n)
```

其中，格式字符串由普通字符和格式说明符组成，普通字符照原样输出，格式说明符以％开头，如％d 和％f 等，用以输出引用的整型和浮点型参数值。printf 方法格式字符串后面参数的个数与排列顺序要与格式说明符匹配。

格式说明符简介如下：

％b：输出 boolean 型数。

％d：输出 byte、short、int、long 等整型数。

％f：输出 float 或 double 浮点型数。

％e：以指数形式输出 float 或 double 浮点型数。

％c：输出 char 型数据。

％s：输出 String 型数据。

输出数据的同时还可以控制数据的宽度，如：

％md：输出占 m 列的整型数。

％.nf：输出保留 n 位小数的浮点型数。

％m.nf：输出占 m 列、小数保留 n 位的浮点型数。

例如：

```
double a = 3, b = 4, c = 5, ar = 6;
System.out.printf("边长为％.1f、％.1f 和％.1f 的三角形面积是：％.2f", a, b, c, ar);
```

输出结果如下：

```
边长为 3.0、4.0 和 5.0 的三角形面积是：6.00
```

# 3.6 方法签名与方法重载

在一个类中允许定义多个同名的方法，条件是参数表不能相同。

参数表不同，是指参数的个数、类型或排列顺序不同。一个方法的方法名和参数表，构成了"方法签名"。所以，只要方法签名不同，就允许在一个类中定义多个方法。

当定义两个以上名称相同而签名不同的方法时，就称为"方法重载"。

【例 3-2】 重载三角形面积方法，然后在 main 方法中分别调用并输出结果。

```
public class Ex2 {
    //定义按三边长计算三角形面积方法：
    public static double area(double a, double b, double c) {          //方法签名 1
```

31

第 3 章

计算面积和周长——方法与作用域

```
        double h = (a + b + c)/2;                              //半周长
        double ar = Math.sqrt(h * (h - a) * (h - b) * (h - c));  //调用平方根方法
        return ar;                                             //返回面积
    }

    //定义按底和高计算三角形面积方法(方法重载):
    public static double area(double bottom, double height) {  //方法签名 2
        return (bottom * height)/2;                            //返回面积
    }

    public static void main(String[] args) {                   //主方法
        System.out.printf("边长为3、4和5的三角形面积:%.2f\n", area(3,4,5));  //调用 1
        System.out.printf("底为30、高为4的三角形面积:%.2f\n", area(30,4));   //调用 2
    }
}
```

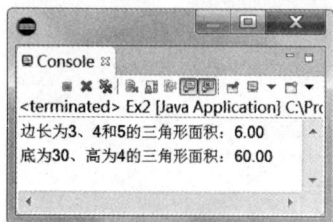

图 3-2    重载三角形面积方法

该例虽然有两个 area 方法,但参数个数不同,即方法签名不同,故可重载。

执行结果如图 3-2 所示。

Java 系统方法重载的例子很多。如 System. out. print 方法有 9 个签名,System. out. println 方法有 10 个签名,它们可直接输出布尔型、整型、浮点型、字符型和字符串型等数据,部分调用形式如下:

```
System.out.println(true);
System.out.println(8);
System.out.println(3.14);
System.out.println("abc");
System.out.println('A');
```

不但一般方法可重载,构造方法(也叫构造函数)也可重载。构造方法是一种构建类对象的特殊方法。

***

🔅注意:仅返回类型不同的同名方法不能重载,因为返回类型不构成方法签名。仅参数名称不同而参数个数、类型和排列顺序相同的同名方法也不能重载。

***

# 3.7  方法参数值传递——单向传递

方法调用时,参数传递是值传递,把实参一个副本传给对应的形参。传入方法体的参数值,在方法执行过程中,可能会更改,但不影响原来实参。因此值传递属于单向传递,只从实参传入形参,不从形参传回实参。

ch3.7

【例 3-3】 测试方法参数单向传值。

```
public class Ex3 {
    static void change(int age){              //定义返回空值 change 方法,age 形参
        age = 28;                             //age 为 change 方法局部变量
    }
    public static void main(String[ ] args) { //主方法
        int age = 18;                         //声明主方法局部变量 age
        change(age);                          //调用 change 方法,age 实参
        System.out.println(age);              //输出
    }
}
```

　　程序执行结果是 18 而非 28。main 方法在调用 change 方法时,只把实参 age 值 18 传给 change 方法的形参 age,change 方法执行完后,不会把改变后的值 28 传回给实参,即只入不出。

　　两个方法虽有同名变量,但由于局部变量作用域只限于本方法,故不冲突。

<hr>

　　💡注意：若参数是类、数组等引用类型,并且方法体中形参的地址值没有改变,则对象成员信息能够传回方法调用处。

<hr>

## 3.8　本 章 小 结

方法一次定义,可多次调用,达到代码重用目标。

为增加通用性,允许方法传参,调用时仅从实参传入形参,然后执行方法体代码。

方法在类的内部定义,方法定义的排列顺序可任意。

一个类允许定义多个同名但签名不同的方法(重载)。

方法是模块化编程的最小单位,是程序代码中最小的功能模块。

## 3.9　习　题　3

1. 下列选项中,属于 public void demo(){…}的重载方法是(　　　)。

    A. private void demo(){…}　　　　　　B. public int demo(){…}

    C. public void demo2(){…}　　　　　　D. public int demo(int m, float f){…}

2. 下列方法中,可以为 void sort(int x)重载声明的是(　　　)。

    A. public sort(float x)　　　　　　　　B. int sort(int y)

    C. double sort(int x, int y)　　　　　　D. void get(int x,int y)

3. 为了重载类中同名但签名不同方法,要求(　　　)。

    A. 采用不同的形式参数列表　　　　　　B. 返回值类型不同

    C. 用类名或对象名做前缀调用　　　　　　D. 参数名不同

4. 编程。给出两边,分别定义计算矩形面积和周长的方法。

5. 编程。给出半径,分别定义计算圆面积和周长的方法。

6. 重载两个数相加方法,计算整数或实数之和。

# 3.10 实训 3:计算三角形面积和周长

ch3.10 实训 3

使用方法编写给定三边长计算三角形面积和周长的程序,运行界面如图 3-1 所示,运行时提示输入三条边长,然后输出计算结果。

**提示:** 部分代码参考如下。

```java
import java.util.Scanner;
public class … {
    public static double area(…){ … }
    public static double girth(…){ … }
    public static void main(String[] args) {
        Scanner sc = new Scanner(System.in);
        double a, b, c;                              //定义三边变量
        …
        a = sc.nextDouble();
        …
        System.out.printf("面积:%.2f\n", area(a,b,c));
        …
    }
}
```

# 第4章　打折计价——逻辑值与分支结构

## 能力目标

- 理解逻辑值，能运用关系表达式和逻辑表达式进行真假判断；
- 能运用 if 语句和 switch 语句编写分支结构程序，用三目条件运算符进行逻辑判断；
- 能编写打折计价、显示星座、判断成绩等级程序。

## 4.1　任 务 预 览

ch4.1~4.2

本章实训编写打折计价、显示星座、判断成绩等级程序，运行结果如图 4-1 所示。

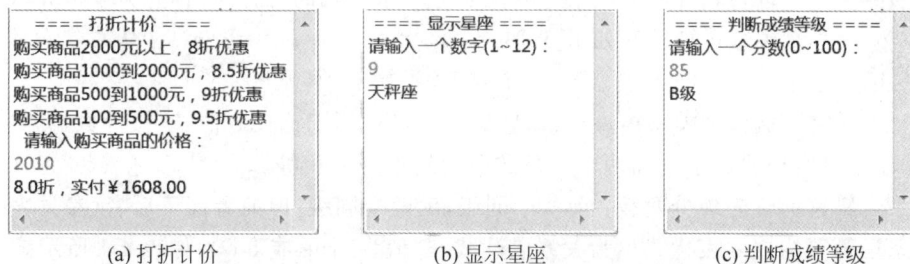

（a）打折计价　　　　　　　（b）显示星座　　　　　　　（c）判断成绩等级

图 4-1　实训程序运行界面

## 4.2　逻 辑 值

日常生活中，通常需要对一个命题进行真假判断，据此做下一步推论。例如：如果明天天气晴朗，则去郊游。"明天天气晴朗"是一个命题，如果为真，则去郊游；如果为假，则不去郊游。又如：商场打折促销，如果顾客购买商品 2000 元以上，则 8 折优惠。假设某顾客购买 2010 元商品，符合条件，即可打 8 折，只需实付 1608 元。

Java 提供了真假值关键字 true 和 false，它们是逻辑值，也称逻辑常量。

具有 true 或 false 值的数据类型称为 boolean 型，中文直译为"布尔"型，即逻辑型。

声明逻辑变量的语法：

```
boolean  变量表;
```

逻辑变量取值只有两个,不是 true 就是 false。声明变量时可马上赋予逻辑值。

**【例 4-1】** 编写测试逻辑值程序。

```java
public class Ex1 {
    public static void main(String[] args) {
        boolean clear = true;
        System.out.println("天气晴朗吗?—— " + clear);
        clear = false;
        System.out.println("现在天气晴朗吗?—— " + clear);
    }
}
```

程序运行结果如图 4-2 所示。

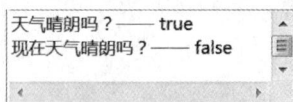

图 4-2　测试逻辑变量

## 4.3　关系运算符与关系表达式

进行相等、不等、小于和大于等关系比较的运算符,称为关系运算符。

关系运算符有如下 6 个:<,>,<=,>=,==,!=。从左到右依次为:小于、大于、小于或等于、大于或等于、等于、不等于。

ch4.3

这 6 个关系运算符都是二元运算符,用于比较数值、字符等数据,其中,等于、不等于运算符还可用于判断两个对象的引用地址是否相等。

关系运算符的优先级分两级:前 4 个同级,后两个同级,但前者高于后者(参见表 2-3)。

关系运算符构成的表达式称为关系表达式,其值为 true 或 false,如表 4-1 所示。

表 4-1　关系运算符与关系表达式

| 关系运算符 | 名　　称 | 关系表达式例子 | 结果(设 int age=18) |
| --- | --- | --- | --- |
| < | 小于 | age < 35 | true |
| > | 大于 | age > 6 | true |
| <= | 小于或等于 | age <= 18 | true |
| >= | 大于或等于 | age >= 28 | false |
| == | 等于 | age == 60 | false |
| != | 不等于 | age != 3 | true |

再次强调:不要混淆等于运算符==与赋值运算符=。像 x==y 这样的代码会比较 x 与 y 是否相等而得出 true 或 false 的结果,而像 x=y 这样的代码只是把 y 的值赋给 x。

💡注意:还有一个运算结果是逻辑值的二元运算符 instanceof,其左边是对象,右边是类,用于检查对象是否为类的实例。例如:"abc" instanceof String 结果为 true。

# 4.4　逻辑运算符与逻辑表达式

进行条件判断时，条件往往不止一个，例如"如果天气晴朗，并且是节假日，则我们去郊游。"这个命题包含两个条件，它们之间是"并"关系，要同时成立，才有后面结论。这样的并列关系就是"逻辑与"。

又如，"如果他没钱，或没时间，就不会上街购物。"这个命题也包含两个条件，但它们之间的关系是"或"关系，只要其中一个成立，都能推出后面结论。这样的关系就是"逻辑或"。

Java 逻辑运算符按优先级从高到低列举如下：

```
! &  ^  |  &&  ||
```

从左到右依次为：逻辑非、逻辑与、逻辑异或、逻辑或、条件逻辑与、条件逻辑或。

最简单的是逻辑非运算符，用于求一个逻辑值的相反值，由真变假、从假变真。它只有一个操作数，属于一元运算符。例如：

```
!clear
```

若变量 clear 原值为 true，则上式为 false，若原值为 false，则为 true。

由逻辑运算符构成的表达式，就是逻辑表达式（如上式），也称布尔表达式。

逻辑表达式的运算结果不是 true 就是 false，只能取两者之一。

除了逻辑非，其余运算符都是带两个操作数的二元运算符。逻辑运算符含义与逻辑表达式例子如表 4-2 所示。

**表 4-2　逻辑运算符含义与逻辑表达式**

| 逻辑运算符 | 名称 | 含　义 | 逻辑表达式例子 | 结果（设 int age＝18） |
|---|---|---|---|---|
| ！ | 逻辑非 | 一元运算符。真变假，假变真 | !(age＜35)<br>!false | false<br>true |
| & | 逻辑与 | 两操作数同真为真，否则为假 | age＞6 & age＜35<br>false & age==18 | true<br>false |
| ^ | 逻辑异或 | 两操作数一真一假，结果才为真，否则为假 | age＞=18 ^ age＜6<br>true ^ true | true<br>false |
| \| | 逻辑或 | 两操作数同假为假，否则为真 | age==18\|age＞=28<br>age＜14\|age＞60 | true<br>false |
| && | 条件逻辑与 | 含义同 &，但当左操作数为假，不再执行右操作数，直接得出 false | age＞6 && age＜35<br>false && age==18<br>false && true | true<br>false<br>false |
| \|\| | 条件逻辑或 | 含义同\|，但当左操作数为真，不再执行右操作数，直接得出 true | age==18 \|\| age＞=28<br>age＜14 \|\| age＞60<br>true \|\| age＞=80 | true<br>false<br>true |

打折计价——逻辑值与分支结构

相比之下,条件逻辑运算符 && 和 || 应用最多,它们具备"短路求值"特性:某些时候,求出左操作数的值后,不必计算右操作数,即可马上得到结果。对于 && 表达式,若左操作数值为 false,即马上得到 false 结果,不再计算右操作数,从而省去不必要的运算;对于 || 表达式,若左操作数值为 true,也马上得到 true 结果,不再计算右操作数。因此,称它们为"条件"逻辑运算符,即满足一定条件,才计算右操作数。而普通的逻辑与、或运算符(& 和 |),就没有短路求值功能,无论左操作数值如何,都必须计算右操作数。

💡 注意:运算符 & 有两种功能,除了 boolean 型操作数的"逻辑与",还可作整型操作数的"按位逻辑与",即对于两个整型的操作数,按位执行逻辑与运算,对应的二进制位同为 1 结果位为 1,否则为 0,运算结果是整数。类似地,运算符 | 也有两种功能,除了 boolean 型操作数的"逻辑或",也可作整型操作数的"按位逻辑或",对应位同为 0 结果位为 0,否则为 1,运算结果也是一个整数。

# 4.5　程序基本控制结构

面向过程的程序(如 C 语言程序)有 3 种基本控制结构:顺序结构、分支结构和循环结构。

面向对象程序结构包含面向过程程序的结构,故也有这 3 种基本控制结构。

ch4.5

## 4.5.1　顺序结构

顺序结构按从上到下的顺序逐条执行语句,上一条语句执行完才执行下一条语句。

顺序结构的程序流程图如图 4-3 所示。

例 4-1 中 main 方法体内部 4 条语句组成的结构就是顺序结构。

## 4.5.2　分支结构

分支结构也称选择结构。典型的分支结构流程图是图 4-4(a)所示的双分支结构,由两个分支组成,条件是值为 true 或 false 的表达式。根据条件是否成立(用 yes、no 首字母表示),选择执行其中一个分支。

分支语句可以是多个语句组成的代码块(复合语句),也可以是空语句。双分支结构中若第二个分支为空,则称"单分支"结构,如图 4-4(b)所示。

如果分支语句本身又是一个分支结构,则构成多分支。各分支都可嵌入一个分支结构,如图 4-4(c)所示的是常用的多分支结构。

语句1

语句2

图 4-3　顺序结构

## 4.5.3　循环结构

当在 400m 田径场跑 800m 或 1200m 时,就是一种循环运动:跑完一圈后,因为未达到预定的距离,满足继续跑步的条件,于是继续跑下去,直到跑完为止。

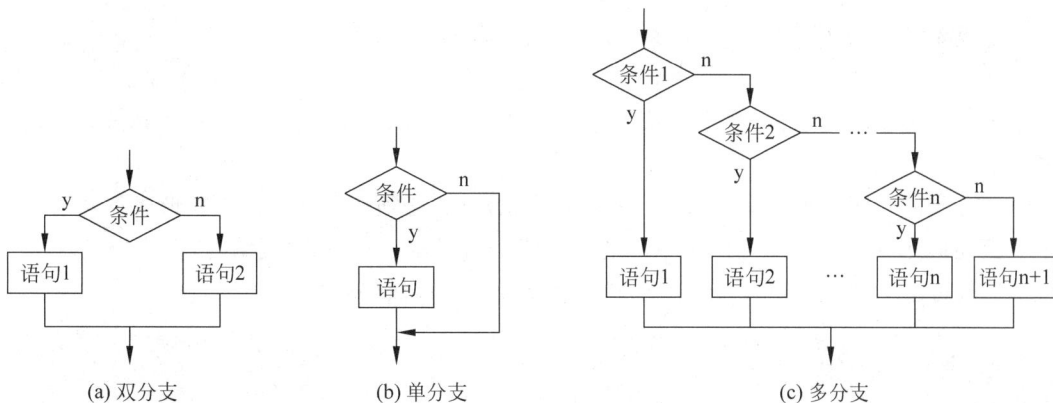

(a) 双分支　　　(b) 单分支　　　(c) 多分支

图 4-4　分支结构

循环结构程序类似这种绕圈子式的跑步运动。循环结构内部可反复执行的代码块称为循环体,循环体通常由多条语句组成,是大括号括起来的复合语句。

循环结构有两种,流程图如图 4-5(a)所示为先判断后执行的循环,如果条件不满足,则不执行循环体,直接退出循环;若条件满足,才执行循环体,执行一次循环体后,回过头来再判断条件以决定是否再次执行循环体。图 4-5(b)所示为先执行后判断的循环,这种循环总是首先执行一次循环体,然后再判断条件,若条件满足,则继续执行循环体,如此循环往复,直到条件不满足才退出循环。

💡 注意:后判断的循环结构至少执行一次循环体,而先判断的可能一次都不执行。

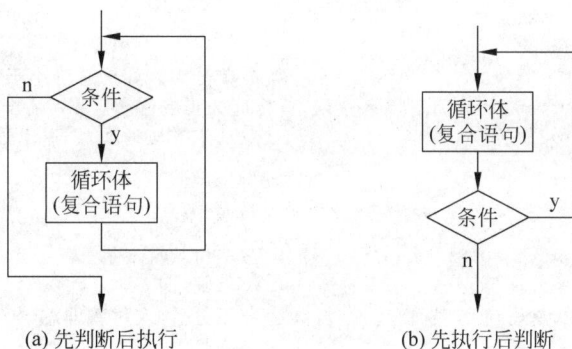

(a) 先判断后执行　　　(b) 先执行后判断

图 4-5　循环结构

## 4.6　if　语　句

最常用的分支语句是 if-else,简称 if(如果)语句。语法格式如下:

```
if (条件表达式)
    代码块 1
else
    代码块 2
```

如果条件表达式为真,则执行代码块 1 中的语句;否则执行代码块 2。

条件表达式是布尔型数据,一般是关系或逻辑表达式,必须用圆括号括起来。一个关系表达式只能表示单个条件,多个关系表达式通过 &&、|| 等运算符构成逻辑表达式,能表达复杂的组合条件。

各分支的代码块可以是一条语句;若有多条语句,必须用大括号括起来形成复合语句。

上述形式的 if 语句对应图 4-4(a)的程序流程,这是典型的双分支结构。

if 语句也可以没有 else 子句,成为"单分支"结构,语法格式如下:

```
if (条件表达式)
    代码块
```

只有条件表达式为真才执行代码块。该语句对应图 4-4(b)的程序流程。

💡 注意:为便于代码维护扩充,建议养成良好的编程风格,即使 if 语句分支中的代码块只有一条语句,也应使用大括号括起来。

【例 4-2】 编写打折计价程序,购物 2000 元以上打 8 折。

ch4.6 例 4-2

```java
import java.util.Scanner;
public class Ex2 {
    public static void main(String[] args) {
        Scanner sc = new Scanner(System.in);
        double price, pay;
        System.out.println("请输入购买商品的总价:");
        price = sc.nextDouble();
        sc.close();
        if (price <= 0) {                      //单分支。如果总价小于 0
            System.out.println("输入错误,价格应为正数!");
            return;                            //从主方法返回,即退出程序
        }

        if (price >= 2000) {                   //如果总价大于或等于 2000 元
            pay = price * 0.8;                 //实付款打 8 折
        } else {                               //否则(即 price < 2000)
            pay = price;                       //不打折,实付款即总价
        }
        System.out.printf("打折后实付￥ %.2f 元", pay);
    }
}
```

程序两次执行结果如图 4-6 所示,第一次运行输入 −10,再次运行输入 2010。

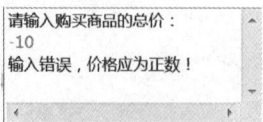

(a) 运行 1

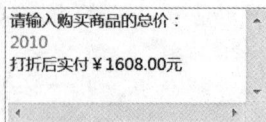

(b) 运行 2

图 4-6  打折计价程序两次运行结果

例 4-2 代码第一个 if 是单分支语句,程序运行时,如果输入非正数价格,则输出错误信息后执行返回语句,从 main 方法返回,即退出程序;如果输入正数,则离开单分支语句,按顺序执行后面的 if-else 语句。

例 4-2 的折扣只有一个,加上不折扣以及非正数,共有 3 个分支。商场折扣通常不止一个,如 9 折、8.5 折和 8 折等,这时可运用多分支结构的嵌套 if 语句编程。

if 语句嵌套方式不止一种,下面是常用的一种嵌套格式:

```
if (条件表达式 1)
    代码块 1
else if (条件表达式 2)
    代码块 2
…
else if (条件表达式 n)
    代码块 n
else
    代码块 n+1
```

if 语句有 n 层嵌套,形成 n+1 个分支,对应图 4-4(c)的程序流程。

【例 4-3】 运用方法编写打折计价程序:购买商品 2000 元以上 8 折,1000 元以上 8.5 折,500 元以上 9 折,少于 500 元不打折。

ch4.6 例 4-3

价格数轴如图 4-7 所示,加上非正数价格共有 5 段,因而有 5 个分支。

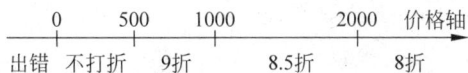

图 4-7  价格数轴

代码如下:

```
import java.util.Scanner;
public class Ex3 {
    public static double discount(double price) {      //定义折扣方法
        double disc;                                     //定义折扣变量
        if (price >= 2000) { disc = 0.8; }               //2000 元以上 8 折
        else if (price >= 1000) { disc = 0.85; }         //1000~2000 元 8.5 折
        else if (price >= 500) { disc = 0.9; }           //500~1000 元 9 折
        else if (price > 0) { disc = 1; }                //0~500 元不打折
        else { disc = 0; }                               //非正数(出错)价 0 折
        return disc;                                      //返回折扣
    }

    public static void main(String[] args) {             //主方法
        double price, disc, pay;                         //价格,折扣,实付款变量
        Scanner sc = new Scanner(System.in);
        System.out.println("请输入购买商品的总价:");
        price = sc.nextDouble();
```

第4章

打折计价——逻辑值与分支结构

```
        sc.close();
        disc = discount(price);                    //调用折扣方法计算折扣
        pay = disc * price;                         //计算实付款
        System.out.printf(" %.1f 折,实付 ¥ %.2f", disc * 10, pay);
    }
}
```

折扣方法 discount 中含 4 层嵌套 if 语句,有 5 个分支,即有 5 条不同的执行路线。多次执行程序,其中 4 次的运行结果如图 4-8 所示。

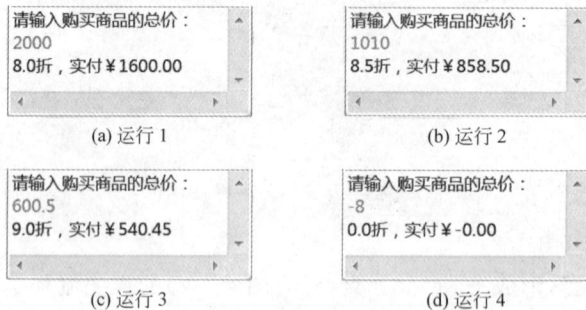

(a) 运行 1          (b) 运行 2

(c) 运行 3          (d) 运行 4

图 4-8　打折计价程序 4 次运行结果

ch4.6 例 4-4

【例 4-4】　使用 if 嵌套语句编写多分支程序,输入一个数字,输出对应的星期几。

代码如下:

```
import java.util.Scanner;
public class Ex4 {
    public static void week(int num) {              //定义星期几的方法
        if ( num == 0) { System.out.println("星期日"); }
        else if (num == 1) { System.out.println("星期一"); }
        else if (num == 2) { System.out.println("星期二"); }
        else if (num == 3) { System.out.println("星期三"); }
        else if (num == 4) { System.out.println("星期四"); }
        else if (num == 5) { System.out.println("星期五"); }
        else if (num == 6) { System.out.println("星期六"); }
        else { System.out.println("超出范围"); }
    }

    public static void main(String[] args) {        //主方法
        Scanner sc = new Scanner(System.in);
        System.out.println("请输入代表星期几的数字:");
        int num = sc.nextInt();
        sc.close();
        week(num);                                   //调用星期几的方法
    }
}
```

程序两次运行结果如图 4-9 所示。

(a) 运行 1　　　　　　　　　(b) 运行 2

图 4-9　输出星期几程序两次运行结果

# 4.7　switch　语　句

例 4-4 使用嵌套形式的 if 语句,每个 if 语句都用同一个变量与不同的数进行相等比较,数是离散型(非连续)的整数。这种情况下用多分支语句 switch 编程将更加精练。

ch4.7

【例 4-5】　使用 switch 语句编程,根据输入的数字,输出对应的为星期几。

下面代码只列出使用 switch 语句的星期方法 week(主方法与例 4-4 相同,略):

```java
public static void week(int num) {        //使用 switch 语句定义星期几的方法
    switch (num) {                         //开关语句
    case 0:                                //情况 0(当 num 为 0)
        System.out.println("星期日");
        break;                             //中断语句
    case 1:                                //情况 1(当 num 为 1)
        System.out.println("星期一");
        break;                             //中断语句
    case 2:                                //情况 2(当 num 为 2)
        System.out.println("星期二");
        break;                             //中断语句
    case 3:                                //情况 3(当 num 为 3)
        System.out.println("星期三");
        break;                             //中断语句
    case 4:                                //情况 4(当 num 为 4)
        System.out.println("星期四");
        break;                             //中断语句
    case 5:                                //情况 5(当 num 为 5)
        System.out.println("星期五");
        break;                             //中断语句
    case 6:                                //情况 6(当 num 为 6)
        System.out.println("星期六");
        break;                             //中断语句
    default:                               //默认情况(其余情况)
        System.out.println("超出范围");
        break;                             //中断语句
    }
}
```

程序运行结果与例 4-4 完全一样,参见图 4-9。

43

第4章

打折计价——逻辑值与分支结构

多分支语句 switch 也称开关语句,语法格式如下:

```
switch (离散型表达式) {
case 常量 1:
    语句组 1
    break;
case 常量 2:
    语句组 2
    break;
…
case 常量 n:
    语句组 n
    break;
default:
    语句组 n+1
    break;
}
```

switch 语句涉及 4 个关键字:switch、case、break 和 default,分别是开关转换、情况、中断、默认的意思。switch 圆括号内的表达式,类型是整型、字符型、枚举型等离散型,不允许 double 和 float(连续的实数)类型。case 代表各分支的入口,case 后面跟常量与英文冒号,相当于语句标签。当离散型表达式的值与某个 case 常量相等时,就执行该 case 分支,直到遇到 break 语句,才跳出整个 switch 语句。若表达式的值与所有 case 常量都不相等时,如果有 default 部分,则执行 default 分支;否则,直接跳过整个 switch 语句,因为 default 部分是可选的。

关于 switch 语句的注意事项有如下几点:

(1) case 常量可以是常量表达式,如 1+2 等。

(2) case 常量具备唯一性,不允许两个 case 值相同。

(3) 程序运行时各 case 只要成功匹配一次,就不再执行后面的匹配比较。

(4) 各分支中的 break 语句是可选的,若没有,将继续执行后面语句,直到遇到 break 语句,或 return、throw 等语句为止,即分支之间允许贯穿。

(5) 各 case 块和 default 块之间的排列顺序没有特定规定,可任意排列。

因此,可以连续写下一系列 case 标签,以指定多种情况下执行相同的语句组。这时,最后一个 case 分支的代码适用于前面所有 case 情况。

【例 4-6】 定义输出工作日、休息日的 week 方法,并测试。

下面代码只列出 week 方法(主方法与例 4-4 相同,略):

```
public static void week(int num) {          //输出工作日及休息日的方法
    switch (num) {                           //开关语句
    default:                                 //默认情况(其余情况)
        System.out.println("超出范围");
        break;                               //中断语句
    case 1:                                  //情况 1(当 num 为 1)
    case 2:                                  //情况 2(当 num 为 2)
    case 3:                                  //情况 3(当 num 为 3)
```

```
        case 4:                                         //情况 4(当 num 为 4)
        case 5:                                         //情况 5(当 num 为 5)
            System.out.println("工作日");
            break;                                      //中断语句
        case 6:                                         //情况 6(当 num 为 6)
        case 0:                                         //情况 0(当 num 为 0)
            System.out.println("休息日");
            break;                                      //中断语句
        }
    }
```

程序运行时,输入 1～5 的整数,都输出"工作日",若输入 6 或 0,则输出"休息日",输入其他数字则输出"超出范围"。

---

💡注意:switch 语句表达式类型只能是 byte、short、int、char、enum(枚举类型)或 String 类型,不允许 float、double 和 long 型。JDK1.7 版以后才允许 String 类型。

---

# 4.8　三目条件运算符

ch4.8

先看下面有关打折计价的 if 语句:

```
if ( price >= 2000 ) { pay = price * 0.8; }       //如果总价大于或等于 2000 元实付款 8 折
else { pay = price; }                             //否则不打折,实付款即原价
```

该 if 语句表达的意思还可用下面更简略的方式表示:

```
discPrice = (price >= 2000 ? price * 0.8 : price);
```

这是一个赋值语句,赋值号右边圆括号内是一个包含运算符"? :"的表达式,其中"?"号和":"号分隔的又各是一个表达式。

"? :"是条件运算符,用来执行条件求值运算,是唯一有 3 个操作数的运算符,故也称"三目条件运算符"。三目条件运算符表达式的语法格式如下:

```
条件表达式 ? 表达式 1 : 表达式 2
```

执行运算时,先计算"?"号前条件表达式的值,若为 true,则计算并返回表达式 1 的值;若条件表达式为 false,则计算并返回表达式 2 的值。因此,整个三目条件运算符表达式的值,是"?"号后面两个表达式其中之一的值。

可见,当执行赋值运算时,三目条件运算符相当于一个精简的 if-else 语句。

---

💡注意:三目条件运算符优先级比赋值运算符高,因此赋值号右边的圆括号可省略。

---

嵌套 if-else 语句形成多分支结构。三目条件运算符也可嵌套,也具备多分支功能。

打折计价——逻辑值与分支结构

**【例 4-7】** 使用三目条件运算符编程,实现例 4-3 的商品打折计价。

下面代码只列出折扣方法(主方法与例 4-3 相同,略):

```
public static double discount(double price) {     //使用三目条件运算符的折扣方法
    double disc;                                  //定义折扣变量
    disc = price >= 2000 ? 0.8 :                  //2000 元以上 8 折
           price >= 1000 ? 0.85 :                 //1000~2000 元 8.5 折
           price >= 500 ? 0.9 :                   //500~1000 元 9 折
           price > 0 ? 1 : 0;                     //0~500 元不打折,非正数价 0 折
    return disc;                                  //返回折扣
}
```

程序运行结果与例 4-3 完全一样,其中 4 次的运行结果参见图 4-8。

# 4.9　本 章 小 结

分支结构是程序三种基本控制结构之一,分支语句有 if 语句和 switch 语句。

if 语句作条件判断的是关系或逻辑表达式,为 true 表示条件成立,false 则不成立。

在按条件取值方面,除了 if 语句,运用三目条件运算符也能实现分支功能。

分支语句和三目条件运算符都可嵌套,实现复杂的多分支功能。

# 4.10　习　题　4

1. 若 int a＝2, b＝4; boolean x;,则执行语句 x＝a>b;System. out. println(x);,结果为(　　)。

    A. 1　　　　　　　　B. 0　　　　　　　　C. true　　　　　　　　D. false

2. 下列语句执行后,x 的值是(　　)。

```
int a = 5, b = 4, x = 3;
if (a-- == b)  x = ++a * x;
```

    A. 3　　　　　　　　B. 4　　　　　　　　C. 5　　　　　　　　D. 6

3. 有如下代码片段,将导致程序运行出错的行是(　　)

```
String str = null;
if (str != null && str. length()>8 ) {
    System. out. println("串长度大于 8");
}
else if( str != null & str. length()<4 ) {
    System. out. println("串长度小于 4");
}
else { System. out. println("OK"); }
```

    A. 第 1 行　　　　　　B. 第 2 行　　　　　　C. 第 5 行　　　　　　D. 都没有错

4. 开关语句 switch 后面括号内表达式的类型不能是(　　)。

    A. int             B. char            C. double          D. short

5. 在 switch(expression)语句中,expression 的数据类型不能是(　　)。

    A. byte            B. long             C. char            D. int

6. 语句 switch(exp)中的 exp 不能是(　　)。

    A. 字符型变量      B. 整型变量        C. 整型常量        D. 逻辑型常量

7. 下列程序段执行后,r 的值是(　　)。

```
int x = 5, y = 10, r = 5;
switch(x + y) {
case 15:  r += x;
case 20:  r -= y;
case 25:  r * = x/y;
default:  r += r;
}
```

    A. 0              B. 10            C. 15            D. 20

8. 下列代码执行后,k 的值是(　　)。

```
int i = 10, j = 18, k = 30;
switch(j - i) {
    case 8:    k++;
    case 9:    k += 2;
    case 10:   k += 3;
    default:   k /= j;
}
```

    A. 31            B. 32            C. 2            D. 33

9. 下列程序段执行后,t5 的值是(　　)。

```
int t1 = 5, t2 = 6, t3 = 7, t4, t5;
t4 = t1 < t2 ? t1 : t2 ;
t5 = t4 < t3 ? t4 : t3;
```

    A. 5              B. 6             C. 7            D. 以上都不对

10. 执行下列代码,输出结果是(　　)。

```
int x = 5, y = 7, u = 9, v = 6;
System.out.println(x > y? x + 2:u > v?u - 3:v + 2);
```

    A. 8              B. 7             C. 6            D. true

11. 编程。定义方法:根据三条边长判断是否构成三角形(任两边之和大于第三边)。再定义一个方法:判断是等边三角形、等腰三角形、一般三角形还是非三角形。

12. 编写方法。根据三边长判断是否构成三角形,若是则计算其面积,否则返回 0。

打折计价——*逻辑值与分支结构*

## 4.11 实训 4：打折计价、显示星座及判断成绩等级

1. 使用嵌套 if 语句编写打折计价程序：购买商品总价 2000 元 8 折，1000 元以上 8.5 折，500 元 9 折，100 元以上 9.5 折，少于 100 元不打折。运行界面如图 4-1(a)所示。

**提示**：定义方法计算折扣。部分代码参考如下。

```
public static double discount(double price) {        //根据购买总价计算折扣方法
    double disc;
    if (price >= 2000) { disc = 0.8; }
    else if …
    …
    return disc;
}

public static void main(String[] args) {             //主方法
    System.out.println("    ==== 打折计价 ====");
    System.out.println("购买商品 2000 元以上,8 折优惠");
    …
    double price, disc, pay;                          //价格,折扣,实付款
    Scanner sc = new Scanner(System.in);
    …
    disc = discount(price);                           //调用折扣方法
    pay = disc * price;
    System.out.printf( … );
}
```

ch4.11 实训 1

2. 使用 switch 语句编写显示星座程序：根据输入的数字输出对应的星座。12 个星座名称是水瓶座、双鱼座、白羊座、金牛座、双子座、巨蟹座、狮子座、处女座、天秤座、天蝎座、射手座和摩羯座。运行界面如图 4-1(b)所示。

**提示**：定义方法输出数字与星座的对应关系。部分代码参考如下。

```
static void star(int num){                           //数字对应星座方法
    switch (num){
    case 1:
        System.out.println("水瓶座");
        break;
    …
    default:
        System.out.println("数字超出范围");
        break;
    }
}

public static void main(String[] args) {             //主方法
    …
    star( … );
}
```

ch4.11 实训 2

3. 使用嵌套三目条件运算符编写判断成绩等级程序：分数 0～100 转为等级 A～E，其中 A 级 90～100 分，B 级 80～89 分，C 级 70～79 分，D 级 60～69 分，E 级 0～59 分。运行界面如图 4-1(c)所示。

提示：分数转等级方法部分代码参考如下。

```
public static String grade(int score) {          //分数转等级方法
    String grade;
    grade = score > 100 ? "超范围" :
            score >= 90 ? "A 级" :
            …
    return grade;
}
```

ch4.11 实训 3

第 4 章

打折计价——逻辑值与分支结构

# 第5章 累加——循环结构

## 能力目标

- 能运用 for、while 和 do-while 循环语句，理解递归调用方法；
- 能使用加赋值、乘赋值等复合赋值运算符；
- 能运用循环结构编写计算累加、输出金字塔图案等程序。

ch5.1～5.2

## 5.1 任务预览

本章实训编写的计算累加、输出金字塔图案程序，运行结果如图 5-1 所示。

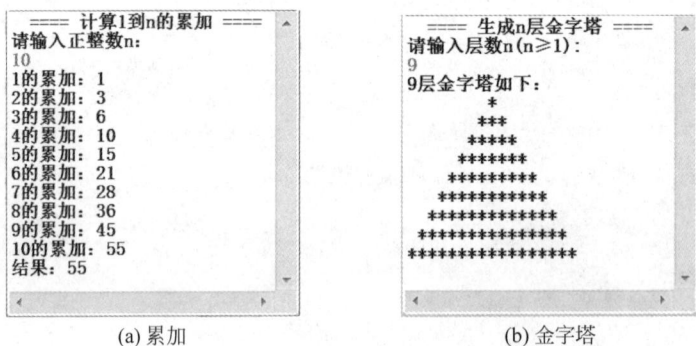

(a) 累加    (b) 金字塔

图 5-1 实训程序运行界面

## 5.2 while 语句

程序有顺序、分支和循环 3 种控制结构，循环语句用于实现循环结构。

Java 语言循环语句有 3 个：while、for 和 do-while。

首先介绍简单易懂的 while 语句，其语法格式如下：

```
while(条件表达式)
    循环体
```

该语句由关键字 while 开头，表示当圆括号内的条件表达式为 true，则执行后面的循环体，否则不执行。循环体一般是用大括号括起来的若干条语句。执行完一次循环体，再回过头判断条件表达式,为 true,继续执行循环体。如此循环往复,直到条件表达式为 false 才结束整个语句。

因此,while 语句的条件表达式和循环体都有可能执行多次,条件表达式必须执行一次以上,但循环体也可能一次都不执行,因为首次判断条件时若为 false,就会退出语句。

while 语句的流程图如图 4-5(a)所示。

【例 5-1】 编程,计算 1~10 的累加,即 1+2+3+…+10。

分析:设初值为 0,则有 10 次加法运算,即 0+1+2+3+…+10。把重复的加法运算作为循环体,循环执行 10 次,每次运算结果是上次结果加上递增的次数,次数从 1 开始。

为清晰起见,下面使用算法描述该问题的解决步骤:

(1) sum ← 0(符号←表示赋值,按箭头方向把初值 0 赋给累加变量 sum)。

(2) i ← 1(把初值 1 赋给次数变量 i)。

(3) 当 i≤10 时,执行下一步,否则跳转到步骤(8)。

(4) sum ← sum+i(sum 累加 i 值,运算结果是上次结果加上递增次数)。

(5) 输出中间结果 sum,即 i 的累加(本步骤可省略)。

(6) i ← i+1(次数递增)。

(7) 转回步骤(3)。

(8) 输出结果 sum。

其中第(3)~(7)步就是执行多次的循环结构。

用 Java 语言编程实现上面算法,代码如下:

```java
public class Ex1 {
    public static void main(String[] args) {
        int sum = 0;                                        //算法步骤(1)
        int i = 1;                                          //算法步骤(2)
        while(i <= 10) {                                    //算法步骤(3)
            sum = sum + i;                                  //算法步骤(4)
            System.out.printf("%d的累加:%d\n", i, sum);     //算法步骤(5)
            i++;                                            //算法步骤(6)
        }                                                   //算法步骤(7)
        System.out.printf("结果:%d", sum);                 //算法步骤(8)
    }
}
```

进行累加操作之前,先定义存放累加结果的变量 sum 并赋初值 0。使用循环语句,涉及循环次数控制问题,一般使用变量来控制,如 i,称为"循环控制变量"。循环控制变量也要赋初值,如 i=1。每循环一次,值递增 1,可用自增运算实现,如 i++。

程序运行结果如图 5-2 所示。若删掉 while 循环体内输出语句则只输出"结果:55"。

```
1的累加: 1
2的累加: 3
3的累加: 6
4的累加: 10
5的累加: 15
6的累加: 21
7的累加: 28
8的累加: 36
9的累加: 45
10的累加: 55
结果: 55
```

图 5-2  1~10 累加

💡 注意:循环体有两条以上语句必须用大括号括起来。为规范和便于维护,建议不管循环体有多少条语句,均用大括号括起来。

累加——循环结构

# 5.3　复合赋值运算符

ch5.3

在例 5-1 中使用了赋值语句：

```
sum = sum + i;
```

语句中的表达式使用了两个运算符：＋和＝，先把 sum 值加 i 值，再赋给 sum。
可把加法和赋值这两种运算合成一体，用一个复合运算符＋＝表示，如：

```
sum += i;                        //用一个加赋值运算符 += 执行两种运算
```

复合赋值运算符除了加赋值（累加），还有减赋值、乘赋值、除赋值和求余赋值等，依次为
—＝、＊＝、/＝和％＝。除了算术运算，还有逻辑运算的复合赋值，如逻辑与、逻辑或和异或
赋值，运算符为＆＝、|＝和^＝。左、右移位也有复合赋值运算符：<<＝和>>＝。

复合赋值运算由二元运算和赋值运算合成，其表达式语法格式如下：

```
变量 @= 表达式
```

其中@代表二元运算符。执行复合运算时，先求右边表达式的值，再与变量进行@运算，最
后执行赋值运算，把结果赋给变量。上式相当于如下表达式：

```
变量 = 变量 @ （表达式）
```

---

💡注意：运算符@＝虽表达两种运算功能，但本身是一个运算符，中间不能加空格。

---

复合赋值运算实质上是两种运算的简化描述。如 sum＋＝i 比 sum＝sum＋i 更简明。
第 2 章介绍过自增自减运算，如 i＋＋和 i——，有了加赋值和减赋值，还可表示为 i＋＝1
和 i—＝1，不过，对于加 1 和减 1 运算，用自增自减运算符表示更为简练。
复合赋值运算符优先级与普通赋值运算符＝相同，结合性也是右结合的。
运算符＋可用于字符串连接，复合赋值运算符＋＝也可用于追加字符串。如：

```
String str = "We";
str += " are";
str += " students.";
```

执行上述语句后，str 值为"We are students."。

# 5.4　for 语 句

在循环语句中，for 语句最简洁，使用率最高，当然对初学者也相对难些。
for 语句的语法格式如下：

```
for（变量初始化；条件表达式；循环变量更新）
    循环体
```

圆括号内用两个英文分号分隔为 3 部分,其执行顺序可用 while 语句描述如下：

```
变量初始化；
while（条件表达式）
{
    循环体
    循环变量更新；
}
```

在 for 语句中,变量初始化部分只在开始时执行一次,然后判断条件表达式,若为 true,则执行循环体,然后执行循环变量更新,再回过头来判断条件表达式是否成立,以决定是否再次执行循环体。若条件表达式为 false,则结束整个语句。

因此,for 语句与 while 语句一样,若条件表达式首次为 false,则循环体一次都不执行。

【例 5-2】 编程,定义使用 for 语句计算 1～n 的累加方法,然后计算 1～10 的累加。

代码如下：

ch5.4 例 5-2

```java
public class Ex2 {
    public static int sum(int n) {          //计算 1～n 的累加方法
        if(n<1) return 0;                    //若 n 不是正整数,则返回 0
        int sum = 0;                         //变量初值 0,因任意数加 0 不变
        for (int i = 1; i <= n; i++) {
            sum += i;                        //加赋值运算相当于 sum = sum + i
            System.out.printf("%d的累加:%d\n", i, sum);  //可删除本语句
        }
        return sum;
    }

    public static void main(String[] args) {  //主方法
        System.out.printf("结果:%d", sum(10));  //调用方法计算 1～10 的累加
    }
}
```

运行结果与例 5-1 完全一样,如图 5-2 所示。

设 n 为正整数,1～n 才能累加,因此累加方法 sum 开头有一条 if 语句。变量 sum 初值也可设为 1,这时 for 语句的循环控制变量 i 初值要改为 2,少执行一次循环体。

【例 5-3】 定义计算 n 阶乘方法,然后调用该方法计算 10 的阶乘。

分析：n 阶乘等于 $1 \times 2 \times \cdots \times n$,可在循环体中使用"乘赋值"进行运算。

代码如下：

ch5.4 例 5-3

累加——循环结构

```java
public class Ex3 {
    public static long fact(int n) {              //返回 long 型的 n 阶乘方法
        if(n<1) return 1;                         //若 n 不是正整数,则返回 1
        long f = 1;                               //阶乘变量初值 1
        for(int i = 2; i <= n; i++) {             //循环控制变量 i 始于 2
            f *= i;                               //乘赋值运算相当于 f = f * i
            System.out.printf("%d 的阶乘:%d\n", i, f);   //可删除本语句
        }
        return f;
    }

    public static void main(String[] args) {      //主方法
        System.out.printf("结果:%d", fact(10));    //调用方法计算 10 阶乘
    }
}
```

程序运行结果如图 5-3 所示。阶乘方法内部 for 语句的循环控制变量 i 始于 2 而不是 1,循环体从 2 阶乘开始计算,可以少执行一次循环体。

如果不在阶乘方法内部输出中间结果,则删掉或注释掉 for 循环体调用 printf 方法的语句,这时程序运行只输出"结果:3628800"。

```
2的阶乘: 2
3的阶乘: 6
4的阶乘: 24
5的阶乘: 120
6的阶乘: 720
7的阶乘: 5040
8的阶乘: 40320
9的阶乘: 362880
10的阶乘: 3628800
结果: 3628800
```

💡 注意:阶乘结果递增很快,采用 int 型整数只能存放 12 以内的阶乘,即使是 long 型也只能存放 20 以内的阶乘,超过了就会溢出,造成所存放的数据与实际不符。

图 5-3  10 的阶乘

for 语句补充说明如下:

(1) 循环变量若增 1 或减 1,则一般使用 ++ 或 -- 运算符,否则使用 += 或 -= 运算符。

(2) for 后面圆括号内三个部分都可省略,但分号不能省,即允许"for( ; ; )"。中间部分的条件表达式为空表示 true,相当于 while(true)。

(3) 圆括号内可用逗号分隔第一和第三部分,即允许多个变量初始化及更新,但中间条件部分不能用逗号,若需要多个条件则可使用逻辑运算符 && 等构成组合条件,如:

```java
for (int i = 1, j = 10; i <= j && i <= 2; i++, j--) { … }
```

(4) 初始化部分声明的变量,是 for 语句的局部变量,只限于本语句内使用。

## 5.5  递归调用方法

设 n 为正整数,数学上使用 n! 表示 n 的阶乘,计算阶乘的数学公式如下:

$$n! = n \times (n-1)! \quad (若\ n > 1)$$
$$n! = 1 \quad\quad\quad\quad (若\ n = 1)$$

若 n 大于 1,则 n 阶乘等于 n 乘以 n−1 的阶乘,于是可用递归调用方法计算阶乘。

所谓递归调用,就是在方法定义的内部直接或间接调用本方法。

ch5.5 例 5-4

【例 5-4】 定义求 n 阶乘递归方法,并调用该方法计算 10 的阶乘。

```java
public class Ex4 {
    public static long f(int n) {                   //定义计算 n 阶乘递归方法 f
        if(n>1) {                                   //如果 n>1
            System.out.printf("f(%d) = %d×f(%d)\n", n, n, n-1);
            return n * f(n-1);                      //调用本方法 f 计算 n-1 阶乘
        } else {                                    //否则 n≤1
            System.out.printf("f(%d) = 1\n", n);
            return 1;                               //返回阶乘值 1
        }
    }

    public static void main(String[] args) {        //主方法
        System.out.printf("结果:%d", f(10));        //调用 f 方法计算 10 阶乘
    }
}
```

运行程序,结果如图 5-4 所示。递归法包含递推和回归两个阶段,由于在递归方法 f 中编写了输出语句,于是运行结果清晰展示了递推过程。如果删掉 f 方法内部两个输出语句,则只显示"结果:3628800"。

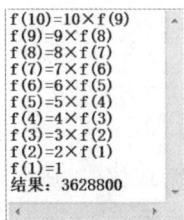

```
f(10)=10×f(9)
f(9)=9×f(8)
f(8)=8×f(7)
f(7)=7×f(6)
f(6)=6×f(5)
f(5)=5×f(4)
f(4)=4×f(3)
f(3)=3×f(2)
f(2)=2×f(1)
f(1)=1
结果: 3628800
```

图 5-4　递归计算阶乘

由此可见,不用循环语句也能计算阶乘,因为递归方法隐含了循环功能。

注意:递归调用不能无限次地调用,为此递归调用的实参(如 n−1)比方法定义的形参(如 n)规模要小,并且小到一定程度时要有一个确定值(如 n≤1 时返回 1),只有这样程序运行才能正常终止。

ch5.5 例 5-5

【例 5-5】 计算 Fibonacci(斐波纳契)数列项。设 n 为正整数,有数学函数如下:

$$fib(n) = fib(n-1) + fib(n-2) \quad (若 n \geqslant 3)$$
$$fib(n) = 1 \quad\quad\quad\quad\quad\quad\quad (若 n < 3)$$

即前两项均为 1,从第 3 项开始,每项为前两项之和。

编程,定义计算斐波纳契第 n 项的递归方法,并调用方法计算若干项的值。

```java
public class Ex5 {
    public static long fib(int n) {                 //计算斐波纳契第 n 项递归方法
        if(n>=3) { return fib(n-2) + fib(n-1);}     //若 n≥3,则调用本方法两次
        else if(n>=1) { return 1; }                 //否则,若 n 为 1 或 2,则返回 1
        else { return 0; }                          //否则,若 n≤0 则返回 0
```

累加——循环结构

```java
    }
    public static void main(String[] args) {              //主方法
        System.out.printf("fib( %d) = %d\n", 6, fib(6));  //调用方法计算第 6 项
        System.out.printf("fib( %d) = %d\n", 7, fib(7));  //调用方法计算第 7 项
        System.out.printf("fib( %d) = %d\n", 8, fib(8));  //调用方法计算第 8 项
        System.out.printf("fib( %d) = %d\n", 9, fib(9));  //调用方法计算第 9 项
    }
}
```

程序运行结果如图 5-5 所示。

💡 注意：使用递归编写方法，虽然代码简洁，但运行时资源消耗大，不可滥用。

图 5-5　计算斐波纳契数列项

**试一试**：能否不用递归方法计算斐波纳契数列项？

# 5.6　do-while 语句

for 和 while 循环语句都是首先判断条件，成立才执行循环体。do-while 语句刚好相反，它首先执行循环体，然后才判断条件。

do-while 语句简称 do 语句，语法格式如下：

```
do
    循环体
while ( 条件表达式 );
```

do 语句首先执行循环体，再判断条件表达式，若成立，则继续执行循环体，否则结束循环。因此，do 语句的循环体至少执行一次。do 语句流程图如图 4-5(b)所示。

💡 注意：do 语句后面必须添加英文分号，否则有语法错误。

ch5.6

【**例 5-6**】　定义用 do 语句计算 1～n 的累加方法，再调用方法计算 1～10 的累加。

```java
public static int sum(int n) {                         //使用 do 语句累加 1～n 方法
    if(n<1) return 0;                                  //若 n 不是正整数，则返回 0
    int sum = 0;
    int i = 1;
    do {
        sum += i;
        System.out.printf(" %d的累加： %d\n", i, sum);
        i++;
    } while (i<= n);                                   //也可把 i++ 置于 while(++i<= n)
    return sum;
}
```

上面只给出计算 1～n 累加方法,主方法与例 5-2 相同,略。

程序运行结果也与例 5-2 相同,如图 5-2 所示。

# 5.7 break 和 continue 语句

中断语句 break 能跳出 switch 语句,该语句还可跳出 while、for 和 do 循环语句。

继续语句 continue 只能置于循环语句内,用于结束本次循环,继续下一轮循环。当然下一轮循环是否执行还要看条件表达式是否成立。

ch5.7

【例 5-7】 在循环体内使用 break 和 continue 语句计算 20 以内的阶乘。

```java
public class Ex7 {
    public static void main(String[] args) {        //主方法
        long f = 1;                                  //阶乘变量
        int i = 1;                                   //递增变量
        do {
            f *= i;                                  //乘赋值
            System.out.printf("%d的阶乘:%d\n", i, f);
            if (++i <= 20) { continue; }             //20 以内继续循环
            else { break; }                          //否则终止循环
        } while( true );
    }
}
```

该例没有调用方法,而是直接在主方法内计算阶乘。程序运行结果如图 5-6 所示。

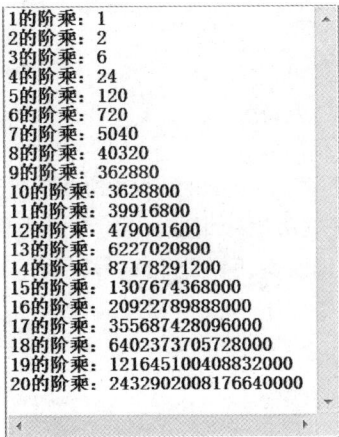

```
1的阶乘: 1
2的阶乘: 2
3的阶乘: 6
4的阶乘: 24
5的阶乘: 120
6的阶乘: 720
7的阶乘: 5040
8的阶乘: 40320
9的阶乘: 362880
10的阶乘: 3628800
11的阶乘: 39916800
12的阶乘: 479001600
13的阶乘: 6227020800
14的阶乘: 87178291200
15的阶乘: 1307674368000
16的阶乘: 20922789888000
17的阶乘: 355687428096000
18的阶乘: 6402373705728000
19的阶乘: 121645100408832000
20的阶乘: 2432902008176640000
```

图 5-6  20 以内的阶乘

# 5.8 多重循环

前面例子循环语句的循环体比较简单,没有嵌入其他循环语句,属于单重循环。

如果要输出二维表格或平面图案,则需使用二重循环,即在循环语句的循环体内嵌入另一循环语句。

ch5.8 例 5-8

内部循环语句的循环体,还可再嵌入循环语句,于是得到三重循环(对应立体图)。

二重以上的循环就是多重循环。

【例 5-8】 编程,使用二重循环,输出 6 行 3 列的表格。

```java
public class Ex8 {
    public static void table(int row, int col) {        //输出 row 行 col 列表格方法
        for (int i = 1; i <= row; i++) {                //外层循环,i 控制行
            for (int j = 1; j <= col; j++) {            //内层循环,j 控制列
                System.out.printf("%d行%d列  ", i, j);   //输出 i 行 j 列单元格
            }
            System.out.println();                        //行末换行
        }
    }

    public static void main(String[] args) {            //主方法
        table(6, 3);                                     //调用表格方法输出 6 行 3 列
    }
}
```

程序运行结果如图 5-7 所示,只输出单元格,不输出表格线。其中内层循环的 printf 语句共执行了 6×3 即 18 次。

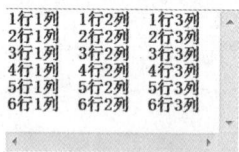

图 5-7 输出 6 行 3 列表格

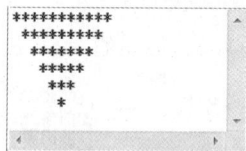

图 5-8 输出倒三角形图案

ch5.8 例 5-9

【例 5-9】 编程,输出图 5-8 所示的 6 行倒三角形图案。

分析:图案由星号组成,但要布局为倒三角形,因此每行左边要插入相应的空格,即图案由空格和星号两种字符组成。而字符输出的顺序是先行后列,从上到下、从左到右,因此可用外循环从上到下控制各行,用两个内循环从左到右分别输出每行的空格和星号。

```java
public class Ex9 {
    public static void triangle(int row) {              //输出 row 行倒三角形方法
        for (int i = 0; i < row; i++) {                 //外循环,i 控制行
            for (int j = 0; j < i; j++) {               //内循环1,j 控制每行空格(列)数
                System.out.print(' ');                  //每次输出 1 个空格
            }
            for (int j = 0; j < 2 * (row - i) - 1; j++) { //内循环2,j 控制每行 * 数
                System.out.print('*');                  //每次输出 1 个星号
            }
```

```
        System.out.println();                    //行末换行
    }
}

public static void main(String[] args) {         //主方法
    triangle(6);                                 //调用方法输出 6 行倒三角形图案
  }
}
```

程序运行结果达到预期目标,如图 5-8 所示。

---

💡 注意:3 种循环语句之间都可以相互嵌套,并且可以嵌套多层。

---

# 5.9　本章小结

有 3 种循环语句,语句之间可相互嵌套,其中 for 语句最精练,使用最多。

递归方法隐含循环结构,代码简明,但递归算法资源消耗大,不可滥用。

# 5.10　习　题　5

1. 设 int x=8;,则语句 while (x--＞4) { System.out.print(' * '); } 输出(　　)。
   A. *　　　　　　　　B. **　　　　　　　　C. ***　　　　　　　　D. ****
2. 设 int x,y;,则语句 x+=y; y=x-y; x-=y;功能是(　　)。
   A. 升序排列 x,y　　B. 降序排列 x,y　　C. 交换 x,y 值　　D. 不明确
3. 设 int i=5;,则 do { System.out.printf("i=%d",i); } while(i++＜6);输出(　　)。
   A. i=5　　　　　　B. i=5i=6　　　　　C. i=6　　　　　　D. i=5i=6i=7
4. 编程。使用循环结构计算:1+1/2+2/3+…+99/100。
5. 使用递归调用方法计算 1～100 的累加。
6. 试定义非递归方法计算斐波纳契(Fibonacci)数列项。
7. 计算 1～20 中除 5 和 15 以外所有奇数的平方,但若平方值超过 300,则终止。
8. 实行标准化考试,做对 1 道题得 2 分,做错 1 道题扣 1 分。某学生考完 50 道题得 82 分。请通过编程解答,该生做对多少道题?

   提示:使用循环语句,穷举所有可能情况,并输出满足条件的答案。
9. 家长督促小孩做功课:做对 1 道题给 5 分,做错 1 道题扣 3 分。最终,小孩做完 20 道题后得 60 分。请编程解答,小孩做对几道题?
10. 有一条长阶梯,如果每步 2 阶,则最后剩 1 阶,每步 3 阶则剩 2 阶,每步 5 阶则剩 4 阶,每步 6 阶则剩 5 阶,只有每步 7 阶的最后才刚好走完。这条阶梯最少有多少阶?
11. 一球从 100 米高度自由落下,每次落地后反跳回原高度的一半,再落下。编程,计算它在第 10 次落地时共经过的距离,以及第 10 次反弹的高度。
12. 定义方法,使用二重循环输出由星号构成的直角三角形。

13. 使用二重循环输出 9 行下三角形状的乘法表。

14. 中国古典数学问题"百钱买百鸡":鸡翁一值 5 文,鸡母一值 3 文,鸡雏三值 1 文。百文买百鸡,各买几何?请编程列出 100 个铜钱买 100 只鸡的各种买法,共有几种?

15. 计算输出 1～10 阶乘之和,即 1! +2! +…+10!。

16. 编程。输出所有由数字 1、2、3、4 组成的三位数,要求互不相同且无重复位(如 123、124、132、134 等),并统计这些三位数的总数。

17. 某人有 5 张 3 分和 4 张 5 分邮票,编程计算这些邮票中 1 张或若干张可得多少种不同邮资。要求输出"1 张邮票邮资分别是:5 分,3 分,(换行)2 张邮票邮资……"。

# 5.11 实训 5:累加、生成金字塔

ch5.11 实训 1

1. 编程,定义计算 1～n 累加的方法,运行时输入正整数 n,调用方法计算累加结果。运行界面如图 5-1(a)所示。

**提示**:累加方法参考例 5-2。部分代码参考如下:

```
public static int sum(int n) { … }              //1～n 累加方法

public static void main(String[] args) {         //主方法
    …
    System.out.printf("结果:%d", sum(…));         //调用累加方法并输出计算结果
}
```

ch5.11 实训 2

2. 编程,定义生成 n 层金字塔的方法,运行时输入层数 n,调用方法生成 n 层金字塔图案。运行界面如图 5-1(b)所示。

**提示**:生成金字塔方法可参考例 5-9。

# 第6章　除法运算——异常处理

## 能力目标

- 能用 try-catch-finally 代码块处理异常;
- 能用 throw 语句主动抛出异常,能用 throws 子句声明方法抛出异常;
- 理解自定义异常类,了解断言语句;
- 能运用异常处理机制编写整数、实数除法运算程序。

## 6.1　任务预览

ch6.1～6.2

本章实训编写的整数除法、实数除法程序,运行结果如图 6-1 所示。

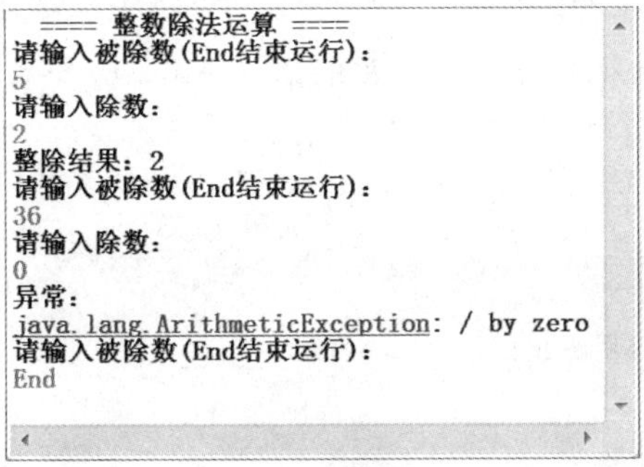

(a) 整数除法 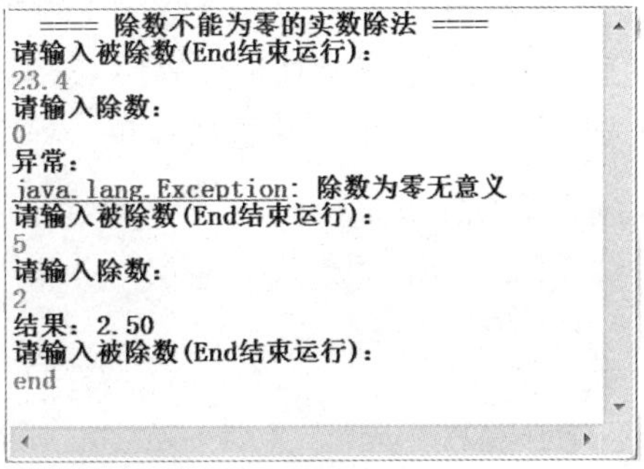　　　　　　　　　　　(b) 实数除法

图 6-1　实训程序运行界面

## 6.2　异　　常

编写应用程序时,即使代码没有语法错误,运行时也会出现意外情况,使得程序无法正常运行下去。这些意外情况即是异常(Exception)。

异常通常是程序运行时出现的问题或错误。为使程序出现异常后能按照预定方式运行,必须在程序中加入异常捕获和处理的代码。Java 具备专门的异常处理机制。

【例 6-1】　编写没有异常处理的整数 2 除以 0 程序。

```java
public class Ex1 {
    public static void main(String[] args) {
```

```
        System.out.println("整数 2 除以 0,得:" + 2/0 );
    }
}
```

程序没有语法错误,但运行时却发生了异常,无法正常输出运行结果,输出异常信息如图 6-2 所示,表示发生了除数为零的算术运算异常,异常类名为 ArithmeticException。这是因为整数相除时,0 作为除数没有意义。

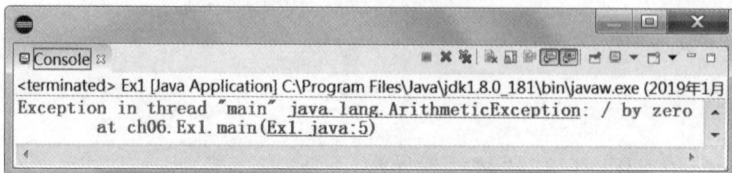

图 6-2　整除除数为零异常信息

【例 6-2】 改进例 6-1,把主方法改为带异常处理的代码:

```
try {
    System.out.println("整数 2 除以 0,得:" + 2/0);
}catch (Exception e) {
    System.out.println("发生异常:" + e.getMessage());
}
```

在程序中加入了异常处理代码块 try-catch,把可能发生异常的语句放在 try 子块中,一旦发生异常,即由 catch 子块捕获处理。程序运行结果如图 6-3 所示。

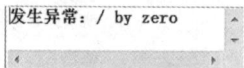

图 6-3　捕获异常后输出信息

# 6.3　异常种类与层次结构

引发异常的原因,除了 0 除数的整除运算外,还有资源不可用(如打开一个不存在的文件)、索引(下标)越界、输入不匹配等。

异常的种类很多,最顶层的异常类是 Exception,它是所有异常的根类,其他所有异常类都由该类派生,或者说,各种异常都隶属 Exception 类。

由 Exception 类直接派生的子类有 IOException(输入输出异常)、RuntimeException(运行时异常)和 SQLException(数据库结构化查询语言异常)等。

其中 RuntimeException 异常出现最多,该类直接派生 NoSuchElementException(没有这种元素异常)、IndexOutOfBoundsException(索引下标越界异常)和 ArithmeticException(算术异常)等子类,而 NoSuchElementException 又有子类 InputMismatchException(输入不匹配异常),IndexOutOfBoundsException 则有子类 ArrayIndexOutOfBoundsException

（数组下标越界异常）和 StringIndexOutOfBoundsException（字符串下标越界异常）。

这样，各个异常类的继承关系组成了一个树状的层次结构，部分异常类继承关系如图 6-4 所示。

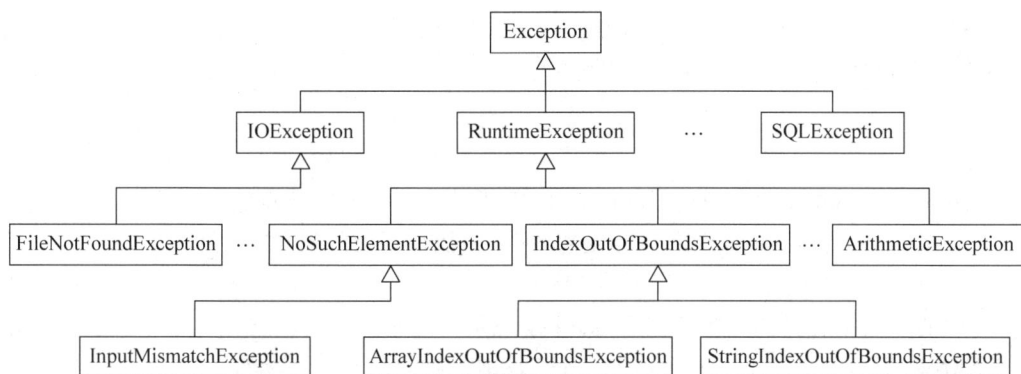

图 6-4　部分异常类继承关系层次图

异常根类 Exception 有一个重要的方法 getMessage()，用来获取异常消息，如“/ by zero”。由于其他所有异常均派生于 Exception，因此所有异常类也拥有该方法。

上面列出的都是系统预先定义好的（部分）异常类，除了系统定义的，编程者也可自定义异常类。不过，自定义的异常类也要继承 Exception。

异常一般是程序运行时自行引发的，也可用 throw 语句在代码中主动抛出异常。

每引发一个异常，系统就创建一个异常类的对象，即一个具体异常就是相关异常类的一个对象。

# 6.4　异常处理代码块 try-catch-finally

程序运行时出现异常，便不能按预定的顺序正常执行下去。如果没有在程序中处理异常，往往会非正常地中断程序运行。如果编写了 try-catch 异常处理块，那么在发生异常时，程序则会转到处理块中进行处理，并按预定的步骤继续运行下去。因此，异常处理代码在应用程序中显得非常重要，程序是否健壮，是否一触即溃，就看异常处理是否妥当。

ch6.4

异常处理代码块的格式有多种，下面逐个介绍。

**1. 带参数的 try-catch**

```
try{ 可能发生异常代码 }
catch(异常类　参数){ 异常处理代码 }
```

其中，try 子块包含可能发生异常的语句，catch 子块的作用是捕获并处理异常。程序运行到 try 子块，若没有异常发生，则按顺序执行其中的语句，直到执行完毕，再离开整个 try-catch 块；若执行到 try 子块中某语句时发生异常，则跳转到 catch 子块，如果异常对象匹配 catch 子块圆括号中的异常类，则执行大括号内的异常处理代码，这时 catch 子块圆括号的参数指向异常对象（就像方法参数传递实参一样）。

除法运算——异常处理

为使 catch 子块能捕获任一异常,圆括号内的异常类一般是异常根类 Exception。try-catch 格式是使用较多的异常处理格式,例 6-2 使用的就是这种格式。

**2. 不同异常作不同处理的 try-catch-catch**

```
try { 可能发生异常代码 }
catch (异常类 1| …  参数 1) { 异常处理代码 1 }
…
catch (异常类 n  参数 n) { 异常处理代码 n }
```

使用多个带不同类型参数的 catch 子块,以便对不同类型的异常作不同处理。

程序运行到 try 子块,若没有异常发生,则顺序执行里面的语句。

若执行 try 子块过程中发生异常,则跳转到第一个匹配的 catch 子块,这时 catch 子块圆括号内的参数指向异常。执行完后,离开整个异常处理代码块。

所谓"匹配",就是发生的异常与 catch 子块圆括号内的异常类相符。

若异常与所有 catch 子块都不匹配,则应用程序无法捕获异常,只好由系统处理。

因为按顺序检查 catch 子块,所以 catch 子块的排列次序很重要,如果存在多种可能出现的异常,并且异常之间存在继承关系,则捕获层次较低异常的 catch 子块必须放在前面。通常最后一个 catch 子块总是捕获异常根类 Exception,用于兜底。

---

💡注意:Java 7 版后可在一个 catch 子块中捕获多种竖线"|"分隔的异常类型,竖线表示"或者",但多种异常之间不能有继承关系。

---

【例 6-3】 编写整数除法运算程序,尝试对不同类型异常作不同处理。

```java
import java.util. * ;
public class Ex3 {
    public static void main(String[ ] args) {
        try{
            Scanner sc = new Scanner(System.in);
            int x, y, z;
            System.out.println("请输入被除数:");
            x = sc.nextInt();
            System.out.println("请输入除数:");
            y = sc.nextInt();
            sc.close();
            z = x/y;
            System.out.println("整除结果:" + z);
        }
        catch(InputMismatchException e){
            System.out.println("输入不匹配异常:" + e.getMessage());
        }
        catch(ArithmeticException e){
            System.out.println("算术异常:" + e.getMessage());
        }
        catch(Exception e){
            System.out.println("异常");
```

```
            e.printStackTrace();                          //输出异常栈跟踪
        }
    }
}
```

上面代码有 3 个 catch 子块,前两个 catch 子块捕获的异常类之间没有继承关系,它们之间的放置顺序可任意,也可用竖线合并在一个 catch 子块中。最后一个 catch 子块捕获异常根类,起兜底作用。

多次运行例 6-3,每次输入不同的操作数,3 次运行结果如图 6-5 所示。

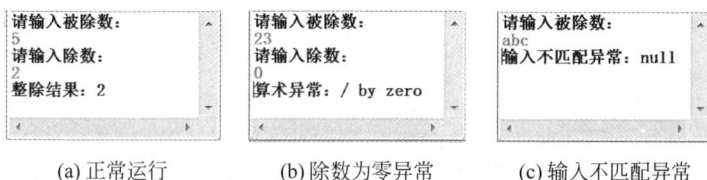

(a) 正常运行      (b) 除数为零异常      (c) 输入不匹配异常

图 6-5   不同异常不同处理的整除

### 3. 不处理异常的 try-finally

```
try{ 可能发生异常代码 }
finally{ 最终代码 }
```

该格式没有 catch 子块,发生异常时应用程序无法捕获处理,只能由系统处理。其中 finally 子块内部的"最终代码",不管是否发生异常都要执行。这种格式比较少用。

### 4. 完整的异常处理块 try-catch-catch-finally

```
try{ 可能发生异常代码 }
catch(异常类 1|… 参数 1){ 异常处理代码 1 }
…
catch(异常类 n 参数 n){ 异常处理代码 n }
finally{ 最终代码 }
```

这种格式与格式 try-catch-catch 相比,多了最终执行的 finally 子块,因此,不管是否发生异常,最终都执行该块。当然,catch 子块也可以只有一个。

【例 6-4】  在例 6-3 的 main 方法后面增加 finally 子块,其余代码不变。

ch6.4 例 6-4

```
finally{
    System.out.println("——程序结束");
}
```

两次运行程序,每次输入不同的操作数,运行结果如图 6-6 所示。可见,不管是否发生异常,每次运行都执行了 finally 子块的语句。

65

除法运算——异常处理

(a) 正常运行          (b) 发生异常

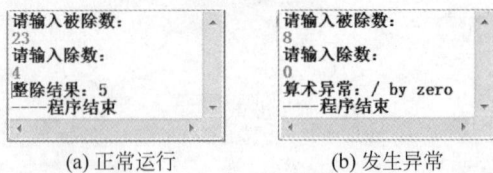

图 6-6　带 finally 子块异常处理

## 6.5　throw 语句与 throws 子句

进行整数相除时,如果除数为零,或输入不匹配,系统会自动引发异常。

除了自动引发,还可在程序中使用 throw 语句,主动抛出异常,格式如下:

ch6.5

```
throw new 异常类构造方法名(实参表);
```

关键字 throw 后面是要抛出的异常对象,构建对象要用 new 调用类构造方法。如:

```
throw new Exception("除数为零无意义");
```

表示抛出一个消息为"除数为零无意义"的异常对象,new 是关键字也是运算符。

如果一个方法中有异常发生,但不想在本方法内部处理,则可在方法声明中使用 throws 子句抛出异常,交给调用该方法的地方进行处理,格式如下:

```
可选 public 或 static 等   返回类型 方法名(形参表)   throws 异常类名{
    …   //引发异常的方法体
}
```

💡注意:关键字 throw 和 throws 都与抛出异常有关,前者用于语句,后者作方法声明。throws 后面紧跟的是异常类名称,由于是方法声明的一部分,所以称"子句"。

【例 6-5】　测试 double 型实数除零是否引发异常。

```
public class Ex5 {
    public static void main(String[] args) {
        System.out.println( "正实数除以零结果:" + 23.5/0 );
        System.out.println( "负实数除以零结果:" + - 52.6/0 );
        System.out.println( "实数零除以零结果:" + 0.0/0 );
    }
}
```

程序运行结果如图 6-7 所示。可见,double 型的除法运算允许除数为零,不会引发异常。若被除数是正数,则结果是 Infinity,即(正)无穷大。若被除数是负数,结果-Infinity,

即负无穷大。如果被除数也是零,则结果为 NaN(Not a Number,非数)。

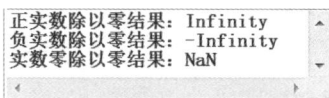

```
正实数除以零结果: Infinity
负实数除以零结果: -Infinity
实数零除以零结果: NaN
```

图 6-7　实数除零不引发异常

已知数学上"除数为零没有意义"。为了与数学思维一致,可改写例 6-5 代码,把 double 数据"除数为零"作异常处理。

**【例 6-6】** 编写 double 型除法运算方法,抛出"除数为零无意义"异常,并且在方法中不捕获异常,抛给调用该方法的代码处理。

ch6.5 例 6-6

```java
import java.util.Scanner;
public class Ex6 {
    static double divide(double x, double y) throws Exception{    //抛出异常除法方法
        if (y!= 0){ return x/y; }
        else { throw new Exception("除数为零无意义"); }            //抛出异常语句
    }

    public static void main(String[] args) {                      //主方法
        double x, y, z;
        String str;
        Scanner sc = new Scanner(System.in);
        while(true){
            try{                                                  //尝试捕获异常
                System.out.println("请输入被除数(End 结束运行):");
                str = sc.nextLine();
                if (str.equalsIgnoreCase("end")) break;           //终止循环
                x = Double.parseDouble(str);
                System.out.println("请输入除数:");
                str = sc.nextLine();
                y = Double.parseDouble(str);
                z = divide(x, y);                                 //调用除法方法
                System.out.printf("结果:%.2f\n", z);              //保留两位小数
            }
            catch(Exception e) {                                  //捕获后处理异常
                System.out.println("异常:" + e);                  //输出异常类全名和消息
            }
        }
        sc.close();
    }
}
```

程序定义了一个只抛出而不处理异常的 divide 方法,方法内部使用 if 语句判断除数是否为零,只有非零才做除法运算,否则用 throw 语句抛出"除数为零无意义"异常。所抛出的异常由调用该方法的 main 方法捕获处理。程序一次运行结果如图 6-8 所示。

注意:异常消息可用 getMessage()方法获得,还可调用 toString()方法同时获取异常类全名(含包名)和消息。在控制台输出异常对象 e 相当于输出 e. toString()。

除法运算——异常处理

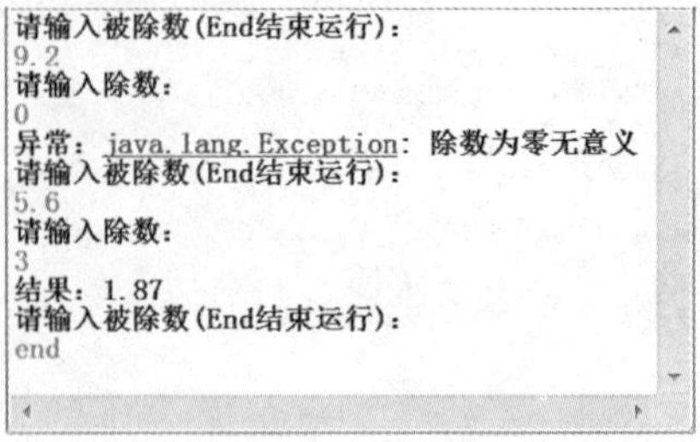

图 6-8　主动抛出除数为零异常

# 6.6　自定义异常类

除了系统预定义的异常类,也可在应用程序中定义自己的异常类。

自定义异常类要继承系统的异常类,如继承 ArithmeticException 或 Exception 等。

ch6.6

【例 6-7】　自定义异常类,在实数除法运算中当除数为零时引发其异常。

```
package ch06;                                              //包定义语句
import java.util.Scanner;
class MyException extends Exception{                       //自定义异常类
    public MyException(String message){
        super(message);                                    //调用超类构造方法
    }
}

public class Ex7 {                                         //主类
    static double divide(double x, double y) throws MyException{   //除法方法
        if (y!= 0){ return x/y; }
        else { throw new MyException("除数为零无意义"); }   //抛出自定义异常
    }

    public static void main(String[] args) { … }          //方法体与例 6-6 相同,略
}
```

程序定义了异常类 MyException,并且在主类 Ex7 的 divide 方法中,使用 throw 语句抛出该异常类对象。程序的一次运行结果如图 6-9 所示。

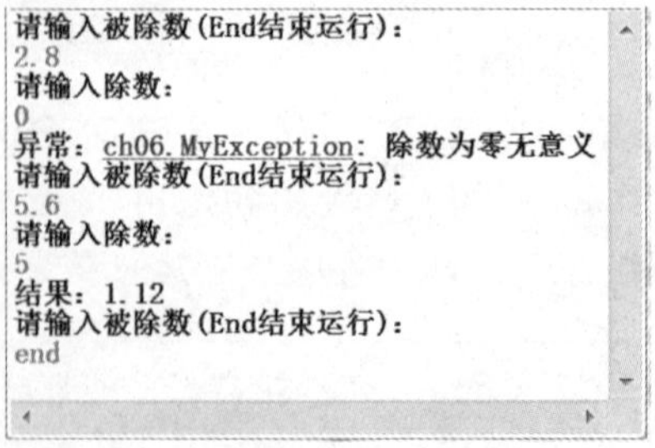

图 6-9　自定义除数为零无意义异常

# 6.7　错误与断言

程序不能顺利运行,除异常 Exception 外,还可能发生了错误 Error。例如,断言错误 AssertionError、虚拟机错误 VirtualMachineError、类连接错误 LinkageError 等。其中,VirtualMachineError 又分内部错误 InternalError、内存溢出错误 OutOfMemoryError、栈溢出错误 StackOverflowError 等。

ch6.7

在 Java 中,Exception 和 Error 这两者既有区别,也有联系。它们都是 Throwable 类的子类,相互间是兄弟关系,如图 6-10 所示。区别是:错误比异常难处理,像 VirtualMachineError 这样的错误,一旦发生,程序只能非正常终止。

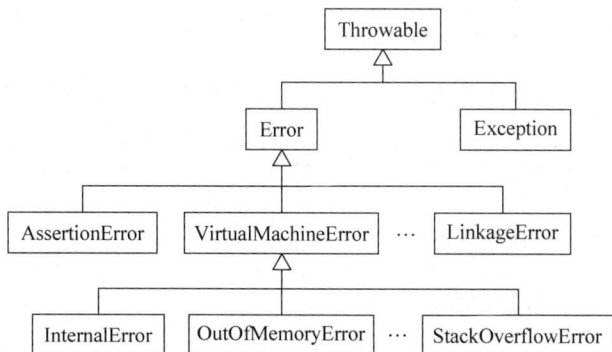

图 6-10　Throwable 及其派生类关系图

Java 有一种特殊的语句——断言(assert)语句。断言就是武断地宣称之意。

断言语句使用关键字 assert 声明,有两种格式,列举如下:

```
assert 条件表达式;
assert 条件表达式 : 字符串型断言消息;
```

设有如下的断言语句:

```
assert x >= 0 : "数大于或等于 0 才能求平方根";
```

断言 x 必须大于或等于 0 才不会出错。若 x 为负数,条件不成立,并且 Java 虚拟机处于启用断言状态,则发生断言错误 AssertionError。断言错误可用 try-catch 块捕获处理。

默认情况下,Java 虚拟机总是关闭断言,即不会执行断言语句。要开启断言,需在运行命令 java 中加入选项-ea,表示 Enable Assertion(启用断言)。

在命令行窗口中开启断言运行的命令格式如下:

```
java - ea 主类名
```

在 Eclipse 开发环境下开启断言:执行菜单 Run|Run configurations 命令,出现对话框,选择 Arguments 选项卡,在 VM auguments 文本框中输入-ea,然后单击 Run 按钮运行。

除法运算——异常处理

【例 6-8】 编程,计算平方根,加入"数大于或等于 0 才能求平方根"断言语句。

```java
public class Ex8 {
    public static void main(String[] args) {
        try {
            double x = - 9.0;
            assert x > = 0 : "数大于或等于 0 才能求平方根";    //断言语句
            System.out.println(Math.sqrt(x));                //计算平方根并输出
        } catch (Error e) {                                  //捕获错误,也可 Throwable
            System.out.println("出错:\n" + e);               //输出类全名和错误消息
        }
    }
}
```

启用断言执行程序,结果如图 6-11 所示。若不启用断言,则执行结果为 NaN。

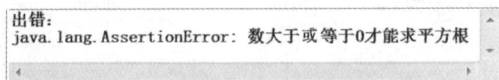

```
出错:
java.lang.AssertionError: 数大于或等于0才能求平方根
```

图 6-11 断言负数不能求平方根

注意:断言语句主要用于程序调试阶段的错误排查。

# 6.8 本章小结

异常是不可避免的,因此程序必须加入捕获处理异常的代码,否则不健壮。

常用的异常处理代码块是 try-catch,只需捕获根异常,就能处理各种异常。

异常既可被动引发,也可由 throw 语句主动产生。

# 6.9 习 题 6

1. 在代码中使用 catch(Exception e)的好处是( )。
   A. 只会捕获个别类型的异常                 B. 忽略一些异常
   C. 捕获 try 块中产生的所有异常             D. 执行一些程序

2. 对于多个 catch 子句的排列,下列说法中正确的是( )。
   A. 父类在先,子类在后                     B. 子类在先,父类在后
   C. 多种异常不能在 try 块中出现             D. 如何排列都无关

3. 在异常处理块 try-catch-finally 中,一旦发生异常,由( )捕获并处理。
   A. try          B. catch          C. finally          D. throws

4. 在异常处理中,释放资源、关闭文件或关闭数据库等操作由( )完成。
   A. try          B. catch          C. finally          D. throw

5. 若要抛出用户自定义异常,应使用(　　)语句。

    A. catch            B. throw            C. try            D. finally

6. 下列代码执行后,输出结果是(　　)。

```java
public class Test {
    public static void throwit() {
        System.out.print("throwit ");
        throw new RuntimeException();
    }
    public static void main(String[] aa) {
        try {
            System.out.print("hello ");
            throwit();
        } catch (Exception re) {
            System.out.print("caught ");
        } finally {
            System.out.print("finally ");
        }
        System.out.print("after");
    }
}
```

    A. hello throwit caught           B. hello throwit caught after

    C. hello throwit caught finally       D. hello throwit caught finally after

7. try 子块可以单独使用,不需要搭配 catch 或 finally,是否正确?

# 6.10　实训 6:除法运算程序

1. 编写整数除法程序,运行时不断提示输入两个整数,输出整除结果。若输入 End 则结束运行。要求捕获所有异常(含除数为零算术异常)。运行界面如图 6-1(a)所示。

提示:部分代码参考如下。

ch6.10 实训 1

```java
int x, y, z;
String str;
Scanner sc = new Scanner(System.in);
while (true) {
    try {
        System.out.println("请输入被除数(End结束运行):");
        str = sc.nextLine();                    //输入一行字符串
        if (str.equalsIgnoreCase("end")) break; //若为 end 则终止
        x = Integer.parseInt(str);              //字符串转整数
        System.out.println("请输入除数:");
        ...
        z = ...                                 //整除
        ...                                     //输出结果
```

除法运算——异常处理

```
        }
    catch (Exception e) { … }
}
```

ch6.10 实训 2

2. 编写 double 型实数除法程序：不断提示输入两个实数，输出相除结果。输入 End 则结束运行。若遇到除数为零，则抛出"除数为零无意义"异常。要求捕获所有异常。运行界面如图 6-1(b)所示。

提示：请参考例 6-6。

# 第 7 章  圆和矩形——类与对象

## 能力目标

- 能定义类,编写字段、方法和构造方法,能 new 对象;
- 能理解运用 public 和 private 等修饰符;
- 能使用 static 和 final 声明类成员;
- 能定义圆类和矩形类,构建对象,计算其面积、周长和个数。

## 7.1  任 务 预 览

本章实训定义圆和矩形类,计算对象的面积与周长,运行结果如图 7-1 所示。

ch7.1

```
==== 构建圆对象计算面积与周长 ====
请输入圆半径(End结束):
2.1
构建半径2.10的圆, 面积13.85, 周长13.19
———圆总数: 1
请输入圆半径(End结束):
5
构建半径5.00的圆, 面积78.54, 周长31.42
———圆总数: 2
请输入圆半径(End结束):
-23.4
异常:
java.lang.Exception: 半径不能为负数
请输入圆半径(End结束):
10.2
构建半径10.20的圆, 面积326.85, 周长64.09
———圆总数: 3
请输入圆半径(End结束):
end
```

(a) 圆对象面积与周长

```
==== 构建矩形对象计算面积与周长 ====
请输入长度(End结束):
5
请输入宽度:
3
构建长5.0宽3.0矩形, 面积15.00, 周长16.00
———矩形总数: 1
请输入长度(End结束):
23.4
请输入宽度:
-8
异常:
java.lang.Exception: 宽度不能为负数
请输入长度(End结束):
23.4
请输入宽度:
8
构建长23.4宽8.0矩形, 面积187.20, 周长62.80
———矩形总数: 2
请输入长度(End结束):
end
```

(b) 矩形对象面积与周长

图 7-1  实训程序运行界面

## 7.2  定 义 类

在计算机中,使用"类"对现实世界的实体进行抽象概括和分类,这就是面向对象程序设计(Object-Oriented Programming,OOP)。Java 语言即是 OOP 语言。

现实世界中,每个类都具有一些共同的属性,如人类有姓名、身高和体重等属性,圆类有圆心和半径等属性;类也有共同的行为,如人类有吃饭、睡觉

ch7.2

和劳动等行为,圆类有计算面积和周长等行为。

计算机中的"类"是一种类型,是对实体进行建模的一种机制。类是具有共同性质的一群实体的统称。定义类即是将一类实体的数据和行为封装在一个称为 class 的代码块中。

类的一个实例(instance)称为对象(object)。

类与对象的关系是总体和个体的关系。类犹如工程图纸,对象就是按图纸生产的产品,如汽车图纸和一辆黑色小轿车,鼠标图纸与一个鼠标。一个类可构建多个对象。

以圆为例,圆是一种平面几何图形,圆类均有圆心、半径、固定的圆周率,通过半径及圆周率能计算面积和周长。

【例 7-1】 定义圆类 Circle,把圆的性质和行为用一个代码块封装起来。

```java
class Circle{                                          //圆类
    private double radius;                             //半径字段
    private static int num;                            //圆对象总数字段
    private static final double PI = 3.14159;          //圆周率常量字段

    public Circle(){                                   //构造方法 1
        num ++ ;
    }
    public Circle(double radius) throws Exception{     //构造方法 2
        setRadius(radius);                             //调用设置半径方法
        num ++ ;
    }

    public double getRadius(){                         //获取半径方法
        return radius;
    }
    public void setRadius(double radius) throws Exception {  //设置半径方法
        if (radius < 0) { throw new Exception("半径不能为负数"); }
        this.radius = radius;
    }

    public static int getNum(){                        //获取圆对象总数方法
        return num;
    }

    public double area(){                              //面积方法
        return PI * radius * radius;
    }
    public double girth(){                             //周长方法
        return 2 * PI * radius;
    }
}
```

第一行代码是类的头部(类头),由关键字 class 和表示类名的标识符 Circle 组成,其中 class 是类定义的标记,必不可少。类名由编程人员命名,要有明确含义,一般使用英文单词。类名习惯以大写字母开头。

类头后面大括号部分是类的主体(类体),定义组成类的各个成员。类成员有字段

(field)和方法(method)等。其中字段是数据成员,对应实体的属性,方法是行为成员,对应实体的动作。此外,还有构造方法(constructor),专用于构建对象。

Circle 类体中定义了 3 个字段:radius、num、PI,分别表示半径、总个数、圆周率。字段一般以关键字 private 开头,表示私有的,即只能在类内部使用。

声明字段 num 使用了关键字 static,表示静态的。静态字段属于整个类,能被本类的所有对象共同使用(共享)。num 用于存放圆对象的总个数。

由于圆周率是一个常量,因此声明 PI 字段时除了 static,还使用了关键字 final,表示该字段是最终的、不可更改的变量,即常量。常量习惯用大写字母命名。

在 Circle 类体中,除了字段,还定义 7 个方法,它们前面均有关键字 public,表示公共、公开的,可被别的类调用。

前两个的方法名与类名相同,称为构造方法。构造方法用于构建对象,无须返回类型。每构造一个圆对象,圆个数就增加 1,因此构造方法体中使用 num++。第一个构造方法没有参数。第二个构造方法带有半径参数 radius,构造方法内部调用了 setRadius 方法。

由于半径不能为负数,因此设置半径方法 setRadius 的内部有抛出异常的语句。这时方法头也要声明抛出异常。当方法参数和字段同名时,方法内部用关键字 this 标识字段,如 this. radius,表示所构建的"这个"对象的半径字段。

由于带参构造方法调用的 setRadius 方法抛出异常,因此方法头部也要声明抛出异常。

后 5 个方法是一般的方法——类成员方法,方法头部必须有返回类型,如 double、void 和 int 等(注意构造方法是没有返回类型的)。其中 getRadius 和 setRadius 是关于半径获取和设置的方法,getNum 方法获取圆对象总数。area 和 girth 方法用于计算圆周长和面积,它们都没有参数,因为半径和圆周率直接从字段 radius 和 PI 获取。

需要强调的是,类的字段成员一般声明为 private,这是类的封装性要求,字段只在类内部使用,不允许在本类外部直接使用。不过,类可提供 public 方法,允许在外部间接访问私有字段。通常定义与字段对应的 get 和 set 方法,如 getRadius 和 setRadius 等。方法是类与类之间关联的桥梁。

类分为类头和类体,定义类要声明类头,构筑类体,类定义的语法格式如下:

```
可选 public 可选 abstract 或 final class 类名{
    字段、方法等成员以及构造方法
}
```

在类头部,关键字 class 前面有可选关键字 public(公共的)、abstract(抽象的)或 final (最终的)。其中,声明为 public 的类可被所有类访问,否则,默认只能由同一个包访问(包访问性)。声明为 abstract 的类是抽象的,不能构建对象。声明为 final 类是最终的,不能派生子类。

类体有字段、方法和构造方法等,除相互引用的字段之外,各成员之间的排列次序可任意。为叙述方便起见,本书通常把字段和构造方法排在前面。

💡注意:类允许嵌套定义,类体内允许以类成员的形式定义另一个类。还可在类的方法中定义类,即类与方法也允许相互嵌套。

圆和矩形——类与对象

## 7.3　构造方法及其重载

ch7.3

构造方法也叫构造函数,是创建对象时所执行的特殊方法,一般用于初始化新对象的字段。

构造方法只能在类中定义,定义构造方法的语法格式如下:

```
可选 public 等 构造方法名(形参表) 可选 throws 子句{
    方法体语句
}
```

构造方法通常声明为 public,因为构造方法主要提供给其他类调用。

构造方法名必须与类名相同,参数可有可无,但不能声明返回类型。

> 注意:调用构造方法能返回本类对象,因构造方法与类同名,已含返回类型信息,因此无须再声明返回类型。

例 7-1 定义的 Circle 类两个构造方法如下:

```
public Circle(){                                    //构造方法 1
    num ++;
}
public Circle(double radius) throws Exception{      //构造方法 2
    setRadius(radius);                              //调用设置半径方法
    num ++;
}
```

调用构造方法构建对象时,必须使用关键字 new,它是个一元运算符。如:

```
Circle c1 = new Circle(3.5);
```

构建半径为 3.5 的圆对象,并赋给 Circle 类变量 c1。c1 成为对象的引用名。

又如,通过 new 调用 Circle 类无参构造方法构建另一个圆对象:

```
Circle c2 = new Circle();
```

该构造方法没有给出半径值,但由于字段有默认值,因此 c2 也有值为 0 的半径。

> 注意:类数值型字段默认为 0,逻辑型字段默认为 false,引用型字段默认为 null。

类总有一个构造方法。如果类定义中没有声明构造方法,编译器会自动生成无参构造方法,因此无参构造方法也称默认构造方法。

如果类显式声明了构造方法,则编译器将不再提供默认构造方法。因此,如果在类中定义了有参构造方法,又需要无参构造方法,这时必须显式地定义无参构造方法。

允许在一个类中编写多个构造方法,称为构造方法重载。按照方法重载的规则,这时各个构造方法的参数类型、个数和排列顺序不能相同。

**【例 7-2】** 在例 7-1 基础上,构建若干圆对象,并计算圆的面积和周长。

```java
public class Ex2 {
    public static void main(String[] args) {
        try{
            Circle c1 = new Circle(3.5);
            System.out.printf("构建半径％.2f的圆,面积％.2f、周长％.2f\n",
                c1.getRadius(), c1.area(), c1.girth());
            System.out.printf(" ---- 圆对象总数:％d \n\n",Circle.getNum());
            Circle c2 = new Circle(10);
            System.out.printf("构建半径％.2f的圆,面积％.2f、周长％.2f\n",
                    c2.getRadius(), c2.area(), c2.girth());
            System.out.printf(" ---- 圆对象总数:％d \n\n",Circle.getNum());
            Circle c3 = new Circle();
            System.out.printf("构建半径％.2f的圆\n", c3.getRadius());
            c3.setRadius(1);
            System.out.printf("半径改为％.2f,这时圆面积％.2f、周长％.2f\n",
                    c3.getRadius(), c3.area(), c3.girth());
            System.out.printf(" ---- 圆对象总数:％d \n",Circle.getNum());
        }
        catch(Exception e){ System.out.println("异常:" + e); }
    }
}
```

上述代码依次调用构造方法构建 3 个圆对象,并分别计算它们的面积和周长。程序的运行结果如图 7-2 所示。

构建半径3.50的圆,面积38.48、周长21.99
---- 圆对象总数:1

构建半径10.00的圆,面积314.16、周长62.83
---- 圆对象总数:2

构建半径0.00的圆
半径改为1.00,这时圆面积3.14、周长6.28
---- 圆对象总数:3

图 7-2　构建圆对象计算面积和周长

# 7.4　访问控制修饰符

Java 访问控制修饰符有 3 个:public、protected 和 private,它们都是关键字,分别表示公共的、受保护的和私有的,用于声明类的成员,以限定其使用范围。其中 public 还可用于声明类本身。

ch7.4

圆和矩形——类与对象

### 7.4.1 类修饰符 public

类有两种访问控制方式：一是没有修饰符的(默认)包访问性，二是使用 public。

包访问性表示类的使用范围局限于本软件包。一个包相当于一个朋友圈，在包的范围内，类与类之间默认是朋友关系，因而可相互访问。

使用 public 声明的类，使用范围是公共、公开的，可以被其他包访问。

💡 注意：类或接口(interface)只能用 public 修饰，而不能用 protected 或 private。

一个源程序文件可以定义多个类和接口，但只有与文件主名同名的一个类或接口才能使用 public 修饰。

### 7.4.2 类成员修饰符 public、protected 和 private

这 3 个修饰符均可用于类的成员字段和成员方法，它们构成了 3 个访问级别，此外，类成员也有一个默认的包访问级别，因此，类成员共有 4 个访问控制级别，如表 7-1 所示。

表 7-1 类成员 4 个访问级别

| 访问级别 | 含　义 |
| --- | --- |
| public | 公共的成员，访问不受限制，访问级别最高，范围最大 |
| protected | 受保护的成员，能被所有派生类继承，但访问仅限于本包 |
| 默认的 | 包访问性成员，只能被所在的包访问 |
| private | 私有的成员，只能在本类访问，访问级别最低，范围最小 |

💡 注意：接口类型的成员默认为 public，不能使用 protected 和 private 修饰。

为了能从名称中得到访问性信息，推荐采用下面方式命名类及其成员：

(1) 类名以大写字母开头。如圆类 Circle。

(2) 类成员字段和成员方法名以小写字母开头，由多个单词组成的，第二个单词开始首字母要大写(即骆驼格式)。

(3) 常量全部以大写字母命名。如圆周率 PI。

ch7.5

## 7.5 静态成员和实例成员

### 7.5.1 使用 static 声明静态成员

类的字段和方法均可选用关键字 static 修饰，这样的成员称为静态成员(静态字段和静态方法)。如例 7-1 中，Circle 类的静态成员有 PI、num 和 getNum：

```
private static int num;                          //圆对象总数字段
private static final double PI = 3.14159;        //圆周率常量字段
public static int getNum(){ return num; }        //获取圆对象总数方法
```

静态成员能被类的所有对象共享,也称类成员。

在类外部使用静态成员,要用类名作前缀,如 Circle. getNum( )。若使用对象名作前缀,在 Eclipse 开发环境下会出现警告标志 🐚 。

使用类名作前缀引用静态成员的语法格式:

```
类名.字段名
类名.方法名(实参表)
```

类内部可直接引用静态成员,也可用类名作前缀,如 num 和 Circle. num 的效果一样。

---

💡注意:类不能用 static 声明构造方法,但可声明一个复合语句 static{…},称为静态(初始化)代码块。它以类成员形式出现,对整个类进行初始化操作(构造方法只对类对象初始化)。每次加载类,静态代码块自动执行且仅执行一次。

---

## 7.5.2　实例成员与关键字 this

没有 static 修饰的非静态成员就是实例成员(实例字段、实例方法)。

实例成员只能被各个对象独占,不能共享。如 radius 是实例成员,每个圆对象都拥有自己的 radius,圆与圆之间不能共享半径。每创建一个对象,就创建了该对象独有的实例成员。如每创建一个圆对象,该对象就拥有自己的实例字段 radius 和对特定实例数据进行操作的实例方法 getRadius 和 setRadius。

实例成员为类对象所独占,在类外部使用实例成员时,只能用对象(实例)名引用,不能用类名,如 c1. getRadius( ),但不能 Circle. getRadius( )。

使用对象名作前缀引用实例成员的语法格式如下:

```
对象名.字段名
对象名.方法名(实参表)
```

关键字 this 用于指代当前的对象。因此,类内部可以使用 this 作前缀引用实例成员。如例 7-1 的 Circle 类,可用 this. radius 引用实例字段 radius。

---

💡注意:如果方法(含构造方法)的参数与字段同名,则在方法中使用实例字段必须以 this 作前缀,使用静态字段必须以类名作前缀;否则,按"局部优先"原则,没有前缀的必是同名的局部变量。

---

关键字 this 还可在构造方法中调用本类的其他构造方法,如例 7-1 的 Circle 类带参构造方法可改写如下(调用语句必须是构造方法内部第一条语句):

```
public Circle(double radius) throws Exception{        //构造方法 2
    this();                                            //调用 Circle()执行 num++;
    setRadius(radius);                                 //调用设置半径方法
}
```

ch7.6

# 7.6 使用 final

## 7.6.1 使用 final 声明常量

像圆周率这样的常量,具有固定值,且使用较多,可用一个简洁的标识符表示。

使用标识符命名的常量就是符号常量。用关键字 final 声明符号常量。

在程序中,习惯使用大写字母来命名符号常量,如圆周率 PI。

---

💡 注意:圆周率 PI 在系统的数学类 Math 中已有定义,以 Math.PI 方式可直接引用。Math 类还定义了自然对数的底数 E,以及正弦 sin 和余弦 cos 等方法,它们都是静态的成员,均以类名 Math 作前缀调用。

---

在 Math 类中,定义的圆周率字段 PI 的代码如下:

```
public static final doublePI = 3.141592653589793;
```

顾名思义,常量值不能更改,所以,符号常量只能赋值一次。

常量字段必须在声明时赋值,然后只能读不能改。final 字段通常也声明为 static。

关键字 final 既可声明字段,也可声明局部变量。

## 7.6.2 使用 final 声明方法

关键字 final 也可声明方法,如 Circle 类的面积方法,可改为如下定义:

```
public final double area() { return Math.PI * radius * radius; }
```

使用 final 声明的方法就是最终方法,意思是不能再更改。它与类的继承有关(详见第 8 章),声明 final 的方法,不能被派生子类重写,即不能更改方法的内容。

## 7.6.3 使用 final 声明类

关键字 final 还可声明类,所声明的类就是最终类,也是不能更改之意。就是说,最终类不能被继承,不能派生子类,类的传承脉络到此结束。例如,系统类 System 就是一个最终类,其声明如下:

```
public final class System { ··· }
```

# 7.7 程序举例

ch7.7 例 7-3

为了深刻理解类与对象,下面再举两个例子。

**【例 7-3】** 编程,定义一个儿童类,构建若干小朋友对象,并输出有关数据。

```java
class Child{                                      //儿童类
    private String name;                          //姓名字段
    private char sex;                             //性别字段
    private int age;                              //年龄字段
    private static int num;                       //小孩总数字段

    public Child(){                               //无参数构造方法
        num ++;                                   //小孩总数增1
    }
    public Child(String name, char sex, int age){  //有参数构造方法
        this.name = name;
        this.sex = sex;
        this.age = age;
        num ++;                                    //小孩总数增1
    }

    public void like(String content){             //爱好方法
        System.out.println(name + "爱好" + content);
    }

    public String getName(){                       //获取姓名方法
        return name;
    }
    public void setName(String name){              //设置姓名方法
        this.name = name;
    }

    public char getSex(){                          //获取性别方法
        return sex;
    }
    public void setSex(char sex){                  //设置性别方法
        this.sex = sex;
    }

    public int getAge(){                           //获取年龄方法
        return age;
    }
    public void setAge(int age){                   //设置年龄方法
        this.age = age;
    }

    public static int getNum(){                    //获取小孩总数方法
        return num;
    }
```

圆和矩形——类与对象

```java
    public static void setNum(int num) {              //设置小孩总数方法
        Child.num = num;
    }
}

public class Ex3 {                                     //主类
    public static void main(String[] args) {
        Child c1 = new Child("露丝", '女', 4);
        System.out.printf("%s小朋友：%c,%d岁\n",
            c1.getName(), c1.getSex(), c1.getAge());
        c1.like("唱歌、朗诵");
        System.out.printf("----报数：%d----\n", Child.getNum());
        Child c2 = new Child("张华", '男', 5);
        System.out.printf("%s小朋友：%c,%d岁\n",
            c2.getName(), c2.getSex(), c2.getAge());
        c2.like("武术、打球");
        System.out.printf("----报数：%d----\n", Child.getNum());
        Child c3 = new Child("佳妮", '女', 3);
        System.out.printf("%s小朋友：%c,%d岁\n",
            c3.getName(), c3.getSex(), c3.getAge());
        c3.like("跳舞、表演");
        System.out.printf("----报数：%d----\n", Child.getNum());
    }
}
```

程序运行结果如图 7-3 所示。

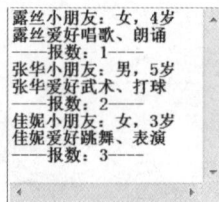

图 7-3　儿童类程序　　　　　　ch7.7 例 7-4

【例 7-4】　编程，定义一个住房类，构建若干套房子对象，并输出有关数据。

```java
class 住房{
    private int 房号, 房间数;
    private String 朝向;
    private double 面积;
    private static int 总套数;

    public 住房(int 房号, int 房间数, String 朝向, double 面积){
        this.房号 = 房号;
        this.房间数 = 房间数;
        this.朝向 = 朝向;
        this.面积 = 面积;
```

```
            总套数 ++;
        }


    public String 获取住房信息(){
        return String.format("第 % d 套: % d 号 % d 房 % s 朝向 % .2f 平方米",
                总套数, 房号, 房间数, 朝向, 面积);
    }
}


public class Ex4 {
    public static void main(String[ ] args) {
        住房    房子;
        房子 = new 住房(501, 3, "东南", 112.3);
        System.out.println(房子.获取住房信息());
        房子 = new 住房(502, 4, "西南", 135.8);
        System.out.println(房子.获取住房信息());
        房子 = new 住房(601, 3, "东南", 112.3);
        System.out.println(房子.获取住房信息());
        房子 = new 住房(602, 4, "西南", 135.8);
        System.out.println(房子.获取住房信息());
    }
}
```

程序运行结果如图 7-4 所示。

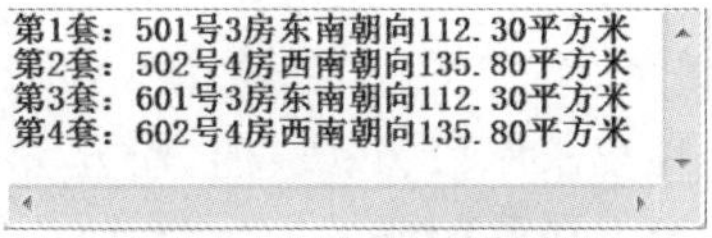

```
第1套： 501号3房东南朝向112.30平方米
第2套： 502号4房西南朝向135.80平方米
第3套： 601号3房东南朝向112.30平方米
第4套： 602号4房西南朝向135.80平方米
```

图 7-4　住房类程序

在住房类的获取住房信息方法中用到字符串类 String 的 format 方法,该方法是静态的,返回一个字符串,其调用格式如下:

String.format("格式字符串", 参数 1, 参数 2, …, 参数 n)

方法参数的格式与 System.out.printf 方法一样,详见 3.5.2 节。

---

💡注意:为便于理解,例 7-4 采用汉字作标识符。不过,正式编程时还是建议使用字母,以防出现意想不到的问题。

---

例 7-4 没有对住房类的私有字段定义相应的公共 get 和 set 方法,如果需要,除了手工编写,还可在 Eclipse 开发环境下自动生成。做法:在该类内右击,选择快捷菜单 Source|Generate Getters and Setters 命令,出现如图 7-5 所示的对话框,单击 Select All 按钮,再单击 Generate 按钮即可。

圆和矩形——类与对象

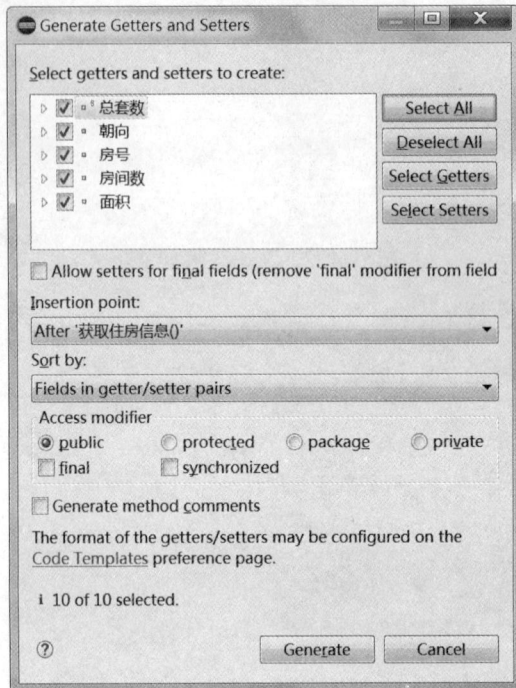

图 7-5　Eclipse 生成 get 和 set 方法对话框

# 7.8　本 章 小 结

类与对象是总体和个体的关系,类定义后,通过 new 调用构造方法构建对象。

类成员有字段和方法,封装性要求字段为私有的,而方法一般是公共的。

成员又分静态和实例两种,静态成员为所有类对象共享。

关键字 final 可声明类、类成员方法及字段等,表示最终的、不能更改的。

# 7.9　习　题　7

1. 下列修饰符中不能修饰顶层类(非内部类)的是(　　)。

    A. public　　　　　　B. private　　　　　　C. abstract　　　　　D. final

2. 同一个类中所有对象共享的修饰符是(　　)。

    A. public　　　　　　B. private　　　　　　C. static　　　　　　D. final

3. 除本类外不能被其他类及类成员访问的修饰符是(　　)。

    A. public　　　　　　B. static　　　　　　C. private　　　　　　D. protected

4. Java 中定义常量的修饰符为(　　)。

    A. final　　　　　　B. finally　　　　　　C. const　　　　　　D. define

5. 下列选项中,不能继承的类是(　　)。

    A. public 类　　　　B. abstract 类　　　　C. final 类　　　　　D. 用户自定义类

6. 只限于子类或者同一包中的类能访问的控制符是（　　）。

    A. public             B. private             C. protected        D. 无修饰

7. 当成员变量与局部变量同名时，在方法内使用成员变量要用关键字（　　）。

    A. super             B. import             C. this              D. return

8. 设 Foo 类定义如下，f 是 Foo 类的对象，则下列语句中调用错误的是（　　）。

```
class Foo { int i;   static String s;   void im(){}   static void sm(){} }
```

    A. Foo. im()；                     B. f. im()；

    C. Foo. sm()；                 D. System. out. println(f. i)；

9. 对于关键字 final，下列叙述错误的是（　　）。

    A. 修饰变量赋值后等同常量           B. 若修饰类则不能派生子类

    C. 若修饰方法则不能被子类重写     D. 若修饰方法则方法所在类不能被继承

10. 关于类内部方法调用的叙述，下列错误的是（　　）。

    A. 静态方法可以调用静态方法       B. 静态方法可以直接调用实例方法

    C. 实例方法可以调用静态方法       D. 实例方法可以调用其他实例方法

11. 下列关于变量及其范围的陈述，错误的是（　　）。

    A. 实例变量是类的成员变量         B. 局部变量在使用前必须被初始化

    C. 方法内局部变量执行时创建       D. 实例变量用关键字 static 声明

12. Java 文件被编译为字节码文件后由 JVM 执行，下列说法中正确的是（　　）。

    A. 类中的构造方法不可省略         B. 成员方法（非构造）不能与类同名

    C. 构造方法在 new 对象时执行       D. 一个类只能定义一个构造方法

13. 下列关于 main 方法的说法，正确的是（　　）。

    A. 一个类中可以没有 main 方法     B. 所有对象都要放在 main 方法中

    C. main 方法必须放在公共类中      D. main 方法头部允许任意修改

14. 设有类定义 class Foo { double x;   static int y; }，则下列说法正确的是（　　）。

    A. x 为类变量，y 为实例变量       B. x 和 y 均为类变量

    C. x 和 y 均为实例变量         D. x 为实例变量 y，为类变量

15. 下列是关于默认构造方法的描述，正确的是（　　）。

    A. 若类没有定义构造方法，则 Java 编译器将为这个类创建默认构造方法

    B. 默认构造方法可以初始化其他方法中定义的变量

    C. Java 编译器会为所有的类创建默认构造方法

    D. 若类只定义了带参构造方法，则 Java 编译器为该类创建一个默认构造方法

16. 下列关于 static 关键字的叙述中错误的是（　　）。

    A. static 类成员变量在程序启动时分配内存空间，直到程序结束才释放

    B. static 类方法只能访问本类非 static 的实例方法

    C. 类方法不能使用 this 关键字

    D. 不需要创建对象 static 类方法就可被调用

圆和矩形——类与对象

17. 下列程序段执行后输出结果是(　　)。

```java
class TestStaticBlock {
    static { System.out.print("Static "); }
    TestStaticBlock() { System.out.print("Custruct1 "); }
    TestStaticBlock(int a) { System.out.print("Custruct2 "); }
    public static void main(String [] args) {
        new TestStaticBlock();
        new TestStaticBlock(2);
    }
}
```

A. Custruct1 Custruct2 　　　　　　B. Static Custruct1 Custruct2

C. Static 　　　　　　　　　　　　D. Static Custruct1 Static Custruct2

18. 下列语句中应填到画线部分的是(　　)。

```java
class Person {
    private String name, addr;
    private int age;
    public Person(String name) { this.name = name; }
    public Person(String name, String addr)
    { this(name);   this.addr = addr; }
    public Person(String name, String addr, int age) {

        _____
        this.age = age;
    }
}
```

A. Person(name, addr); 　　　　　B. this(Person(name, addr));

C. this(name, addr); 　　　　　　D. this(name, age);

19. 编程。设计一个员工类 Emp,要求如下:

(1) 有 4 个属性:Stirng 型编号 id 和姓名 name、double 型工资 salary 和奖金 bonus。

(2) 带参构造方法 Emp(String id, String name, double salary, double bonus)。

(3) 上述私有属性的公共读写方法 getXxx()和 setXxx。

(4) 计算个人所得税方法 tax:所得税＝(工资＋奖金－5000)×3％。

(5) 计算实发工资方法 realSalary:实发工资＝基本工资＋奖金－所得税。

(6) 在 main 方法中实例化一个 Emp 对象,并且调用构造方法初始化所有属性,输出该员工姓名、实发工资和所得税。

# 7.10　实训 7:构建圆和矩形对象

1. 编程,定义圆类,构建若干圆对象,输出其面积、周长和总个数。运行界面参见图 7-1(a)。

　　提示:建议圆类和执行主类分开定义,部分代码参考如下。

ch7.10 实训 1

```
class Circle{ … }                                         //圆类参见例 7-1

public class … {                                          //主类
    public static void main(String[] args) {
        System.out.println("    ====  构建圆对象计算面积周长    ====");
        …
        while(true) {
            try {
                System.out.println("请输入圆半径(End 结束):");
                str = sc.nextLine();
                if(str.equalsIgnoreCase("end")) break;
                …
            }
            catch(Exception e) { … }
        }
    }
}
```

2. 编程,定义矩形类,构建若干矩形对象,输出其面积、周长和总个数。运行界面参见图 7-1(b)。

提示:程序结构参见第 1 题,矩形类部分代码参考如下。

ch7.10 实训 2

```
class Rect{                                               //矩形类
    private double length, width;
    private static int num;
    public Rect(double length, double width) throws Exception{   //带两参数构造方法
        setLength(length);                                //调用设置长度方法
        setWidth(width);                                  //调用设置宽度方法
        num ++;
    }
    …
}
```

圆和矩形——类与对象

# 第8章　动物类派生——继承与多态

## 能力目标

- 理解类的继承，能编写类及其派生子类；
- 理解多态含义，理解上转型对象，能在子类中重写父类同名方法；
- 能运用继承与多态编写学生类继承人类、动物类派生马类等程序。

ch8.1

## 8.1　任务预览

本章实训编写继承人类的学生类和动物多态性程序，运行结果如图 8-1 所示。

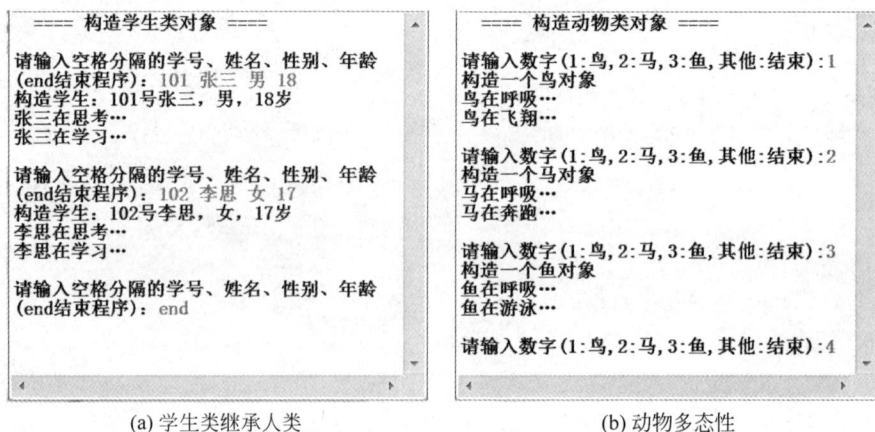

```
==== 构造学生类对象 ====

请输入空格分隔的学号、姓名、性别、年龄
(end结束程序)：101 张三 男 18
构造学生：101号张三，男，18岁
张三在思考…
张三在学习…

请输入空格分隔的学号、姓名、性别、年龄
(end结束程序)：102 李思 女 17
构造学生：102号李思，女，17岁
李思在思考…
李思在学习…

请输入空格分隔的学号、姓名、性别、年龄
(end结束程序)：end
```

```
==== 构造动物类对象 ====

请输入数字(1:鸟,2:马,3:鱼,其他:结束)：1
构造一个鸟对象
鸟在呼吸…
鸟在飞翔…

请输入数字(1:鸟,2:马,3:鱼,其他:结束)：2
构造一个马对象
马在呼吸…
马在奔跑…

请输入数字(1:鸟,2:马,3:鱼,其他:结束)：3
构造一个鱼对象
鱼在呼吸…
鱼在游泳…

请输入数字(1:鸟,2:马,3:鱼,其他:结束)：4
```

(a) 学生类继承人类　　　　　　　　　　　　(b) 动物多态性

图 8-1　实训程序运行界面

## 8.2　继承与派生

ch8.2

设张三是一个学生，则他属于学生类的对象，具有学习能力，当然也属于人类，具备思考、语言表达、使用劳动工具等特征。这样，学生类与人类之间就存在继承(inherit)关系，即学生类继承人类，学生必定是人，具有人的特征。或者反过来说：人类派生(derive)学生类。学生除了具备人类的一般特征外，还具有学习能力。继承与派生是互逆关系。

自然界中，继承与派生关系非常普遍。例如，动物类派生鸟类、马类和鱼类，鸟类又派生大雁和燕子等类。当然也可反过来说：大雁类和燕子类继承鸟类，鸟类、马类和鱼类又继承动物类。自然界中，充分运用继承与派生能简化分类工作的复杂度，达到举一反三的目的。

计算机世界与自然界一样，类(class)之间也有继承和派生关系，充分运用继承与派生关系编写程序能达到代码重用、化繁为简的目标。

**【例 8-1】** 编程，编写具有姓名、性别和年龄字段，以及思考方法的人类。再编写继承人类的学生类，学生类还拥有学号字段和学习方法。然后编写主类，构造人类和学生类的对象，并输出有关数据。

ch8.2 例 8-1

```java
class Human1 {                                          //人类
    private String name;                                //私有的姓名
    private char sex;                                   //私有的性别
    private int age;                                    //私有的年龄

    public Human1(String name, char sex, int age){      //构造方法
        this.name = name;
        this.sex = sex;
        this.age = age;
    }
    public String getName(){                            //公共的获取姓名方法
        return name;
    }
    public void think(){                                //公共的思考方法
        System.out.println(name + "在思考…");
    }
}


class Student1 extends Human1 {                         //继承人类的学生类
    private String stuNo;                               //私有的学号

    public Student1(String stuNo, String name, char sex, int age){   //构造方法
        super(name, sex, age);                          //调用超类的构造方法
        this.stuNo = stuNo;
    }
    public void study(){                                //公共的学习方法
        System.out.println(this.getName() + "在学习…");
    }
}


public class Ex1 {                                      //主类
    public static void main(String[] args) {
        Human1 person = new Human1("林冲", '男', 30);
        person.think();
        System.out.println();
        Student1 aStudent = new Student1("001", "李明", '男', 6);
        aStudent.think();
        aStudent.study();
    }
}
```

动物类派生——继承与多态

林冲在思考…

李明在思考…
李明在学习…

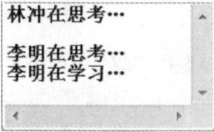

图 8-2　人与学生类

程序运行结果如图 8-2 所示。

在 Student1 类的头部使用了关键字 extends,关键字左右两边均是类名,表示左边的类(子类)继承右边的类(父类)。extends 本是扩充、延伸的意思,这里表示"继承"。

定义继承父类的子类,语法格式如下:

可选 public 可选 abstract 或 final class 子类 extends 父类 { … }

被继承的父类又称为超类(因为指代超类对象的关键字是 super),所继承的子类也叫派生类,即,子类继承父类,父类派生子类。或者说,派生类继承超类,超类派生子类。

先有父类,才有子类。在例 8-1 中,先定义人类 Human1,后定义学生类 Student1。实际上,在源代码的编排上,父类和子类的先后次序无关紧要,子类也可排在父类前,编译时编译器会自动识别。各个类的排列顺序与类成员的排列顺序类似,即排名不分先后。

通过继承,子类拥有父类所有字段和方法成员,此外,子类还可定义自己特有的成员。例如,例 8-1 中,Student1 类继承 Human1 类,除了拥有继承而来的 getName 和 think 方法外,还定义了自己特有的 stuNo 字段和 study 方法。因此,在类 Ex1 的 main 方法中,构造了 Student1 的对象 aStudent,就可调用 think 和 study 方法。

---

💡注意:子类对象包含了父类的内核,即使是父类的私有成员,也在这个内核之中。虽然父类的私有成员不能直接被子类使用,但可通过非私有方法来间接访问。如例 8-1 中的 name 字段虽然不能直接在子类 Studnet1 中访问,但通过继承而来的公共 getName 方法可获取 name。

---

在类的家族中,继承是单一的,即一个类只能有一个父类,不可能有两个以上的父类。不过,像动物的父子关系一样,一个父类可派生多个子类。

类的单一继承关系形成了非常清晰的层次结构,可用倒挂的树状图来描述,如图 8-3 所示。

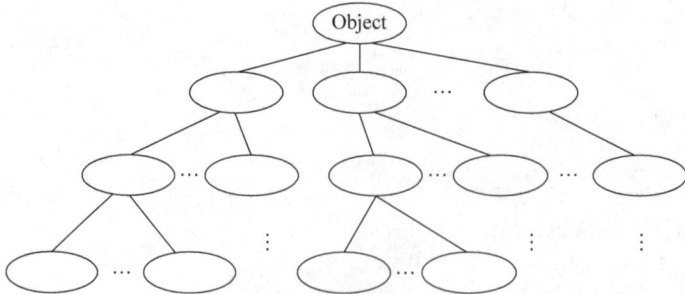

图 8-3　类继承关系树状图

其中,最顶层的是树根,根类 Object 是所有类的祖先,该类在 java.lang 包中。所有系统预定义的以及程序人员自定义的类,都直接或间接地继承 Object 类。

如果自定义的类没有显式继承别的类,就默认继承根类 Object。如例 8-1 中的 Human1 类,没有显式继承其他类,即默认继承了 Object 类,相当于下面的类声明:

```
class Human1 extends Object { ··· }
```

由于 Object 类是所有类的根,因此该类的非私有成员,如 toString 方法(返回对象的字符串表示)、equals 方法(比较两对象是否相等)等,通过派生成为各个类的成员,即,任何类对象都拥有这些方法,都可调用这些方法。

# 8.3 用 protected 声明受保护成员

关键字 protected(受保护的)可修饰类的字段和方法,这些成员能被所有派生子类直接或间接继承,即使本包以外的子类也可以继承。就像人类的家族财产受到法律保护一样,父辈的财产能被子孙辈继承拥有,不管后代是在本地还是在外地都拥有继承权。

ch8.3

关键字 protected 修饰的类成员,还能被类所在的包访问,但不能被其他包访问。

【例 8-2】 改写例 8-1 程序,用 protected 声明类的成员。

```
class Human2 {                                          //人类
    protected String name;                              //受保护的姓名字段
    protected char sex;                                 //受保护的性别字段
    protected int age;                                  //受保护的年龄字段

    protected Human2(String name, char sex, int age){   //受保护的构造方法
        this.name = name;
        this.sex = sex;
        this.age = age;
    }
    protected void think(){                             //受保护的思考方法
        System.out.println(name + "在思考…");
    }
}

class Student2 extends Human2 {                          //继承人类的学生类
    protected String stuNo;                              //受保护的学号字段

    protected Student2(String stuNo, String name, char sex, int age){   //构造方法
        super(name, sex, age);                           //调用超类的构造方法
        this.stuNo = stuNo;
    }
    protected void study(){                              //受保护的学习方法
        System.out.println(this.name + "在学习…");
    }
}

public class Ex2 {                                       //主类
    public static void main(String[] args) {
        Human2 person = new Human2("林冲", '男', 30);
        person.think();
```

动物类派生——继承与多态

```
        System.out.println();
        Student2 aStudent = new Student2("001", "李明", '男', 6);
        aStudent.think();
        aStudent.study();
    }
}
```

程序运行结果与例 8-1 完成一样,如图 8-2 所示。

💡注意:虽然 protected 可以修饰字段,但类封装性要求字段为 private。

# 8.4 关键字 super

## 8.4.1 用 super 调用父类构造方法

ch8.4

类至少有一个构造方法,如果没有显式声明,则自动生成无参数的默认构造方法。

子类源自父类,子类对象包含父类的"基因"。在类的定义中,子类的构造方法默认情况下总是先调用父类的构造方法。

在调用子类构造方法构建对象时,首先执行父类构造方法,然后才执行子类自己的。

【例 8-3】 编程,验证执行子类构造方法将自动调用父类构造方法。

```
class Human3 {
    public Human3(){
        System.out.println("构造一个人");
    }
}

class Student3 extends Human3 {
    public Student3(){
        //super();                        //自动调用父类无参构造方法,相当于执行了本语句
        System.out.println("构造一个学生");
    }
}

public class Ex3 {
    public static void main(String[] args) {
        Student3 aStudent = new Student3();
    }
}
```

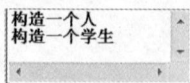

```
构造一个人
构造一个学生
```

图 8-4 调用父类构造方法

程序运行结果如图 8-4 所示。可见,执行 Student3 构造方法时,自动调用了 Human3 的构造方法,相当于执行了加注释的语句"super();",把该行前面的注释符"//"去掉,执行结果完全一样。

使用关键字 super 在子类中显式调用父类的构造方法,语法格式如下:

```
可选 public 等 子类构造方法名(形参表) 可选 throws 子句{
    super(实参表);
    …
}
```

例 8-1 和例 8-2 的学生类都使用了 super 显式调用其父类构造方法,如:

```
public Student1(String stuNo, String name, char sex, int age){    //构造方法
    super(name, sex, age);                                        //调用父类构造方法
    this.stuNo = stuNo;
}
```

需要强调的是:显式调用构造方法的语句必须是本构造方法内的第一条语句。

如果子类构造方法没有显式调用父类构造方法,则自动调用父类无参构造方法。

💡 注意:本类构造方法也允许用 this(实参表)相互调用,同样必须是第一条语句。

## 8.4.2 用 super 访问父类字段和方法

关键字 super 除了调用父类构造方法外,还可在子类中指代父类对象,用于访问被子类隐藏的父类字段,调用被子类覆盖的父类方法。语法格式如下:

```
super.父类字段名
super.父类方法名(实参表)
```

# 8.5 类类型变量赋值

## 8.5.1 子类对象的上转型对象

子类由父类派生,可以把子类对象赋值给父类声明的变量。例如学生类继承人类,学生是人,学生对象属于人类,因此可把学生对象赋给人类声明的变量。这时,学生对象上转为人类的对象。代码表示如下:

ch8.5.1

```
Human human = new Student();
```

或者:

```
Human human;
Student stu = new Student ();
human = stu;
```

93

这种由父类变量引用的子类对象就是上转型对象。如 human 对象就是 Student 的上

转型对象。上转型对象属于父类,形式上是父类的对象。

> 💡注意:所有对象都可赋给根类 Object 声明的变量,都能成为 Object 上转型对象。

上转型对象本质上由子类创建的,但形式上属于父类,相当于子类对象的一个简化版,因此会失去原对象的一些属性和功能。

上转型对象具有如下特征:

(1)上转型对象不能操作子类新增的成员字段和成员方法。

(2)上转型对象能使用父类被继承或重写的成员方法、被继承或隐藏的成员变量。

(3)若子类重写了父类方法,则上转型对象调用的必是重写后的方法(多态)。

(4)若子类重新定义了父类同名字段,即隐藏父类字段,则上转型对象访问的必是父类原有字段,而不是子类新定义的字段。

ch8.5 例 8-4

> 💡注意:不要将父类本身的对象与上转型对象相混淆。另外,可以将上转型对象通过强制转换还原为子类对象,还原后的对象又具备了子类所有特性和功能。

【例 8-4】 编程,测试子类的上转型对象以及还原后的子类对象。

```java
class Human4 {                                  //人类
    private String name;                        //姓名
    public static String kind = "人类";          //种类名字段

    public Human4(String name){                 //构造方法
        this.name = name;
    }
    public String getName(){                    //获取姓名方法
        return name;
    }
    public void think(){                        //思考方法
        System.out.println(name + "在思考…");
    }
    public void like(){                         //爱好方法
        System.out.println("爱好因人而异");
    }
}

class Student4 extends Human4 {                 //学生类
    private String stuNo;                       //新增学号
    public static String kind = "学生类";        //重新定义 kind 字段隐藏继承的

    public Student4(String stuNo, String name){ //构造方法
        super(name);
        this.stuNo = stuNo;
```

```
        }
        public void like(){                           //重写爱好方法
            System.out.println(stuNo + "号" + getName() + "爱好文娱体育运动");
        }
        public void study(){                          //新增学习方法
            System.out.println(stuNo + "号" + getName() + "在学习…");
        }
    }

    public class Ex4 {                                //主类
        public static void main(String[] args) {
            System.out.println("  ==== 学生的上转型对象 ===== ");
            Human4 human = new Student4("001", "李明");
            System.out.println("该对象属于" + human.kind);
            human.like();
            human.think();
            //human.study();                          //出错,只能((Student4)human).study();
            System.out.println("\n  ==== 上转型对象还原为学生对象 ===== ");
            Student4 stu = (Student4)human;
            System.out.println("该对象属于" + stu.kind);
            stu.like();
            stu.think();
            stu.study();
        }
    }
```

程序运行结果如图 8-5 所示。注意 Ex4 类 main 方法第 3 行语句中的 human.kind,上转型对象 human 读取的字段 kind 是父类定义的,因为其值是"人类"而不是"学生类"。不管是上转型对象还是子类对象,都调用了子类重写后的 llike 方法,输出结果都是"001 号李明爱好文娱体育运动"(见 main 方法第 4 和第 10 行语句)。上转型对象不能直接调用子类新方法 study(见 main 方法第 6 行)。

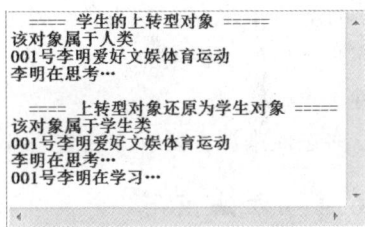

图 8-5　上转型对象及其还原对象

## 8.5.2　子类变量不能直接引用父类对象

子类对象有上转型对象,父类变量可以直接引用子类的对象,因为子类派生于父类,它属于父类,具有父类的内核。正如俗话所说:儿子像父亲,儿子是属于父亲的。反之,父类是没有下转型对象的,子类变量不能直接引用父类的对象。

ch8.5.2～3

设有动物类及其派生的鸟类和马类,则不能把动物类对象(或者是鸟或者是马)赋给鸟类变量。因为当动物是马时,把马说成是鸟显然不对。

因此,父类对象不能直接赋值给子类变量,即父类对象没有下转型对象。

如果一定要引用,则必须使用强制类型转换。强制类型转换的语法格式如下:

动物类派生——继承与多态

（类型名）变量

如例 8-4 中 main 方法的第 8 行语句就使用了强制类型转换,把上转型(父类)对象转为子类对象,其代码如下:

```
Student4 stu = (Student4)human;
```

💡 注意:当强制类型转换不成功时会引发异常,如无法把马强制转为鸟。

### 8.5.3 兄弟类对象不能相互替换

若鸟类、马类和鱼类都继承动物类,则它们是同一层次的,是兄弟(姐妹)关系。

显然,鸟不是马,鸟也不是鱼,因此,不能把鸟对象赋给马类或鱼类声明的变量。同一层次的兄弟类变量之间不能相互赋值,兄弟类的对象不能互相替换。

# 8.6 多 态 性

自然界万事万物表现形态丰富多彩,如猫的叫声是"喵喵",狗的叫声是"汪汪",公鸡的叫声是"喔喔"。同一物质在不同的环境下表现形态也不尽相同,如水在零度以下结冰(固态),一百度以上变成水汽(气态),在这两个温度之间才是水(液态)。这些便是自然界的多态性(polymorphism)。

计算机中也存在多态性。类可以扮演多种角色:一是类本身,二是派生子类的父类,三是实现接口的实例类型。一个类通过派生或实现接口可演化成其他类型,这就是类的多态性。

多态性来源主要有方法重写和方法重载。

### 8.6.1 方法重写

ch8.6.1

子类继承父类的方法后又重新定义该方法,称为方法重写或方法覆盖(override)。

多态性主要表现为类声明的变量能够指向不同的类型,即对象能够扮演多种角色,因而呈现多种不同的运行结果。其中方法重写是类多态性的主要原因。

由于父类的方法可被不同的派生类重写,因此,一个(上转型)对象调用的父类方法,在实际运行时往往能调用到不同的子类方法,因而会产生不同的结果,呈现不同的形态。这种同一调用形式却能运行不同版本方法的现象,就属于多态性。至于具体调用哪个派生类方法,运行时由子类对象动态决定。

【例 8-5】 编程,测试方法重写方面的多态性。

```
class Mammal{                              //哺乳动物类
    public void Shout(){                  //呼叫方法
```

```
            System.out.println("不同类的动物叫声不同");
        }
    }

    class Cat extends Mammal{                          //继承哺乳动物类的猫类
        public void Shout(){                           //重写呼叫方法
            System.out.println("猫的叫声:喵…喵…");
        }
    }

    class Dog extends Mammal{                          //继承哺乳动物类的狗类
        public void Shout(){                           //重写呼叫方法
            System.out.println("狗的叫声:汪…汪…");
        }
    }

    class Tiger extends Mammal{                        //继承哺乳动物类的虎类
        public void Shout(){                           //重写呼叫方法
            System.out.println("虎的叫声:吼…吼…");
        }
    }

    public class Ex5 {                                 //主类
        public static void main(String[] args){
            Mammal animal;
            animal = new Cat();
            animal.Shout();                            //调用上转型对象的呼叫方法
            animal = new Dog();
            animal.Shout();                            //调用上转型对象的呼叫方法
            animal = new Tiger();
            animal.Shout();                            //调用上转型对象的呼叫方法
        }
    }
```

　　程序运行结果如图8-6所示。由于猫类、狗类和虎类均重写了父类的 Shout 方法,所以虽然 3 次都是同一调用形式animal.Shout(),但由于每次调用上转型对象都不同,因此 3 次调用实际上调用了 3 个不同的方法,因而得到不同的结果,这就是多态。

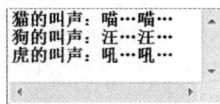

猫的叫声: 喵…喵…
狗的叫声: 汪…汪…
虎的叫声: 吼…吼…

图 8-6　方法重写的多态

　　注意:方法重写应遵循下列原则,否则有语法错:

　　(1)子类重写的方法不能比父类方法有更低的访问级别。例如父类方法是 public,则子类重写的方法不能是 protected 或 private。

　　(2)子类重写的方法不能比父类方法产生更多的异常。

动物类派生——继承与多态

### 8.6.2　方法重载

ch8.6.2

多态性来源除了子类重写父类方法,还有方法重载,即在一个类中定义多个同名但签名不同的方法。这种多态表现在一个(同名的)方法可以接收多种不同的参数组合。例如计算三角形面积,既可用三条边长,又可通过底和高计算,于是可在一个类中利用方法重载定义两个同名但参数个数不同的方法(详见例3-2)。

总之,方法重载和方法重写都呈现了多态性,前者是在一个类中定义多个同名的方法,后者是子类重写、覆盖所继承的父类同名方法。共同点是方法名称都相同。

## 8.7　本章小结

Java类的继承具有单一性,一个子类只能有一个父类,最顶层的是根类Object。

上转型对象表明子类源于父类,但父对象不能自动下转。

多态性本质是方法重写和方法重载,前者属于运行时的动态多态性,后者属于编译时的静态多态性。

## 8.8　习　题　8

1. 下列关于继承特性的叙述,错误的是(　　)。

　　A. 有传递性　　　　　　B. "即是"关系　　　C. 有多重性　　　　D. 代码重用性

2. 设C类继承B类,则下列语句中错误的是(　　)。

　　A. B x＝new B();　　　　　　　　　　B. B b＝new C();

　　C. C c＝new C();　　　　　　　　　　D. C c＝new B();

3. 下列说法中错误的是(　　)。

　　A. final方法不能重写

　　B. 方法覆盖是与父类方法头相同的方法

　　C. 构造方法是类的第一个方法

　　D. 方法重载是多个方法共用同一个名

4. 为了区分重载多态中同名的不同方法,要求(　　)。

　　A. 参数名不同　　　　B. 返回类型不同　　　C. 方法体不同　　　D. 参数表不同

5. 下列关于super的说法中,错误的是(　　)。

　　A. 能访问父类被隐藏的成员变量　　　　　B. 能调用父类被重写的方法

　　C. 能用来定义父类　　　　　　　　　　　D. 能调用父类的构造方法

6. 下列关于继承与构造方法的描述,正确的是(　　)。

　　A. 子类对象创建时先调用自身构造方法,再调用父类构造方法

　　B. 子类可通过super关键字调用父类的构造方法

　　C. 子类无条件继承父类无参构造方法

　　D. 父类对象创建时先调用自身构造方法,然后调用子类构造方法

7. 设 A 派生子类 B,B 派生子类 C,有代码如下,则下列说法正确的是(      )。

```
A a1 = new A();
A a2 = new B();
A a3 = new C();
```

    A. 后两行编译错            B. 第 3 行语法错

    C. 后两行运行错            D. 均能正常运行

8. 下列程序段执行后,输出结果是(      )。

```
class A{
    void disp() { System.out.print("classA "); }
}
class B extends A{
    void disp() { System.out.print("classB "); }
    public static void main(String[] args) {
        A a1 = new A();
        A a2 = new B();
        a1.disp();
        a2.disp();
    }
}
```

    A. classA classA            B. classB classB

    C. classA classB            D. classB classA

9. 下列方法中可以加入到类 Child 中的是(      )。

```
class Parent {
    public int add ( int a, int b ){ return a + b;}
}
class Child extends Parent {
    //加入方法之处
}
```

    A. int add( int a, int b ) { … }

    B. public void add( int x,int y ) { … }

    C. public void add (int x) { … }

    D. public int add(int a, int b) throws Exception { … }

10. 下列程序中,第 10 行的语句调用(      )行的方法。

```
class Person{                               //第 1 行
    public void work() { /* … */ }          //第 2 行
    public void work(int hour) { /* … */ }   //第 3 行
}                                           //第 4 行
class Worker extends Person {               //第 5 行
    public void work() { /* … */ }          //第 6 行
    public void work(int hour) { /* … */ }   //第 7 行
```

动物类派生——继承与多态

```
    public static void main(String[ ] args) {          //第 8 行
        Person p = new Worker();                        //第 9 行
        p.work(8);                                      //第 10 行调用语句
    }                                                   //第 11 行
}                                                       //第 12 行
```

  A. 第 2 行    B. 第 3 行    C. 第 6 行    D. 第 7 行

11. 下列代码中注释处应填写的正确选项是(  )。

```
class Human {
    private int a;
    public int addOne(int m) { return ++m;}
}
class Teacher extends Human {
    private int b;
    public static void main(String[ ] args) {
        Human h = new Teacher();
        int n;
        //填写选项语句之处
    }
}
```

  A. n＝m;          B. n＝b;

  C. n＝h.a;         D. n＝h.addOne(45);

12. 下列程序执行后,结果(  )。

```
class Super {
    public int i = 0;
    public Super(String text) { i = 1; }
}
class Sub extends Super {
    public Sub(String text) { i = 2; }
    public static void main(String args[]) {
        Sub sub = new Sub("Hello");
        System.out.println(sub.i);
    }
}
```

  A. 输出 0    B. 输出 1    C. 输出 2    D. 编译失败

13. 在下面指定位置添加选项中定义的方法,编译出错的是(  )。

```
class Father {
    public float age() {      return 40f; }
}
class Son extends Father {
    //此处添加选项中的方法
}
```

A. public float age() { return 16f; }

B. public int age(int age) { return age－25;}

C. public void age(double age) { }

D. public void age() { }

14. 定义类 Foo 及其方法 m 如下,则选项中可以对方法 m 重载的是(　　)。

```
class Foo {
    public void m(int a, float b) {/* … */ }
}
```

A. private int m(int x, float y) { return x; }

B. protected void m(int a, float b) { /* … */ }

C. private int m(int a, int b) { return a; }

D. protected int m(int a, float b) { return a; }

15. 编程,要求如下:

(1) 定义圆类 Circle,带半径 radius 字段和构造方法,以及面积 area、周长 perimeter 和显示 show 方法,其中 show 方法将圆的半径、面积和周长输出到屏幕。

(2) 定义继承圆类的圆柱类 Cylinder,拥有高度 height 属性、带半径和高度两个参数的构造方法,以及体积 volume 和显示体积 showVolume 方法。

(3) 编写主类,设置底圆半径和高度创建圆柱对象,显示底圆半径、面积、周长以及圆柱体积。

# 8.9　实训8:学生类继承人类与动物多态性

1. 编写人类 Human,内含私有的姓名、性别和年龄字段,定义获取各字段的公共方法,再定义公共的构造方法和思考方法。编写继承人类的学生类 Student,增加私有的学号字段以及公共的获取学号方法,还有公共的构造方法、学习方法,并重写 toString 方法以获取学生数据。最后设计一个主类,构造若干学生对象,并输出其数据和行为表现。运行界面参见图 8-1(a)。

ch8.9 实训 1

提示:部分代码参考如下。

```
class Human { … }                          //人类(参考例 8-1)

class Student … {                           //继承人类的学生类(参考例 8-2)
    …
    public String toString(){               //重写 toString 方法
        return String.format("构造学生:%s 号 %s,%c,%d 岁",
            stuNo, this.getName(), … );
    }
}

public class … {                            //主类
```

```
public static void main(String[ ] args){
    Scanner sc = … ;
    Student stu;
    String stuNo, name;
    char sex;
    …
    while (true){
        try {
            System.out.print("\n 请输入空格分隔的学号 … \n(end 结束程序):");
            stuNo = sc.next();
            if (stuNo.equals("end"))  …
            name = sc.next();
            sex = sc.next().charAt(0);
            …
            System.out.println(stu.toString());
            …
        }
        catch (Exception e){ … }
    }
}
```

　　2. 编写测试多态性程序。首先编写动物类 Animal,成员有: 私有的静态种类名字段 kind 及其公共的 get 和 set 方法,公共的呼吸和行走方法以及构造方法。然后分别编写继承动物类的鸟类 Bird、马类 Horse 和鱼类 Fish,除定义构造方法外,这些类均重写父类的行走方法。最后编写主类,依次构建各个上转型对象,调用其呼吸和行走等方法,得到不同结果。运行界面参见图 8-1(b)。

ch8.9 实训 2

　　提示: 部分代码参考如下。

```
public class Animal {                                    //动物类
    private static String kind;                          //私有的种类名字段
    public Animal(){   kind = "动物"; }                   //构造方法
    …
    public void breathe(){ …println(kind + "在呼吸…"); } //呼吸方法
    public void go(){ …println( … ); }                   //行走方法
}

public class Bird   … {                                  //继承动物类的鸟类
    public Bird(){ Bird.setKind("鸟"); }
    public void go(){                                    //重写行走方法
        …println( getKind() + "在飞翔…");
    }
…

public class … {                                         //主类
    public static void main(String[ ] args){
        Scanner sc = new Scanner(System.in);
```

```
        Animal a;
        int n;
        System.out.println("  ==== 构造动物类对象 ====");
        while (true){
            try{
                System.out.print("\n请输入数字(1:鸟,2:马,3:鱼,其他:结束):");
                n = sc.nextInt();
                if (n == 1){ a = new Bird(); }
                else if (n == 2){ … }
                else if (n == 3){ … }
                else { break; }
                System.out.println("构造一个" + Animal.getKind() + "对象");
                …
            }catch(Exception e){ break;}              //若非数字异常则终止循环
        }
    }
}
```

动物类派生——继承与多态

# 第9章  实现抽象图形——接口与包

## 能力目标

- 理解关键字 abstract,能编写抽象方法和抽象类;
- 理解关键字 interface 及接口类型,能定义并实现接口;
- 理解关键字 package、import 及包的作用,能定义和引入包;
- 能在一个包中定义含面积和周长方法的图形接口,在另一个包中定义实现图形接口的圆类和半圆类,在第三个包中定义实现图形接口的正方形类和立方体类。

ch9.1

## 9.1  任务预览

本章实训编写的实现图形接口程序,运行结果如图 9-1 所示。

| ==== 实现图形接口的圆和半圆 ==== |
| 请输入半径(End结束):<br>1<br>圆面积3.14、周长6.28<br>半圆面积1.57、周长5.14<br><br>请输入半径(End结束):<br>6.2<br>圆面积120.76、周长38.96<br>半圆面积60.38、周长31.88<br><br>请输入半径(End结束):<br>end |

| ==== 实现图形接口的正方形和立方体 ==== |
| 请输入边长(End结束):<br>1<br>正方形面积1.00、周长4.00<br>立方体表面积6.00、周长12.00<br><br>请输入边长(End结束):<br>2.1<br>正方形面积4.41、周长8.40<br>立方体表面积26.46、周长25.20<br><br>请输入边长(End结束):<br>end |

(a) 实现图形接口的圆类和半圆类　　　　　　　(b) 实现图形接口的正方形类和立方体类

图 9-1　实训程序运行界面

## 9.2  抽象方法与抽象类

ch9.2

在类中可用关键字 abstract 声明只有方法头而没有方法体的抽象方法,语法格式如下:

```
可选 public 等 abstract 返回类型 方法名( 形参表 );
```

如果有 public 或 protected 等修饰符,则 abstract 可与之交换位置。抽象方法没有方法体,无法执行,故声明时必须以英文分号结束。

包含抽象方法的类,不能构建对象,也要声明为 abstract 抽象类。

声明抽象类的语法格式如下:

可选 public abstract class 类名 { 类成员 }

若有 public 修饰符,则 abstract 也可与之交换位置。

抽象类中除抽象方法外,还可有非抽象的成员。抽象类中的抽象方法可由派生类实现。所谓"实现"就是派生类重写继承而来的抽象方法,并增加方法体。因为只有方法体的方法才能执行,才能实现其功能。

注意:抽象类可以没有抽象方法,但有抽象方法的类一定是抽象类。

【例 9-1】 定义抽象的图形类,内含抽象的面积和周长方法。定义继承该抽象类的圆类,重写面积和周长方法。再定义继承抽象图形类的正方形类,也重写面积和周长方法。最后定义一个主类,构建圆和正方形对象,输出它们的面积和周长。

```java
abstract class Shape{                        //抽象的图形类
    public abstract double area();           //抽象的面积方法
    public abstract double girth();          //抽象的周长方法
}

class Circle extends Shape{                  //继承抽象图形类的圆类
    private double radius;                    //半径字段
    public Circle(double radius){            //构造方法
        this.radius = radius;
    }
    public double area(){                    //重写面积方法
        return Math.PI * Math.pow(radius, 2); //圆周率乘以半径的平方
    }
    public double girth(){                   //重写周长方法
        return 2 * Math.PI * radius;
    }
}

class Square extends Shape{                  //继承抽象图形类的正方形类
    private double side;                      //边长字段
    public Square(double side){              //构造方法
        this.side = side;
    }
    public double area(){                    //重写面积方法
        return Math.pow(side, 2);
    }
    public double girth(){                   //重写周长方法
        return side * 4;
    }
}
```

```
public class Ex1 {                              //主类
    public static void main(String[] args) {
        Circle c = new Circle(1);
        System.out.println("构建半径为 1 的圆");
        System.out.printf("圆面积:%.2f\n", c.area());
        System.out.printf("圆周长:%.2f\n", c.girth());
        Square s = new Square(1);
        System.out.println("\n构建边长为 1 的正方形");
        System.out.printf("正方形面积:%.2f\n", s.area());
        System.out.printf("正方形周长:%.2f\n", s.girth());
    }
}
```

程序运行结果如图 9-2 所示。

```
构建半径为1的圆
圆面积: 3.14
圆周长: 6.28

构建边长为1的正方形
正方形面积: 1.00
正方形周长: 4.00
```

图 9-2　实现抽象方法

抽象类的子类只有重写并实现所有抽象方法,成为非抽象类,才能构建对象。

💡注意:抽象类的子类也可以是抽象类。抽象方法不能用 private、final 或 static 声明。

抽象方法的作用是声明一些约定,属于 what(做什么)问题,至于 how(怎么做),先不管。这是因为具体问题要具体分析,同样的问题,在不同的环境下有不同的解决方法。例如都是计算面积,但圆和正方形的面积有不同的计算方法。抽象类的作用,就是将 what 与 how 分开,把怎么做交给下面的派生类。在分层的逻辑设计中,包含抽象方法的抽象类属于高层的代码,而非抽象类则是低层的。对于复杂的应用程序,适当运用抽象方法和抽象类,便于问题分解和分级管理,能提高软件开发效率。

## 9.3　对比 abstract 和 final

ch9.3

关键字 abstract 和 final 都可声明类和方法。抽象类处于类继承层次结构中的上层,通过派生子类发挥作用;而最终类则不能被继承,处于最底层。最终类与抽象类是水火不相容的,一个类不能既是抽象的,又是最终的,换句话说,不能同时使用关键字 abstract 和 final 修饰一个类。

抽象方法只有被派生类重写才能实现功能,而最终方法则不能重写和更改。最终方法与抽象方法也是水火不相容,一个方法不能同时用 abstract 和 final 修饰。

最终方法可以存于最终类,也可存于非最终类。事实上,最终类的所有方法都默认为最终方法,因为它们都不能被继承和重写。

由于不能被重写和更改,因此最终方法和最终类的安全性能最好,一些重要的代码通常使用 final 来声明,以防止非法篡改。Java 系统不少类都是 final 类,如 String、StringBuffer、System 和 Math 等。

抽象方法、一般方法与最终方法区别如下:

(1) abstract 方法只有方法名,没有方法体(有名无实)。

（2）一般方法是功能的一个实现（允许被子类重写）。

（3）final 方法是最后的实现。

# 9.4 接口类型

类类型是使用最多最广的类型。除了类类型，还有接口类型。

ch9.4.1

## 9.4.1 接口定义与实现

接口类型使用关键字 interface 定义。定义接口的语法格式如下：

可选 public interface 接口名 { 常量字段和方法成员 }

接口体中的成员主要是常量字段和非静态的抽象方法。接口成员均默认为 public，其中常量字段允许省略关键字 public、static 和 final，声明时一定要赋值。抽象方法允许省略 public 和 abstract。

> 💡 注意：JDK8 允许接口含有静态的非抽象方法，即允许有方法体的 static 方法。

接口的作用类似抽象类。接口的抽象方法由类来实现。

实现接口要使用关键字 implements。声明接口实现类的语法格式如下：

可选 public 等 class 类名 implements 接口表 { 含实现接口的类成员 }

实现接口就是定义一个类，为接口的所有抽象方法提供方法体，以便能执行。

【例 9-2】 定义图形接口，内含常量字段和抽象的面积和周长方法。定义实现该接口的圆类，实现面积和周长方法。再定义实现图形接口的正方形类，也实现面积和周长方法。最后定义一个主类，构建圆和正方形对象，输出它们的面积和周长。

ch9.4.1 例 9-2

```
interface Shapeable{                          //能成形的图形接口
    double MIN_AREA = 0;                       //字段默认为 public static final
    double MIN_GIRTH = 0;                      //字段默认为 public static final
    double area();                             //非静态方法默认为 public abstract
    double girth();                            //非静态方法默认为 public abstract
}

class Circle2 implements Shapeable{            //实现图形接口的圆类
    private double radius;                     //半径字段
    public Circle2(double radius){             //构造方法
        this.radius = radius;
    }
    public double area(){                      //实现接口的面积方法
        return Math.PI * Math.pow(radius, 2);
    }
    public double girth(){                     //实现接口的周长方法
```

实现抽象图形——接口与包

```
        return 2 * Math.PI * radius;
    }
}

class Square2 implements Shapeable{          //实现图形接口的正方形类
    private double side;                     //边长字段
    public Square2(double side){             //构造方法
        this.side = side;
    }
    public double area(){                    //实现接口的面积方法
        return Math.pow(side, 2);
    }
    public double girth(){                   //实现接口的周长方法
        return side * 4;
    }
}

public class Ex2 {                           //主类
    public static void main(String[] args) {
        Circle2 c = new Circle2(1);
        System.out.println("构建半径为1的圆");
        System.out.printf("圆面积:%.2f\n", c.area());
        System.out.printf("圆周长:%.2f\n", c.girth());
        Square2 s = new Square2(1);
        System.out.println("\n构建边长为1的正方形");
        System.out.printf("正方形面积:%.2f\n", s.area());
        System.out.printf("正方形周长:%.2f\n", s.girth());
    }
}
```

程序运行结果与例 9-1 完全一样,如图 9-2 所示。

使用接口,将一个方法声明和方法实现彻底分离;即将 what(做什么)与 how(怎么)完全分开,便于大型软件开发的分工协作与管理。

---

💡 注意:接口的命名通常以 able 为后缀,如 Shapeable、Cloneable 和 Comparable 等,表示"能够做的",至于具体怎么做,则留给实现接口的类完成。为与类区分起见,也可以 Interface 的首字母 I 作前缀命名接口,例如 IShape。

---

接口与类一样,允许嵌套定义,接口体内可以定义接口或类,类体也可定义接口或类,即接口与类均可相互嵌套。

## 9.4.2  引用实现类对象——接口多态

Java 系统预定义了不少接口,程序员也可自定义接口。接口与类一样,都是大家族。

接口与类是两大家族,有区别,也有联系。接口与类的联系体现在两个方面:一是类实现接口,二是接口类型的变量引用实现接口的类对象。

ch9.4.2

在类继承关系中,高层类变量可引用低层类对象。接口实现类与子类相似,处于低层,接口则处于高层。因此,接口类型也可以声明变量,并引用实现接口的类对象。

在例 9-2 中,可使用接口 Shapeable 声明变量,然后把接口实现类 Circle2 的对象赋给该变量,还可把接口实现类 Square2 的对象赋给同一个变量,代码如下:

```
Shapeable aShape;                        //接口声明变量
aShape = new Circle2(1);                 //接口变量引用实现类对象
System.out.println("构建半径为 1 的圆");
System.out.printf("圆面积:%.2f\n", aShape.area());
System.out.printf("圆周长:%.2f\n", aShape.girth());
aShape = new Square2(1);                  //接口变量引用另一实现类对象
System.out.println("\n构建边长为 1 的正方形");
System.out.printf("正方形面积:%.2f\n", aShape.area());
System.out.printf("正方形周长:%.2f\n", aShape.girth());
```

把上述代码替换例 9-2 中主类主方法,程序运行结果与原来的完全一样。

接口变量 aShape 引用不同实现类的对象,如圆或正方形,致使同一形式的调用方法,如 aShape.area(),得到不同的结果,这种接口回调现象就是接口的多态性。

利用接口的抽象性,把实现与声明分离。面向接口编程,可设计结构良好、扩展能力强的软件。

# 9.5 接口多重继承与实现

接口类型与类类型一样,拥有一个大家族,接口之间也有继承与派生关系。不过,接口的继承比类复杂,类是单一继承,接口则是多重继承,一个接口可拥有多个父接口。一个类也可同时实现多个接口。

ch9.5

## 9.5.1 接口多重继承

定义多重继承的接口,语法格式如下:

```
可选 public interface 接口名 extends 父接口表 { 常量字段和方法成员 }
```

父接口表中的接口超过一个时,各接口之间用英文逗号分隔。所定义的接口通过继承,拥有所有父接口的成员。例如:

```
interface IA { / * … * / }
interface IB { / * … * / }
interface IC extends IA, IB { / * … * / }
```

接口 IC 同时继承接口 IA 和 IB。除自身成员,IC 还拥有来自 IA 和 IB 的成员。

## 9.5.2 类实现多个接口

允许一个类同时实现多个接口,各接口之间用英文逗号分隔。如:

实现抽象图形——接口与包

```
class D implements IA, IB { / * … * / }          //类 D 同时实现 IA 和 IB 接口
```

类单一继承,只能继承一个父类。不过单一继承的同时可实现多个接口。如:

```
class E { / * … * / }
class F extends E implements IA, IB { / * … * / }
```

类 F 继承父类 E,同时实现接口 IA 和 IB。

定义继承一个父类并实现多个接口的类,语法格式如下:

```
可选 public 等 class 类名 extends 父类 implements 接口表 { 类成员 }
```

实现多个接口的类,必须重写所有接口的抽象方法,编写各个方法的方法体,这样类才不抽象。如果有一个抽象方法没有重写,该类都是抽象类。

至此,学习完抽象类和接口,它们均是抽象编程机制,都支持分层设计,令 what 声明与 how 实现分离。由于接口具有多重继承与实现的特征,所以接口使用率高于抽象类。

# 9.6  包

在学校里,如果一个班有两个同名的学生,例如都叫张三,则点名会非常不便。如果他们分属两个不同的班,如甲班和乙班,则点名时就可用甲班张三、乙班张三加以区分。这时,班级就扮演了命名空间的角色。在同一个命名空间中,名字应该唯一才不会冲突。

大型软件的程序员不止一个,每个程序员往往需要命名多个类或接口。为了避免名字冲突,Java 提供代码"包"管理机制,只要包名不同,即使类名相同,也能相互区分。各个程序员可使用自己特定的包名。

包就是类、接口等类型的命名存储空间,包又称"类库",是存放类的仓库。

## 9.6.1  Java 系统 API 包

ch9.6.1

Java 系统提供了大量的类和接口类型,例如 System 和 String 类、Runnable 接口等,供程序员编写应用程序调用,这些类和接口类型就称为应用编程接口(Application Programming Interface,API)。为了便于管理,API 分为多个包,表 9-1 列出了常用的 API 包。

表 9-1　Java 系统常用 API 包

| API 包 | 功能和部分类型 |
|---|---|
| java. lang | Java 基础类库,提供 Java 编程最基本的类和接口,如 System、String、Math 和 Thread 类,Cloneable 和 Runnable 接口 |
| java. util | 实用工具包,提供 Arrays、Date、Random、Scanner 等类,以及 Collection < E >、Map < K,V >等接口 |
| java. io | 数据流与输入输出包,提供 BufferedReader、BufferedWriter、FileReader、FileWriter 等类,以及 DataInput、DataOutput 等接口 |

| API 包 | 功能和部分类型 |
|--------|----------------|
| java. awt | 图形用户界面包,有 Frame、Button、Label、TextField、Color 和 Graphics 等类 |
| java. awt. event | 图形用户界面事件包,类有 ActionEvent 和 ItemEvent 等,接口有 ActionListener 和 ItemListener 等 |
| java. applet | 创建小程序包,有 Applet 类和 AudioClip 接口等 |
| java. sql | 数据库访问包,类有 DriverManager 等,接口有 Connection、Statement 和 ResultSet 等 |
| java. net | 网络包,有 Socke 和 ServerSocket 等类 |
| javax. swing | 提供"轻量级"图形用户界面组件,类有 JFrame、JButton、JLabel、JTextField、JApplet、ImageIcon 等,接口有 Icon 等 |

Java 系统常用包均以 java 或 javax 开头,后者的 x 是 extend(扩充)之意。包允许以分级分层的方式命名,例如 java. lang 和 java. awt 分两级,而 java. awt. event 则分 3 级。分级命名的优点是结构清晰,试对比地域名称"中国·北京""中国·广东省""中国·广东省·广州市",便容易理解分级命名的作用。

包 java. lang 是最基本的类库,简单的 Java 程序都要使用该包的类,故在应用程序中不需显式使用关键字 import 引入,默认情况下系统会自动引入。

包 java. awt 为抽象窗口工具集(Abstract Window Toolkit,AWT)。该包用于图形用户界面编程,其组件是重量级的,不同平台有不同的实现方式。为建立平台无关性程序,建议编写图形界面程序首选轻量级的 javax. swing 包。

💡注意:应用程序自定义的包不能以 java 作第一级包名,否则运行时会引发异常。

## 9.6.2　定义包

除了 Java 系统定义的包,程序员也可在应用程序中自定义包。

定义包要使用关键字 package,定义包也叫声明包,语法格式如下:

```
package  包名;
```

包语句必须放在源代码首行,作为第一条非注释的语句,一个源程序文件最多只能有一个 package 语句。

包名一般采用小写字母命名,包名允许分级命名,各级之间以圆点"."分隔。

自定义的包对应文件夹,每定义一个包,就创建一个以包同名的文件夹。如果包名是分级的,则每级包名对应一个子文件夹。如定义包语句:

```
package com.fancy;
```

这时,要创建对应的文件夹 com \ fancy,包中的源程序文件就存放在该文件夹内。

在 Eclipse 集成开发环境中,创建包时自动创建对应的文件夹。如果使用记事本编写程序,则要手工创建文件夹。

注意：分级包的命名往往与网站域名相反，如网站域名为 www. fancy. com，则包名就是 com. fancy，其中 www 不作为包名的组成部分。

ch9. 6. 2 例 9-3

如果程序没有使用 package 语句定义包，则使用默认包，对应当前文件夹。

【例 9-3】 定义包 com. fancy，在包中定义 Shapeable 接口，内含面积和周长方法。

```
package com. fancy;                //定义包

public interface Shapeable {       //图形接口
    double area();                 //抽象的面积方法,省略了 public abstract
    double girth();                //抽象的周长方法,省略了 public abstract
}
```

在 Eclipse 环境下编写创建含有包的应用程序，步骤如下：

（1）创建项目。执行菜单 File|New|Java Project 命令，在出现的对话框中输入项目名，如 ch09，创建 Java 项目。

（2）创建包。在开发界面左边 Package Explorer 窗格的项目名中右击，选择快捷菜单 New|Package 命令，出现图 9-3 所示 New Java Package 对话框，在 Name 文本框中输入包名，如 com. fancy，单击 Finish 按钮即可。这时 Eclipse 软件会自动建立与包名对应的文件夹，如 com \ fancy。

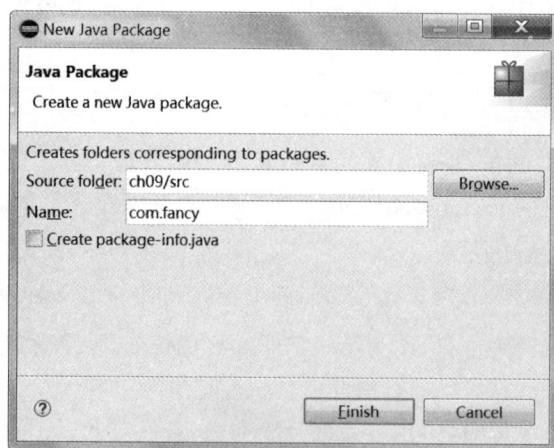

图 9-3　New Java Package 对话框

（3）创建接口。在 Package Explorer 窗格的包名中右击，选择快捷菜单 New|Interface 命令，出现图 9-4 所示 New Java Interface 对话框，注意 Package 文本框自动输入了包名（如 com. fancy）。若没有自动输入，则请手工输入。在 Name 文本框中输入接口名，如 Shapeable，然后单击 Finish 按钮即可新建接口。这时 Eclipse 软件会自动建立以接口名为主文件名的源程序文件，如 Shapeable. java。

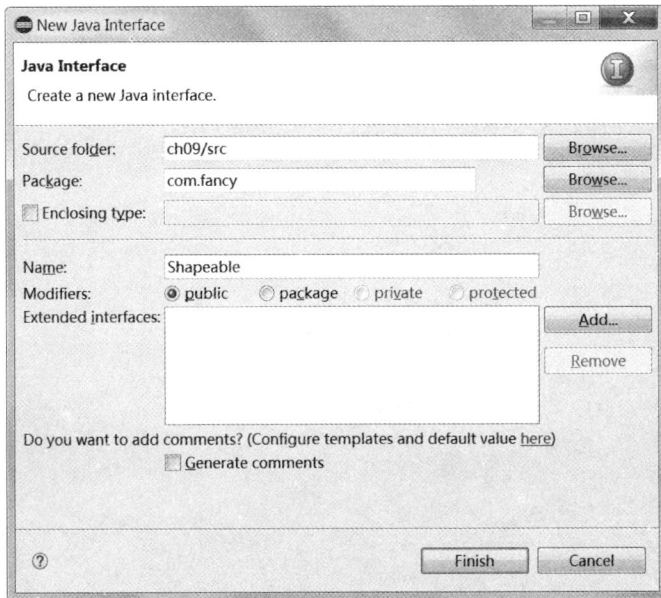

图 9-4　New Java Interface 对话框

如果要创建类,则在包名右击,选择快捷菜单 New|Class 命令。

(4) 最后在代码窗口中输入接口的成员代码,如抽象的面积和周长方法。

也可把上面第(2)、(3)两步合并为一步,即直接执行第(3)步创建接口(或类),这时必须在 New Java Interface(或 New Java Class)对话框的 Package 文本框中手工输入包名。

---

💡注意:一个包可以存放多个源文件,这时,每个源文件首行都要编写同样的包声明语句。在 Eclipse 开发环境下,包声明语句是自动编写的,只需在 New Java Interface(或 New Java Class)对话框中的 Package 文本框输入包名即可。

---

## 9.6.3　导入包

若 Java 程序需要使用其他包的类或接口,就要用 import 语句导入这些包。只有 java. lang 包是个例外,因为该包能自动导入。

ch9.6.3

使用关键字 import 导入包,导入包语句的格式如下:

```
import 包名.*;
```

其中,"*"号表示所有内容,即该包的所有类和接口。也可只引入包的一个类(或接口),这时,要用类名(或接口名)替换 * 号。语法格式如下:

```
import 包名.类名;
import 包名.接口名;
```

分级的包名,各级之间以英文圆点"."分隔,包名与类名之间也是用英文圆点分隔。以

实现抽象图形——接口与包

包名作前缀的类或接口称为完全限定名,简称"类全名",如 com. fancy. Shapeable。类全名的作用犹如地址作前导的通讯单位,如"中国·广东省·广州市·中山大学"。

一个源程序可使用多个 import 语句。import 语句要放在 package 语句(如果有)之后、类(接口)定义之前。关键字出现的次序是 package、import、class(或 interface)。

**【例 9-4】** 新建包 com. fancy. aaa,并导入例 9-3 的包 com. fancy。在新建包中定义实现 com. fancy. Shapeable 接口的圆类,再定义一个主类,构建圆对象,输出其面积和周长。

ch9.6.3 例 9-4

```java
package com.fancy.aaa;                          //定义包
import com.fancy.*;                             //导入包

class Circle implements Shapeable{              //实现 com.fancy.Shapeable 接口圆类
    private double radius;
    public Circle(double radius){               //构造方法
        this.radius = radius;
    }
    public double area(){                       //实现接口的面积方法
        return Math.PI * Math.pow(radius, 2);
    }
    public double girth(){                      //实现接口的周长方法
        return 2 * Math.PI * radius;
    }
}


public class Ex4 {                              //主类
    public static void main(String[] args) {
        Circle c = new Circle(1);
        System.out.println("构建半径为 1 的圆");
        System.out.printf("圆面积:%.2f\n", c.area());
        System.out.printf("圆周长:%.2f\n", c.girth());
    }
}
```

在 Eclipse 开发环境下可把新建包和新建类这两步合并成一步,操作步骤如下:

在开发界面左侧 Package Explorer 窗格例 9-3 项目名中右击,选择快捷菜单 New | Class 命令,出现如图 9-5 所示 New Java Class 对话框。在 Package 文本框输入要建的包名 com. fancy. aaa,在 Name 文本框中输入主类名 Ex4,勾选创建 main 方法存根,然后单击 Finish 按钮,即可同时建立包和类。这时 Eclipse 软件会自动建立文件夹 com \ fancy \ aaa,以及源程序文件 Ex4. java。

在代码窗口中编写导入 com. fancy 包语句、定义 Circle 类、编写主类 main 方法体。

最后执行程序,结果如图 9-6 所示。

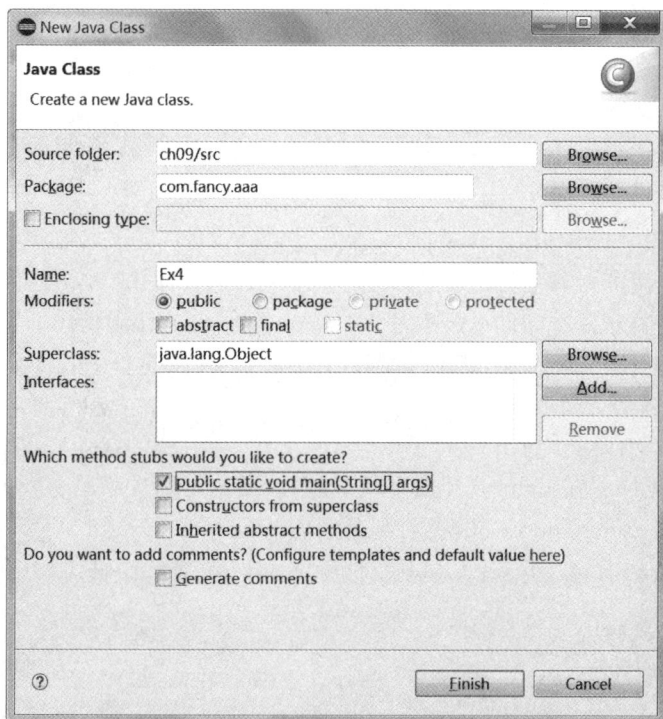

图 9-5　在 New Java Class 对话框新建含包名的类

💡 注意：在一个源程序文件中允许定义多个类，只有与文件主名（不含扩展名）相同的类才能声明为 public，因此，一个源文件只能有一个 public 类。

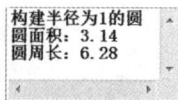

```
构建半径为1的圆
圆面积: 3.14
圆周长: 6.28
```

图 9-6　包程序运行结果

如果使用记事本编写程序，涉及包的，必须手工创建与包对应的文件夹，并把包中的源程序文件放在对应的文件夹下，编译和运行都要在项目的根文件夹中进行。

编译前，先进入项目的根目录，如 D:\JavaV3P，然后按照下面格式编译：

```
javac 文件夹\ * .java
```

所有源程序都要编译，编译成功才能运行。运行格式如下：

```
java 包名.主类名
```

例 9-3 和例 9-4 中的程序，采用记事本编写，其编译和运行界面如图 9-7 所示。

【例 9-5】　新建包 com. fancy. bbb，在包中先定义实现 com. fancy.Shapeable 接口的正方形类（需导入例 9-3 的包 com. fancy），然后再定义一个主类，在 main 方法中构建正方形对象，输出其面积和周长。

ch9.6.3 例 9-5

下面把正方形类和主类分开定义，各存放在一个源程序文件中，如分别存为 Square.

实现抽象图形——接口与包

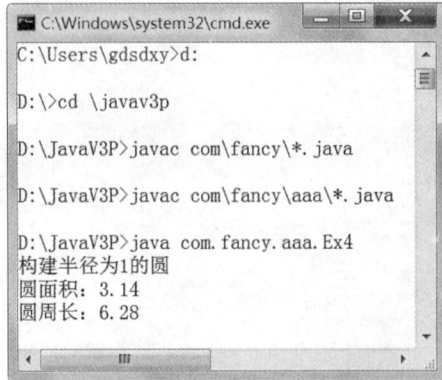

图 9-7　命令行窗口编译运行有包的程序

java 和 Ex5. java 文件。在 Eclipse 开发环境下编程，要执行两次菜单 New|Class 命令，两次均输入相同的包名 com. fancy. bbb，类名则分别为 Square 和 Ex5。

存放正方形类的 com \ fancy \ bbb \ Square. java 源文件代码：

```java
package com.fancy.bbb;                          //定义包
import com.fancy.Shapeable;                      //导入包(图形接口)

public class Square implements Shapeable{        //实现图形接口的正方形类
    private double side;                         //边长字段
    public Square(double side){                  //构造方法
        this.side = side;
    }
    public double area(){                        //实现接口的面积方法
        return Math.pow(side, 2);
    }
    public double girth(){                       //实现接口的周长方法
        return side * 4;
    }
}
```

存放主类的 com\fancy\bbb\Ex5. java 源文件代码：

```java
package com.fancy.bbb;                          //声明包

public class Ex5 {                               //主类
    public static void main(String[] args) {
        Square s = new Square(1);
        System.out.println("构建边长为 1 的正方形");
        System.out.printf("正方形面积：% .2f\n", s.area());
        System.out.printf("正方形周长：% .2f\n", s.girth());
    }
}
```

运行程序,结果如图 9-8 所示。

执行完本章 5 个例子后,Eclipse 开发界面的 Package Explorer 窗格显示如图 9-9 所示,可见同一个项目 ch09 已创建了 4 个包,分别是 ch09、com. fancy、com. fancy. aaa 和 com. fancy. bbb,每个包中都含有相应的源程序文件。其中 ch09 包与项目同名,存放例 9-1 和例 9-2 代码。因为在 Eclipse 的项目下新建类,包名自动设为项目名,如果不修改包名,所创建的类总是存放在与项目同名的包中。

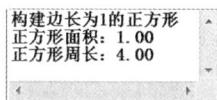

图 9-8 正方形运行结果

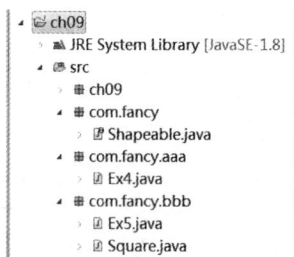

图 9-9 Package Explorer 窗格

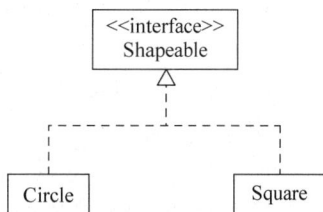

图 9-10 实现图形接口的类图

后面 3 个包分别由例 9-3～例 9-5 创建,共有一个接口和 4 个类,其中 Circle 类和 Square 类均实现了图形接口 Shapeable,如图 9-10 所示。而 Ex4 类和 Ex5 类都是主类,分别用于测试 Circle 类和 Square 类。

## 9.7 本 章 小 结

抽象类与接口均能达到分离 what 与 how 目标。接口能多重继承,适应性更广。接口变量能引用不同实现类的对象,回调同名但功能不同的类方法,具备多态性。从模块的角度来看,包属于较大规模的模块,内部一般包含多个类和接口。

## 9.8 习 题 9

1. 下列类声明正确的是( )。
   A. abstract final class HI{ }
   B. abstract private move( ){ }
   C. protected private number;
   D. public abstract class Car{ }

2. 下列关于关键字 abstract 的叙述,正确的是( )。
   A. abstract 只能修饰类
   B. abstract 只能修饰方法
   C. abstract 类中必须有 abstract 方法
   D. abstarct 方法所在类必须用 abstract 修饰

3. 下列关于 abstract 关键字的叙述,错误的是( )。
   A. 用 abstract 修饰的方法称为抽象方法。抽象方法一般在子类派生时被重写
   B. 用 abstract 修饰的类为抽象类,抽象类可以同时被 static 或 final 关键字修饰

实现抽象图形——接口与包

C. 抽象类中不一定包含抽象方法,但包含抽象方法的类一定要声明为抽象类

D. 如果一个类被定义为抽象类,则该类不能实例化

4. 下列关于类继承的说法,正确的是(　　　)。

A. Java 类允许多重继承　　　　　　　B. 接口和类都不允许多继承

C. 接口和类都允许多重继承　　　　　D. Java 接口允许多重继承

5. 下列关于 Java 语言继承的说法,正确的是(　　　)。

A. 类可有多个直接父类　　　　　　　B. 抽象类不能有子类

C. 接口支持多继承　　　　　　　　　D. 最终类可以作其他类的父类

6. 下列关于继承的叙述,正确的是(　　　)。

A. 类只允许单一继承　　　　　　　　B. 多重继承的类代码更可靠

C. 类只能实现一个接口　　　　　　　C. 类不能同时继承父类并实现接口

7. 下列说法中正确的是(　　　)。

A. final 可修饰类、属性、方法　　　　B. abstract 可修饰类、属性和方法

C. 抽象方法要有名称和方法体　　　　D. final 变量的值可更改

8. Java 语言定义一个包的关键字是(　　　)。

A. import　　　　　　B. package　　　　　C. interface　　　　　D. protected

9. 当程序中含有如下语句,必须放在首行的是(　　　)。

A. package abc;　　　　　　　　　　B. import java.io. * ;

C. class Ex　　　　　　　　　　　　D. 以上随意放均可

10. 已知 A 类在 package ac 包,B 类在 package b 包,且 B 类为 public,有一个 protected 字段 x。C 类也位于 package ac 包且继承 B 类,则下列说法,正确的是(　　　)。

A. A 类对象不能访问 B 类对象　　　　B. A 类对象能访问 B 类对象的 x 成员

C. C 类对象不能访问 B 类对象　　　　D. C 类对象能访问 B 类对象的 x 成员

11. 下面程序代码正确的排列顺序是(　　　)。

(1) import java.util. * ;

(2) void method() { / * ⋯ * / }

(3) package pk;

(4) public class Ex extends Object{ / * ⋯ } * /

A. (1)(2)(3)(4)　　　　　　　　　　B. (3)(1)(2)(4)

C. (1)(3)(4)(2)　　　　　　　　　　D. (3)(1)(4)(2)

12. 下列关于一个 Java 文件的叙述,正确的是(　　　)。

A. 可以有两个以上 package 语句　　　B. 可以有两个以上 import 语句

C. 可以有两个以上 public 类　　　　　D. 只能有一个类定义

13. 下列选项属于接口中方法默认访问控制方式的是(　　　)。

A. public　　　　　　B. private　　　　　C. protected　　　　　D. default

14. 在 Java 的类库中,包含实现输入输出操作的包是(　　　)。

A. java.util　　　　　B. java.io　　　　　C. java.applet　　　　D. java.awt

15. 实现某个接口的非抽象类,(　　　)。

A. 必须实现接口的部分抽象方法　　　B. 可以不实现接口任何抽象方法

C. 必须实现接口中所有抽象方法　　　D. 无所谓

16. 阅读以下程序片段,正确的选项是(    )。

```
class Employee{ }
interface IManager { }
class Manager extends Employee implements IManager { }
class Director extends Employee { }
```

A. Employee e＝new Manager();　　B. Director d＝new Manager();

C. Director d＝new Employee();　　D. IManager m＝new Director();

# 9.9　实训9：实现图形接口

1. 新建一个 Java 项目,先创建 com.dream 包,在包中定义一个图形接口 Shapeable,内含面积和周长两个抽象方法。再创建第二个包 com.dream.zhangsan,并在包中定义实现图形接口的圆类 Circle 和半圆类 SemiCircle,编写测试主类 Train1,运行时能连续不断提示输入半径值,输出圆和半圆的面积和周长。类图和包窗格如图 9-11 和图 9-12 所示,运行界面参见图 9-1(a)。

ch9.9 实训 1

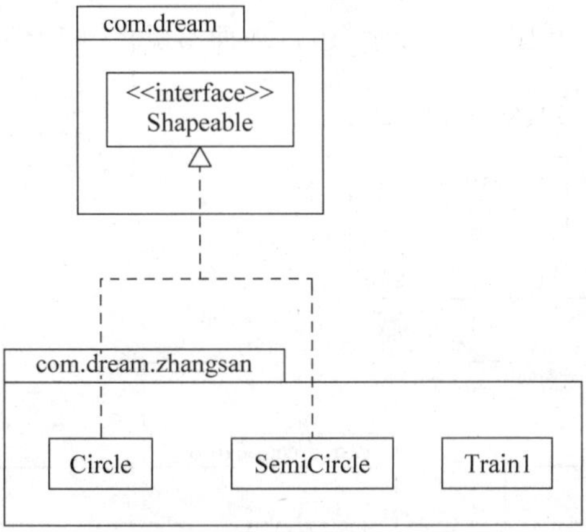

图 9-11　有包的类图

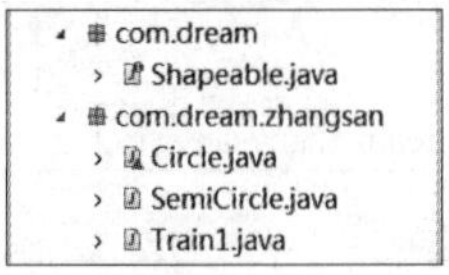

图 9-12　包窗格

**提示**：部分代码参考如下。

（1）源文件 com\dream\Shapeable.java：

```
package com.dream;                      //包 1:梦公司包
public interface Shapeable { … }        //图形接口
```

（2）源文件 com\dream\zhangsan\Circle.java：

119

```
package com.dream.zhangsan;             //包 2:梦公司张三包
import com.dream.Shapeable;             //导包
class Circle implements Shapeable{ … }  //实现图形接口的圆类
```

（3）源文件 com\dream\zhangsan\SemiCircle. java，略。

（4）源文件 com\dream\zhangsan\Train1. java：

```java
package com. dream. zhangsan;
import com. dream. Shapeable;
import java. util. Scanner;
public class Train1 {                              //主类
    public static void main(String[ ] args) {
        …
        while(true){
            try{
                …
            }
            catch(Exception e){ … }
        }
    }
}
```

ch9.9 实训 2

2. 在上题基础上，建立第三个包 com. dream. lisi，在包中定义实现图形接口的正方形类 Square 和立方体类 Cube，编写测试主类 Train2，运行时能连续不断提示输入边长值，输出正方形和立方体的面积和周长。类图和包窗格如图 9-13 和图 9-14 所示，运行界面参见图 9-1(b)。

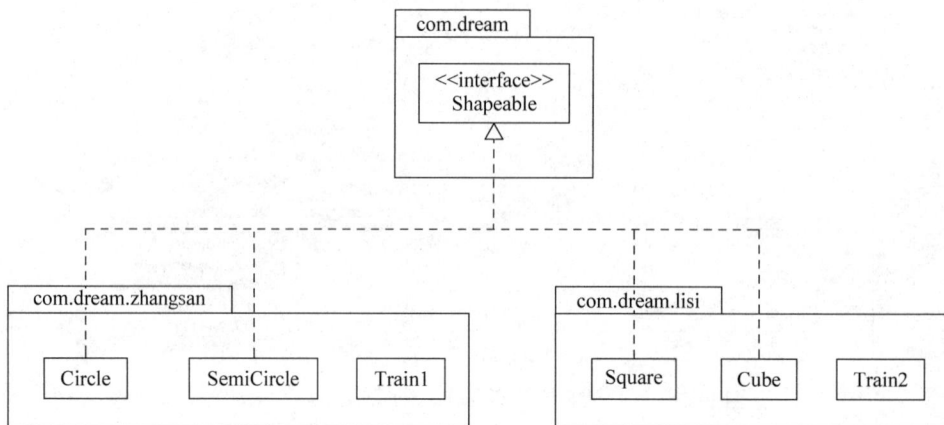

图 9-13  两个包中 4 个类实现另一包的图形接口(类图)

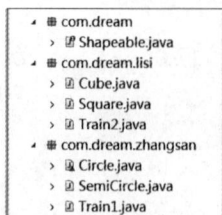

图 9-14  包窗格

提示：部分代码参考如下。

（1）源文件 com\dream\lisi\Square.java：

```
package com.dream.lisi;                              //包3:梦公司李四包
import com.dream.Shapeable;
public class Square implements Shapeable { … }       //实现图形接口的正方形类
```

（2）源文件 com\dream\lisi\Cube.java，略。

（3）源文件 com\dream\lisi\Train2.java：

```
package com.dream.lisi;
…
public class Train2 { … }                            //主类
```

实现抽象图形——接口与包

# 第10章　成绩统计——数组与字符串

## 能力目标

- 掌握一维数组,能声明、创建数组,访问、遍历和排序元素。了解多维数组;
- 理解方法引用型参数及地址传递方式,能使用数组与可变数目参数方法;
- 掌握 String 类,能使用 StringBuffer 和 StringBuilder 类;
- 了解正则表达式,能运用正则表达式匹配特定字符串;
- 能运用数组编写求最大数和最小数等方法,能编写成绩统计程序。

ch10.1

## 10.1　任　务　预　览

本章实训编写求最大数和最小数的成绩统计程序,运行结果如图 10-1 所示。

```
=====求和及最大数和最小数=====
请输入空格分隔的多个数:
71  62  93  84  95  56
按升序排序:
[56.0, 62.0, 71.0, 84.0, 93.0, 95.0]
个数: 6
总和: 461.0
最大: 95.0
最小: 56.0
```

(a) 最大数和最小数

```
=====成绩统计=====
请输入若干空格分隔的分数(最多1位小数):
85  55  92  67  46  78.5
从大到小排序:
[92.0, 85.0, 78.5, 67.0, 55.0, 46.0]
最高分: 92.0
最低分: 46.0
平均分: 70.58
及格率: 66.67%
```

(b) 成绩统计

图 10-1　实训程序运行界面

## 10.2　数　　　组

ch10.2 数组

一个变量存放一个数据,如存放学生某课程成绩,用一个变量便可。若要存放一个班 50 人的成绩,这时声明 50 个变量就显得勉为其难了。使用数组则可轻松解决。

数组(Array),一组数据,存放相同类型多个数据的集合。数组的成员(数据项)称为元素,一个数组元素相当于一个变量,可以单独访问。数组元素的个数,称为数组的长度(Length)或大小。

数组元素按序号编排,从 0 开始,依次递增。元素序号称为下标或索引(Index)。

例如,设有数组 nums,内容为{71, 62, 93, 84, 95, 56, 87, 78, 69, 80 },则数组长度

为 10,各元素索引依次为 0 ～ 9。可以通过索引来访问数组元素。

作为一种类型,数组与类、接口类型一样,属于引用类型(复合数据类型)。一个数组实例相当于一个对象。数组实例的所有元素连续存放在内存称为"堆"的空间中。

程序代码使用数组名加带索引的方括号表示数组元素,如用 nums[0]～nums[9] 表示数组 nums 各个元素。数组末元素的索引是数组长度减 1。

---

💡 注意:数组元素内容不要求按大小顺序存放,但元素索引是按升序排列的。

---

【例 10-1】 编写统计平均成绩的程序:创建 10 个元素的整型数组,存放 10 个学生的成绩分数,运行时列出所有元素值,并统计平均值。

```java
public class Ex1 {
    public static void main(String[] args) {
        int[] nums = {71, 62, 93, 84, 95, 56, 87, 78, 69, 80};        //创建数组
        int sum = 0;
        System.out.println("数组各元素的值(学生成绩)如下:");
        for (int i = 0; i < nums.length; i++){                        //数组长度 length
            System.out.print(" " + nums[i]);                         //输出数组元素值
            sum += nums[i];                                          //各元素累加
        }
        double average = (double)sum/nums.length;                    //计算平均值
        System.out.println("\n 元素平均值(平均成绩)是:" + average);
    }
}
```

程序运行结果如图 10-2 所示。

使用数组一般有以下 3 个步骤:

(1)声明数组变量。

(2)创建数组实例。

(3)元素赋值与使用——访问数组元素。

这些步骤也允许合并。下面详细说明。

> 数组各元素的值(学生成绩) 如下:
>  71 62 93 84 95 56 87 78 69 80
> 元素平均值(平均成绩)是: 77.5

图 10-2 统计平均成绩

## 10.2.1 声明数组变量

在源程序中,采用方括号[ ]来标识数组。由于数组的所有元素都具有相同的数据类型,因此采用元素数据类型后跟方括号的形式表示数组类型。

ch10.2

声明数组类型的变量,有两种语法格式:

```
元素类型[]  数组变量;
元素类型  数组变量[];
```

建议采取第一种格式,数组类型描述比较清晰。

如声明整型元素数组变量 nums:

```
int[] nums;
```

上面只声明了一个数组变量,数组实例还没有建立,当然数组长度(元素个数)也不知道,因此还得建立数组。

💡注意:数组长度不能声明。数组元素类型除了基本数据类型外,还可以是类、接口、enum(枚举)等类型。数组变量建议用复数命名,如 nums、people 等。

### 10.2.2 创建数组实例

一个数组实例相当于一个对象,创建数组实例与构建类对象相似,也要使用关键字 new。创建数组实例的语法格式如下:

```
数组变量 = new 元素类型[数组长度];
```

创建一个数组实例,并把数组在内存堆中的存放地址赋给数组变量。于是数组变量便引用数组实例。被赋值后的数组变量相当于一个数组名。

例如,创建具有 10 个 int 型元素的数组,并用已声明的数组变量 nums 来引用:

```
nums = new int[10];
```

于是,nums 就相当于一个数组名。

与类类型声明变量并同时构建对象类似,数组也可用一条语句声明、构建。

数组声明、创建二合一语句的语法格式如下:

```
元素类型[] 数组变量 = new 元素类型[数组长度];
```

如数组 nums 声明、创建二合一的语句如下:

```
int[] nums = new int[10];
```

创建数组后,所有元素均有默认值。其中 int、double 等数值型元素默认为 0,boolean 型元素默认为 false,引用类型则默认为 null。

创建数组后,数组长度可以使用属性 length 获取,例如上面 nums.length 为 10。

💡注意:用 new 创建数组时,方括号内的数组长度允许有确定值的整型表达式,并且值不能是负数,否则会引发异常。数组长度可在运行时确定,但数组创建后长度不能改变。

### 10.2.3 访问数组元素

创建数组实例后,便可使用各个数组元素。数组元素用代表数组名的数组变量、方括号和索引来表示。数组元素的一般表示形式如下:

```
数组变量[索引]
```

一个数组元素相当于一个普通变量，可以赋值，也可读取其中的数据。

【例 10-2】 使用声明、创建、元素赋值 3 步建立学生成绩数组，并统计平均成绩。

```java
public class Ex2 {
    public static void main(String[] args) {
        int[] nums;                                    //声明数组变量
        nums = new int[10];                            //创建数组实例
        nums[0] = 71;                                  //数组元素赋值
        nums[1] = 62;
        nums[2] = 93;
        nums[3] = 84;
        nums[4] = 95;
        nums[5] = 56;
        nums[6] = 87;
        nums[7] = 78;
        nums[8] = 69;
        nums[9] = 80;
        int sum = 0;
        System.out.println("数组各元素的值(学生成绩)如下:");
        for (int i = 0; i < nums.length; i++){        //数组长度 length
            System.out.print(" " + nums[i]);          //输出数组元素值
            sum += nums[i];                            //各元素累加
        }
        double average = (double)sum/nums.length;     //计算平均值
        System.out.println("\n 元素平均值(平均成绩)是:" + average);
    }
}
```

程序运行结果与例 10-1 完全一样，见图 10-2。

## 10.2.4 数组声明、创建、元素赋值三合一

数组声明、创建、元素赋值 3 个步骤中，前两步可二合一，还可把这 3 步合而为一，用一个语句完成。如例 10-1 中创建数组的语句：

```java
int[] nums = {71, 62, 93, 84, 95, 56, 87, 78, 69, 80};        //三合一语句
```

便是三合一的语句。该语句隐含创建数组，也可显式给出，如：

```java
int[] nums = new int[ ]{71, 62, 93, 84, 95, 56, 87, 78, 69, 80};
```

因为数组长度可从大括号元素表中得出，故在创建数组方括号中无须给出。
数组声明、创建、元素赋值三合一语句的语法格式如下：

```java
元素类型[ ] 数组变量 = new 元素类型[ ]{ 元素初值表 };
```

其中,"new 元素类型[ ]"部分可以省略。

若数组变量已声明,则数组创建、元素赋值二合一语句的语法格式如下:

> 数组变量 = new 元素类型[]{ 元素初值表 };

# 10.3　多　维　数　组

ch10.3

上面讲述的是一维数组,也可声明创建二维、三维等多维数组。

一维数组各元素布局成直线状,对应一维坐标;二维数组元素布局成平面状,对应二维坐标,由行和列组成;三维数组元素成立体状,对应三维坐标。

声明二维、三维数组的语法格式如下:

> 元素类型[][] 数组变量;
> 元素类型[][][] 数组变量;

可见,方括号的对数对应数组的维数,两对方括号是二维数组,3 对方括号是三维数组。

创建二维、三维数组的语法格式如下:

> 数组变量 = new 元素类型[第 1 维长度][第 2 维长度];
> 数组变量 = new 元素类型[第 1 维长度][第 2 维长度][第 3 维长度];

创建多维数组时,第 2 维开始后面各维数组的长度可省略,但第 1 维长度必须给出。

二维、三维数组的元素表示形式如下:

> 数组变量[索引][索引]
> 数组变量[索引][索引][索引]

Java 语言的多维数组是元素为数组的数组,如二维数组是元素为一维数组的数组,三维数组是元素为二维数组的数组。其中,各元素数组的长度不尽相同,如组成二维数组的各个一维数组,其长度允许不同。不过,每维的索引均从 0 开始。

【例 10-3】　编程,创建一个 int[][]类型的二维数组,计算每行元素的平均值。

```java
public class Ex3 {
    public static void main(String[] args) {
        int[][] nums = new int[][]{            //声明、创建二维数组
            {71, 62, 93, 84},                   //第 0 行 4 个元素
            {95, 56, 87, 78},                   //第 1 行 4 个元素
            {69, 80}                            //第 2 行 2 个元素
        };
        System.out.println("二维数组所有元素值如下:");
        for(int i = 0; i < nums.length; i++){   //i 控制行
            double rowSum = 0;
            for(int j = 0; j < nums[i].length; j++){   //j 控制列
```

```
                System.out.print(nums[i][j] + "    ");
                rowSum += nums[i][j];
            }
            System.out.println("\t本行平均值" + rowSum/nums[i].length);
        }
    }
}
```

程序运行结果如图 10-3 所示。

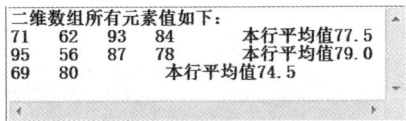

二维数组所有元素值如下:
71    62    93    84         本行平均值77.5
95    56    87    78         本行平均值79.0
69    80              本行平均值74.5

图 10-3　二维数组

该例定义由 3 个一维数组作元素的二维数组 nums,各个一维数组(各行)的元素个数分别是 4、4 和 2,表明二维数组各元素数组的长度不尽相同。整个二维数组长度用 nums.length 表示,对应行数。每个一维数组的长度用 nums[i].length 表示,对应各行列数。

# 10.4　数组操作与 Arrays 类

## 10.4.1　数组遍历

遍历,就是从头到尾走一趟。遍历数组,即从头到尾逐个读出各元素值。

循环语句除了第 5 章介绍的 for、while 和 do-while 之外,还有专用于遍历数组和集合的 for 语句(相当于 C♯语言的 foreach 语句),其语法格式如下:

ch10.4.1

```
for (元素类型 变量 : 数组或集合) { 循环体代码 }
```

其中,冒号":"是"属于""在……之中"的意思。语句功能是对于数组或集合中的每一个元素,执行循环体中的代码,完成相应的功能。

数组常用操作有遍历各元素、输出元素值、元素累加等,都可用 for 语句完成。

除了使用循环语句遍历数组,还可使用 java.util 包中的数组封装类 Arrays,调用其中的 toString 方法获取数组的各个元素。该方法返回各元素的字符串表示形式,元素之间以逗号分隔。该方法头部的声明格式如下:

```
public static String toString(数组元素类型[] a)
```

其中数组元素类型包括 int、double 等基本类型以及根类 Object。即 Arrays 类的 toString 方法有多种重载形式。由于方法是静态的,故以类名 Arrays 作前缀调用,调用形式如下:

```
Arrays.toString(数组名)
```

> ☀注意：Arrays 封装了操作数组的多个方法，如元素排序、搜索、相等比较和复制等。该类所有方法都是静态的，均用类名 Arrays 作前缀调用。

**【例 10-4】** 依次用 for 语句、Arrays.toString 方法遍历输出 int[]型数组各个元素。

```java
import java.util.Arrays;
public class Ex4 {
    public static void main(String[] args) {
        int[] nums = {71, 62, 93, 84, 95, 56, 87, 78, 69, 80};
        System.out.println("(1)使用 for 语句遍历数组元素：");
        for (int n : nums){
            System.out.print(" " + n);                    //输出数组元素
        }
        System.out.println("\n(2)调用 Arrays.toString 方法获取所有元素：");
        System.out.println(Arrays.toString(nums));
    }
}
```

程序运行结果如图 10-4 所示。可见，当调用 Arrays.toString 方法获取数组元素时，元素之间以逗号分隔，并且用方括号把所有元素括起来。

```
(1)使用for语句遍历数组元素：
 71 62 93 84 95 56 87 78 69 80
(2)调用Arrays.toString方法获取所有元素：
[71, 62, 93, 84, 95, 56, 87, 78, 69, 80]
```

图 10-4　遍历数组

### 10.4.2　数组排序

ch10.4.2

Arrays 类提供对数组元素按从小到大升序排列方法 sort，调用格式主要有两种：

```
Arrays.sort(数组名)
Arrays.sort(数组名, 起始索引, 终止索引)
```

第一种形式是对数组的所有元素进行排序，第二种指定某范围内的元素排序，只对从起始索引到终止索引减 1 之间的元素排序，不包括终止索引处的元素。

**【例 10-5】** 编程，按升序输出 int[]型数组的所有元素。

```java
import java.util.Arrays;
public class Ex5 {
    public static void main(String[] args) {
        int[] nums = {71, 62, 93, 84, 95, 56, 87, 78, 69, 80};
        System.out.println("排序之前数组元素：\n" + Arrays.toString(nums));
        Arrays.sort(nums);                              //调用排序方法
        System.out.println("排序之后数组元素：\n" + Arrays.toString(nums));
```

```
        }
    }
```

程序运行结果如图 10-5 所示。

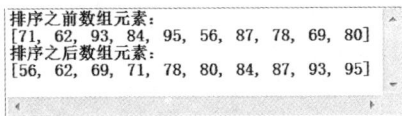

```
排序之前数组元素：
[71, 62, 93, 84, 95, 56, 87, 78, 69, 80]
排序之后数组元素：
[56, 62, 69, 71, 78, 80, 84, 87, 93, 95]
```

图 10-5    数组元素排序

## 10.4.3    数组复制

ch10.4.3

数组复制方法有多种,列举如下。

(1) 调用 Arrays 类的静态方法 copyOf,调用形式：

```
Arrays.copyOf(源数组, 目标数组长度)
```

该方法返回一个目标数组,目标数组的长度可以大于或小于源数组的长度。当目标数组元素多于源数组时,剩下的元素以默认值(0、false 或 null)填充。

———————————————————————————————————————————————————

⌖ 注意：同类型的数组才能复制,复制后目标数组的类型与源数组完全相同。

———————————————————————————————————————————————————

(2) 调用 Arrays 类的静态方法 copyOfRange,调用形式：

```
Arrays.copyOfRange(源数组, 元素起始索引, 终止索引)
```

该方法也返回一个目标数组,内容是源数组从起始索引到终止索引减 1 之间的元素。

(3) 调用 System 类的静态方法 arraycopy,调用形式：

```
System.arraycopy(源数组, 源起始位置, 目标数组, 目标起始位置, 长度)
```

该方法没有返回值,所复制的数组元素保存在第三参数"目标数组"中,目标数组要预先创建。该方法要指定源数组元素的起始位置、目标数组元素起始位置,以及要复制的元素个数(长度)。

(4) 使用 for 等循环语句编程,逐个复制数组元素。

【例 10-6】    编程,依次使用 4 种方法复制 int[]型数组,并输出复制后的元素。

```java
import java.util.Arrays;
public class Ex6 {
    public static void main(String[] args) {
        int[] nums = {71, 62, 93, 84, 95, 56, 87, 78, 69, 80};
        int[] nums1, nums2, nums3, nums4;                          //声明数组变量
        System.out.println("  ==== 数组复制方法 ====");
        System.out.println("(1)调用 Arrays.copyOf 方法,得到:");
        nums1 = Arrays.copyOf(nums, nums.length);
```

```
        System.out.println(Arrays.toString(nums1));
        System.out.println("(2)调用 Arrays.copyOfRange 方法,得到:");
        nums2 = Arrays.copyOfRange(nums, 0, nums.length);
        System.out.println(Arrays.toString(nums2));
        System.out.println("(3)调用 System.arraycopy 方法,得到:");
        nums3 = new int[nums.length];
        System.arraycopy(nums, 0, nums3, 0, nums.length);
        System.out.println(Arrays.toString(nums3));
        System.out.println("(4)使用 for 语句,得到:");
        nums4 = new int[nums.length];
        for(int i = 0; i < nums.length; i++){ nums4[i] = nums[i]; }
        System.out.println(Arrays.toString(nums4));
    }
}
```

程序运行结果如图 10-6 所示,可见 4 种数组复制方法均得到相同结果。

```
=== 数组复制方法 ===
 (1) 调用Arrays.copyOf方法,得到:
[71, 62, 93, 84, 95, 56, 87, 78, 69, 80]
 (2) 调用Arrays.copyOfRange方法,得到:
[71, 62, 93, 84, 95, 56, 87, 78, 69, 80]
 (3) 调用System.arraycopy方法,得到:
[71, 62, 93, 84, 95, 56, 87, 78, 69, 80]
 (4) 使用for语句,得到:
[71, 62, 93, 84, 95, 56, 87, 78, 69, 80]
```

图 10-6　数组复制

💡 注意:对于引用类型元素的数组,数组复制仅复制对象的地址,属于浅复制。

# 10.5　引用类型作方法参数——地址传递

ch10.5

通过使用 Arrays 类的 sort 和 toString 等方法,可知数组能作方法参数。

Java 方法参数是值传递,属于单向传递,方法调用时只从实参传值给形参;方法调用后,不会反过来再从形参把值传回给实参。这个原则不仅对 int、double 等值类型成立,而且对于类和数组等引用类型的方法参数,仍然成立。

不过,对于引用类型的参数,由于存放的是对象(实例)的引用地址,因此调用方法时从实参传给形参的是地址值。这时,在执行方法过程中,只要形参的地址值没有改变,即形参没有更改所引用的对象或实例,则对象内容的变化能通过实参传回执行调用的代码。因为这时实参和形参实质上引用同一个对象,就像李逵和黑旋风一样,本是同一人,黑旋风打仗受伤了,当然李逵也受伤了。

因此得出结论:方法调用时,引用类型的参数,只要形参地址值没有改变,就可实现对象(实例)内容"双向"传递。即对象内容从实参传递给形参,执行完方法后,能通过实参获取,即所谓"能从形参传回给实参"。

需要强调的是：这里的"双向"传递、"能从形参传回给实参"加了双引号，因为是有条件的：在所调用的方法内部，引用类型的形参地址不能更改，必须保证与实参引用同一个对象。

---

💡注意：对于C#语言，方法参数可用关键字 ref 声明引用传递，是真正的双向传递。

---

再看看调用对数组进行排序的方法 Arrays.sort(nums)，该方法传递的正是引用类型的数组地址值，在执行 sort 方法过程中，数组参数没有改变，即数组实例没有更改，只是元素内容的顺序改变了，因此调用完 sort 方法后，能从参数 nums 中获取同一个（但内容改变了的）数组，即实现了形参和实参"双向"数据传递。

为了更好地理解引用类型参数传递，下面举一个传递类类型参数的例子。

**【例 10-7】** 编写以 StringBuilder 类为参数类型的两个方法，并依次调用它们。

```
public class Ex7 {
    static void change(StringBuilder sb){          //空返回的方法 1
        sb = sb.append("xyz");                      //对象不变(sb 地址值不变)内容改变
    }

    static void noChange(StringBuilder sb){         //空返回的方法 2
        sb = new StringBuilder("xyz");              //对象改变(sb 地址值改变)
    }

    public static void main(String[] args) {
        StringBuilder sb1 = new StringBuilder("abc");
        change(sb1);
        System.out.println("调用 change 方法后,sb1 的值:" + sb1);

        StringBuilder sb2 = new StringBuilder("abc");
        noChange(sb2);
        System.out.println("调用 noChange 方法后,sb2 的值:" + sb2);
    }
}
```

程序运行结果如图 10-7 所示。

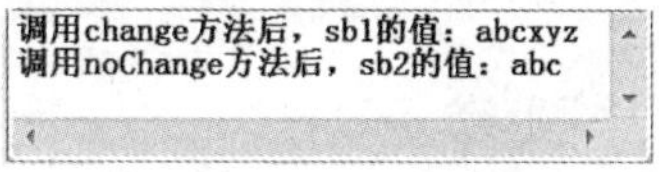

程序前两个方法均使用可变字符串类 StringBuilder 作参数类型，属于引用类型。其中，change 方法内部对参数 sb 的值不作更改，即 sb 所引用的对象不变，只是追加了对象的内容。因此调用该方法后，能使用 sb1 输出同一对

```
调用change方法后，sb1的值：abcxyz
调用noChange方法后，sb2的值：abc
```

图 10-7　引用类型参数地址传递

象（被更改了）的内容 abcxyz。表面上，好像是把形参 sb 值"传回"给实参 sb1，实质上并没有传回，只是实参 sb1 和形参 sb 的值保持一致而已。而方法 noChange 内部则修改了参数 sb 的值，使之指向另一对象。因此调用该方法后，形参 sb 和实参 sb2 不再引用同一对象。由于数据不能从形参传回实参，因此 sb2 输出的仍是调用 noChange 方法之前的内容 abc，而不是 xyz。

# 10.6 数组与可变数目参数方法

## 10.6.1 数组参数方法

ch10.6.1

在一些项目中,通常需要对两个或以上的数进行求和、查找最大或最小数等,可以定义数组作参数的方法,调用时传递数组实例完成相应的功能。

【例 10-8】 定义数组作参数的求和方法 sum,然后调用该方法完成相应功能。

```java
import java.util.Arrays;
public class Ex8 {
    public static double sum(double[] nums){          //数组参数求和方法
        double tot = 0;
        for(double n: nums){ tot += n;      }
        return tot;
    }

    public static void main(String[] args){           //主方法
        double[] nums = {1, 2};                        //创建数组
        System.out.println(Arrays.toString(nums) + "总和是:" + sum(nums));
        nums = new double[]{-1, 2.3, 5.4};             //重建数组
        System.out.println(Arrays.toString(nums) + "总和是:" + sum(nums));
    }
}
```

程序运行结果如图 10-8 所示。

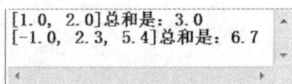

```
[1.0, 2.0]总和是: 3.0
[-1.0, 2.3, 5.4]总和是: 6.7
```

图 10-8 数组参数求和方法

## 10.6.2 可变数目参数方法

ch10.6.2

Java 还能在方法定义时声明数目可变的参数,调用方法时允许给个数不同的实参。

在方法中声明可变数目的参数,要使用 3 个英文实心圆点,语法格式如下:

类型 ... 形参代表

调用方法时允许给出类型兼容但数目不同的实参,例如 0 个、1 个、2 个或 3 个等,也可以使用元素为指定类型的数组作实参,上面的"形参代表"相当于一个数组变量。

【例 10-9】 定义一个工具类,里面定义一些可变数目参数的方法,分别对若干数进行求和、找最大值。然后在主类 main 方法中调用这些方法执行运算。

```java
//源文件 Tools.java:
public class Tools {                                    //工具类
    public static double sum(double...nums){            //可变数目参数求和方法
        double tot = 0;
        for(double n : nums){ tot += n; }
        return tot;
    }
    public static double max(double...nums){            //可变数目参数求最大值方法
        double max = nums[0];                           //局部变量 max 可与方法同名
        for(double n : nums){
            if(n > max){ max = n; }
        }
        return max;
    }
}


//源文件 Ex9.java:
public class Ex9 {                                      //主类
    public static void main(String[] args) {
        System.out.printf("测试 0 个数总和:%.1f\n", Tools.sum());
        System.out.printf("测试 1 个数总和:%.1f\t 最大值:%.1f\n",
                Tools.sum(1.3), Tools.max(1.3));
        System.out.printf("测试 2 个数总和:%.1f\t 最大值:%.1f\n",
                Tools.sum(1, 2), Tools.max(1, 2));
        System.out.printf("测试 3 个数总和:%.1f\t 最大值:%.1f\n",
                Tools.sum( - 10, 1, 2), Tools.max( - 10, 1, 2));
        System.out.println("\n 以数组实参调用可变数目参数方法:");
        double[] nums = { - 10, 1, 2};
        System.out.printf("总和:%.1f\t 最大值:%.1f\n",
                Tools.sum(nums), Tools.max(nums));
    }
}
```

程序运行结果如图 10-9 所示。可见,在调用可变参数方法时,允许给出个数不同的实参,甚至不给出实参,即个数为 0 的实参,如：Tools. sum()。也允许以整个数组作实参,如 Tools. sum(nums)。

---

💡 **注意**：一个方法只能有一个可变数目的参数,且必须是方法最后一个参数。

---

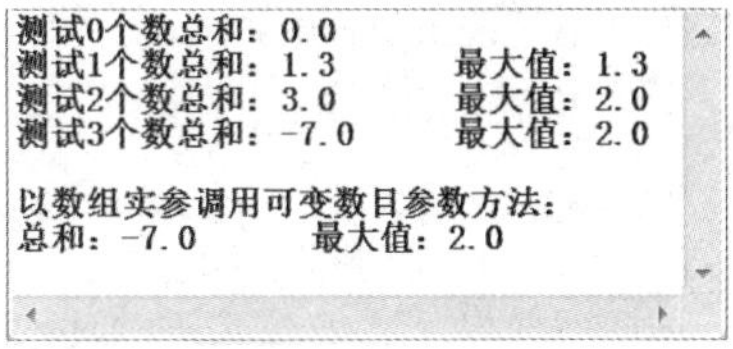

图 10-9　可变数目参数方法

为清晰起见,例 10-9 把求和、找最大值等方法放在一个专门的 Tools 类中,这些方法都是静态的,无须构建对象,直接使用类名作前缀调用。该类犹如一个工具箱,里面的方法类似具体的工具,好比铁锤、扳手、钳子等,使用时直接从工具箱拿出。

133

第10章

# 10.7　字符串类

字符串是字符的序列,使用最多的是 String 类,这是不变字符串类(字符串常量类)。此外,还有可变字符串类 StringBuffer 和 StringBuilder。这 3 个类都实现了字符序列接口 CharSequence。

## 10.7.1　String 类

ch10.7.1

从内容上看,字符串相当于元素是字符的数组,即类型为 char[] 的数组。例如:

```
String str1 = "abc";
char[] charArray = {'a', 'b', 'c'};
String str2 = new String(charArray);           //由字符数组构造字符串对象
```

这时,str1 和 str2 内容相等,调用 str1.equals(str2)方法,将返回 true 值。

---

💡注意:不能用表达式 str1==str2 比较两个字符串内容是否相同。上述代码的 str1 ==str2 的结果为 false。因为 String 属于引用类型,其变量 str1 和 str2 存放的是地址值。虽然内容都是"abc",但不是同一个对象,地址不同,故相等运算== 为 false。

---

String 类的对象是字符串常量,对象创建之后,里面的字符不允许修改。如:

```
String str = "abc";
str = "def";
```

字符串 str 开始引用内容为"abc"的对象,后来改为"def",并不是只更改了对象的内容,而是创建了新对象,抛弃了原对象(弃旧迎新)。

总之,String 变量引用的字符串,每当内容变更时,都丢弃原有对象。

String 类的常用方法有:

(1) char **charAt**(int index):返回字符串指定索引处的字符。

(2) boolean **contains**(CharSequence s):判断字符串是否包含指定的字符序列。

(3) int **compareTo**(String anotherString):按字典顺序比较两个字符串。

(4) boolean **equals**(Object anObject):将字符串与指定的对象进行比较。

(5) static String **format**(String format,Object...args):格式化字符串。含可变数目参数。

(6) int **indexOf**(int ch):返回指定字符在字符串中第一次出现的索引。索引即编号,与数组类似,字符串的索引也从 0 开始。

(7) int **indexOf**(String str):返回指定字符串在当前字符串中第一次出现的索引。

(8) boolean **isEmpty**():判断字符串是否为空。长度为 0 的字符串""是空串。

(9) int **length**():返回字符串的长度。

（10）boolean **matches**(String regex)：判断字符串是否匹配给定的正则表达式。

（11）String **replace**(char oldChar, char newChar)：字符替换，用 newChar 替换字符串中所有出现的 oldChar，返回一个新的字符串。

（12）String **replace**(CharSequence target, CharSequence replacement)：子串替换，使用指定的字符序列替换字符串中所有匹配的目标字符序列。

（13）String[] **split**(String regex)：根据给定正则表达式的匹配内容拆分字符串，返回字符串数组。关于正则表达式见 10.8 节。

（14）String **substring**(int beginIndex, int endIndex)：返回字符串中的一部分（子串）。子串范围从 beginIndex 开始，到 endIndex 减 1 为止。

（15）String **trim**()：截去字符串开头和末尾的空白，如空格、制表符"\t"等。

（16）static String **valueOf**(类型 x)：返回指定类型数据的字符串表示形式。

由于 String 类对象是字符串常量，所以，如果字符串内容需要频繁更改，就不要使用 String 类。因为每次内容更改都会新建一个 String 对象，而频繁创建对象会消耗较多资源，降低运行效率，这时应该使用可变字符串类 StringBuffer 或 StringBuilder。

## 10.7.2 StringBuffer 类

StringBuffer 类对象是可变的字符序列（可变字符串），允许对其中的字符进行动态增、删、改操作而无须重新构建对象。这是由于存放 StringBuffer 对象的缓冲区容量可动态增长的缘故。对于那些需要频繁增删字符的字符串，使用 StringBuffer 比使用 String 效率高。

ch10.7.2~3

StringBuffer 对象的增删改方法有 append、insert、delete、deleteCharAt、replace、setCharAt 等，还有字符串反转方法 reverse，也有与 String 类相同的方法 substring、length 等。

---

💡注意：StringBuffer 对象与 String 一样，字符索引都是从 0 开始，并且，若方法涉及指定字符范围，均从起始索引到终止索引减 1，不包含终止索引本身。

---

下面举例说明 StringBuffer 类及其方法的应用。

【例 10-10】 编程，创建 StringBuffer 类对象，执行字符增、删、改等操作。

```java
public class Ex10 {
    public static void main(String[] args) {
        StringBuffer sb = new StringBuffer();   //可用 StringBuilder 替换
        sb.append("I ** ");                     //追加字符
        sb.append("Java.");
        System.out.println(sb);                 //sb 相当于 sb.toString()
        sb.replace(2, 4, "like ");              //替换 2 到 4-1 处字符串 ** 为 like
        System.out.println(sb);
        System.out.println("字符串长度为:" + sb.length());
        System.out.println("第二个单词是:" + sb.substring(2, 6));       //子串
        System.out.println("整个字符串反转,变为:\n" + sb.reverse());
    }
}
```

第 10 章

成绩统计——数组与字符串

程序运行结果如图 10-10 所示。

```
I **Java.
I like Java.
字符串长度为: 12
第二个单词是: like
整个字符串反转, 变为:
.avaJ ekil I
```

图 10-10  可变字符串增删改

### 10.7.3  StringBuilder 类

StringBuffer 类能安全地用于多个线程。从 JDK 1.5 版开始, Java 语言增加了一个单线程使用的、功能与 StringBuffer 类等价的类, 这就是字符串生成器类 StringBuilder。

由于 StringBuilder 类是单线程的, 不用执行同步操作, 所以速度更快。因此在单线程环境下, 应该优先使用 StringBuilder 类。

StringBuilder 类的操作与 StringBuffer 类相同, 即方法名称与调用方式均相同。把例 10-10 的 main 方法中的 StringBuffer 换成 StringBuilder, 运行结果与原来的一样, 参见图 10-10。

## 10.8  正则表达式

ch10.8

String 类的 split 和 matches 方法均涉及参数 regex, 该参数是 regular expression 的缩写, 表示正则表达式。

正则表达式就是 String 类型的、用于模式匹配的特殊字符串。

正则表达式的部分例子如下:

```
"."                          //匹配任一字符
"\\d"                        //匹配 0~9 任一数字, 其中反斜杠要输入两次
"\\s"                        //匹配空格、制表键、换车换行等空白字符
",|;"                        //匹配英文逗号或分号, 符号"|"表示或者
"[abc]"                      //匹配字母 a、b、c 中任一个, 方括号匹配一个字符
"[^abc]"                     //匹配除 a、b、c 外的任一字符
"[a-zA-Z]"                   //匹配从 a~z、A~Z 范围字符, 即任一英文字母
"[a-z&&[aeiou]]"             //匹配从 a~z 与 aeiou 的交集, 即 aeiou 中任一字母
"X?"                         //匹配出现 0 次或 1 次的 X
"X*"                         //匹配出现 0 次以上的 X
"X+"                         //匹配出现 1 次以上的 X
"X{n}"                       //匹配出现 n 次的 X
"X{n,}"                      //匹配至少出现 n 次的 X
"X{n,m}"                     //匹配至少出现 n 次, 但不超过 m 次的 X
"100|[0-9]{1,2}([.][0-9]|)"  //匹配最多 1 位小数的成绩分数, 即 0~100 范围数
```

由于正则表达式中圆点"."代表任一字符, 因此要使用"[.]"表示数学中的小数点。

调用 String 类的 matches 方法, 能判断字符串是否与给定的正则表达式匹配。

【例 10-11】  编程, 通过匹配正则表达式来判断字符串型的成绩是否有效。设成绩以百分制表示, 最多含一位小数。

ch10.8 例 10-11

```
import java.util.*;
//import java.util.regex.Pattern;
public class Ex11 {
    public static void main(String[] args) {
        System.out.println(" ==== 判断成绩是否有效 ==== ");
        Scanner sc = new Scanner(System.in);
        System.out.println("请输入若干空格分隔的分数(最多1位小数):");
        String row = sc.nextLine();              //输入一行字符串
        sc.close();
        String[] strs = row.split("[\\s] + ");   //以一个以上空白符分隔字符串为数组
        for(int i = 0; i < strs.length; i++){
            String s = strs[i].trim();           //剪掉字符串前后空格
            if(s.matches("100|[0-9]{1,2}([.][0-9]|)")) {
            //if(Pattern.matches("100|[\\d]{1,2}([.][\\d]|)", s)){
                System.out.println(s + "有效");
            } else{ System.out.println(s + "无效");     }
        }
    }
}
```

程序的一次运行结果如图 10-11 所示。

图 10-11　字符串匹配正则表达式

💡注意：java.util.regex 包中提供了专门用于模式匹配的类 Pattern(模式)和 Mather
(匹配器)，其中模式对象是正则表达式的编译表示形式，是对正则表达式的封装。模式对字
符序列执行 mather 操作即产生 Mather 对象(匹配器)，再调用其匹配方法便能判断是否成
功匹配。也可直接调用 Pattern 的 matches(regex,str)方法判断 str 能否匹配 regex(见
例 10-11 的注释行代码)。限于篇幅，本书不作详细介绍，有兴趣的读者请参看 JDK8 API
文档 jdk-8-apidocs.chm。

# 10.9　本章小结

数组属于引用类型。创建数组相当于创建类对象。数组各元素都有默认值。
引用类型参数方法，只要引用地址没改变，调用后就能得到内容改变了的对象实例。
若字符串内容更改频繁，建议使用可变字符串 StringBuffer 或 StringBuilder。

成绩统计——数组与字符串

# 10.10 习 题 10

1. 关于下列程序,正确的说法是(    )。

```java
class Test {
    static String[] strs = new String[10];
    public static void main(String[] args) {
        System.out.println(strs[0]);
    }
}
```

    A. 编译错误         B. 运行出错         C. 输出为 0         D. 输出为 null

2. 设有 int[] arr={1,2,3}; for(int i=0; i<2; i++) arr[i]=0;,下列为 true 的是(    )。

    A. arr[0]==0         B. arr[0]==1         C. arr[1]==2         D. arr[2]==0

3. 设 int[] x={2,33,88,5,10};,执行 Arrays.sort(x);,数组元素值依次是(    )。

    A. 88 33 10 5 2     B. 2 5 33 88 10     C. 2 5 10 33 88     D. 2 5 33 10 88

4. 设 F 类有 main(String[] args)方法,则 java F a xy b c xy 能获取 xy 串的是(    )。

    A. args[0]         B. args[1]         C. args[2]         D. args[3]

5. 下列关于创建数组的语句,错误是(    )。

    A. int arr[]={1,2,3};                 B. int[] arr=new int[3];

    C. int[] arr=new int[]{1,2,3};         D. int arr [3]={1,2,3};

6. 若有 int[] a={ 1,2,3,4,5 },则数值为 5 的表达式是(    )。

    A. a[5]         B. a[4]+1         C. a[4]         D. a[5]-1

7. 表达式"java 程序设计".length()的值是(    )。

    A. 0         B. 8         C. 12         D. null

8. 设有数组定义 int[][] x={{1,2},{3,4,5},{6},{ }},则 x.length 值为(    )。

    A. 3         B. 4         C. 6         D. 7

9. 若 int x[][]=new int[4][5];则 x.length 和 x[3].length 的值分别是(    )。

    A. 5 和 3         B. 5 和 4         C. 4 和 3         D. 4 和 5

10. 下列语句正确的是(    )。

    A. int[][] a={{1,2},{3,4},{5,6}};     B. int[][] a={1,2,3,4,5,6};

    C. int a[3][2]={1,2,3,4,5,6};         D. int a[][]; a={1,2,3,4,5,6};

11. 下列语句错误的是(    )。

    A. int a[][]=new int[5][5];         B. int [][]a=new int[5][5];

    C. int []a[]=new int[5][5];         D. int [][]a=new int[5,5];

12. 下列语句中正确的是(    )。

    A. byte y=8; byte x=y+y;         B. String x=new Object();

    C. Object x=new String("Hello");     D. int [8] a=new int [8];

13. 若有定义 String tom＝"I am a good cat."；,则 tom.indexOf("a")的值为(　　)。

    A. 2 　　　　　　　　B. 3 　　　　　　　　C. 4 　　　　　　　　D. 5

14. 下列代码中有错的是(　　)。

    A. String s＝"Hello"；　String t＝"world"；　String u＝s＋t；

    B. String s＝"Hello"；　String t＝s[4]＋"my god"；

    C. String s＝"Hello"；　String t＝s.toUpperCase()；

    D. String s＝"Hello"；　String t＝s＋5；

15. 设有字符串 s＝"java"，则返回字符 v 位置的选项是(　　)。

    A. s.charAt('v')；　　　　　　　　　　B. s.indexOf('v')；

    C. indexOf('v')；　　　　　　　　　　D. indexOf(s, 'v')；

16. 设有以下代码，则表达式 s1==s2 和 s1==s3 的值分别是(　　)。

```
String s1 = "123";
String s2 = "123";
String s3 = new String("123");
```

    A. true,true 　　　　B. false,false 　　　　C. true,false 　　　　D. false,true

17. 有如下代码，下列选项中返回 false 的表达式是(　　)。

```
String s = "hello";
String t = "hello";
char[] c = {'h','e','l','l','o'};
```

    A. s.equals(t)　　　　　　　　　　　B. t.equals(c)

    C. t.equals(new String(c))　　　　　D. s==t

18. 定义含 10 个 String 对象的数组，正确的选项是(　　)。

    A. char str[]＝new String[10]；　　　　B. char str[][]＝new String[10]；

    C. String str[]＝new String[10]；　　　D. String str[10]＝new String[10]；

19. 下列代码执行后输出结果是(　　)。

```
String s = "0123456789";
String s1 = s.substring(6);
String s2 = s.substring(1,6);
System.out.println(s1 + s2);
```

    A. 6123456 　　　　B. 6789012345 　　　　C. 6789123456 　　　　D. 678912345

20. 设有如下代码，则下列值为 true 的选项是(　　)。

```
StringBuffer x = new StringBuffer("abc");
StringBuffer y = new StringBuffer("abc");
```

    A. x.equals("abc")　　　　　　　　　B. x==y

    C. x.toString().equals(y.toString())　　D. x.equals(y)

## 10.11　实训 10：最大数和最小数与成绩统计

ch10.11 实训 1

1. 编写数据统计程序，运行时提示输入若干空格分隔的数，按升序排序，并统计个数、求和、找最大数和最小数。运行界面参见图 10-1(a)。

**提示**：可把求和、求最大数和最小数等方法单独放在一个工具类并单独存放在一个源文件中，以便第 2 题能直接调用。部分代码参考如下。

```java
//工具类源文件 Tools.java:
public class Tools {                                        //工具类
    public static double sum(double...nums){ … }            //可变数目参数求和方法
    public static double max(double...nums){ … }            //可变数目参数求最大数方法
    …
}


//主类源文件 Train1.java:
import java.util.*;
public class Train1 {                                       //主类
    public static void main(String[] args){
        System.out.println("  ==== 求和及最大数和最小数 ====");
        Scanner sc = …
        try{
            System.out.println("请输入空格分隔的多个数:");
            String row = sc.nextLine();                     //输入一行字符串
            String[] strs = row.split("[\\s]+");            //以一个以上空白符分隔字符串为数组
            double[] nums = new double[strs.length];        //由字符串数组构建实数数组
            for(int i = 0; i < strs.length; i++){
                nums[i] = Double.parseDouble(strs[i]);
            }
            Arrays.sort(nums);
            …
        }catch(Exception e){ … }
    }
}
```

ch10.11 实训 2

2. 编写成绩统计程序，运行时提示输入若干空格分隔的分数，按从大到小(降序)排序，找出最高分和最低分，统计平均分和及格率。运行界面参见图 10-1(b)。

**提示**：升序再倒序得到降序。Arrays 只有升序而没有降序方法，需自编倒序方法。高于某分总数和判分数方法都可在工具类中定义。部分代码参考如下。

```java
//在工具类 Tools 中增加 3 个方法:
public static void reverse(double...nums){                  //倒序方法
    double temp;
    for(int i = 0; i < nums.length/2; i++) {                //以中间为轴交换两边元素
        …                                                   //i 与 nums.length-i-1 元素互换
```

```java
    }
}
public static int highCount(double num, double...nums){ … }        //高于 num 个数方法
public static boolean isScore(String str) {                         //判断字符串能否表达分数方法
    if(str.matches("100|[0-9]{1,2}([.][0-9]|)")){                   //串是否匹配正则表达式
        return true;
    } else { … }
}


//主类源文件 Train2.java:
try{
    …
    double[] nums = new double[strs.length];                        //由字符串数组构建实数数组
    for(int i = 0; i < strs.length; i++){
        if(Tools.isScore(strs[i])){
            nums[i] = Double.parseDouble(strs[i]);
        } else{ throw new Exception(strs[i] + "不是有效的成绩分数");    }
    }
    Arrays.sort(nums);
    Tools.reverse(nums);
    …
    double passRate = (double)Tools.highCount(60, nums)/nums.length;
    System.out.printf("\n 及格率:%.2f%%", passRate * 100);          //两个 %% 输出一个 %
}catch(Exception e){ … }
```

# 第 11 章  抽奖——随机数与枚举

## 能力目标

- 能使用随机数类 Random 产生随机数；
- 理解枚举类型，能运用枚举类型；
- 能运用随机数和枚举类型编写按号抽奖和人人有份抽奖的程序。

ch11.1

## 11.1 任 务 预 览

本章实训编写按号抽奖和人人有奖抽奖程序，运行结果如图 11-1 所示。

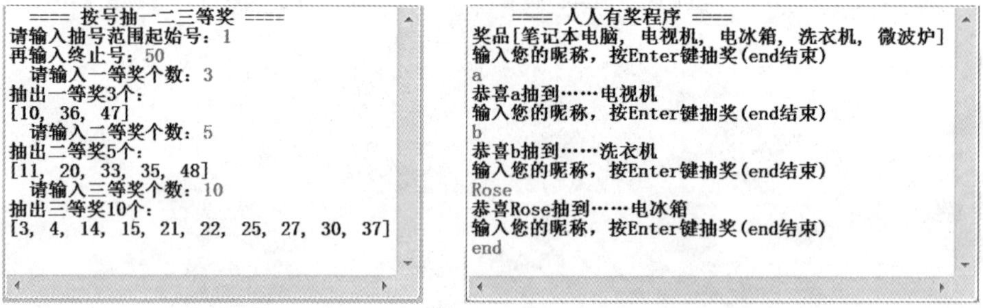

```
==== 按号抽一二三等奖 ====
请输入抽号范围起始号：1
再输入终止号：50
    请输入一等奖个数：3
抽出一等奖3个：
[10, 36, 47]
    请输入二等奖个数：5
抽出二等奖5个：
[11, 20, 33, 35, 48]
    请输入三等奖个数：10
抽出三等奖10个：
[3, 4, 14, 15, 21, 22, 25, 27, 30, 37]
```

```
==== 人人有奖程序 ====
奖品[笔记本电脑，电视机，电冰箱，洗衣机，微波炉]
输入您的昵称，按Enter键抽奖(end结束)
a
恭喜a抽到……电视机
输入您的昵称，按Enter键抽奖(end结束)
b
恭喜b抽到……洗衣机
输入您的昵称，按Enter键抽奖(end结束)
Rose
恭喜Rose抽到……电冰箱
输入您的昵称，按Enter键抽奖(end结束)
end
```

(a) 按号抽奖                         (b) 人人有奖

图 11-1  实训程序运行界面

## 11.2 随机数与 Random 类

随机数是指在一定范围内随意产生的数据。如在 1～100 范围内抽奖，随机抽取其中一个号码，就是一个随机数。

位于 java.util 包中的 Random 是随机数（生成）类，其对象称为随机数生成器。如：

ch11.2

```
Random r = new Random();              //构建随机数生成器对象
Random r2 = new Random(12345L);       //构造方法使用了 long 型的随机数种子
```

上面构建了两个随机数生成器对象，其中第二行代码在构造方法中使用了 long 型的随机数种子。

---

> 💡注意：如果用相同的随机数种子创建两个 Random 对象，则对这两个对象分别调用一系列相同的方法，将生成两组相同的随机数，因此 Random 随机数也叫伪随机数。但只要种子不同，所生成的两组随机数就不同。

---

一般情况下，无须在 Random 构造方法中给出随机数种子，因为系统会根据当前时间自动设定，并且每次调用 Random 构造方法，由于时间不同，种子也不同。

构建了 Random 对象 r，就可调用 nextInt 和 nextDouble 等方法生成随机数。如：

```
int i = r.nextInt(100);          //生成 0～99(不含 100，即 100-1)范围 int 型随机数
double d = r.nextDouble();       //生成 0.0～1.0(但不含 1.0)范围 double 型随机数
```

【例 11-1】 编程，随机抽取 1～100 范围内 10 个不同的数，并按升序输出。

功能分析：

ch11.2 例 11-1

(1) 若随机抽取一个数，则代码很简单，只需在主类 main 方法编写 3 条语句：

```
java.util.Random r = new java.util.Random();    //使用类全名声明构建随机对象
int n = r.nextInt(100) + 1;                      //生成 1～100 的 int 型随机数
System.out.println("1～100 范围内的随机数：" + n);
```

(2) 若只是抽取 10 个不考虑重复的随机数，也不复杂。代码如下：

```
import java.util. * ;
public class Ex1b {
    public static void main(String[] args) {
        Random r = new Random();               //构建随机数生成器对象
        int[] nums = new int[10];              //构建存放 10 个随机数的数组
        for (int i = 0; i < 10; i++){
            nums[i] = r.nextInt(100) + 1;      //生成 1～100 的随机数并存到数组
        }
        Arrays.sort(nums);                     //数组元素按升序排序
        System.out.println("1～100 范围内的 10 个随机数如下：");
        System.out.println(Arrays.toString(nums));
    }
}
```

程序的一次运行结果如图 11-2 所示，出现了两个 27，说明随机数有重复。

```
1~100范围内的10个随机数如下：
[4, 12, 22, 27, 27, 41, 59, 66, 72, 94]
```

图 11-2　有重复的随机数

第11章

抽奖——随机数与枚举

（3）因此，要生成 10 个互不相同的随机数，必须在每次生成随机数时，把它与保存在数组中的各个有效随机数作比较，只有不重复的才保存到数组中；否则，再调用 nextInt 方法重新生成一次。上述操作可能要反复执行，直到随机数不重复为止。

这时代码相对比较复杂，程序如下（完成例 11-1 任务）：

```java
import java.util. * ;
public class Ex1 {
    public static void main(String[] args) {
        Random r = new Random();
        int[] nums = new int[10];                 //存放有效随机数的数组
        tag:for (int i = 0; i < 10; ) {           //带标记 for 循环抽取 10 个随机数
            int n = r.nextInt(100) + 1;           //生成 1~100 之间随机数 n
            for (int j = 0; j < i; j++) {         //与数组各个有效随机数依次比较
                if (n == nums[j]) {               //如果随机数有重复，
                    continue tag;                 //则继续执行 tag 标记 for 语句
                }                                 //(注意这时没有保存该随机数)
            }
            nums[i++] = n;                        //不重复才保存到数组且下标增 1
        }                                         //再执行外层 for 语句下一轮循环
        Arrays.sort(nums);                        //数组元素按升序排序
        System.out.println("1~100 范围内不重复的 10 个随机数:");
        System.out.println(Arrays.toString(nums));
    }
}
```

测试程序，反复执行多次，随机数均没有重复。一次运行结果如图 11-3 所示。

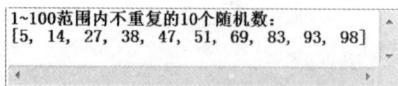

```
1~100范围内不重复的10个随机数:
[5, 14, 27, 38, 47, 51, 69, 83, 93, 98]
```

图 11-3　无重复的随机数

该程序使用了二重循环，外层使用语句标号为 tag 的 for 语句生成随机数，其内部又嵌入一个 for 语句，用以判断与保存在数组中的随机数是否有重复。其中，语句标号是一种标识符，后面跟英文分号，用于标识语句，如标识外层 for 语句，这样就可使用 continue 加语句标号的方式继续执行所标识的 for 语句。

如果需要，也可在 break 语句中使用语句标号，以终止所标识的语句。

注意：生成 0~1(不含 1)范围 double 型随机数，也可调用 Math 类静态方法 random，调用方式为 Math. random()。该方法相当于 Random 对象的 nextDouble()方法。

ch11.2 例 11-2

【例 11-2】　编程，定义按号抽奖方法，参数有 4 个：起始号、终止号、抽取数和排除号，最后一个是可变数目参数，用于剔除不抽的号。再调用该方法抽一、二等奖，其中二等奖不能与一等奖重号。

```java
import java.util. * ;
public class Ex2 {
```

```java
//按号抽奖方法(起始号、终止号、抽取数、排除号):
public static int[] raffle(int from, int to,
    int amount, int...out) throws Exception{
    if (to < from) {
        throw new Exception("终止号不能小于起始号");
    }
    if ((to - from + 1) - out.length < amount) {
        throw new Exception("抽取范围的数量不能小于抽取数");
    }
    Random r = new Random();
    int[] nums = new int[amount];                     //存放有效随机数的数组
    tag:for (int i = 0; i < amount; ) {               //标记 for 抽取 amount 个随机数
        int n = r.nextInt(to - from + 1) + from;      //随机抽 from 到 to 之间的数
        for (int j = 0; j < i; j++) {                 //与数组有效随机数依次比较
            if (n == nums[j]) {                        //若随机数有重复,
                continue tag;                          //则继续执行 tag 标记 for 语句
            }                                          //(注意这时没有保存该随机数)
        }
        for(int e : out){                              //与要排除的号码依次比较
            if (n == e) {                              //若有剔除的号
                continue tag;                          //则继续执行 tag 标记 for 语句
            }
        }
        nums[i++] = n;                                 //有效随机数存到数组且下标增1
    }                                                  //执行外层 for 语句下一轮循环
    return nums;                                       //返回存放随机数的数组
}

public static void main(String[] args) {               //主方法
    try{
        System.out.println("抽取 10～20 范围内 3 个一等奖:");
        int[] ones = raffle(10, 20, 3);
        Arrays.sort(ones);
        System.out.println(Arrays.toString(ones));
        System.out.println("再抽 10～20 之间 5 个二等奖(排除一等奖号):");
        int[] twos = raffle(10, 20, 5, ones);
        Arrays.sort(twos);
        System.out.println(Arrays.toString(twos));
    }
    catch(Exception e){
        System.out.println("异常:" + e.getMessage());
        e.printStackTrace();
    }
}
}
```

多次运行程序,所抽号码均不重复,其中一次运行结果如图 11-4 所示。

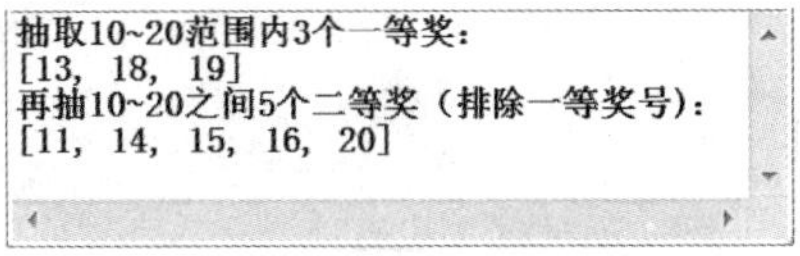

在按号抽奖方法 raffle 最后一个参数 out 是数目可变的参数,用于剔除不抽的号。调用该方法时,前面 3 个参数必须具备,但最后一个参数可有可无,

```
抽取10~20范围内3个一等奖:
[13, 18, 19]
再抽10~20之间5个二等奖 (排除一等奖号):
[11, 14, 15, 16, 20]
```

图 11-4　使用可变参数按号抽奖

也允许出现多个整数或一个 int[]型数组,如 ones。

# 11.3 枚 举 类 型

"枚举"是——列举之意。枚举类型通常由若干符号常量(枚举常量)组成。

枚举类型用关键字 enum 声明,枚举常量用大括号括起来,常量之间用英文逗号分隔。

声明、定义枚举类型的一种简要语法格式如下:

    enum 枚举类型名 { 枚举常量表 }

例如,声明一个名为 Season 的季节枚举类型:

    enum Season { Spring, Summer, Autumn, Winter }

表示定义了一个名为 Season 的枚举类型,有 4 个枚举常量:Spring、Summer、Autumn 和 Winter。由 Season 类型声明的变量,可接收这 4 个枚举常量。使用枚举常量时,必须用枚举类型名作前缀,如 Season.Spring 和 Season.Summer 等。输出时只显示枚举常量名,如 Spring、Summer 等。

枚举常量是一种标识符,要按标识符命名规则命名。由于汉字是与英文字母相当的字符,故允许使用中文命名枚举常量。因为枚举类型名也是一种标识符,故也可用中文起名(但不建议),例如:

    enum 季节 { 春, 夏, 秋, 冬 }

于是,季节类型的枚举常量有:季节.春、季节.夏等。

【例 11-3】 编程,定义表示季节的枚举类型,并输出有关枚举常量和序号。

```
enum Season { Spring, Summer, Autumn, Winter }      //定义季节枚举类型

public class Ex3 {                                   //主类
    public static void main(String[] args) {
        System.out.print("上半年有两季:");
        Season s1 = Season.Spring;                   //声明枚举类型变量并赋值
        Season s2 = Season.Summer;
        System.out.println(s1 + ", " + s2);          //可用 s1.name()替换 s1,s2 也可
        System.out.print("上半年季节序号:");
        System.out.print(s1.ordinal() + ", " + s2.ordinal()); //调用序号方法 ordinal
        System.out.println("\n一年 4 季是:");
        Season[] ss;                                 //声明枚举类型数组变量
        ss = Season.values();                        //values方法返回 Season[]数组
        for(Season s : ss){                          //遍历季节数组的每一个元素
            System.out.print(s + " ");               //输出其元素值(即枚举常量)
```

```
        }
    }
}
```

程序运行结果如图 11-5 所示。

由于枚举是一种类型，所以 Season 与类 Ex4 并列定
义。当然也可把枚举类型放进类的内部，以类成员的面貌
出现，因为类允许嵌套定义类型。

枚举类型常用的方法有下列 3 个：

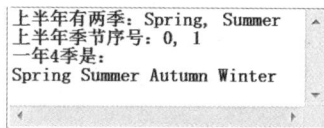

(1) 返回枚举常量序号 ordinal 方法。枚举常量序号
与数组索引一样，从 0 开始。

图 11-5　枚举类型应用

(2) 返回枚举常量数组 values 静态方法。如调用 Season. values() 得 Season[]数组。

(3) 返回枚举常量名 name 方法。如输出 s1 和 s2 可替换为 s1. name() 和 s2. name()。

---

💡注意：Java 枚举类型是基类为 Enum 的特殊类类型。不能把整数序号强制转换为
枚举常量，如不能(Season)0；也不能把枚举常量强制转为序号，如不能(int)s1。

---

Java 枚举类型的成员除枚举常量外，还可以有字段、方法和构造方法。

声明、定义枚举类型的语法格式如下：

```
enum 枚举类型名 { 可选实参的枚举常量表; 字段; 构造方法; 方法 }
```

【例 11-4】　编程，定义一个含有字段、构造方法和一般方法的奖品枚
举类型，枚举常量除奖品名外，还包含奖品价值和数量。最后在主类中输
出这些奖品的名称、价值和数量。

ch11.3 例 11-4

```
enum Award {                               //奖品枚举类型
    笔记本电脑 (5000, 1),                    //奖品枚举常量(价值,数量)
    电视机 (3000, 2),
    电冰箱 (1800, 3),
    洗衣机 (1200, 5),
    微波炉 (600, 10);                       //枚举常量表以英文分号结束

    private int worth;                     //价值字段
    private int amount;                    //数量字段
    private Award(int worth, int amount){  //私有的构造方法
        this. worth = worth;
        this. amount = amount;
    }
    public int getWorth(){                 //获取价值方法
        return this. worth;
    }
    public int getAmount(){                //获取数量方法
```

第 11 章

抽奖——随机数与枚举

```
            return this.amount;
        }
    }


public class Ex4 {                                        //主类
    public static void main(String[] args) {
        System.out.println("所有奖品如下:");
        Award[] as = Award.values();
        for(int i = 0; i < as.length; i++){
            System.out.printf("(%d)%s:价值%d元,数量%d个\n",
                i + 1, as[i], as[i].getWorth(), as[i].getAmount());
        }
    }
}
```

程序运行结果如图 11-6 所示。

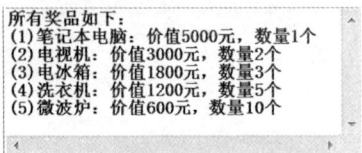

```
所有奖品如下:
(1)笔记本电脑:价值5000元, 数量1个
(2)电视机:价值3000元, 数量2个
(3)电冰箱:价值1800元, 数量3个
(4)洗衣机:价值1200元, 数量5个
(5)微波炉:价值600元, 数量10个
```

图 11-6  有参数的枚举常量应用

枚举类型 Award 的枚举常量为"笔记本电脑"和"电视机"等,每个枚举常量后面都有圆括号括起来的两个实参,分别表示价值和数量,对应构造方法的两个形参。参数值存放在枚举类型的私有字段 worth 和 amount 中。该枚举类型还定义了两个公共方法 getWorth 和 getAmount,以便提供给外面的类使用,用于获取各枚举常量的价值和数量。

注意:枚举类型的构造方法不能用 public 声明,不对外开放,因此不能显式调用构造方法构建枚举对象。枚举对象即枚举常量,只能在枚举类型内部定义。

# 11.4  本章小结

随机类 Random 用于构造随机数生成器对象,能调用相关方法生成随机数。
枚举类型主要用于定义符号命名的常量,它与数组不同,因为数组元素是变量。

# 11.5  习题  11

1. 设 r 为 Random 对象,随机抽取 a~b(含 b)范围内的随机整数,选(      )。
   A. r.nextInt(b)+a                          B. r.nextInt(b−a)+a+1
   C. r.nextInt(b−a+1)+a                      D. r.nextInt(b)−a
2. 设 r 为 Random 对象,随机抽取 a~b(不含 b)范围内的随机整数,选(      )。
   A. r.nextInt(b)+a                          B. r.nextInt(b−a)+a+1
   C. r.nextInt(b−a)+a                        D. r.nextInt(b)−a

3. 当下列代码输出 ok 时，产生的随机数 x 一定在（    ）范围之内。

```
double x = Math. random( );
if ( x>= 0.8) System. out. println("ok");
else if (x>= 0.5)     System. out. println("pass");
else System. out. println("fail");
```

    A. x>=0.8
                  B. x>=0.5 & x<0.8

    C. x>=0 & x<0.5
                  D. x>=0.8 & x<1

4. 设 double x=Math. random( )；随机抽取 a~b(不含 b)范围内随机实数是（    ）。

    A. x-a
                  B. x*(b-a)+a

    C. x+a-b
                  D. x-a-b

5. 下列说法错误的是（    ）。

    A. 枚举类型不可实现接口

    B. 枚举常量不能用 public static final 声明

    C. 枚举类型可以定义字段和方法

    D. 枚举类型构造方法只能用 private 声明

6. 定义一个枚举类型 Name，下列选项正确的是（    ）。

    A. enum Name{Jack；Rose；Mary}

    B. enum Name{1:Jack；2:Rose；3:Mary}

    C. enum Name{Jack，Rose，Mary}

    D. enum Name{1:Jack，2:Rose，3:Mary}

# 11.6　实训 11：抽奖

1. 编写按号抽奖方法，其中抽号范围可随意设置，调用该方法抽取一、二、三等奖，各等奖的个数也可随意设置，但终止号须不小于起始号，抽奖总数不小于能抽的数，并且中奖号码不能重复。运行界面参见图 11-1(a)。

提示：可编写一个抽奖类，内含抽号方法（参考例 11-2），方法有 4 个参数：起始号、终止号、抽取数和数目可变的不抽号，然后编写运行主类。部分代码参考如下：

ch11.6 实训 1

```
//抽奖类源文件 Prize. java:
import java.util. * ;
public class Prize {                               //抽奖类
    //抽号方法(起始号、终止号、抽取数、排除号)，返回数组
    public static int[ ] raffle( … ) throws Exception{ … }
}


//主类源文件 Train1. java:
import java.util. * ;
public class Train1 {                              //主类
```

149

第 11 章

抽奖——随机数与枚举

```
public static void main(String[] args) {
    try{
        …
        int[] n1s, n2s, n3s;                              //存放一、二、三等奖的数组变量
        …
        int[] n12s = Arrays.copyOf(n1s, n1s.length + n2s.length);   //数组合并
        System.arraycopy(n2s, 0, n12s, n1s.length, n2s.length);     //数组复制
        n3s = Prize.raffle(from, to, amount, n12s);                 //抽三等奖
        …
    }
    catch(Exception e){ … }
}
}
```

2. 编写人人有奖的抽奖程序,设奖品有:笔记本电脑、电视机、电冰箱、洗衣机和微波炉等家用电器。这里不考虑奖品数量,设每人都有奖。运行时输入抽奖者昵称,便可抽到一种奖品,输入 end 则结束程序。运行界面参见图 11-1(b)。

ch11.6 实训 2

提示:可在第 1 题抽奖类中增加奖品枚举类型和抽奖等方法。部分代码参考如下。

```
//抽奖类源文件 Prize.java:
public class Prize {                              //抽奖类
    private enum Award{ … }                       //内嵌奖品枚举类型
    public static String raffle(){                //抽奖方法,返回奖品名
        Award[] as = Awards.values();             //使用数组存放枚举类型奖品
        …
    }
    public static String getAwards(){ … }         //获取所有奖品方法
}


//主类源文件 Train2.java:
public class Train2 {
    public static void main(String[] args) {
        …
        while(true){
            …                                     //提示输入昵称,end 结束
            if( … ) break;
            …                                     //调用抽奖类方法抽奖
        }
    }
}
```

# 第 12 章　文件读写——输入输出流

## 能力目标

- 理解输入输出流、字节流及字符流；
- 掌握文件字节和字符输入输出流，能使用随机存取文件类；
- 能使用文件对话框和常用对话框；
- 理解类的序列化（Serializable），能使用对象流传输数据；
- 理解缓冲流、格式输出流和数组流等，能运用这些流传输数据；
- 能编写文件复制、对象读写等应用程序。

## 12.1　任务预览

ch12.1

本章实训编写文件复制和学生对象文件读写程序，运行结果如图 12-1 所示。

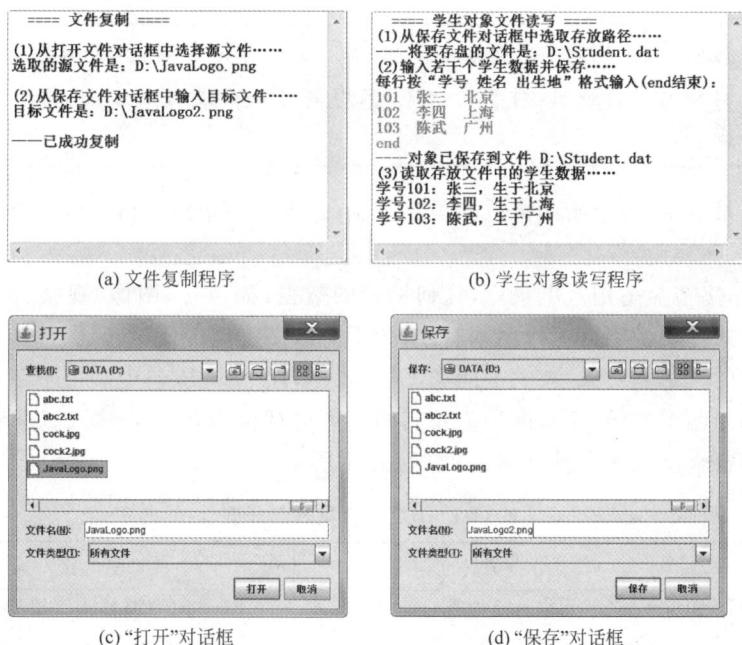

(a) 文件复制程序

(b) 学生对象读写程序

(c) "打开"对话框

(d) "保存"对话框

图 12-1　实训程序运行界面

# 12.2  数　据　流

ch12.2

在程序运行过程中,经常要进行数据传输,如从磁盘文件读取数据到内存,把内存数据存放到磁盘文件,从网络中下载数据,把数据上传到网络等。数据传输涉及两个端点:数据源和目的地。目的地即数据的接收者。所谓数据传输,就是把数据从数据源输送到目的地。为了细化功能,把数据源和目的地之间这部分称作"流"。为便于理解,可把流看成一条传输数据的管道,犹如一条水管,但里面流淌的不是水,而是有序的二进制字节。

流是有方向的,关联数据源的流称为输入流(InputStream),用于读取数据源的数据;关联目的地(如目标文件)的流称为输出流(OutputStream),用于把数据写入目的地。

输入输出流示意图如图 12-2 所示。

图 12-2  输入输出流示意图

在面向对象程序设计中,数据输入输出操作都涉及流。流是传输数据的对象。流本质上是字节序列的封装,因此称为"字节流"。通过字节流可对二进制字节进行读写操作。换句话说,字节流是读写二进制字节的对象。

---

💡 注意:流对象提供读写数据方法。但输入流只有读方法,只能读取数据,其数据由关联的数据源自动写入;同理,对于输出流,只有写方法而没有读方法,输出流数据自动流向关联的目的地。

---

字节流是最基本、最原始的流。除了字节流,还有按一定编码格式以字符为单位进行操作的"字符流"。

两种流中,字节流适用范围最广,任何格式的数据,如声音、图像、视频、文本等文件,都可以字节流方式传输。字符流作用则有限,如不能以字符流传播声音、图像和视频。

每个具体的流都是对象,有关流的类(流类)大多在 java.io 包中。由于字节流和字符流都有输入和输出两个方向,于是两种流及其两个方向便组合出字节输入流、字节输出流、字符输入流和字符输出流这 4 种基本流,如表 12-1 所示。

**表 12-1　I/O 流分类及部分流**

| 方　向 | 字　节　流 | 字　符　流 |
|---|---|---|
| 输入 | InputStream(字节输入流根类) | Reader(字符输入流根类) |
|  | FileInputStream(文件字节输入流) | FileReader(文件字符输入流) |
|  | ObjectInputStream(对象字节输入流) | BufferedReader(缓冲字符输入流) |

| 方 向 | 字 节 流 | 字 符 流 |
| --- | --- | --- |
| 输出 | OutputStream(字节输出流根类)<br>FileOutputStream(文件字节输出流)<br>ObjectOutputStream(对象字节输出流) | Writer(字符输出流根类)<br>FileWriter(文件字符输出流)<br>BufferedWriter(缓冲字符输出流) |

💡 注意：4 种基本流的根类都是抽象的，不能构建流对象。FileReader 并不是 Reader 的直接子类，而是孙辈类，因为中间相隔 InputStreamReader(字节转字符输入流)类。InputStreamReader 是字节流通向字符流的桥梁，它使用指定字符集把字节解码为字符。同理，FileWriter 与 Writer 之间也相隔 OutputStreamWriter(字符通向字节输出流)类。

不管是字节输入流还是字符输入流，都有读方法 read；同理，凡输出流都有写方法 write。这些方法都有多种重载形式。一般情况下，按从头到尾的顺序读写流中的数据。

流操作一般有下列 3 步：

(1) 构建流对象。使用关键字 new 调用构造方法建立流对象。

(2) 读写数据。调用流对象读写方法依次读写其中的数据。

(3) 关闭流。调用 close 方法，释放关联流的资源。

在程序中，经常使用 System 类的两个静态字段 in 和 out，如：

```
Scanner sc = new Scanner(System.in);
System.out.println("输出到显示器");
```

System.in 和 System.out 都是流，其中前者是标准输入流，属于 InputStream 类，对应键盘输入；后者是标准输出流，属于 PrintStream 类，对应显示器输出。

# 12.3  文件输入输出流

在 java.io 包中，文件操作的常用类有：

(1) File：含路径的文件类，是文件和目录路径名的封装。

(2) FileInputStream：文件字节输入流，从指定的文件中获取字节。

(3) FileOutputStream：文件字节输出流，把字节输出到指定的文件中。

(4) FileReader：文件字符输入流，从指定的文件中读取一个或多个字符。

(5) FileWriter：文件字符输出流，把一个或多个字符写入指定的文件。

(6) RandomAccessFile：随机访问文件类，同时具备输入和输出功能，能读写字节、字符以及 int、double 等多种类型的数据，并且能指定读写位置。

为便于理解，下面先讲述 FileReader 和 FileWriter，当中涉及 File 类；然后再讲述 FileInputStream 和 FileOutputStream。RandomAccessFile 将在 12.5 节讲述。

## 12.3.1  FileReader 与 FileWriter

【例 12-1】 使用 FileWriter 建立文本文件，再用 FileReader 读取并显示

ch12.3.1

文件内容。

```java
import java.io.*;
public class Ex1 {
    public static void main(String[] args) {
        try{
            File file = new File("D:/abc.txt");           //构建文件对象
            FileWriter fw = new FileWriter(file);          //构建文件字符输出流
            fw.write("第1行文本内容 abcde");                  //输出流写入字符串
            fw.write("\r\n第 2 行 12345…");                 //\r 回车符\n 换行符
            fw.write("\r\n第 3 行结束 end");                 //共写入 3 行字符串
            fw.close();                                     //关闭输出流

            FileReader fr = new FileReader(file);          //构建文件字符输入流
            int code;                                       //用于存放所读字符编码
            while ((code = fr.read())!= -1){               //循环读流字符并判断读完否
                System.out.print((char)code);               //在屏幕上输出字符
            }
            fr.close();                                     //关闭输入流
        }
        catch(Exception e){                                //捕获处理异常
            e.printStackTrace();                           //输出异常栈跟踪信息
        }
    }
}
```

程序运行结果如图 12-3(a)所示,图 12-3(b)是使用记事本打开的文件内容,图 12-3(c)是流操作示意图,先使用 FileWriter 流向文件写数据,然后用 FileReader 流读取文件内容。

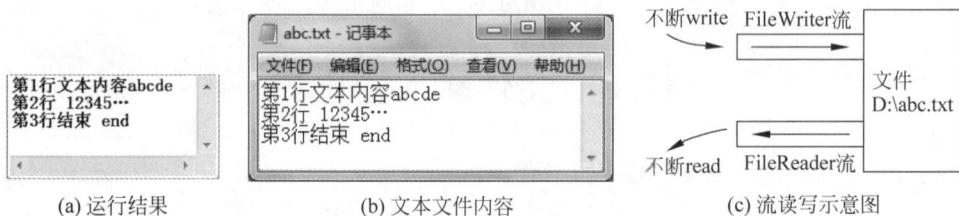

| (a) 运行结果 | (b) 文本文件内容 | (c) 流读写示意图 |
| --- | --- | --- |

图 12-3 使用文件字符流建立文本文件

程序由两部分组成。第一部分是建立文本文件,首先建立与文件路径 D:\abc.txt 对应的 File 对象。然后调用参数是 File 对象的 FileWriter 构造方法构建输出流,输出流的目的地就是文件 abc.txt。再调用输出流的 write 方法,调用 3 次依次把 3 行字符串写入输出流中,由于该输出流与文件相连,因此自动把 3 行字符串写到 abc.txt 文件中。最后关闭输出流。

---

💡注意:如果文件名不含绝对路径,如"abc.txt",则默认路径是 Eclipse 开发环境的项目路径,即文件位于当前项目的根目录。

---

程序第二部分是读取文本文件 abc.txt 内容并显示到屏幕上。首先调用 File 参数的 FileReader 构造方法构建输入流,然后采用循环语句依次读取输入流的字符。由于输入流

与 abc. txt 文件关联,因此实质上是读入该文件的字符。每次循环只读取输入流中的一个字符,注意 read 方法返回的是 int 型的字符编码,范围 0 ~ 65535(即十六进制 0x00 ~ 0xffff),输入流没有字符可读,则返回-1。由于字符编码不可能为-1,因此通过该值来确定是否到达流末尾。最后关闭输入流。

例 12-1 程序也可以不用 File 对象,而是直接在 FileWriter 和 FileReader 构造方法中使用字符串形式的文件路径参数,例如:

```
FileWriterfw = new FileWriter("D:/abc.txt");        //构建文件字符输出流
FileReader fr = new FileReader("D:/abc.txt");       //构建文件字符输入流
```

这是因为 FileWriter 和 FileReader 构造方法提供了多种重载形式的缘故。FileWriter 类还提供了两个参数的构造方法,第 2 个参数为 true 时用于追加文件内容。

---

💡 注意:使用流读写方法 read 和 write 须在程序中捕获处理 IOException 异常。构造 FileWriter 对象时,如果构造方法参数中的文件还没有建立,则会自动创建;如果文件已经存在,则覆盖或追加文件内容。而构造 FileReader 对象时,要求构造方法参数中的文件必须存在,否则会抛出 FileNotFoundException 异常。

---

FileReader 流除了一次读一个字符外,也允许一次读多个字符。这时所读字符存放在 read 方法的字符数组参数中,方法则返回读取的字符数,如果已到达流的末尾,则返回-1。

FileWriter 流除了一次写多个字符(字符串或字符数组)外,也允许一次写一个字符,这时,使用字符编码作为 write 方法的参数。

总之,无论输入还是输出流,均允许一次读写一个或多个数据。

## 12.3.2 FileInputStream 与 FileOutputStream

ch12.3.2

【例 12-2】 使用 FileInputStream 和 FileOutputStream 编写文件复制程序。

```
import java.io.*;
import java.util.Scanner;
public class Ex2 {
    //下面定义文件复制方法:
    public static void copy(String source, String target) throws Exception{
        if(target.equalsIgnoreCase(source))
            throw new Exception("目标文件不能与源文件相同!");
        FileInputStream fis = new FileInputStream(source);     //构建文件字节输入流
        FileOutputStream fos = new FileOutputStream(target);   //构建文件字节输出流
        byte[] bs = new byte[1024 * 4];                        //构建字节数组缓冲区
        int len;                                               //长度变量
        while((len = fis.read(bs))!=-1) {                      //循环读流字节直到末尾
            fos.write(bs, 0, len);                             //把所读字节写到输出流
        }
        fis.close();                                           //关闭输入流
```

155

第12章

```java
            fos.close();                                    //关闭输出流
    }

    public static void main(String[] args) {                //主方法
        try{
            Scanner sc = new Scanner(System.in);
            System.out.println("请输入含路径的源文件名:");
            String source = sc.nextLine();
            System.out.println("请输入含路径的目标文件名:");
            String target = sc.nextLine();
            sc.close();
            copy(source, target);                           //调用文件复制方法
            System.out.println("成功把源文件复制到目标文件");
        }
        catch(Exception e){
            e.printStackTrace();                            //输出异常栈踪迹
        }
    }
}
```

文件复制过程示意图如图 12-4 所示,由源文件名建立 FileInputStream 对象,由目标文件名建立 FileOutputStream 对象,然后通过循环语句反复从输入流中读取字节,每次最多读取 1024×4(4KB)个字节,并写入输出流中,直到结束。最后关闭输入流及输出流。

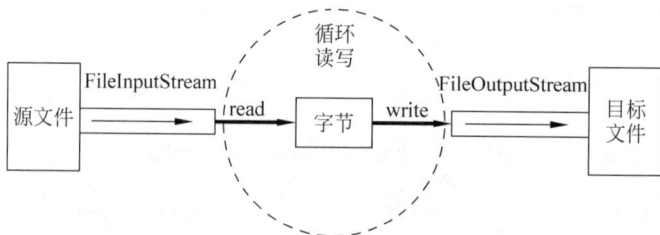

图 12-4　使用文件字节流复制文件过程示意图

程序两次运行结果如图 12-5 所示。该程序不但能复制文本文件,而且能复制图像等非文本文件。运行时若输入不存在的源文件,则抛出 FileNotFoundException 的异常,显示"系统找不到指定的文件"。

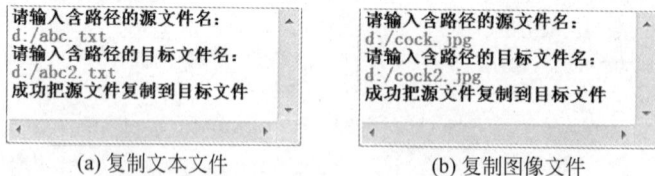

(a) 复制文本文件　　　　　　　(b) 复制图像文件

图 12-5　使用文件字节流复制文件

FileInputStream 类(及其父类 InputStream)常用的流操作方法有如下几类。

(1) int **read**():从输入流读取一个字节(0~255 整数)。若已达文件末尾则返回 -1。

(2) int **read**(byte[] b):从输入流中读取多个字节存放到字节数组(缓冲区),并返回读

取的字节个数。若有充足数据,则一次读 b. length 个字节;若已达文件末尾则返回−1。

(3) int **read**(byte[] b, int off, int len):从输入流中将最多 len 个字节读入字节数组 b 并存到索引 off 开始的位置。方法返回读入的字节数,若已达文件末尾则返回−1。

FileOutputStream 类(及其父类 OutputStream)常用的流操作方法有如下几类。

(1) void **write**(int b):将一个字节写入输出流。字节参数 b 的类型为 int 型。

(2) void **write**(byte[] b):把字节数组(缓冲区)的所有元素写入输出流。

(3) void **write**(byte[] b, int off, int len):将指定字节数组中从偏移量 off 开始的 len 个字节写入输出流。

(4) void **flush**():刷新输出流,强制把缓冲区的所有字节写入输出流。

另外,FileOutputStream 类除了带一个参数的构造方法外,还有带两个参数的构造方法 **FileOutputStream**(File file 或 String name, boolean append),其中第二个参数 append 用于确定是否向文件追加数据,如果为 true,则首次调用 write 方法时将字节写到文件末尾;若为 false,则从头写起,原有内容(如果有)会被覆盖、删除。

---

💡 注意:调用流操作方法均会抛出输入输出异常 IOException,要进行相应处理。

---

# 12.4 文件对话框与常用对话框

## 12.4.1 文件对话框

在 javax. swing 包中,有一个文件选择器类 JFileChooser,调用实例方法 showOpenDialog 和 showSaveDialog 将弹出图 12-1(c)和图 12-1(d)所示的"打开"、"保存" 文件对话框。

在"打开"或"保存"文件对话框中选中文件后,单击"打开"或"保存"按钮,将返回 JFileChooser. APPROVE_OPTION,表明"通过"了(即 OK)。如果单击的是"取消"按钮, 则返回值为 JFileChooser. CANCEL_OPTION。这些数据均是 JFileChooser 的静态常量字段,类型为 int。

【例 12-3】 编写使用"打开"对话框的程序。

```
import javax. swing. * ;
public class Ex3 {
    public static void main(String[] args) {
        JFileChooser jfc = new JFileChooser();              //构建文件选择器对象
        int option = jfc. showOpenDialog(null);             //显示"打开"对话框
        if (option == JFileChooser. APPROVE_OPTION) {       //若选择单击"打开"按钮
            JOptionPane. showMessageDialog(null, "您选择'打开'文件 " +
                jfc. getSelectedFile());                    //显示消息框
        }
        if (option == JFileChooser. CANCEL_OPTION) {        //若选择单击"取消"按钮
            JOptionPane. showMessageDialog(null, "您选择'取消'打开文件");
        }
    }
}
```

该程序也用到消息框。程序的一次运行结果如图 12-6 所示。在图 12-6 (a)的"打开"对话框中,选择了 D 盘的 abc. txt 文件,然后单击"打开"按钮,则弹出图 12-6 (b)所示的消息框,其中含路径的文件名 D:\abc. txt 由文件选择器对象的 getSelectedFile 方法获取。

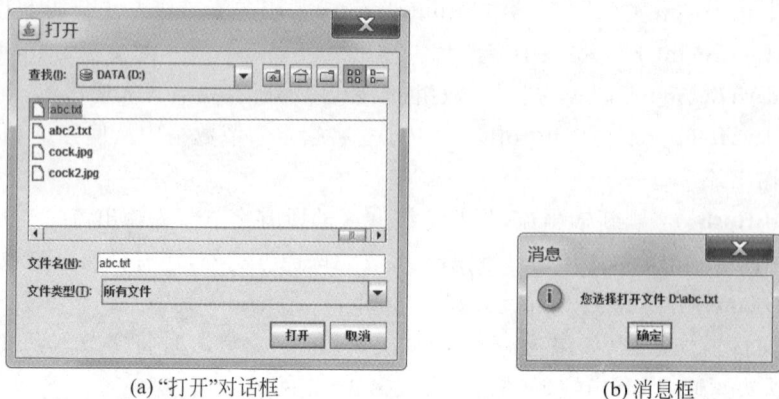

(a) "打开"对话框                    (b) 消息框

图 12-6    使用"打开"对话框及消息框

💡注意:在文件对话框中,单击"打开"或"保存"按钮,并没有实现相应的功能,这些对话框只是传递文件名信息而已。若要真正打开或保存文件,需另外编写代码。

## 12.4.2    消息框

在例 12-3 中,通过调用 javax. swing 包中 JOptionPane 类的静态方法 showMessageDialog,能显示一个消息框。消息框是常用的对话框之一。除了消息框,还有输入框和确认框等。这 3 个常用对话框均可通过调用 JOptionPane 类的静态方法显示,方法列举如下:

(1) showMessageDialog 方法:显示消息框。

(2) showInputDialog 方法:显示输入框。

(3) showConfirmDialog 方法:显示确认框。

ch12.4.2

这些静态方法直接以类名 JOptionPane 作前缀调用。

【例 12-4】    编程,使用常用对话框输入字符串,确认是否删除该串,显示删除消息。

```java
import javax.swing.JOptionPane;
public class Ex4 {
    public static void main(String[] args) {
        String str;
        str = JOptionPane.showInputDialog("请输入一个字符串:");          //输入框
        int option = JOptionPane.showConfirmDialog(null,
                "确定要删除" + str + "吗?");                         //确认框
        if (option == JOptionPane.YES_OPTION){
            JOptionPane.showMessageDialog(null, "您选择了确定删除");   //消息框
            str = null;
        }
    }
}
```

程序的一次运行结果如图 12-7 所示。

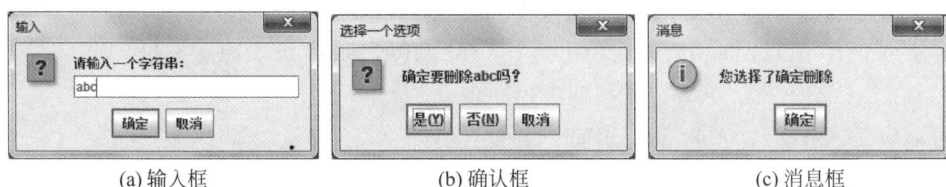

(a)输入框　　　　　　　　(b)确认框　　　　　　　　(c)消息框

图 12-7　常用对话框

JOptionPane 类显示输入框、确认框和消息框的方法都有多种重载形式,其参数个数为 1～7 不等。下面以显示确认框方法的一种重载形式为例,讲述各参数的作用:

```
public static int showConfirmDialog(Component parentComponent,
                                    Object message,
                                    String title,
                                    int optionType,
                                    int messageType)
```

该方法有 5 个参数,含义如下:

(1) parentComponent:本对话框依赖父对话框或父窗口组件,可设为 null。

(2) message:要显示的消息,通常是一些文字,类型为根类 Object。

(3) title:对话框的标题,属于 String 类型。

(4) optionType:选项种类,即按钮种类,是 int 型。主要有如下选项。

• YES_NO_OPTION 为"是"和"否"组合按钮。

• YES_NO_CANCEL_OPTION 为"是""否"和"取消"组合按钮。

• OK_CANCEL_OPTION 为"确定"和"取消"组合按钮。

它们均是 JOptionPane 类的静态常量字段。

(5) messageType:消息种类,即图标种类,也是 int 型,主要有如下选项。

• ERROR_MESSAGE 为显示红色交叉符号 。

• INFORMATION_MESSAGE 为显示消息符号 。

• WARNING_MESSAGE 为显示黄色警告符号 。

• QUESTION_MESSAGE 为显示问号 。

图 12-8　带 5 个参数的确认框

• PLAIN_MESSAGE 为不显示符号。

这些也是 JOptionPane 类的静态常量字段。

例如,调用带 5 个参数的 showConfirmDialog 方法,执行结果如图 12-8 所示。

```
JOptionPane.showConfirmDialog( null, "确认吗?","确认",
    JOptionPane.YES_NO_OPTION, JOptionPane.QUESTION_MESSAGE );
```

再看例 12-4 的代码:

```
int option = JOptionPane.showConfirmDialog(null,    "确定要删除" + str + "吗?");
```

文件读写——输入输出流

该方法只有两个参数,却显示图 12-7(b)所示的带问号图标和 3 个按钮的确认框,这是因为问号图标和 3 个按钮都是确认框的默认设置。

方法 showConfirmDialog 返回值也是 int 型的 JOptionPane 类静态常量字段。

- YES_OPTION:单击"是"按钮的返回值。
- NO_OPTION:单击"否"按钮的返回值。
- CANCEL_OPTION:单击"取消"按钮的返回值。
- OK_OPTION:单击"确定"按钮的返回值。
- CLOSED_OPTION:单击确认框右上角"关闭"按钮的返回值。

## 12.5　随机访问文件类 RandomAccessFile

在 java.io 包中,随机访问文件类 RandomAccessFile 同时支持文件的读写操作,具备双向输入输出功能,并且文件读写位置可按需要选定。

同时具备读写操作称为 rw 模式(mode),其中 r 代表 read,w 代表 write。仅只读则是 r 模式。

ch12.5

RandomAccessFile 类的构造方法有如下两种重载形式:

```
RandomAccessFile(File file, String mode)
RandomAccessFile(String name, String mode)
```

表明文件既可通过 File 对象关联,也可直接使用字符串表示的文件名。常用的 mode 是 rw 和 r,此外,还有涉及同步更新操作的 rws 和 rwd 模式,但没有只写的 w 模式。

在 rw 模式下构建随机访问文件对象,如果对应的文件不存在,则会自动创建。而在 r 模式下,如果对应的文件不存在,则会抛出 FileNotFoundException 异常。

----

💡注意:RandomAccessFile 处理文件功能最强,不但能双向传输字节、字符、字符串、int 和 double 等多种类型数据,而且还能调用 seek 方法随意定位读写指针。其他文件输入输出流则只能按顺序单向读写,最多只允许调用 skip 方法前移指针。

----

【例 12-5】　编程,使用 RandomAccessFile 读写文件。

```
import java.io.*;
public class Ex5 {
    public static void main(String[] args) {
        try{
            RandomAccessFile raf = new RandomAccessFile("AAA.dat","rw");
            raf.writeInt(9);                    //写占 4 字节的 int 型数
            raf.writeDouble(3.14);              //写 8 字节的 double 型数
            raf.writeChars("abc");              //1 字符占 2 字节,共 6 字节
            raf.seek(4);                        //定位于文件第 4 字节
            raf.writeDouble(3.14159);           //重写 double 数
            raf.seek(0);                        //定位文件首位第 0 字节
```

```
            System.out.println(raf.readInt());              //读 4 字节的整数并输出
            System.out.println(raf.readDouble())             //再读 8 字节的实数并输出
            System.out.println(raf.readLine());              //读剩下 3 字符组成的串并输出
            System.out.println("文件长度(字节数)是:" + raf.length());
            raf.close();
        }
        catch(Exception e){
            e.printStackTrace();                             //输出异常栈踪迹
        }
    }
}
```

程序运行结果如图 12-9(a)所示。程序运行后,在项目根目录能看到文件 AAA.dat,使用记事本打开该文件,显示如图 12-9(b)所示,可见文件内容乱码,不是文本文件。

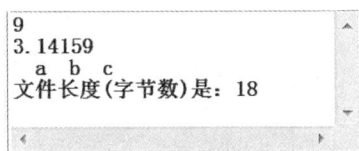

(a) 运行结果

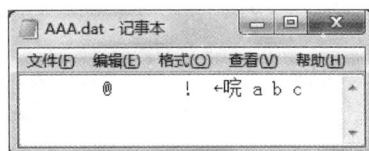

(b) 用记事本打开文件

图 12-9　随机访问文件程序

在例 12-5 中除使用 RandomAccessFile 的 writeInt 和 readInt 等读写方法外,还用到寻找读写位置方法 seek,该方法参数是相对文件开头的字节偏移量,是 long 型的非负数,其中文件开头位置为 0。程序还用到文件长度方法 length,它返回文件总字节数。

关于读写字节方法,RandomAccessFile 拥有与 FileInputStream 类格式相同的 3 个 read 方法,也拥有与 FileOutputStream 相同的 3 个 write 方法,详见 12.3.2 节。

【例 12-6】　使用 RandomAccessFile 编写文件复制方法(功能与例 12-2 等效),并使用文件对话框选择源文件和目标文件。

ch12.5 例 12-6

```
import java.io.*;
import javax.swing.*;
public class Ex6 {
    //使用 RandomAccessFile 定义文件复制方法:
    public static void copy(String source, String target) throws Exception{
        if(target.equalsIgnoreCase(source))
            throw new Exception("目标文件不能与源文件相同!");
        RandomAccessFile raf1 = new RandomAccessFile(source,"r");   //对应源文件
        RandomAccessFile raf2 = new RandomAccessFile(target,"rw");  //对应目标文件
        byte[] bs = new byte[4096];                                 //构建字节数组缓冲区
        int len;
        while((len = raf1.read(bs))!=-1) {                          //循环读流字节直到末尾
            raf2.write(bs, 0, len);                                 //把所读字节写到输出流
        }
```

```
        raf1.close();                                        //关闭源对象
        raf2.close();                                        //关闭目标对象
    }

    //重载文件复制方法(传递两个 File 参数):
    public static void copy(File source, File target) throws Exception{
        copy(source.getPath(), target.getPath());            //调用字符串参数 copy 方法
    }

    public static void main(String[] args) {                 //主方法
        try{
            JFileChooser jfc = new JFileChooser();            //文件选择器
            File source, target;
            System.out.println("从打开文件对话框中选择源文件……");
            if(jfc.showOpenDialog(null) == JFileChooser.APPROVE_OPTION){
                source = jfc.getSelectedFile();
                System.out.println("选中的源文件是:" + source);
                System.out.println("从保存文件对话框中选择目标文件……");
                if(jfc.showSaveDialog(null) == JFileChooser.APPROVE_OPTION){
                    target = jfc.getSelectedFile();
                    System.out.println("选中的目标文件是:" + target);
                    copy(source, target);                     //调用文件复制方法
                    System.out.println("成功把源文件复制到目标文件");
                }
            }
        }
        catch(Exception e){
            e.printStackTrace();                              //输出异常栈踪迹
        }
        System.exit(0);                                       //退出
    }
}
```

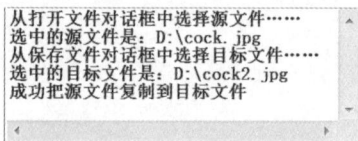

图 12-10  使用随机访问文件复制文件

程序的一次运行结果如图 12-10 所示。

选择源文件是在"打开"文件对话框中进行的,输入目标文件是在"保存"文件对话框中进行的。本次运行是复制 jpg 图像文件,需要强调的是,该程序能复制任何类型的文件。

# 12.6  序列化与对象 I/O 流

对象的生命周期存在于程序运行过程中。一旦停止运行,所构建对象也被销毁。某些场合需要对象起死回生,就要求在对象生命结束之前将其状态数据记录并保存下来。但对象内涵广泛,可以很简单(如只含有一个整数的年龄对象),也可以很复杂(如一个国家也是一个对象)。一个复杂的对象犹如一

ch12.6

碗"面条",内容错综复杂,难以理顺条目。

不过,对象一般都有对应字段成员的属性,记录了对象的状态。可把对象的所有属性值按一定的线性顺序以字节流(字节串)方式记录并保存下来,以便需要时能从保存的状态数据中还原对象,使之延续生命。这就是序列化(Serializable),也称"串行化"。

---

💡 **注意:** 对象序列化保存的内容有:所在类、类签名、非静态(实例)字段值等。

---

类要序列化,必须实现序列化接口 Serializable。该接口没有任何成员,其作用就是表明实现本接口的类可以序列化。

序列化对象与对象的输入输出密切相关。只有实现了 Serializable 接口的类对象才能进行对象输入输出操作,才能记录、传输和保存对象。

对象输入输出涉及 ObjectInputStream 和 ObjectOutputStream 类及其两个重要方法:

(1) ObjectOutputStream 类的 writeObject(Object obj)方法:将指定对象 obj 写入对象输出流,这便是"对象序列化"。如果对象输出流与文件关联,则对象保存到文件中。

(2) ObjectInputStream 类的 readObject 方法:读取对象输入流中的对象。这个过程称为"反序列化",即把线性序列的字段值还原为"面条"状的对象。如果对象输入流与文件关联,则能读取存放在文件中的对象。

除了 writeObject 方法,ObjectOutputStream 类还有写字节及字节数组 write、写字符 writeChar、写字符串 writeUTF 和 writeChars、写数值 writeDouble 和 writeInt 等方法。与之相应,ObjectInputStream 类除了 readObject 方法,也有读字节及字节数组 read、读字符 readChar、读字符串 readUTF、读数值 readDouble 和 readInt 等方法。

**【例 12-7】** 编程,定义序列化客户类 Customer,含姓名和电话字段。再构建若干客户类对象并保存到 cust. dat 文件。最后从文件中依次读取各个对象并输出其属性。

ch12.6 例 12-7

```java
//客户类源文件 Customer.java:
import java.io.Serializable;
public class Customer implements Serializable {        //序列化客户类
    private static final long serialVersionUID = 123L;  //序列号
    private String name;                                //姓名
    private String phone;                               //电话
    public Customer(String name,String phone){          //构造方法
        this.name = name;
        this.phone = phone;
    }
    public String toString(){                           //重写 toString 方法
        StringBuffer sb = new StringBuffer();
        sb.append("客户名:" + name);
        sb.append("\t电话:" + phone);                    //\t 制表符空 4 格
        return sb.toString();
    }
}
```

```java
//主类源文件 Ex7.java:                                         
import java.io.*;
public class Ex7 {                                             //主类
    public static void writeObj(String file) throws Exception{ //写对象方法
        FileOutputStream fos = new FileOutputStream(file);     //文件输出流
        ObjectOutputStream oos = new ObjectOutputStream(fos);  //对象输出流
        Customer c1 = new Customer("张三","12345678");
        Customer c2 = new Customer("李四","87654321");
        Customer c3 = new Customer("王五","88888888");
        oos.writeObject(c1);                                   //写对象到输出流
        oos.writeObject(c2);
        oos.writeObject(c3);
        oos.close();                                           //关闭对象输出流
        fos.close();                                           //关闭文件输出流
    }

    public static void readObj(String file) throws Exception { //读对象方法
        FileInputStream fis = new FileInputStream(file);       //文件输入流
        ObjectInputStream ois = new ObjectInputStream(fis);    //对象输入流
        while(true){
            try{
                Customer c = (Customer)ois.readObject();       //读取输入流对象
                System.out.println(c.toString());             //显示对象信息
            }
            catch(EOFException ex){                            //遇到流末尾
                break;                                         //停止循环
            }
        }
        ois.close();                                           //关闭对象输入流
        fis.close();                                           //关闭文件输入流
    }

    public static void main(String[] args) {                   //主方法
        try{
            System.out.println("(1)构建 3 个客户对象并保存到 cust.dat 文件……");
            writeObj("cust.dat");                              //调用写对象方法
            System.out.println("(2)读取存于 cust.dat 文件中的客户对象信息:");
            readObj("cust.dat");                               //调用读对象方法
        }
        catch(Exception e){
            e.printStackTrace();                               //输出异常栈踪迹
        }
    }
}
```

程序运行结果如图 12-11 所示。

程序使用关联文件字节流的对象输入输出流实现对象的读写和保存功能。从对象输入流中读取各个对象,使用了循环语句,直到文件结束(流末尾)为止。通过捕获 EOFException 来判

```
(1)构建3个客户对象并保存到cust.dat文件……
(2)读取存于cust.dat文件中的客户对象信息:
客户名:张三        电话:12345678
客户名:李四        电话:87654321
客户名:王武        电话:88888888
```

图 12-11　对象序列化与输入输出

断文件结束,也就是到达了输入流的末尾。EOFException 是文件(或流)结束异常类,其中 EOF 是英文 end of file 的首字母。

由于 ObjectInputStream 流的 readObject()方法返回类型是根类 Object,故要进行强制类型转换(Customer)ois. readObject(),才能转化为 Customer 类型。

在例 12-7 中,有关文件、文件字节输入输出流和对象输入输出流之间的关系,可用图 12-12 所示的示意图表示。

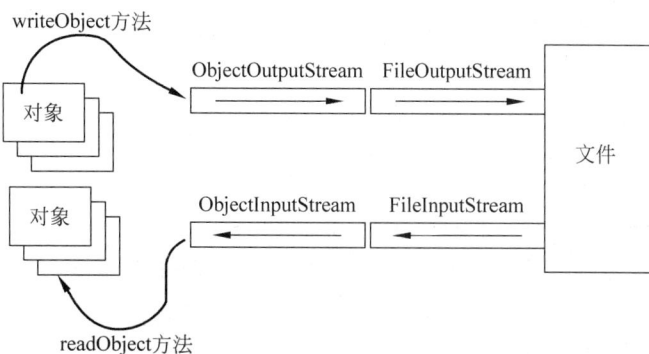

图 12-12　文件与对象输入输出流示意图

---

💡注意:Java 很多类是实现 Serializable 接口的序列化类,如 String 和 Random。

---

序列化类使用 serialVersionUID(序列化版本号,序列号)字段与序列化类关联。序列号相当于身份证号,在对象反序列化过程中用于验证类的身份。虽然该字段有默认设置,程序没有显式声明也能编译和运行,但不安全,在 Eclipse 开发环境下没有定义序列号的类会出现黄色警告 。因此,建议定义序列化类时显式声明 serialVersionUID 字段,该字段必须是 static 和 final 的 long 类型。

# 12.7　其他 I/O 流

ch12.7.1

## 12.7.1　缓冲流

直接使用字符流 FileReader 和 FileWriters 读写文本文件开销大,为提高效率,可使用缓冲字符输入流和输出流(BufferedReader 和 BufferedWriter)进行读写。顾名思义,缓冲流本身包含一个可存放多个字符的缓冲区。

BufferedReader 流能一次从输入流中读取多个字符到其缓冲区,实现快速读取字符、数组或行操作。使用 FileReader 流构建缓冲流的语句如下:

```
BufferedReader br = new BufferedReader(new FileReader("abc.txt"));
```

缓冲文件的输入可提高效率。若没有缓冲,则每次调用读方法 read 或 readLine 都会执行"从外存文件读取"操作,有了缓冲,则先从缓冲区读取,没有再由文件读取。

也可用 BufferedReader 包装底层字节的读取,避免频繁进行字节到字符的转换,如:

```
BufferedReader br = new BufferedReader(new InputStreamReader(System.in));
```

其中 InputStreamReader 是字节流转字符流的类。这时调用 br.readLine()方法,就能从标准输入流(键盘)中一次读取一行字符串。

同理,为提高效率,也可考虑使用缓冲流 BufferedWriter 包装 OutputStreamWriter,以避免频繁进行字符到字节的转换,如:

```
Writer w = new BufferedWriter(new OutputStreamWriter(System.out));
```

💡注意:FileReader 和 InputStreamReader 的根类均是 Reader。缓冲流 BufferedReader 用于包装这些 Reader 流。相应地,FileWriter 和 OutputStreamWriter 的根类是 Writer,BufferedWriter 用于包装这些 Writer 类。

缓冲流的构造方法提供了指定缓冲区大小的参数,大多数情况下使用默认值即可。

【例 12-8】 编程,从键盘输入若干行字符存到 out.txt 文件,若输入 end 则结束。

```java
import java.io.*;
public class Ex8 {
    public static void readSave(String file) throws Exception{    //文本输入保存方法
        InputStreamReader isr = new InputStreamReader(System.in);   //字节转字符流
        BufferedReader br = new BufferedReader(isr);               //缓冲字符输入流
        FileWriter fw = new FileWriter(file);                      //文件字符输出流
        BufferedWriter bw = new BufferedWriter(fw);                //缓冲字符输出流
        String row;
        System.out.println("从键盘输入若干行文本存到文件(end结束):");
        while(true){                                               //循环读写行
            row = br.readLine();                                   //缓冲流读取一行
            if(row.equalsIgnoreCase("end")){ break;}               //输入 end 终止
            bw.write(row);                                         //写串到缓冲流
            bw.newLine();                                          //写行分隔符
        }
        bw.flush();                                                //刷新流缓冲
        bw.close();                                                //关闭缓冲输出流
        fw.close();                                                //关闭文件输出流
        br.close();                                                //关闭缓冲输入流
        isr.close();                                               //关闭字节转字符流
    }

    public static void main(String[] args) {                       //主方法
        try{
            readSave("out.txt");                                   //调用输入保存方法
        }
        catch(Exception e){
            e.printStackTrace();                                   //输出异常栈踪迹
        }
    }
}
```

程序一次运行结果如图 12-13(a) 所示,图 12-13(b) 是用记事本打开的文件内容。

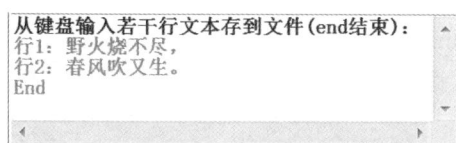

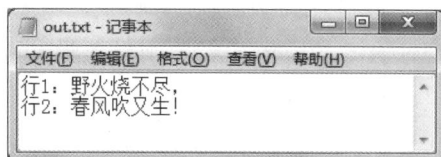

(a) 程序运行结果                    (b) 记事本打开文件

图 12-13    缓冲流应用程序

除了字符型的缓冲流,还有字节型缓冲流 BufferedInputStream 和 BufferedOutputStream,其目标也是提高运行速度。

例如,复制文件时读写字节型文件,可使用下面的缓冲字节 I/O 流对象:

```
BufferedInputStream bis = new BufferedInputStream(new FileInputStream(source));
BufferedOutputStream bos = new BufferedOutputStream(new FileOutputStream(target));
```

注意:使用缓冲输出流的底层流数据之前,通常要调用 flush 方法刷新缓冲区。

## 12.7.2    格式输出流

如果需要向 FileWriter 等字符输出流写格式化的数据,使用 PrintWriter 更加方便。

ch12.7.2

【例 12-9】    编程,使用格式输出流 PrintWriter 实现例 12-8 功能。

把例 12-8 程序的文本输入保存方法 readSave 改成下列代码,其余不变:

```
public static void readSave(String file) throws Exception{        //文本输入保存方法
    InputStreamReader isr = new InputStreamReader(System.in);     //字节转字符流
    BufferedReader br = new BufferedReader(isr);                   //缓冲字符输入流
    PrintWriter pw = new PrintWriter(file);                        //格式输出流
    String row;
    System.out.println("从键盘输入若干行文本存到文件(end结束):");
    while(true){                                                   //循环读写行
        row = br.readLine();                                       //缓冲流读取一行
        if(row.equalsIgnoreCase("end")){ break; }                  //输入 end 终止
        pw.println(row);                                           //写行到流(含换行符)
    }
    pw.flush();                                                    //刷新流缓冲
    pw.close();                                                    //关闭格式输出流
    br.close();                                                    //关闭缓冲输入流
    isr.close();                                                   //关闭字节转字符流
}
```

程序运行结果与例 12-8 相同,一次运行结果如图 12-13(a) 所示。

也可使用含缓冲流的 PrintWriter,如可把第 4 行代码改为:

```
PrintWriter pw = new PrintWriter(new BufferedWriter(new FileWriter(file)));
```

缓冲文件输出。若没有缓冲,则每次调用 println 方法会立即写文件,效率不高。

PrintWriter 类除了提供输出各种类型数据的 print 和 println 方法外,常用的方法还有:

(1) PrintWriter printf(String format, Object... args):格式化输出方法。使用指定格式将一个格式化字符串写入该流。如果启用自动刷新,则本方法将刷新输出缓冲区。本方法的使用格式与 System.out 的 printf 方法和 String 类的 format 方法相同。

(2) PrintWriter(OutputStream 或 Writer out,boolean autoFlush):构造方法。给定字节或字符流,构建格式输出流。第二个参数指定是否自动行刷新,若为 true,则调用 println、printf 或 format 方法将自动刷新输出缓冲区。

(3) PrintWriter(String fileName):构造方法。指定文件构建不自动行刷新的流。

---

💡注意:与格式字符输出流 PrintWriter 对应,有格式字节输出流 PrintStream。这两种流都提供了输出多种类型数据的 print、println 和 printf 方法,并且调用这些方法不会抛出 IOException。

---

### 12.7.3 数组流

ch12.7.3

数组流的源或目标是内存中的数组,而不是外存中的文件,即对数组进行读写操作。

数组流类有下列 4 个:

(1) 字节数组输入流 ByteArrayInputStream:提供 byte[]型数组参数的构造方法构建流对象,提供 read 方法读取流中一个或多个字节。

(2) 字节数组输出流 ByteArrayOutputStream:提供 write 方法,将一个或多个字节写入流;提供 toByteArray 方法,创建一个字节数组获取流中当前数据,还提供返回字符串的 toString 方法。

(3) 字符数组输入流 CharArrayReader:提供 char[]型数组参数的构造方法构建流对象,提供 read 方法读取流中一个或多个字符。

(4) 字符数组输出流 CharArrayWriter:提供 write 方法,将一个或多个字符写入流;提供 toCharArray 方法,获取流数据,也提供返回字符串的 toString 方法。

---

💡注意:close 方法对字节数组输入输出流和字符数组输出流无效,因关闭后其方法仍可调用。

---

### 12.7.4 过滤流

ch12.7.4

过滤(filter)流使用其他流做数据源,提供或重写一些方法,以增强源流的功能。

基于两种基本流和两个方向,过滤流有 4 个超类:FilterInputStream、FilterOutputStream、FilterReader 和 FilterWriter。前两个是过滤字节流,各有多个子类,如缓冲字节流、数据字节流和格式字节流均是过滤字节流的子类。

### 12.7.5　字符串流

字符串流对单个字符或字符串进行读写操作,有 StringReader 和 StringWriter 两个类。

字符串输入流的数据源是 String,字符串输出流目标是 StringBuffer。StringWriter 类提供 getBuffer 方法,返回字符串缓冲区对象。

### 12.7.6　数据流

数据流有 DataInputStream 和 DataOutputStream 两个类,它们与底层的字节流关联,能直接读写各种基本类型的数据。这两个数据流均继承了同方向的过滤字节流。

# 12.8　本 章 小 结

使用流传输数据,数据流有输入与输出两个方向。字符流能传输任意类型的数据。

字节流和字符流是基本流。文件流、缓冲流、数组流和过滤流等,均有字节/字符两种类型以及输入输出两个方向的流类。对象流、字符串流和数据流等,则只有输入输出两个方向的流类。

流对象使用完毕要关闭。向输出流写数据,用 flush 刷新能快速到达目的地。

# 12.9　习　题　12

1. 下列说法中错误的是(　　　)。

　A. I/O 流有输入输出两个方向

　B. Reader 与 Writer 用于处理字符流

　C. File 是 IO 流类的子类

　D. InputStream 与 OutputStream 处理字节流

2. Character 流与 Byte 流的区别是(　　　)。

　A. 每次读入的字节数不同　　　　　　B. 前者有缓冲,后者没有

　C. 前者字符读写,后者字节读写　　　D. 没有区别,可以互换使用

3. 支持字符流读写操作的类分别是(　　　)。

　A. FileInputStream 和 FileOutputStream　B. FileReader 和 FileWriter

　C. InputStream 和 OutputStream　　　　　D. File_Reader 和 File_Writer

4. 代码 File f=new File("C:/abc"); if (f. exists()) f. delete();功能是(　　　)。

　A. 创建 C:\abc　　　　　　　　　　B. 删除 C:\abc

　C. 打开 C:\abc 文件　　　　　　　D. 移动 C:\test. dat

5. 下列选项中,使用 File 类不能执行的操作是(　　　)。

　A. 创建目录　　　　　　　　　　　　B. 删除文件

C. 返回上级目录　　　　　　　　　D. 查看文件内容

6. 当构造一个输入流对象时,下列选项中可能产生异常的是(　　)。
   A. InterruptedException　　　　　　B. NoSuchFieldException
   C. RuntimeException　　　　　　　　D. FileNotFoundException

7. 将 RandomAccessFile 对象的文件指针移到某个位置,应调用方法(　　)。
   A. skipBytes　　　B. moveBytes　　　C. seek　　　D. seekBytes

8. RandomAccessFile 不同于其他输入输出流,它的对象(　　)。
   A. 只读　　　　　　　　　　　　　　B. 只写
   C. 可读可写　　　　　　　　　　　　D. 不能单独读写

9. 如果要串行化类对象,该类就必须实现 java.io 包的(　　)接口。
   A. Serializable　　　B. Externalizable　　　C. DataInput　　　D. DataOutput

10. 一个自定义的类以对象为单位进行读写,该类应实现一个接口(　　)。
    A. DataInput　　　B. DataOutput　　　C. ObjectOutput　　　D. Serializable

11. 如果按行输入、输出文件中的字符流,则应采用(　　)类。
    A. FileReader 和 FileWriter　　　　　B. BufferedReader 和 BufferedWriter
    C. File_Reader 和 File_Writer　　　　D. InputStream 和 OutputStream

12. 下列参数中适合构造 BufferedInputStream 的是(　　)。
    A. File　　　　　　　　　　　　　　B. FileInputStream
    C. FileOuterStream　　　　　　　　　D. FileWriter

13. 采用缓冲式输出时,若要立即写入文件,则需要调用方法(　　)。
    A. flash()　　　B. flush()　　　C. write()　　　D. read()

14. 下列(　　)类对象可作 BufferedReader 构造方法的参数。
    A. PrintStream　　　　　　　　　　B. InputStreamReader
    C. OutputStreamWriter　　　　　　　D. PrintWriter

15. 下列类中,可以作为过滤流 FilterOutputStream 类构造方法参数的是(　　)。
    A. File　　　　　　　　　　　　　　B. FilterInputStream
    C. RandomAccessFile　　　　　　　　D. OutputStream

16. 下列类中,可以作为 FilterInputStream 类构造方法的参数是(　　)。
    A. InputStream　　　　　　　　　　B. RandomAccessFile
    C. FilterOutputStream　　　　　　　D. File

17. 下列选项中属于过滤流 FilterInputStream 的子类的是(　　)。
    A. PrintStream　　　　　　　　　　B. FileOutputStream
    C. DataOutputStream　　　　　　　　D. DataInputStream

18. 下列说法中正确的是(　　)。
    A. FileInputStream 和 FileOutputStream 类提供对本地主机文件进行顺序读写方法
    B. 通过 File 实例或文件名构建文件输入输出流,这时文件被打开,但不能读写
    C. InputStream 和 OutputStream 对象都是非顺序访问流,只能进行非顺序的读写
    D. 当标准输入流读取数据时,从键盘输入的数据直接传送到程序中

19. 定义一个方法,判断文件是否包含给定的文本。如果包含,则输出文本所在的所有行行号和行内容。最后调用该方法进行测试。

20. 定义一个方法,给文本文件内容添加行号后存到另一个文件中,并输出含行号的文件内容。最后调用该方法进行测试。

21. 编写合并两个文本文件的方法,再编写显示文件内容的方法,然后测试它。

22. 下面是关于对象序列化与反序列化的程序,请补充代码完成反序列化方法。

```java
import java.io.*;
class Employee{                                        //员工类
    int workNo;
    String name;
    public Employee(int workNo, String name) {
        this.workNo = workNo;
        this.name = name;
    }
    //对象序列化得到字节数组方法:
    public byte[] getBytes() throws Exception {
        ByteArrayOutputStream baos = new ByteArrayOutputStream();    //字节数组输出流
        DataOutputStream dos = new DataOutputStream(baos);           //数据输出流
        dos.writeInt(workNo);
        dos.writeUTF(name);                            //写字符串到输出流
        return baos.toByteArray();                     //输出流提取字节数组
    }
    //字节数组反序列化还原对象方法:
    public static Employee getEmployee(byte[] bs) throws Exception {
        /* 这里补充代码 */
    }
}

public class X22 {                                     //测试主类
    public static void main(String[] args) {           //主方法
        try {
            Employee emp = new Employee(101, "张森");
            byte[] bs = emp.getBytes();                //调用序列化方法得字节数组
            emp = Employee.getEmployee(bs);            //调用反序列化方法还原对象
            System.out.println("工号" + emp.workNo + ":" + emp.name);
        } catch (Exception e) {     e.printStackTrace(); }
    }
}
```

23. 编程。显示当前目录绝对路径名,并输出当前目录中所有扩展名为.txt的文件名。

# 12.10  实训 12:文件复制与对象读写

1. 编写文件复制程序,使用文件对话框选择源和目标文件。运行界面参见图 12-1(a)。

提示:文件复制既可用文件字节流,也可用随机访问文件类。前者

ch12.10 实训 1

的部分代码如下。

```java
//下面使用文件字节输入输出流定义文件复制方法:
public static void copy(String source, String target) throws Exception{
    if(target.equalsIgnoreCase(source)) throw …        //目标文件不能与源文件相同
    FileInputStream fis = …                             //文件字节输入流
    FileOutputStream fos = …                            //文件字节输出流
    byte[] bs = …                                       //字节数组缓冲区
    int len;
    while( … ) {                                        //循环读流字节直到末尾
        …                                               //把所读字节写到输出流
    }
    …                                                   //关闭输入输出流
}
//重载文件复制方法(传递两个File参数):
public static void copy(File source, File target) throws Exception{ …
    …                                                   //调用String参数copy方法
}
public static void main(String[] args) {               //主方法
    try{
        System.out.println("  ==== 文件复制 ==== ");
        JFileChooser jfc = new JFileChooser();          //文件选择器
        File source, target;
        System.out.println("\n(1)从打开文件对话框中选择源文件……");
        if(jfc.showOpenDialog(null) == JFileChooser.APPROVE_OPTION){
            …
        }
    }catch(Exception e){     … }
}
```

2. 编程,定义序列化学生类,有学号、姓名、出生地等字段。构建若干学生对象并用"保存"文件对话框存到文件。要求学号、姓名和出生地在运行时动态输入,然后从文件中依次读取这些对象并输出其属性。运行界面参见图 12-1(b)。

ch12.10 实训 2

> 提示:使用对象流写读对象,先写后读。循环读取流中的数据,通过捕获 EOFException 异常来判断是否到达流末尾。部分代码如下。

```java
//学生类 Student.java 文件:
import java.io.Serializable;
public class Student implements … {                    //序列化学生类
    private static final long serialVersionUID = … ;   //序列号
    private String stuNo;                               //学号
    …
    public Student(String stuNo, …){ … }               //构造方法
    public String toString(){ … }                       //重写 Object.toString 方法
}

//主类 Train2.java 文件部分代码:
public static void writeObj(File file) throws … {      //写对象到文件方法
```

```java
        FileOutputStream fos = …                          //文件输出流
        ObjectOutputStream oos = …                        //对象输出流
        Scanner sc = …
        System.out.println("每行按"学号 姓名 出生地"格式输入(end结束):");
        while (true){                                      //每次循环输入一个学生数据
            String row = …
            if (row.equalsIgnoreCase("end")){ …  }
            String[] cols = row.split("[\\s]+");           //以空格分隔
            if( cols.length != 3 ){
                System.out.println("输入不对!应输入3列属性值,请重输……");
                …
            }
            Student stu = new Student(cols[0], …);
            oos.writeObject( … );                          //写该学生对象到输出流
        }
        …                                                  //关闭流等
    }
    public static void readObj(File file) throws … {       //读文件对象方法
        FileInputStream fis = …                            //文件输入流
        ObjectInputStream ois = …                          //对象输入流
        while(true){
            try{    …  }                                   //读取并显示对象信息
            catch(EOFException ex){ …  }                   //遇到流末尾
        }
        …                                                  //关闭流
    }
    public static void main(String[] args) {               //主方法
        try{
            System.out.println("   ==== 学生对象文件读写 ====");
            System.out.println("(1)从保存文件对话框中选取存放路径……");
            …
            System.out.println("(2)输入若干学生数据并保存……");
            …                                              //调用写对象到文件方法
            System.out.println("(3)读取存放文件中的学生数据……");
            …                                              //调用读文件对象方法
        }catch(Exception e){ …  }
    }
```

# 第13章  龟兔赛跑——多线程

## 能力目标

- 理解多线程、掌握线程的创建、启动、运行等方法；
- 能运用线程休眠方法，理解线程优先级及其设置方法；
- 理解线程状态、线程中断、临界资源、线程同步与互斥等概念；
- 能使用多线程编写龟兔赛跑程序、生产者与消费者程序。

ch13.1

## 13.1  任 务 预 览

本章实训要编写龟兔等动物赛跑和同步生产与消费程序，运行结果如图 13-1 所示。

(a) 动物赛跑                                          (b) 同步生产与消费

图 13-1  实训程序运行界面

# 13.2　程序、进程与线程

线程与程序、进程密切相关，在介绍线程之前，首先要明确程序和进程这两个概念。

程序，是为了解决问题而编写的、最终在计算机上运行的代码，表现出来的是显示在屏幕上的字符，或书写、打印在纸上的文字。程序是静态的，是还没运行的符号代码。

ch13.2

进程，是程序在计算机的一次运行过程，进程是动态的。在多任务环境下，一台计算机既可同时运行多个不同的程序（如既运行 Excel 又运行 Word），也允许一个程序同时运行多次（如同时打开 3 个记事本）。

线程也是动态的，是比进程更小的概念，它是进程（程序运行过程）的一条执行路线。一个程序的一次运行过程有可能不止一条执行路线，如在因特网上下载图片，可以一边下载图片，一边显示图片，还能同时播放音乐。就是说，上网进程至少有 3 个线程，每个线程有独立的执行步骤，各干各的。

Java 语言拥有多线程机制，便于编写多线程程序。java.lang 包提供线程类 Thread，只要定义继承 Thread 类的子类，并重写线程运行方法 run，在方法内部编写线程的执行步骤，则 Thread 子类就属于多线程的类，简称"线程类"。线程类的每一个对象都是一个线程，调用启动方法 start 后都能按指定的步骤各自运行。

【例 13-1】　编写龟兔赛跑多线程程序，设跑道长 100 米，赛跑过程中，每跑完 10 米显示一次里程。

```
//Animal.java 文件:
public class Animal extends Thread {                        //动物线程类
    public Animal(String name) {                            //带线程名参数构造方法
        super(name);
    }
    public void run() {                                     //重写线程运行方法
        for(int i = 0; i <= 100; i += 10) {
            System.out.println(this.getName() + "跑" + i + "米");
            try{                                            //必须处理休眠异常
                Thread.sleep((long)(Math.random() * 1000));  //线程休眠不超过 1s
            }
            catch(InterruptedException e){ }
        }
    }
}

//Ex1.java 文件:
public class Ex1 {                                          //主类
    public static void main(String[] args) {
        Animal rabbit = new Animal("兔子");                  //线程(对象)1
        Animal tortoise = new Animal("\t\t乌龟");             //线程(对象)2
        rabbit.start();                                     //启动线程 1
```

龟兔赛跑——多线程

```
                    tortoise.start();                                    //启动线程 2
            }
    }
```

程序的两次运行结果如图 13-2 所示,其中图 13-2(a)表示兔子赢,因为兔子先跑完 100
米;而图 13-2(b)则是乌龟赢,这次乌龟首先跑完。

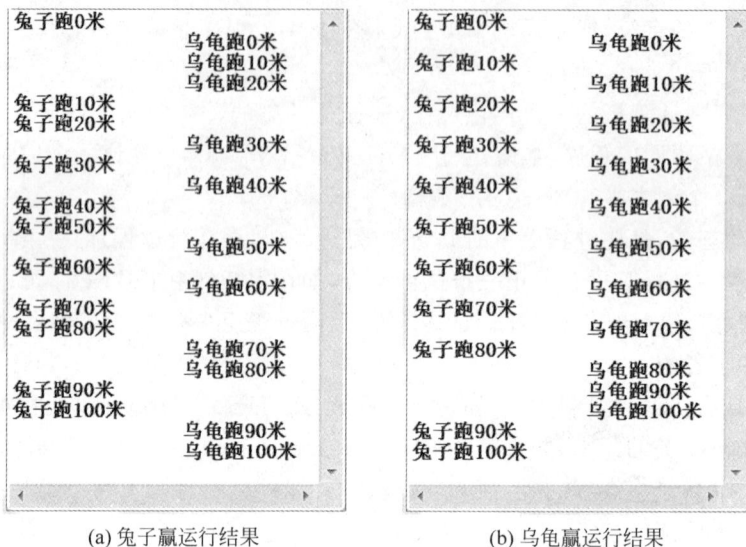

(a) 兔子赢运行结果          (b) 乌龟赢运行结果

图 13-2 龟兔赛跑

由于兔子和乌龟每跑完 10 米,调用 Thread 类 sleep 方法执行线程休眠的时间不确定,
有长有短,故每次运行程序,谁胜谁负,结果不尽相同。线程休眠时间为 0~999ms,因为方
法参数含随机数表达式(Math. random() ∗ 1000),而 Math. random()是生成 0 到小于 1 之
间随机数的方法。该表达式的类型是 double,而 sleep 方法参数的类型必须为长整型,因此
前面要使用(long)进行强制类型转换。

---

💡注意:sleep 是 Thread 类的静态方法,用类名作前缀调用。调用该方法必须处理
InterruptedException(中断异常),否则程序无法编译运行。

---

程序为分开两列输出龟、兔运行结果,在主类 main 方法构建乌龟线程时,在名称前增多
两个制表键"\t\t",使得每行文字开头空 8 个字符(1 个制表键占 4 个字符)。

# 13.3 多 线 程

ch13.3

一个程序如果有两个以上的线程同时运行,便是多线程程序。Java 提供
了两种方式创建线程对象:一是定义 Thread 子类,再构建其对象;二是通过
实现 Runnable 接口类构建 Thread 对象。两种方式均要重写线程运行 run
方法。

## 13.3.1 构建 Thread 子类对象

通过构建 Thread 子类对象编写多线程程序,其步骤如下:

(1) 编写 Thread 子类,即线程类,格式如下:

```
class 线程类名 extends Thread {
    …
    public void run() { … }
}
```

如例 13-1 中的线程类 Animal 就是采用这种方式定义的。

需要强调的是,run 是 Thread 类的一个方法,但没有具体的语句。自定义线程类必须重写 run 方法,否则线程将执行空操作。

(2) 构建线程对象。对象都是 new 调用构造方法构建的。如例 13-1 的 rabbit 和 tortoise。

(3) 调用线程对象的 start 方法启动线程。如 rabbit. start()和 tortoise. start()。

由于主类 main 方法本身就是一条执行路线(线程),故包含两个 Animal 线程对象的例 13-1 实际上有 3 个线程。

---

💡注意:直接调用线程对象的 run 方法也能运行,但不是多线程的运行方式。

---

## 13.3.2 用实现 Runnable 接口对象构建 Thread

由于 Java 的单一继承性,如果要编写的线程类本身已经继承了一个父类,则不能再继承 Thread 类。这时就要采用实现 Runnable 接口的方法编写与线程运行相关的类(还不是线程类),然后以该类的对象为参数构建 Thread 类对象。Thread 对象才是线程。

【例 13-2】 用实现 Runnable 接口方式编写与例 13-1 功能一样的龟兔赛跑程序。

```java
//Animal2.java 文件:
public class Animal2 implements Runnable{           //实现 Runnable 接口类
    private String name;                            //动物名字段
    public Animal2(String name) {                   //构造方法(动物名)
        this.name = name;
    }
    public void run() {                             //重写线程运行方法
        for(int i = 0; i <= 100; i += 10) {
            System.out.println(name + "跑" + i + "米");
            try{
                Thread.sleep((long)(Math.random() * 1000)); //线程休眠不超过 1s
            }
            catch(InterruptedException e){ }
        }
    }
}
```

```
//Ex2.java 文件:
public class Ex2 {                                          //主类
    public static void main(String[] args) {
        Animal2 rabbit = new Animal2("兔子");               //对象 1
        Thread t1 = new Thread(rabbit);                     //线程 1
        Animal2 tortoise = new Animal2("\t\t 乌龟");         //对象 2
        Thread t2 = new Thread(tortoise);                   //线程 2
        t1.start();                                         //启动线程 1
        t2.start();                                         //启动线程 2
    }
}
```

程序的运行结果与例 13-1 类似,参见图 13-2。

位于 java. lang 包中的 Runnable 接口有唯一的 run 方法,故实现该接口必须实现 run 方法,其方法体中的语句将在线程启动时执行。

一般地,用实现 Runnable 接口的方式编写多线程程序有如下步骤。

(1) 编写实现 Runnable 接口的类,格式如下:

```
class 类名 extends 父类 implements Runnable {              //extends 父类,为可选
    …
    public void run() { … }
}
```

(2) 构建实现 Runnable 接口类的对象。如例 13-2 中的 rabbit 和 tortoise。

(3) 使用上述对象作参数,构造 Thread 线程对象。如例 13-2 中 t1 和 t2。

(4) 调用线程对象的 start 方法启动线程,如 t1. start( ) 和 t2. start( )。

需要强调的是,虽然实现 Runnable 接口的类与线程有关联,但本身还不是线程类,因此要用接口实现类的对象作参数构建 Thread 对象,Thread 对象才是线程。

总之,线程离不开 Thread 类,不管用哪种方式构建线程,都用到 Thread 类。

# 13.4 线程类 Thread

Thread 本是"线、线索"之意,Thread 及其子类都是线程类。Thread 类声明如下:

public class Thread extends Object implements Runnable { … }

可见该类本身已实现 Runnable 接口,即实现了 run 方法。不过,run 方法体内部是没有语句的(空语句)。因此编写 Thread 子类必须重写 run 方法,否则线程将执行空操作。

## 13.4.1 Thread 类构造方法及线程名

ch13.4.1~2

构建线程对象要调用 Thread 类构造方法,构造方法共 8 个,常用的有如下 4 个。

(1) Thread():没有参数的构造方法,调用本构造方法构建的线程将执行空操作,并且会自动起名,起名形式为 Thread-n,其中 n 为非负整数,如 Thread-0、Thread-1 等,线程

名后的序号由 0 开始顺序递增。线程名可调用 getName 方法获取。

（2）Thread(String name)：指定字符串类型的线程名构建线程。

（3）Thread(Runnable target)：参数 target 是 Runnable 接口实现类对象，如例 13-2 中的 rabbit 和 tortoise。调用本构造方法构建的线程也是自动起名，起名形式同（1）。

（4）Thread(Runnable target，String name)：指定线程名，构建 Runnable 接口实现类对象的线程。

---

💡 注意：在线程存活期间可调用 setName(String name)方法更改线程名。

---

## 13.4.2　线程优先级与 Thread 相关字段

ch13.4.3～4

默认情况下，多个线程并发执行，每个线程执行机会均等，优先级（priority）一样。

线程有 10 个优先级，从高至低分别是 10、9、…、1，中间级 5 是默认优先级。

如果某个线程很重要，则可更改线程优先级，高级的执行机会多些、速度快些。

方法 setPriority(int newPriority)用于更改线程优先级，getPriority( )则用于获取优先级。

Thread 类还有如下 3 个静态 int 型的优先级常量字段。

（1）MAX_PRIORITY：最大优先级，值是 10。

（2）MIN_PRIORITY：最小优先级，值是 1。

（3）NORM_PRIORITY，普通优先级（默认），值是 5。

【例 13-3】　改进例 13-1 的龟兔赛跑多线程程序，通过改变优先级、减掉休眠时间，使乌龟以较快速度跑完 100 米。

```
//Animal3.java 文件:
public class Animal3 extends Thread {            //动物线程类
    public Animal3(String name) {                //带线程名参数构造方法
        super(name);
    }
    public void run() {                          //重写线程运行方法
        for(int i = 0; i <= 100; i += 10) {
            System.out.println(this.getName() + "跑" + i + "米");
        }
    }
}

//Ex3.java 文件:
public class Ex3 {                               //主类
    public static void main(String[] args) {
        Animal3 rabbit = new Animal3("兔子");      //线程(对象)1
        rabbit.setPriority(1);                   //设置最低优先级
        Animal3 tortoise = new Animal3("\t\t 乌龟");  //线程(对象)2
        tortoise.setPriority(10);                //设置最高优先级
```

```
            rabbit.start();                               //启动线程 1
            tortoise.start();                             //启动线程 2
        }
    }
```

程序的一次运行结果如图 13-3 所示。

💡注意：由于程序简单,消耗资源少,运行时也可能
出现兔子跑赢的结果。总之,多线程每次运行结果不尽
相同。

### 13.4.3　线程生命周期与线程状态

线程与进程一样,具有生命周期。线程被创建并启动
后,就开始了它的生命之旅。在线程生存期间,存在下面 6
种状态。

(1) NEW：新建状态。线程已创建但尚未启动。

(2) RUNNABLE：运行状态。线程正在运行。

(3) BLOCKED：阻塞状态。每次只能独占使用的共

图 13-3　龟兔赛跑,乌龟较快

享资源(临界资源)正被其他线程使用,线程因得不到这些资源而处于暂停状态。

(4) WAITING：等待状态。等待另一线程执行特定的操作。

(5) TIMED_WAITING：定时等待状态,在指定时间内等待另一线程。

(6) TERMINATED：终止(死亡)状态,线程已退出运行。

这些线程状态名都是枚举常量,是在 Thread 类的嵌套枚举类型 State 中定义的。

在一个类内部以成员形式定义的类型,称为嵌套类型。例如类 A 内部定义静态类 B,
则 B 是 A 的嵌套类,表示为 A.B。

因此,Thread 类的嵌套枚举类型 State 表示为 Thread.State,而线程新建状态就表示为
Thread.State.NEW,线程运行状态表示为 Thread.State.RUNNABLE,其余以此类推。

线程在运行过程中,其状态可通过调用 getState 方法来获取。

💡注意：线程共 6 种状态,其中阻塞、等待和定时等待这 3 种可归纳为暂停状态,因此
线程的状态又划分为新建、运行、暂停和死亡这 4 种状态。此外,线程还有一种称为“就绪”
的状态,表明线程已拥有除中央处理器(Central Processing Unit,CPU)外的所有系统资源,
即万事俱备,只欠 CPU。就绪状态的线程一旦被 JVM 线程调度程序分配到 CPU 时间片,
即进入运行状态。为简单起见,就绪状态被纳入到运行状态中。

线程是否存活(有生命),还可通过执行 isAlive 方法判断,若方法返回 true,则线程还在
活动；当线程刚构建还没有启动(NEW 状态),或线程已终止运行(TERMINATED 状态),
isAlive 方法返回 false。

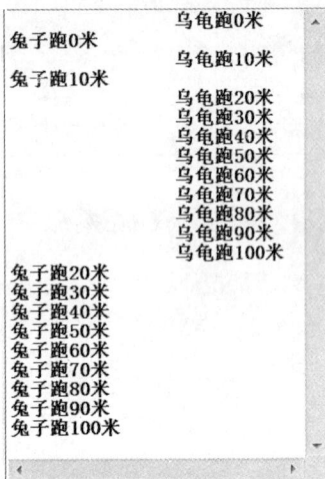

## 13.4.4 线程其他方法

除了上面介绍的线程方法 run、start、setName、getName、setPriority、getPriority、getState 和 isAlive 外,常用的线程方法还有如下几种。

(1) static void sleep(long millis):线程休眠方法(该方法已使用多次)。让正在执行的线程进入休眠,即暂停运行,休眠时间为给定的毫秒(ms)数。如:Thread.sleep(1000L)表示休眠 1000ms,即 1s。线程休眠过程中有可能被中途打断,引发 InterruptedException,因此调用方法必须处理该中断异常。发生中断异常后,线程再回到就绪运行状态。

---

💡 注意:线程休眠时间的精度受到系统计时器和调度程序影响,并非百分之百准确。

---

(2) void interrupt():中断(中途打断)线程。如果一个线程在休眠,则其他线程可调用该休眠线程的 interrupt 方法,吵醒休眠线程,使之回到就绪运行状态。休眠线程被中断(吵醒)后,会引发中断异常 InterruptedException。

(3) static Thread currentThread():返回当前正在执行的线程对象(引用)名。

(4) static int activeCount():返回当前活动线程的数目。

(5) static void yield():暂停当前执行线程(回到就绪状态),让其他线程先运行。yield 是"退让、放弃"的意思。

(6) void join():等待该线程终止后才能执行其他线程。

【例 13-4】 编写兔子睡觉被乌龟中断(吵醒)的多线程程序。

```
class Animal4 implements Runnable {                //线程相关类
    Thread rabbit, tortoise;                       //线程对象(引用)名
    public Animal4() {                             //构造方法
        rabbit = new Thread(this,"兔子");           //构建兔子线程
        tortoise = new Thread(this, "乌龟");        //构建乌龟线程
    }
    public void run() {                            //线程运行方法
        if(Thread.currentThread() == rabbit){       //如果是兔子线程
            try {
                System.out.println("兔子正在睡大觉……");
                Thread.sleep(1000 * 60 * 60 * 2);  //兔子休眠 2h
            }
            catch(InterruptedException e){
                System.out.println("兔子被叫醒");
                System.out.println("兔子开始跑步……");
            }
        }
        else if(Thread.currentThread() == tortoise){  //若是乌龟线程
            System.out.println("乌龟大叫:跑步去!");
            rabbit.interrupt();                        //中断(吵醒)兔子
            System.out.println("乌龟开始跑步……");
        }
    }
}
```

```
public class Ex4 {                                      //主类
    public static void main(String[] args) {            //主方法
        Thread begin = Thread.currentThread();
        String name = begin.getName();
        System.out.println("程序刚开始运行的线程名:" + name);
        System.out.println(name + " 线程状态:" + begin.getState());
        System.out.println("当前活动线程数:" + Thread.activeCount());
        Animal4 animal = new Animal4();
        System.out.println("兔子线程状态:" + animal.rabbit.getState());
        System.out.println("乌龟线程状态:" + animal.tortoise.getState());
        animal.rabbit.start();                          //启动兔子线程
        System.out.println("兔子线程状态:" + animal.rabbit.getState());
        animal.tortoise.start();                        //启动乌龟线程
        System.out.println("乌龟线程状态:" + animal.tortoise.getState());
        System.out.println("当前活动线程数:" + Thread.activeCount());
    }
}
```

```
程序刚开始运行的线程名: main
main 线程状态: RUNNABLE
当前活动线程数: 1
兔子线程状态: NEW
乌龟线程状态: NEW
兔子线程状态: RUNNABLE
乌龟线程状态: RUNNABLE
兔子正在睡大觉……
当前活动线程数: 3
乌龟大叫: 跑步去!
兔子被叫醒
兔子开始跑步……
乌龟开始跑步……
```

图 13-4　线程中断及状态

程序的一次运行结果如图 13-4 所示。虽然兔子想休息 2h,但由于乌龟线程运行后马上中断(吵醒)兔子线程,故兔子很快被叫醒,并开始跑步。程序开始运行时只有主线程 main 处于运行状态,创建并启动兔子和乌龟线程后,活动线程为 3 个。

除了 Thread 类本身定义的线程方法,与线程有关的方法还有来自根类 Object 的等待方法 wait 和通知方法 notify。这两个方法可配套使用,wait 方法使线程进入等待状态,notify 方法唤醒等待状态的线程,使之重新回到就绪运行状态。其中 wait 方法有 3 种重载形式:

```
public final void wait() throws InterruptedException
public final void wait(long timeout) throws InterruptedException
public final void wait(long timeout, int nanos) throws InterruptedException
```

后两种形式可以指定等待时间,只有一个参数的是毫秒数,有第二个参数的是纳秒数。调用 wait 方法要处理中断等异常情况。

通知方法除了 notify 外,还有 notifyAll 方法,用于唤醒所有等待线程。这两个方法的声明如下:

```
public final void notify()
public final void notifyAll()
```

💡 注意:线程方法 suspend、resume、stop 和 destroy 等不安全,已过时,建议不用。

# 13.5 线程同步与互斥

一个资源,如果能被多个对象共同使用,就是共享资源。例如公司的银行账户就是共享资源,可由公司授权的多个人存取款,但每次只允许一个人存取,不允许一个人还没有存完款,另一人就取款,即不允许同一时刻多个人一起操作银行账户。就是说,银行账户不能同时(同一时刻)被多人操作,每一时刻只能独占使用,即相互排斥(互斥)。这种宏观上共享、微观上独占的共享资源就称为"临界(critical)资源"。

又如一个仓库,可以存放各种产品,宏观上随时进出仓,但在某一时刻,只能单向进或出,并且有货才能出仓,有空位才能进仓。因此,仓库是临界资源。

处理临界资源被多个对象共享的问题,涉及多线程之间相互协作、步骤协调问题,这就是线程的同步和互斥。同步是"协同步骤"之意,互斥则是"相互排斥"。

## 13.5.1 同步关键字 synchronized

使用临界资源的多个线程,在同一时刻只允许其中一个独占临界资源。可用关键字 synchronized 声明使用临界资源的方法,达到同步、共享的目的。

ch13.5.1

用 synchronized 修饰的同步方法,犹如对临界资源加上一把"锁",执行过程要对临界资源"协同好步骤",一个进程处理完(解锁)才轮到另一进程处理(再加锁)。

ch13.5.1 例 13-5

【例 13-5】 编写对银行账户临界资源进行同步操作的多线程程序。

```java
//Account.java 文件:
class Account {                                    //银行账户(临界资源)类
    private String name;                           //账户名称
    private double balance;                         //账户余额

    public Account(String name, double money) {     //构造方法
        this.name = name;
        balance = money;
    }
    public synchronized void deposit(double money){  //同步存款方法
        if (money > 0) {
            balance += money;
            notify();
            System.out.printf("\n存款￥%.2f,余额￥%.2f", money, balance);
        }
        else { System.out.println("\n存款失败"); }
    }
    public synchronized void withdraw(double money){  //同步取款方法
        if (money > 0){
            while (money > balance) {
                try{ wait(); }
                catch(InterruptedException e){ }
```

龟兔赛跑——多线程

```
            }
            balance -= money;
            System.out.printf("\n取款￥ %.2f,余额￥ %.2f", money, balance);
        }
        else { System.out.println("\n取款失败"); }
    }
    public String getName() {                      //获取账户名称方法
        return name;
    }
    public double getBalance() {                   //获取账户余额方法
        return balance;
    }
}


//DepositThread.java 文件:
class DepositThread extends Thread {               //存款线程类
    private Account acc;
    public DepositThread(Account a) {
        acc = a;
    }
    public void run() {
        for(int i = 0; i < 5; i++){                //调用同步存款方法 5 次
            acc.deposit((int)(Math.random() * 1000)); //每次存款不超过 1000 元
        }
    }
}


//WithdrawThread.java 文件:
class WithdrawThread extends Thread {              //取款线程类
    private Account acc;
    public WithdrawThread(Account a) {
        acc = a;
    }
    public void run() {
        for(int i = 0; i < 5; i++){                //调用同步取款方法 5 次
            acc.withdraw((int)(Math.random() * 1000)); //每次取款不超过 1000 元
        }
    }
}

//Ex5.java 文件:
public class Ex5 {                                 //主类
    public static void main(String[] args) {
        Account a = new Account("光明公司", 5000);  //开启银行账户
        System.out.printf(" %s 开户,银行账户余额￥ %.2f\n",a.getName(), a.getBalance());
        WithdrawThread withdrawMan = new WithdrawThread(a);  //取款线程
        DepositThread depositMan = new DepositThread(a);     //存款线程
        withdrawMan.start();
        depositMan.start();
    }
}
```

程序的一次运行结果如图 13-5 所示。

例 13-5 程序中，使用了同步关键字 synchronized 对银行账户的存取款进行加锁，当作为临界资源的银行账户进行存款操作时，不允许同时取款，反之也是。只有这次存取款操作完成，才允许下一次操作。在取款操作中，如果要取的钱不够，则调用 wait 方法等待，直到存款操作完成，再通过 notify 方法唤醒取款操作。

关键字 synchronized 除了锁定方法，还可直接锁定一个临界资源，语法格式如下：

图 13-5　线程同步程序

```
synchronized( 临界资源对象 ){ 操作代码 }
```

如例 13-5 的同步存款方法可改为下面锁定账户对象的存款方法：

```
public void deposit(double money){                              //存款方法
    synchronized (this){                                       //锁定账户对象
        if (money > 0) {
            balance += money;
            notify();
            System.out.printf("\n存款￥%.2f,余额￥%.2f", money, balance);
        }
        else { System.out.println("\n存款失败");}
    }
}
```

又如例 13-5 的同步取款方法也可改为下面锁定账户对象的取款方法：

```
public void withdraw(double money){                            //取款方法
    synchronized(this){                                        //锁定账户对象
        if (money > 0){
            while (money > balance) {
                try{ wait(); }
                catch(InterruptedException e){ }
            }
            balance -= money;
            System.out.printf("\n取款￥%.2f,余额￥%.2f", money, balance);
        }
        else { System.out.println("\n取款失败"); }
    }
}
```

修改后的程序运行结果与修改前的相似，参见图 13-5。

## 13.5.2　生产者与消费者模型

线程同步与互斥的典型应用是生产者与消费者模型，模型功能如下：

（1）仓库。具有一定容量的存放产品的仓库。

ch13.5.2

（2）生产者（产品入仓）。生产者不断生产产品，产品保存在仓库中。为简单起见，略去了生产过程复杂的中间环节，把产品生产精简为最后一道工序"产品入仓"。

（3）消费者（产品出仓）。消费者不断购买保存在仓库中的产品。也把产品消费提炼为"产品出仓"。

（4）由于库存容量有限，有仓位才能生产入仓，否则只能等待，直到产品出仓。

（5）仓库有产品才能出仓消费，否则只能等待，直到产品入仓。

在生产者与消费者模型中涉及 4 个概念：产品、仓库、生产者和消费者，其中后 3 个是关键对象，补充说明如下：

（1）存放产品的仓库。产品如手机、洗衣机等，先生产、后消费。仓库不能在同一时刻既入仓又出仓，需错开进出仓时间。仓库是供生产者和消费者共享的临界资源。

（2）生产者线程：生产产品的对象，如工人、工厂车间或生产线等。

（3）消费者线程：购买产品的对象，如经销商、中间批发商或最终消费者等。

在现实世界中，许多问题都可归结为生产者与消费者模型，如例 13-5 公司银行账户的存取款操作，银行账户相当于仓库，是临界资源，存款线程是生产者，取款线程是消费者。每次存入的一笔钱相当于生产一个产品，取走的一笔款相当于消费一个产品，由于账户余额没有上限，因此，银行账户相当于一个海量的仓库，生产（存款）能力没有限制。

下面再举一个生产者与消费者的例子。

ch13.5.2 例 13-6

【例 13-6】 编写生产与消费多线程程序，设有一个最大库存量为 4 的洗衣机仓库，生产 10 台洗衣机，并且一边生产一边消费，即同步生产与消费。

```java
//Storage.java 文件:
class Storage {                                         //仓库类
    private String name;                                //产品名
    private int max;                                    //最大库存量
    private int num;                                    //产品库存数
    private int no;                                     //产品编号
    public Storage(String name, int max){               //构造方法(产品名,最大库存)
        this.name = name;
        this.max = max;
    }
    public synchronized void input() {                  //同步的生产入仓方法
        while (num >= max) {                            //若产品数超出最大库存量
            try{ wait();}                               //则等待(不生产)
            catch(Exception e){}
        }
        num ++;                                         //直到被通知唤醒才生产
        System.out.printf("生产%d号%s,当前库存数:%d\n", ++no, name, num);
        notify();                                       //通知消费
    }
    public synchronized void output() {                 //同步的出仓方法
        while (num <= 0) {                              //若库存没有产品
            try{ wait();}                               //则等待(不出仓)
            catch(Exception e){}
```

```
        }
        num -- ;                                         //直到被通知唤醒才出仓
        System.out.printf("消费%d号%s,当前库存数:%d\n",no - num,name,num);
        notify();                                        //通知生产入仓
    }
    public String getName(){                             //获取产品名方法
        return this.name;
    }
    public int getMax(){                                 //获取最大库存量方法
        return this.max;
    }
}
```

```
//Producer.java 文件:
class Producer extends Thread {                          //生产者(线程)类
    private Storage store;                               //仓库
    public Producer(Storage store) {                     //构造方法
        this.store = store;
    }
    public void run() {                                  //线程运行方法
        for(int i = 0; i < 10; i++){                     //循环 10 次
            store.input();                               //调用同步生产入仓方法
        }
    }
}
```

```
//Consumer 文件:
class Consumer extends Thread {                          //消费者(线程)类
    private Storage store;                               //仓库
    public Consumer(Storage store) {                     //构造方法
        this.store = store;
    }
    public void run() {                                  //线程运行方法
        for(int i = 0; i < 10; i++){                     //循环 10 次
            store.output();                              //调用同步出仓方法
        }
    }
}
```

```
//Ex6.java 文件:
public class Ex6 {                                       //主类
    public static void main(String[] args) {
        Storage store = new Storage("洗衣机", 4);         //最大库存 4 洗衣机仓库
        System.out.println("构建最大库存量为" +
            store.getMax() +  store.getName() + "仓库\n");
        Producer producer = new Producer(store);         //生产者(线程对象)
        Consumer consumer = new Consumer(store);         //消费者(线程对象)
        producer.start();
        consumer.start();
    }
}
```

程序的一次运行结果如图 13-6 所示。

需要强调的是,在生产与消费程序中,生产入仓方法与消费出仓方法必须使用同步关键字 synchronized 修饰,并且入仓必须考虑是否有仓位,否则只能等待出仓后再入仓。同理,出仓的前提条件必须是仓库有产品,否则也只能等待。如果把例 13-6 中 Storage 类的 input 和 output 方法改成如下非同步方法,则运行结果可能出现逻辑混乱,其中的一次运行结果如图 13-7 所示。

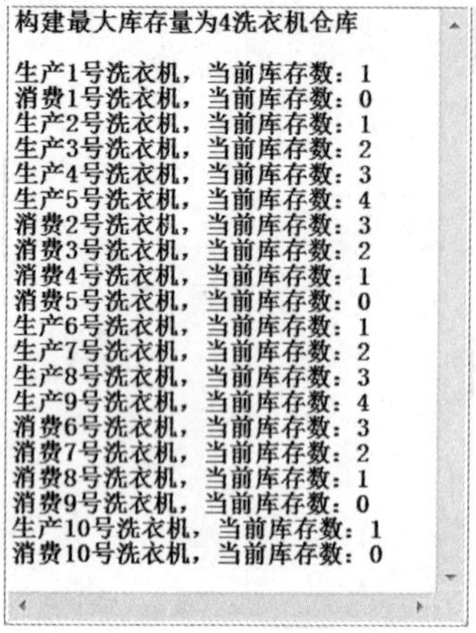

图 13-6　同步生产与消费

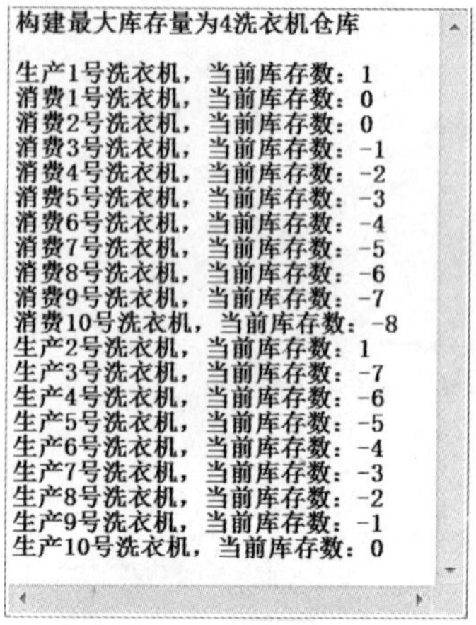

图 13-7　非同步生产与消费

```
public void input() {                        //非同步的生产入仓方法
    num ++;                                  //产品数增1(不管是否有仓位)
    System.out.printf("生产%d号%s,当前库存数:%d\n", ++no, name, num);
}

public void output() {                       //非同步的消费出仓方法
    num --;                                  //产品数减1(不管是否有产品)
    System.out.printf("消费%d号%s,当前库存数:%d\n", no-num, name, num);
}
```

# 13.6　本章小结

多线程程序需要使用 Thread 类及重写 run 方法,否则只是单线程。

多个线程并发执行,需处理好临界资源的同步与互斥问题。

生产与消费是线程同步的范例,银行账户也可归结为生产者消费者模型。

# 13.7　习　题　13

1. 设有如下程序,则运行结果一定是(　　)。

```
class MyThread extends Thread{
    public static void main(String[] args) {
```

```
        MyThread t1 = new MyThread();
        MyThread t2 = new MyThread();
        t1.start();
        System.out.print("t1");
        t2.start();
        System.out.print("t2");
    }
    public void run() {
        System.out.print("run_");
    }
}
```

    A. t1run_t2run_        B. t1t2run_run_    C. run_t1run_t2    D. 不确定

2. 下列程序执行后,输出结果一定是(    )。

```
public class Test implements Runnable {
    private int x = 2;
    public void run() {
        x++;
        System.out.print( x + "_");
    }
    public static void main(String[] args) {
        Test t = new Test();
        (new Thread(t)).start();
        (new Thread(t)).start();
    }
}
```

    A. 3_3_           B. 3_4_           C. 4_4_        D. 不确定

3. 使一个线程放弃处理器并休眠 1.5s,应调用的方法是(    )。

    A. sleep(1.5)                       B. sleep(1500)

    C. suspend(1.5)                   D. suspend(1500)

4. 下列选项中,属于 Runnable 接口抽象方法的是(    )。

    A. start            B. run         C. init         D. stop

5. 下列关于多线程的说法,正确的是(    )。

    A. 多线程是 Java 所独有的           B. 多线程需要多 CPU 系统实现

    C. Java 支持多线程                D. 多线程必须在单 CPU 计算机实现

6. 下列关于线程的叙述,正确的是(    )。

    A. 多线程可提高设备并行工作能力,但系统管理更复杂

    B. 同一个进程中各个线程都有自己的状态、专用数据段和独立的内存资源

    C. 线程是能独立运行的程序

    D. 进程执行效率比线程高

7. 用 Thread 子类实现多线程的步骤是(    )。

    A. 声明 Thread 子类,构建子类对象,调用 start 方法

    B. 声明 Thread 子类,重写 run 方法,构建子类对象

    C. 创建 Thread 子类对象,调用 start 方法

    D. 声明 Thread 子类,重写 run 方法,构建子类对象,调用 start 方法

8. 下列选项中,用于创建一个线程类的是(     )。

    A. public class T implements Runnable { public void run(){ / * ... * / } }

    B. public class T implements Thread { public void run(){ / * ... * / } }

    C. public class T implements Thread { public int run(){ / * ... * / } }

    D. public class T implements Runnable { protected void run(){ / * ... * / } }

9. 使一个线程进入就绪状态调用的方法是(     )。

    A. init()          B. start()          C. run()          D. sleep()

10. 下列选项中能作为线程最高优先级的整数是(     )。

    A. 0          B. 1          C. 10          D. 11

11. 相同优先级多个线程都处于就绪状态,若要使当前线程放弃处理器资源,让给其他线程,应调用方法(     )。

    A. init()          B. stop()          C. yield()          D. start()

12. 下列选项中,可以使当前同级线程重新获得运行机会的方法是(     )。

    A. sleep()          B. join()          C. interrupt()          D. yield()

13. 若要使处于等待状态的线程恢复到运行状态,应调用的方法是(     )。

    A. start()          B. run()          C. resume()          D. notify()

14. 阻塞状态的线程在消除引起阻塞的原因后,会转入(     )。

    A. 死亡状态          B. 开始状态          C. 就绪状态          D. 运行状态

15. 多线程程序调用下列(     )方法不会使线程进入阻塞状态。

    A. sleep()          B. suspend()          C. wait()          D. yield()

16. 下列关于线程的叙述中,错误的是(     )。

    A. 线程调用 start()方法从新建状态进入就绪队列排队

    B. 当 run()方法执行完毕,线程就变成死亡状态

    C. 线程处于新建状态时,调用 isAlive()方法返回 true

    D. sleep()方法可暂停线程运行,适当的时候再恢复运行

17. 当线程 A 用到 C,而 C 又需线程 B 修改才能用,A 就要等待 B,称作(     )。

    A. 线程同步          B. 线程互斥          C. 线程调度          D. 线程就绪

18. 下列关键字中用于加锁对象,对对象进行排他性访问的是(     )。

    A. transient          B. synchronized          C. serialize          D. static

19. 下列选项中,synchronized 不可以修饰的是(     )。

    A. 类方法          B. 实例方法          C. 方法内代码块          D. 未赋值变量

20. 下列类或接口中定义了 wait()、notify()、notifyAll()方法的是(     )。

    A. Thread          B. Runnable          C. Object          D. ThreadGroup

21. 下列说法中正确的是(     )。

    A. 线程是非抢占式的

    B. 每个程序至少有一个线程,即主线程

C. 线程不能共享数据

D. 线程不可以共享代码

22. 编程。对某公司的银行账户(临界资源)进行同步操作。设账户开户时有 10 万元,使用多线程分 10 次把钱存入账户,同时分 10 次取出,每次存取不能超过 1 万元。

23. 编程。启动两个线程,各输出线程名和当前日期时间 5 次,名为"Fast Thread"的线程每隔 1s 输出,名为"Slow Thread"的线程每隔 3s 输出。

24. 编程。一线程计算 $1*2+2*3+3*4+\cdots+19*20$,要求每隔 0.1s 进行一次累加运算;另一个线程则每隔 0.1s 读取并输出前一个线程的运算结果。不需要实现线程同步。

25. 编写多线程程序。有两个线程 A 和 B,其中 A 线程要休眠 1h,B 线程每隔 1h 输出 3 句"快起床",模拟吵醒休眠的线程 A,线程 B 则回复"讨厌! 不要吵"。

26. 编程。实现 4 个窗口同步销售 100 张车票。

27. 编程。使用数组存放仓库产品,编写生产者消费者程序。

# 13.8   实训 13:龟兔赛跑、生产者与消费者

1. 编写龟兔等动物赛跑多线程程序。要求在程序中设置跑道长度、选手数目以及各选手的名称。赛跑过程中,每跑完 10m 显示一次里程。运行界面参见图 13-1(a)。

ch13.8 实训 1

**提示**:部分代码参考如下。

```
//Animal.java 文件:
public class Animal extends … {          //动物线程类
    int length;                          //跑道长度
    public Animal( … ) { … }             //构造方法(线程名,跑道长度)
    public void run() {                  //重写线程运行方法
        for( … ) {
            …
            try{    Thread.sleep( … );}   //线程休眠不超过 1s
            catch …
        }
        System.out.println( … + "到终点");
    }
}


//Train1.java 文件:
public class Train1 {                     //主类
    public static void main(String[] args) {
        …                                 //提示输入跑道长度选手数目等
        String[] name = new String[ … ];  //动物名数组
        Animal[] animals = new Animal[ … ];  //线程对象数组
        String tab = "";                  //存放空 4 列的制表键
        for(int i = 0; … ){
            System.out.printf("请输入第 %d 个选手名称:",i + 1);
            name[i] = …
```

```
                    animals[i] = new Animal(tab + name[i], length);
                    tab += "\t";
                }
                ...                                      //开跑,循环启动各线程
            }
        }
```

ch13.8 实训 2

2. 编写生产者与消费者多线程程序,要求能设置仓库容量、产品名称、生产和消费总数,并且生产与消费同步进行。运行界面参见图 13-1(b)。

提示:先定义仓库类、生产者和消费者线程类,再定义主类。部分代码参考如下。

```
//Storage.java 文件:
class Storage {                                          //仓库类
    private String name;                                 //产品名
    private int ... ;                                    //仓库容量、库存数、编号
    public Storage( ... ){ ... }                         //构造方法(产品名,仓库容量)
    public synchronized void input() { ... }             //同步的生产入仓方法
    public synchronized void output() { ... }            //同步的消费出仓方法
}


//Producer.java 文件:
class Producer extends ... {                             //生产者(线程)类
    Storage store;                                       //仓库
    int tot;                                             //生产总数
    public Producer( ... ) { ... }                       //构造方法(仓库,生产总数)
    public void run() {                                  //线程运行方法
        for(int i = 0; i < tot; i++){                    //循环 tot 次
            ...                                          //调用仓库同步生产入仓方法
        }
    }
}


//Consumer 文件:
class Consumer extends Thread {                          //消费者(线程)类
    Storage store;                                       //仓库
    int tot;                                             //消费总数
    public Consumer( ... ) { ... }                       //构造方法(仓库,消费总数)
    public void run() {                                  //线程运行方法
        for(int i = 0; i < tot; i++){                    //循环 tot 次
            ...                                          //调用仓库同步消费出仓方法
        }
    }
}


//Train2.java 文件:
public class Train2 {                                    //主类
    public static void main(String[] args) {
```

```
        ...                            //提示输入产品名、容量等
        Storage store = ...            //仓库
        Producer producer = ...        //生产者(线程对象)
        Consumer consumer = ...        //消费者(线程对象)
        ...                            //启动生产者和消费者线程
    }
}
```

# 第14章    元素增删检索——集合与泛型

## 能力目标

- 理解集合与泛型，理解 Collection＜E＞接口，掌握 ArrayList＜E＞类；
- 能使用集合封装类 Collections 的方法；
- 能运用基本型数据封装类的方法，理解自动装箱与拆箱；
- 理解映射接口 Map＜K，V＞，能运用 HashMap＜K，V＞类；
- 能编写学生属性集元素增删改、键/值对存储与检索等程序。

ch14.1

## 14.1    任 务 预 览

本章实训编写集合元素增删改、键/值对数据存储与检索程序，运行结果如图 14-1 所示。

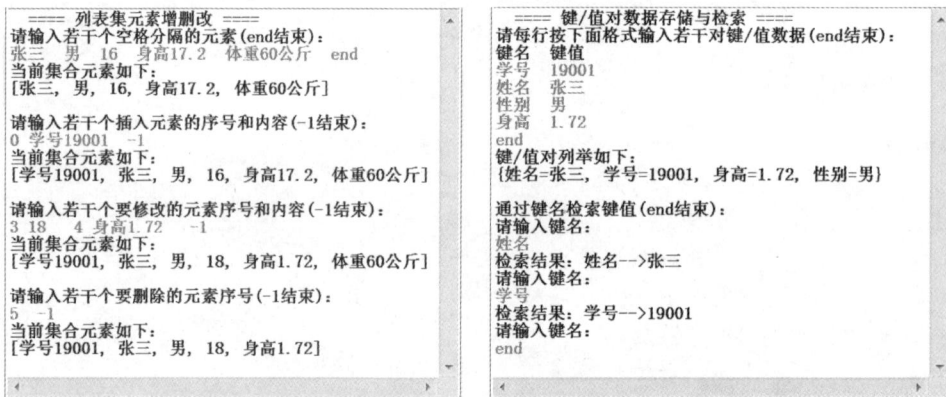

```
==== 列表集元素增删改 ====
请输入若干个空格分隔的元素(end结束)：
张三  男  16  身高17.2  体重60公斤  end
当前集合元素如下：
[张三, 男, 16, 身高17.2, 体重60公斤]

请输入若干个插入元素的序号和内容(-1结束)：
0 学号19001  -1
当前集合元素如下：
[学号19001, 张三, 男, 16, 身高17.2, 体重60公斤]

请输入若干个要修改的元素序号和内容(-1结束)：
3 18  4 身高1.72  -1
当前集合元素如下：
[学号19001, 张三, 男, 18, 身高1.72, 体重60公斤]

请输入若干个要删除的元素序号(-1结束)：
5  -1
当前集合元素如下：
[学号19001, 张三, 男, 18, 身高1.72]
```

```
==== 键/值对数据存储与检索 ====
请每行按下面格式输入若干对键/值数据(end结束)：
键名    键值
学号    19001
姓名    张三
性别    男
身高    1.72
end
键/值对列举如下：
{姓名=张三, 学号=19001, 身高=1.72, 性别=男}
通过键名检索键值(end结束)：
请输入键名：
姓名
检索结果：姓名-->张三
请输入键名：
学号
检索结果：学号-->19001
请输入键名：
end
```

(a) 列表集元素增删改                    (b) 键/值对数据存储与检索

图 14-1    实训程序运行界面

## 14.2    集合框架与泛型

ch14.2

数组能存放多个元素，但数组创建后，长度不能更改，并且数组各元素的数据类型必须相同。如果要存放学生多个不同类型的属性，如学号、姓名、性别、年龄和身高等，则使用集合更合适。

集合本身是一个对象，每一个集合又包含若干称为元素的"小"对象，即集合是由若干小对象组成的"大"对象。集合最大优点是元素个数可以按需动态增减,各元素(对象)的类型也允许不同。

ArrayList 和 Vector 均是 java. util 包中类,其对象是列表集,相当于可变长数组。

【例 14-1】 编程,用列表集存放学生学号、姓名、性别、年龄和身高等。

```java
import java.util. * ;
public class Ex1 {
    public static void main(String[] args) {
        ArrayList list = new ArrayList();              //构建集合对象,Vector 也可
        //ArrayList < Object > list = new ArrayList <>();   //泛型集合,Vector 也可
        list.add("19001");                              //集合添加元素("小"对象)
        list.add("张三");
        list.add('男');
        list.add(18);
        list.add(1.72);
        System.out.println(list);                       //输出整个集合元素
    }
}
```

程序运行结果如图 14-2 所示。可见,既可向集合添加 String 类元素,也允许向集合添加 char、int 和 double 等基本类型的元素。

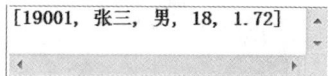

[19001, 张三, 男, 18, 1.72]

图 14-2 列表集元素

输出集合对象(该对象隐式调用了 toString()方法),便可输出逗号分隔的所有元素。若是数组,则必须调用数组封装类 Arrays 的 toString 方法才能获取所有元素。

---

💡 注意:集合中各元素的类型之所以允许不同,是因为其元素类型默认是根类 Object,能匹配任何类型,包括基本类型。之所以能匹配基本类型,是因为数据通过自动装箱,可转为对应的类类型(详见 14.5.2 小节)。

---

在例 14-1 中,可用 Vector 替换 ArrayList,运行结果不变。

除了 ArrayList 和 Vector,集合类还有 Stack、LinkedList、HashSet 和 TreeSet 等,集合类多数位于 java. util 包中,Stack 是元素后进先出(LIFO)的栈,它直接继承 Vector。LinkedList 是链表。HashSet 是哈希集,TreeSet 是树集。在当前的 JDK 版本中,这些集合类都是泛型类,表示为 ArrayList < E >、Vector < E >、Stack < E >、LinkedList < E >,HashSet < E >和 TreeSet < E >,其中 E 是类型参数,可以匹配任意引用类型,即元素(element)可设为任一引用类型。

---

💡 注意:集合类均实现了泛型接口 Collection<E>,类型参数 E 不能匹配基本类型。

---

泛型(gneric),就是所使用的类型广泛,允许匹配各种类型。

泛型类和泛型接口是具有类型参数的类和接口。类型参数使用尖括号括起来,例如< E >,表示这些类或接口的成员类型还没有确定。E 就泛型,它可以匹配任意引用类型。

一旦泛型类的类型参数确定下来(即其成员类型确定了),泛型类就成为一个明确的类(再不是泛泛而谈的类),例如泛型集合类 ArrayList<E>的类型参数 E 可匹配 Object 和 String 等类,于是 ArrayList<Object>和 ArrayList<String>就是两个具体的泛型类,即泛型实例类。可见,一个泛型类通过匹配不同的类型参数,能产生多个泛型实例类。

泛型类比非泛型的安全。在 Eclipse 开发环境中编写程序,不使用泛型集合将出现黄色警告符,如例 4-1 中的代码就多次出现黄色警告。如果把例 4-1 中第 4 行语句改为第 5 行语句(去掉注释符//),则消除了所有黄色警告,程序运行结果不变:

```
ArrayList<Object> list = new ArrayList<>();                    //泛型集合,Vector 也可
```

调用泛型类构造方法构建对象时,构造方法也要求使用尖括号括起类型参数(类型参数可省)。这时,构造方法后面有两对括号,一对是尖括号,另一对是圆括号,前者用于类型实参,后者用于方法实参。

泛型在 JDK1.5 版本中推出,目的是建立高性能、易扩展且类型安全的 Java 集合框架(Java Collections Framework)。集合框架表现为一组标准接口和类,不同类型的集合能以相同的方式进行操作。实现数据结构的类,如列表、链表、栈、哈希表、哈希映射、树集、树映射等都在集合框架的范围内。其中映射用于处理键/值对数据。

除了系统定义的泛型类,我们也可自定义泛型类。

ch14.2 例 14-2

【例 14-2】 编程,定义一个学生泛型类,成员有泛型类型的属性和方法。

```
class Student<T>{                                       //学生泛型类<类型参数>
    private T property;                                 //类型参数作字段类型
    public void setProperty(T property){                //类型参数作方法参数类型
        this.property = property;
    }
    public T getProperty(){                             //类型参数作方法返回类型
        return property;
    }
}

public class Ex2 {                                      //主类
    public static void main(String[] args) {
        Student<String> s1 = new Student<>();           //类型实参 String 的学生对象 1
        s1.setProperty("张三");
        System.out.println("学生对象 1 属性值是:" + s1.getProperty());
        Student<Integer> s2 = new Student<>();          //类型实参 Integer 的学生对象 2
        s2.setProperty(18);
        System.out.println("学生对象 2 属性值是:" + s2.getProperty());
    }
}
```

程序运行结果如图 14-3 所示。

泛型类定义时的类型参数属于形参,如例 14-2 中的 T(表示 Type),使用时的类型参数

（如 String 和 Integer）则是实参。

类型形参属于标识符，要按标识符命名规则起名。类型形参习惯以大写字母命名。类型实参是已定义的引用类型名，包括类名、接口名和数组类型。

图 14-3　定义和使用泛型类

类型参数允许出现多个，参数间用英文逗号分隔。如 Map<K,V>和 Hashtable<K,V>等。

JDK8 也支持泛型方法，在普通类（非泛型类也可以）内部可定义泛型方法，需在方法的返回类型之前加含类型形参的一对尖括号，如：public <T> T method(T a) { return a; }。

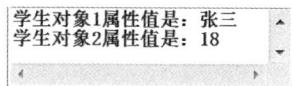

## 14.3　集合分类与元素增删改

集合的根接口是 Collection<E>，实现该接口的类就是集合类。集合又分列表集、非重复元素集合和队列等，对应集合子接口 List<E>、Set<E>和 Queue<E>等。

### 14.3.1　集合根接口 Collection<E>与元素遍历

所有集合类都实现了根接口 Collection<E>，该接口方法适用于所有集合对象。

ch14.3.1

集合根接口 Collection<E>的主要方法如下：

（1）boolean add(E e)：添加集合元素，添加成功返回 true 值，否则返回 false。

（2）boolean addAll(Collection c)：把集合 c 所有元素添加到本集合。集合 c 的元素类型要兼容本集合。

（3）void clear()：清空集合，即清除集合所有元素。

（4）boolean contains(Object o)：如果集合包含指定的元素，则返回 true。

（5）boolean isEmpty()：判断集合空否，即是否含有元素，若空则返回 true。

（6）boolean remove(Object o)：从集合中移除指定元素。

（7）boolean removeAll(Collection c)：从集合中移除所有与集合 c 相同的元素。

（8）boolean retainAll(Collection c)：仅保留与集合 c 相同的元素。

（9）int size()：获取元素个数，相当于数组的长度 length。

（10）Object[] toArray()：集合转为数组，返回集合中所有元素组成的数组。

（11）Iterator<E> iterator()：返回对集合元素进行遍历的迭代器。

（12）void forEach(Consumer action)：对集合每个元素指定相关操作。

每个集合对象均可调用这些方法，进行元素添加、删除、清空、统计个数等操作。

集合还有 toString 方法，返回方括号括起、逗号分隔的所有元素组成的字符串。

---

💡注意：与集合根接口对应，有一个抽象集合类 AbstractCollection<E>，该类提供根接口的骨干实现。集合 toString 方法即由该类提供。集合子接口 List<E>、Set<E>和 Queue<E>也有相应的抽象类 AbstractList<E>、AbstractSet<E>和 AbstractQueue<E>。

集合根接口 Collection<E>除了派生子接口，也有父接口，这就是可迭代接口 Iterable<E>。该接口有一个方法 iterator()，方法返回类型是迭代器接口 Iterator<E>。即是说，集合是可迭代的,元素是可遍历的。

Iterator<E>接口有 3 个主要方法:hasNext()、next()和 remove(),分别用于判断是否有元素、返回下一元素和移除元素。

遍历集合元素有多种方式,设 co 为列表集,即 Collection<Object> co=new ArrayList<>();下面列出 4 种方式。

(1) 用集合名隐式调用 toString 方法输出所有元素。如下面语句:

```
System.out.println(co);                              //co 相当于 co.toString()
```

(2) 调用 forEach 方法、使用 Lambda 表达式遍历。如:

```
co.forEach((e)->System.out.print(e+" "));       //对集合每个元素 e 进行输出
```

微软公司在 C#语言 3.0(2008)版开始支持 Lambda 表达式。2014 年正式发布的 Java 语言 JDK8 版也支持 Lambda 表达式。

Lambda 表达式是以对象身份出现的一个匿名方法,语法形式:(…)→{…},其中箭头符号→左边是参数(标识符,允许多个),参数可不用声明类型,由上下文自动感知,如集合 forEach 方法圆括号内的参数 e,即代表集合任一元素;箭头右边是操作语句,相当于方法体,只有一条语句时,语句后面可不加分号,这时也不需要大括号。Lambda 表达式便于实现单个方法的接口,表示实现接口类的(匿名类)对象。

(3) 使用 for 语句遍历。集合与数组一样,可使用遍历元素的 for 语句,如:

```
for(Object e : co){ System.out.print(e+" "); }
```

(4) 使用迭代器遍历集合元素。如用下列代码遍历集合:

```
Iterator<Object> it = co.iterator();        //使用关联集合 co 的迭代器遍历
while(it.hasNext()){                         //反复判断有下一元素否
    System.out.print(it.next()+" ");         //有则输出元素(空格分隔)
}
```

## 14.3.2  列表接口 List<E>与 ArrayList<E>和 Vector<E>类

ch14.3.2

集合中有一类是列表集,列表集实现了根接口 Collection<E>派生的子接口 List<E>。

列表是元素的序列。列表集相当于可变长"数组",可用索引定位元素,对元素进行增删改操作,并且元素个数能按需要动态增减。这一点数组无法做到,数组一经建立,长度就不能改变。列表元素的索引也由 0 开始,不同元素允许有相同值。

---

💡 注意:列表集和数组可相互转换。调用集合的 toArray 方法可转为数组,反之,调用数组封装类 Arrays.asList(ss)方法可把数组 ss 转为 List 集。

---

List<E>接口除继承 Collection<E>方法外,还有自己的方法,主要方法如下:

（1）void add(int index，E element)：在列表的指定位置插入元素。

（2）boolean addAll(int index，Collection c)：将集合 c 所有元素插入列表指定位置。

（3）E get(int index)：返回列表中指定位置的元素。

（4）int indexOf(Object o)：返回列表中第一次出现的元素索引，不存在则返回-1。

（5）int lastIndexOf(Object o)：返回列表中最后出现的元素索引，不存在则返回-1。

（6）E remove(int index)：移除列表中指定位置的元素。

（7）E set(int index，E element)：用指定元素替换列表中给定位置的元素。

（8）List < E > subList(int fromIndex，int toIndex)：返回列表中从 fromIndex(包括)到 toIndex 减 1(即不包括 toIndex)之间的子列表。

常用的列表集有 ArrayList<E>和 Vector<E>，它们的功能大致相同，主要区别在于前者是非同步的，只能用于单线程，后者则是线程同步的。单线程使用 ArrayList 性能较好。

**【例 14-3】** 编程，使用 ArrayList<E>列表集存放学生学号、姓名、性别、年龄和身高等属性。要求使用列表元素增删改方法。

```java
import java.util. * ;
public class Ex3 {
    public static void main(String[] args) {
        List < String > list = new ArrayList <>();          //构建字符串元素列表集
        //List < String > list = new Vector <>();            //也可构建 Vector 列表集
        //List < String > list = Collections.synchronizedList(new ArrayList <>());
                                                             //或构建同步列表集
        list.add("张三");
        list.add("男");
        list.add("17 岁");
        list.add("身高 1.72");
        list.add("体重 60 公斤");
        System.out.println("当前列表元素如下:");
        System.out.println(list);                           //输出所有元素
        System.out.println("索引 2 的元素:" + list.get(2));
        list.add(0, "学号 19001");                           //在 0 位置插入元素
        list.set(3, "19 岁");                                //修改索引 3 元素
        list.remove("体重 60 公斤");                          //移除元素
        //list.remove(5);                                    //也可索引移除元素
        System.out.println("\n 增删改后的列表元素:");
        System.out.println(list);                           //输出集合所有元素
    }
}
```

程序运行结果如图 14-4 所示。用 Vector 替换 ArrayList，运行结果一样。

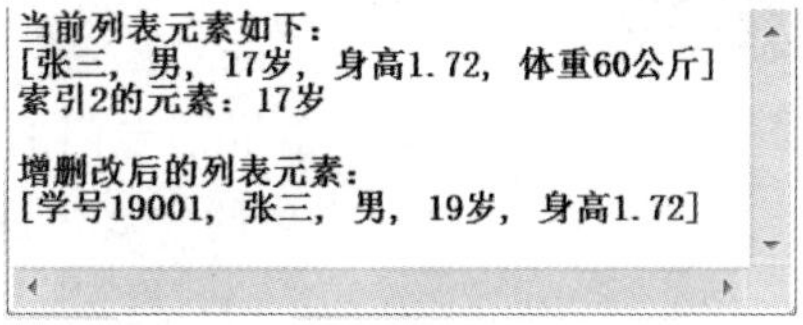

一个集合除了元素个数（使用 size 方法获取）外，还有"容量"（capacity），即能容纳元素的空间个数。容量总是大于或等于实际的元素个数。随着集合元素的不断添加，其容量会自动增加。在构建集

```
当前列表元素如下:
[张三, 男, 17岁, 身高1.72, 体重60公斤]
索引2的元素: 17岁

增删改后的列表元素:
[学号19001, 张三, 男, 19岁, 身高1.72]
```

图 14-4　列表元素增删改

合对象的构造方法中可以明确指定初始容量,例如:

```
List<String> list = new ArrayList<String>(8);        //构建初始容量为 8 的列表集
```

对于 ArrayList 和 Vector 列表集,若没有在构造方法参数中给出初始容量,则默认构造初始容量为 10 的空元素列表。

在添加大量元素前,应用程序可以调用 ensureCapacity(int minCapcity)方法来主动增加 Vector 集的容量,以便减少递增式再分配的次数,节省运行时间。该方法的意思是必须确保最少 minCapcity 的容量。

---

💡注意:ArrayList<E>也能用于多线程。该类对象本身不同步,但通过调用集合封装类 Collections 的静态方法 synchronizedList,则可封装为线程安全的同步对象,如:

```
List<String> list = Collections.synchronizedList(new ArrayList<>());
```

实现 List<E>接口的列表类除 ArrayList<E>和 Vector<E>外,还有栈 Stack<E>和链表 LinkedList<E>等,它们都属于列表集,均能按给定的索引位置进行元素增删改。

## 14.3.3 无重复元素集合接口 Set<E>

ch14.3.3

除了能使用索引访问元素的列表集外,还有一种非列表的集合,这类集合实现 Collection<E>派生的 Set<E>接口。

Set<E>接口的方法与其父接口 Collection<E>的方法基本相同,不再赘述。

实现 Set<E>接口的集合有哈希集 HashSet<E>和树集 TreeSet<E>等,它们不允许元素值重复,也不能通过索引访问元素。其中 HashSet<E>的元素按照哈希法(散列算法)进行排序,而不是按元素的自然顺序排列。TreeSet<E>元素则按元素的自然顺序(或自行设定的顺序)从小到大排列,属于有序集。

---

💡注意:计算机中的"树"是根节点在上的倒挂树。TreeSet<E>对象采用树状结构存储数据,其节点中的数据是有序的,从上到下从左到右按照升序的顺序排列。

---

## 14.3.4 队列接口 Queue<E>

ch14.3.4

集合中还有一类是队列,要求元素只能从队尾入队,从队首出队。换句话说,队列是元素先进先出(FIFO)、后进后出的集合。队列实现 Collection<E>派生的 Queue<E>接口。

队列提供了专门的元素入队、出队和查看操作。

Queue<E>接口提供的主要方法如下:

(1) boolean offer(E e):提供元素给队列,将指定元素插入队列中。

(2) E poll():队列的首元素出队。如果队列为空,则返回 null。

（3）E remove（）：队列的首元素出队。队列为空时抛出 NoSuchElementException 异常。

（4）E peek()：获取队首元素而不出队。如果队列为空,则返回 null。

（5）E element()：获取队首元素而不出队。队列为空时抛出 NoSuchElementException 异常。

实现 Queue＜E＞接口的集合类有 ArrayDeque＜E＞、ConcurrentLinkedQueue＜E＞、PriorityQueue＜E＞和 LinkedList＜E＞等,后者同时实现了 List＜E＞接口。

## 14.4　集合封装类 Collections

在 java. util 包中,有一个专门对集合进行操作的类 Collections,该类封装了执行集合运算的多个方法,如元素排序、求最大值和最小值等,是集合的封装类(包装类)。该类的方法均是静态的,可以直接使用类名作前缀调用。

ch14.4

💡注意：数组也有封装类,就是 Arrays 类,该类的方法专门针对数组进行操作,如数组遍历、排序、复制等,其方法也是静态的,请参见 10.4 节。

集合封装类 Collections 常用的方法如下：

（1）static void copy(List＜E＞ dest, List＜E＞ src)：用于列表集的复制,将所有元素从源列表复制到目标列表。其中目标列表 dest 元素个数不能少于源列表 source。

（2）static void fill(List＜E＞ list, E obj)：用给定元素填充列表中的所有元素。

（3）static int indexOfSubList(List＜E＞ source, List＜E＞ target)：返回源列表中第一次出现目标列表的起始位置,若不存在,则返回－1。

（4）static int lastIndexOfSubList(List＜E＞ source, List＜? ＞ target)：返回源列表中最后一次出现目标列表的起始位置,若不存在,则返回－1。

（5）static E max(Collection＜E＞ co)：根据元素的自然顺序,返回集合的最大元素。要求集合元素实现 Comparable 接口,元素之间可以比较大小。

（6）static E min(Collection＜E＞ co)：根据元素的自然顺序,返回集合的最小元素。同样要求集合元素实现 Comparable 接口,元素可以相互比较。

（7）static void sort(List＜E＞ list)：根据元素的自然顺序对列表按升序排序。

（8）static void reverse(List＜E＞ list)：反转列表中元素的顺序。若列表先调用 sort 方法,再调用本方法,则可对列表元素按降序(从大到小)排序。

（9）static void rotate(List＜E＞ list, int distance)：根据给定距离轮换列表中所有元素。例如,设列表 list 为[t, a, n, k, s],则调用 Collections. rotate(list, 1)或 Collections. rotate(list,－4)之后,list 将是[s, t, a, n, k]。

（10）static Collection＜T＞ synchronizedCollection(Collection＜T＞c)：从给定集合中返回支持同步的,即线程安全的集合。类似地,还有 synchronizedSet、synchronizedList 和 synchronizedMap 等方法。

## 14.5 数据封装类与自动装箱拆箱

### 14.5.1 基本类型与数据封装类

集合和数组都有封装类,int 和 double 等基本类型也有数据封装类,如表 14-1 所示。数据封装类名与表示基本类型的关键字大体相同,但类名以大写字母开头,没有缩写。

表 14-1 基本数据类型与数据封装类

| 基本数据类型 | 数据封装类 | 封装类构造方法 | 基本数据封装成对象的静态方法 | 封装类对象转基本数据实例方法 |
|---|---|---|---|---|
| boolean | Boolean | Boolean(booleanb) | Boolean. valueOf(b) | booleanValue() |
| byte | Byte | Byte(byteb) | Byte. valueOf(b) | byteValue() |
| short | Short | Short(shorts) | Short. valueOf(s) | shortValue() |
| int | Integer | Integer(inti) | Integer. valueOf(i) | intValue() |
| long | Long | Long(longl) | Long. valueOf(l) | longValue() |
| float | Float | Float(floatf) | Float. valueOf(f) | floatValue() |
| double | Double | Double(doubled) | Double. valueOf(d) | doubleValue() |
| char | Character | Character(charc) | Character. valueOf(c) | charValue() |

调用封装类构造方法,能把基本数据封装成对象。如把整数封装成 Integer 对象:

```
Integer obj = new Integer(8);
```

这种把基本类型数据封装成对象的操作,称为装箱(boxing)。

反之,把对象内部的基本数据提取出来,称为拆箱(unboxing)。

拆箱是装箱的逆操作,先有装箱,才有拆箱。如同把一件物品放进一个箱子,首先放入物品,然后才能开箱取出。

每个封装类对象的内核都含有一个对应的基本数据,该数据以私有字段形式出现,无法直接访问。不过,每个封装类都提供了基本数据与对象之间的公共转换方法,通过这些方法可以进行拆箱操作,以提取基本数据。例如:

```
Boolean obj = new Boolean(false);        //装箱,把 false 封装成对象 Obj
boolean b = obj.booleanValue();          //拆箱,获取 Obj 对象的基本数据
```

装箱有两种做法:

(1) 调用数据封装类构造方法。如:Integer obj=new Integer(i),设 int i=8。

(2) 调用封装类数据转对象的静态方法。如:Integer obj=Integer. valueOf(i)。

应该优先采用第(2)种做法,因为内存可能有缓存值而无须构建对象,这样可减少时间和空间消耗,提高执行效率。

数据封装类都有一些静态常量字段,如 MAX_VALUE 和 MIN_VALUE,这两个字段存放对应的基本类型最大值和最小值。如 Integer. MAX_VALUE 存放 int 型最大值

2 147 483 647,Integer. MIN_VALUE 存放 int 型最小值－2 147 483 648。

数据封装类还提供与 String 类转换的方法。如 Integer 类整数转字符串方法 toString (int i)、字符串转为整数 parseInt(String s)方法等。提供类型转换方法是数据封装类的主要功能。

## 14.5.2 自动装箱和自动拆箱

JDK1.5 版开始,提供基本数据和封装类对象之间的自动转换,即自动装箱与拆箱。

ch14.5.2

自动装箱：允许把一个基本类型数据直接赋给对应的封装类变量。例如：

```
Integer obj = 8;                        //自动装箱,相当于 Integer obj = new Integer(8);
```

自动拆箱：允许把封装类对象直接赋给对应的基本类型变量,还可直接对封装类对象进行算术运算。例如：

```
Integer obj = new Integer(8);
int i = obj;                            //自动拆箱,拆箱后再赋值
int sum = obj + obj;                    //自动拆箱,拆箱后再进行加法运算
Integer obj2 = obj + obj;               //自动拆箱后相加,再自动装箱为对象(对象相加)
```

后 3 条语句相当于执行下面拆箱、装箱的语句：

```
int i = obj. intValue();
int sum = obj. intValue() + obj. intValue();
Integer obj2 = Integer. valueOf(obj. intValue() + obj. intValue());
```

再分析例 14-1：正是有了自动装箱,才能使默认 Object 类型元素的 ArrayList 集合直接添加 char、int 和 double 等基本数据,因为这些数据通过自动装箱,能转为对应的 Character、Integer 和 Double 等类对象,而这些对象的根类都是 Object。

下面再举一个自动装箱、拆箱的例子。

【例 14-4】 编程,使用 Vector < Integer >类存放若干学生的成绩,然后分别按升序、降序排序,并输出最高分、最低分及平均分。

```
import java.util. *;
public class Ex4 {
    public static void main(String[] args) {
        Vector < Integer > list = new Vector <>();        //构建 Integer 对象元素的列表
        list.add(71);                                     //自动装箱
        list.add(62);
        list.add(93);
        list.add(84);
        list.add(56);
        list.add(87);
        System.out.println("未排序的学生成绩:\n" + list);
        Collections.sort(list);                           //调用集合封装类排序方法
```

```
System.out.println("按升序排序的学生成绩:\n" + list);
Collections.reverse(list);                          //调用集合封装类倒序方法
System.out.println("按降序排序的学生成绩:\n" + list);
System.out.println("最高分:" + Collections.max(list));
System.out.println("最低分:" + Collections.min(list));
int sum = 0;
for (Integer score : list){
    sum += score;                                   //自动拆箱
}
System.out.printf("平均分:%.2f", (double)sum /list.size());
    }
}
```

程序运行结果如图 14-5 所示。在程序中使用了自动装箱和自动拆箱操作。

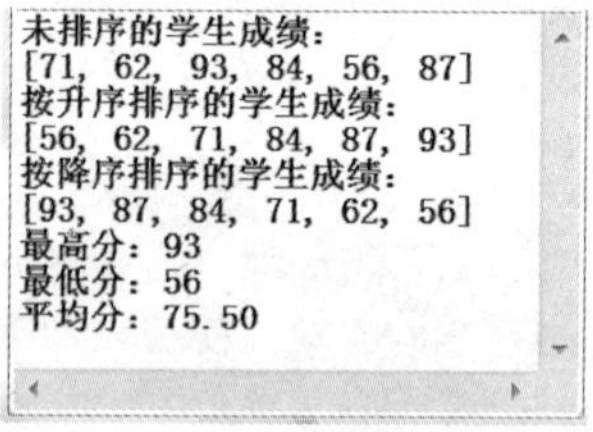

```
未排序的学生成绩:
[71, 62, 93, 84, 56, 87]
按升序排序的学生成绩:
[56, 62, 71, 84, 87, 93]
按降序排序的学生成绩:
[93, 87, 84, 71, 62, 56]
最高分: 93
最低分: 56
平均分: 75.50
```

图 14-5　集合元素统计

💡注意:自动装箱和拆箱只是简化了表达形式,并没有提高系统性能,如果频繁进行装箱拆箱操作,则会降低程序运行效率,因此不可滥用。

## 14.6　键/值映射与映射类

在日常生活中,经常碰到成对出现的数据,如"学号/姓名""姓名/张三""性别/男""年龄/18""身份证/姓名"或"变量名/变量值"等,这样的数据对就是就是键/值对(key/value)。键(key)是键名,关键的名称、重要的标记。在一定范围内,键要有唯一性,即同一个键名不能出现两次以上。值(value)是键值,键名的取值,对应键名的一个数据,值没有唯一性限制。键名与键值关系的总和就是一个映射(map)。

💡注意:Java 的映射相当于数学上的函数。

由于键名的唯一性,因此在键/值对组成的集合中,键名不允许重复,例如,一个集合中不允许同时出现"姓名/张三,姓名/李四"这样的数据对。

一个映射相当于一个键/值对集合,映射不能包含重复的键,每个键最多只能映射到一个值。但允许多个键映射同一个值,即一个值可以有多个关联的键,例如,"19001 /张三,15018/张三"等。

## 14.6.1　映射接口 Map<K,V>

在 Java 集合框架中,有一个泛型映射接口 Map<K,V>,所有键/值映射类均实现了该接口,因此在 Map<K,V>接口上声明的方法,适用于所有键/值映射类,例如适用于实现了该接口的 HashMap<K,V>、Hashtable<K,V>和 TreeMap<K,V>等类。这些映射类对象均由若干键/值对数据项(键/值项)构成,相当于由键/值对元素组成的集合。

ch14.6.1

Map<K,V>接口声明的方法主要如下:

(1) void clear():清空所有键/值项。

(2) boolean containsKey(Object key):是否包含映射关系的键。

(3) boolean containsValue(Object value):是否包含映射关系的值。如果映射对象将一个或多个键映射到指定值,则返回 true。

(4) Set<Map.Entry<K,V>> entrySet():获取键/值项的集合,返回映射关系的 Set 视图。其中 Map.Entry<K,V>是 Map 关于键/值项的内嵌接口。

(5) V get(Object key):返回给定键所映射的值。若键不存在,则返回 null。

(6) boolean isEmpty():映射是否为空,即是否包含键/值项。

(7) Set<K> keySet():获取键的集合,返回所有键的 Set 视图。

(8) V put(K key, V value):添加或修改键/值项。如果键不存在,则增加键/值项;否则,替换原有的值。

(9) V remove(Object key):移除键/值项,返回键所关联的值。如果键不存在,则返回 null。

(10) int size():返回键/值项的总数,即键/值映射关系个数。

(11) Collection<V> values():获取值的集合,返回所有值的 Collection 视图。

(12) forEach(BiConsumer action):对每个键/值对项,执行相应操作。

Map<K,V>接口提供的 keySet、values 和 entrySet 方法,分别返回 3 种集合视图:键集、值集和键/值项集(键/值映射关系集),即该接口提供了 3 种查看映射内容的方式。

---

💡注意:与映射接口相对应,有一个抽象映射类 AbstractMap<K,V>,该类提供了映射接口的骨干实现。该类还提供 toString 方法,用于返回所有键/值对的字符串表示形式,其中键与值之间以＝号分隔,各键/值对以逗号分隔,并用大括号括起所有内容。

---

## 14.6.2　哈希映射 HashMap<K,V>与哈希表 Hashtable<K,V>

泛型哈希映射类 HashMap<K,V>与哈希表类 Hashtable<K,V>均实现 Map<K,V>接口,它们都能处理键/值映射,构建的对象都相当于元素是键/值项的集合。两个类的功能大致相同,主要区别:HashMap<K,V>是非同步,键和值允许 null 值;而 Hashtable<K,V>则是线程同步的,键和值不能使用 null 值。

ch14.6.2

💡 注意：Hash 直译为"哈希"，本是散列、杂乱之意。在计算机中，通过特定算法，生成标识数据(对象)的唯一序号，并且号码分布均匀，这就是"哈希码"。通过哈希码，可快速搜索对应的数据。HashMap < K,V >和 Hashtable < K,V >类所创建的对象，其键/值项就是根据键的哈希码存储的。使用哈希对象执行效率较高。

哈希映射类 HashMap < K,V >有 4 个构造方法，列举如下：

(1) HashMap()：构造一个默认初始容量为 16、默认加载因子为 0.75 的空映射对象。

容量是存放键/值项的空间("桶")的个数，加载因子是介于 0.0～1.0 的实数，默认为 0.75，表示当使用了 75% 的容量后，就自动增加约 2 倍的容量。

(2) HashMap(int initialCapacity)：构造一个指定初始容量和默认加载因子(0.75)的空映射对象。

(3) HashMap(int initialCapacity, float loadFactor)：构造一个指定初始容量和加载因子的空映射对象。

(4) HashMap(Map < K,V > m)：构造一个与给定映射相同的新映射对象。

哈希表类 Hashtable < K,V >也有类似的 4 个构造方法，但默认初始容量为 11。

这两个类的方法与 Map < K,V >接口相同。不过，类的方法有方法体，可以调用。

【例 14-5】 编程，使用 HashMap < K,V >存放一个学生的多个键/值对数据，再按键检索对应的值。

```java
import java.util. * ;
public class Ex5 {
    public static void main(String[ ] args) {
        Map < String,String > map = new HashMap <>();              //哈希映射
        //Map < String,String > map = new Hashtable <>();          //可改为哈希表
        map.put("学号", "19001");                                  //添加键/值项
        map.put("姓名", "张三");
        map.put("年龄", "18");
        map.put("身高", "17.2");
        map.put("身高", "1.72");                                   //修改键/值项
        map.put("籍贯", "广州");
        map.remove("籍贯");                                        //移除键/值项
        System.out.println("  哈希映射的键/值对:");
        System.out.println(map);                                   //map 即 map.toString()
        Set < Map.Entry < String,String >> kvs = map.entrySet();   //键/值项集合
        System.out.println("  键/值项集合:\n" + kvs);              //kvs 即 kvs.toString()
        Set < String > ks = map.keySet();                          //键集
        System.out.println("  键集:\n" + ks);                      //ks 即 ks.toString()
        Collection < String > vs = map.values();                   //值集
        System.out.println("  值集:\n" + vs);                      //vs 即 vs.toString()
        System.out.println("  由键检索值:");
        String key = "学号";
        System.out.println(key + " -->" + map.get(key));           //由键检索值
        key = "姓名";
        System.out.println(key + " -->" + map.get(key));           //由键检索值
```

```
        }
    }
```

程序运行结果如图14-6所示。可见哈希映射中的键值对并非按键名顺序排列。

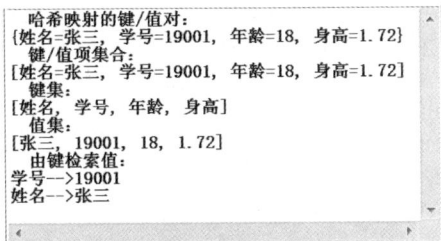

```
哈希映射的键/值对:
{姓名=张三, 学号=19001, 年龄=18, 身高=1.72}
    键/值项集合:
[姓名=张三, 学号=19001, 年龄=18, 身高=1.72]
    键集:
[姓名, 学号, 年龄, 身高]
    值集:
[张三, 19001, 18, 1.72]
    由键检索值:
学号-->19001
姓名-->张三
```

图14-6   哈希映射

可使用Hashtable替换例14-5中的HashMap,但输出时键名排列顺序有所不同。

💡注意:非同步的HashMap只能用于单线程,多线程要使用Hashtable。但如果线程安全方面要求高度同步,则建议使用ConcurrentHashMap。

【例14-6】 编程,使用HashMap<K,V>对象存放多个学生的键/值对数据。其中,键为String型学号,值为自定义的学生类对象,但显示出来的"值"则是除学号外的姓名、性别和年龄。

ch14.6.2 例14-6

```
//Pupil.java 文件:                                              //学生类
public class Pupil{                                            //学号(键)
    private String no;
    private String name;
    private char sex;
    private int age;
    public Pupil(String no, String name, char sex, int age){
        this.no = no;
        this.name = name;
        this.sex = sex;
        this.age = age;
    }
    public String toString(){                                  //重写方法
        return name + sex + age + "岁";                         //返回"值"
    }
}

//Ex6.java 文件:
import java.util.*;
public class Ex6 {                                             //主类
    public static void main(String[] args) {
        Map<String,Pupil> pps = new HashMap<String,Pupil>();   //哈希映射
        //Map<String,Pupil> pps = new Hashtable<String,Pupil>();  //可改为哈希表
```

```
                pps.put("19001", new Pupil("19001", "张散", '男', 9));
                pps.put("19002", new Pupil("19002", "李丝", '女', 8));
                pps.put("19003", new Pupil("19003", "林雾", '女', 8));
                System.out.println("  哈希映射的键/值对:\n" + pps);
                Set < String > ks = pps.keySet();                              //键集
                System.out.println("  键集:\n" + ks);
                Collection < Pupil > vs = pps.values();                        //值集
                System.out.println("  值集:\n" + vs);
                System.out.println("  由键检索值:");
                String key = "19002";
                System.out.println(key + " -->" + pps.get(key));               //键检索值
        }
}
```

程序运行结果如图 14-7 所示,哈希映射的键值对没有按键名排序。

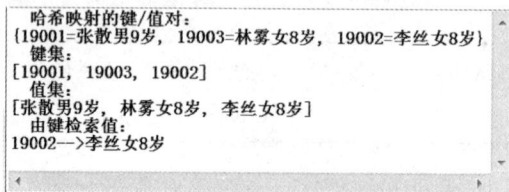

```
哈希映射的键/值对:
{19001=张散男9岁, 19003=林雾女8岁, 19002=李丝女8岁}
键集:
[19001, 19003, 19002]
值集:
[张散男9岁, 林雾女8岁, 李丝女8岁]
由键检索值:
19002-->李丝女8岁
```

图 14-7　键学号值学生的哈希映射

可把例 14-6 主类 main 方法中的 HashMap 改为 Hashtable,请读者修改、运行。

HashMap < K, V >等泛型映射类的类型参数 K 和 V 默认都匹配根类 Object,即可匹配任意引用类型,包括自定义的类类型,如 Pupil。

下面结合流操作,给出一个应用键/值对映射的例子。

【例 14-7】　编程,在文本文件中查找字符串,若找到,则把所有找到的行号及行内容保存到 Map < K, V >对象。最后遍历并输出所存放的行号和行内容。

ch14.6.2 例 14-7

```
import java.io.*;
import java.util.*;
public class Ex7 {
    //在文本文件中查找指定字符串并存到映射对象的方法:
    public static Map < Integer, String > find(String file, String str) throws Exception{
        Map < Integer, String > map = new HashMap <>();              //构建 HashMap 对象
        //Map < Integer, String > map = new Hashtable <>();           //哈希表也可
        //Map < Integer, String > map = new TreeMap <>();             //TreeMap 也可
        FileReader fr = new FileReader(file);                        //文件字符输入流
        BufferedReader br = new BufferedReader(fr);                  //缓冲字符输入流
        String row = null;                                          //行内容
        int no = 0;                                                 //行号
        while((row = br.readLine())!= null){                        //每次循环读一行
            no ++;                                                  //行号增 1
            if(row.contains(str)){                                  //若该行包含字符串
```

```
                map.put(no,row);                          //则保存行号及内容
            }
        }
        br.close();                                       //关闭流
        fr.close();
        return map;
    }


    //遍历输出键/值对方法:
    public static void output(Map<Integer,String> map) throws Exception{
        map.forEach((k,v) -> System.out.printf("第%d行:%s\n", k,v));
    }


    public static void main(String[] args) {              //主方法
        try{
            Map<Integer,String> map;
            map = find("stream.txt", "输出流");            //调用查找方法
            output(map);                                  //调用输出方法
        }catch(Exception e){
            e.printStackTrace();
        }
    }
}
```

把图 14-8(a)所示的文本文件 stream. txt 存放在项目根目录,运行程序,查找文件中包含"输出流"的所有行。运行结果如图 14-8(b)所示。

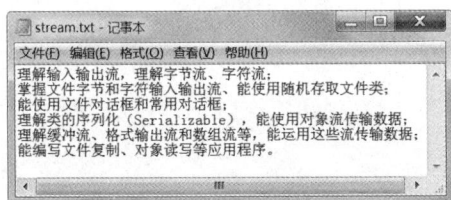

(a) 文本文件

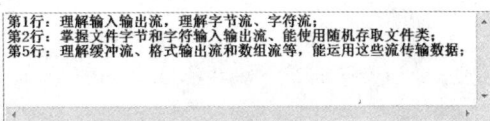

(b) 程序运行结果

图 14-8　在文本文件中查找"输出流"

在程序中使用了缓冲流读取文件内容,于是能以行为单位读取文件,每读一行,即判定是否含给出的字符串,若是,则把该行的行号(键)和内容(值)存放到哈希映射对象。最后遍历哈希映射对象,输出所有键/值。

输出键/值对 output 方法体也可使用迭代器,代码如下(较复杂,运行结果一样):

```
Iterator<Map.Entry<Integer,String>> it = map.entrySet().iterator(); //迭代器
while(it.hasNext()){
    Map.Entry<Integer, String> entry = it.next();                    //键/值项
    System.out.printf("第%d行:%s\n",entry.getKey(), entry.getValue());
}
```

HashMap 和 Hashtable 键/值对都不是按键名自然顺序排列,TreeMap 才是。

元素增删检索——集合与泛型

ch14.6.3

## 14.6.3 树映射类 TreeMap < K , V >

树集类 TreeSet < E >默认按自然顺序,即升序排列元素。与之类似,树映射类 TreeMap < K,V >默认也是按键名的升序排列它是有序的映射类,提供首键 firstKey()、末键 lastKey()等方法。

**【例 14-8】** 编程,在例 14-6 基础上使用 TreeMap < K,V >对象存放多个学生的键/值对数据。最后输出首键、末键及其映射的值。

在 Eclipse 开发环境下,设本例与例 14-6 在同一项目的同一个包中,则直接使用已定义的学生类 Pupil 而无须再定义,只需编写主类即可。

```java
import java.util. * ;
public class Ex8 {
    public static void main(String[ ] args) {
        TreeMap < String, Pupil > pps = new TreeMap <>();         //树映射
        pps.put("19001", new Pupil("19001", "张散", '男', 9));
        pps.put("19002", new Pupil("19002", "李丝", '女', 8));
        pps.put("19003", new Pupil("19003", "林雾", '女', 8));
        System.out.println("  树映射的键/值对:\n" + pps);
        Set < String > ks = pps.keySet();                         //键集
        System.out.println("  键集:\n" + ks);
        Collection < Pupil > vs = pps.values();                   //值集
        System.out.println("  值集:\n" + vs);
        System.out.println("  由键检索值:");
        String key = "19002";
        System.out.println(key + " -->" + pps.get(key));          //键名检索键/值
        key = pps.firstKey();                                     //首键
        System.out.printf("  首键检索:\n%s-->%s\n", key, pps.get(key));
        key = pps.lastKey();                                      //末键
        System.out.printf("  末键检索:\n%s-->%s\n", key, pps.get(key));
    }
}
```

程序运行结果如图 14-9 所示。可见,树映射确实依照键名的升序排列。

图 14-9 键名排序的树映射

# 14.7　本　章　小　结

集合是由小对象组成的大对象,元素个数可动态增减。使用泛型集合效率高且安全。

直接调用集合封装类方法,可对集合进行复制、求最大值和最小值、排序和倒序等操作。

键/值对映射相当于由键/值对元素组成的集合,通过键名能快速检索键值。

集合比数组功能强,不过消耗的时间空间也较多。

# 14.8　习　题　14

1. 构造实现 List 接口的 ArrayList 类对象,下列方法中正确的是(　　)。

　　A. ArrayList list＝new Object( );　　　　　B. List list＝new ArrayList( );

　　C. ArrayList list＝new List( );　　　　　　D. List list＝new List( );

2. 下列选项中,创建存放 String 的泛型 ArrayList 集合是(　　)。

　　A. List < int > a＝new ArrayList < int >();

　　B. ArrayList < String > a＝new List < String >();

　　C. List <> a＝new ArrayList < String >();

　　D. List < String > a＝new ArrayList <>();

3. Set 集合遇到重复元素时的处理方式是(　　)。

　　A. 添加重复元素时会抛出异常　　　　　　B. 重复元素会导致语法错误

　　C. Set 集合可包含重复元素　　　　　　　　D. 重复元素不能加入

4. 下列代码中有错误的是(　　)。

```
java.util.List < Object > list = new java.util.ArrayList<>();   //第1行
list.add("abc");                                                //第2行
for(int i = 0; i < list.size(); i++) {                          //第3行
    String str = list.get(i);                                   //第4行
    System.out.println(str);
}
```

　　A. 第1行　　　　　　B. 第2行　　　　　　C. 第3行　　　　　　D. 第4行

5. 下列语句的执行结果是(　　)。

```
Double x = new Double(8);
Double y = new Double(8);
System.out.println(x == y);
```

　　A. true　　　　　　　B. false　　　　　　　C. 抛出异常　　　　　D. 编译错误

6. 编程。定义学生类 Student,有学号、姓名和成绩字段,编写传递 3 个参数构造方法,重写 toString 方法输出学生数据。再创建 Hashtable 散列表,存放 4 个 Student 对象,用学号作关键字,检索某学号如 2019002 的元素并显示。最后遍历散列表,显示所有元素。

7. 编写按号抽奖方法,使用列表集动态存放每次待抽号码,以提高运行效率。

8. 使用集合存放库存产品,编写生产者消费者程序。

## 14.9　实训 14：学生属性增删改与键/值检索

1. 使用列表集编写元素增删改程序,元素为任意字符串,如学生姓名、性别和年龄等。要求运行时提示输入集合元素,并能在指定的位置插入、修改和删除元素。运行界面参见图 14-1(a)。

**提示**:部分代码参考如下。

```
try{
    System.out.println("  ==== 列表集元素增删改  ==== ");
    List<String> list = new …                        //ArrayList 或 Vector 对象
    Scanner sc = new …
    System.out.println("请输入若干空格分隔的元素(end结束):");
    String element;
    int index;                                       //元素序号(0 开始)
    while (!((element = sc.next()).equalsIgnoreCase("end"))){
        list.add( … );
    }
    …
    System.out.println("\n请输入若干插入元素的序号和内容(-1结束):");
    while (((index = …) != -1)){
        element = …
        list.add(index, … );
    }
    …
}catch(Exception e){ … }
```

2. 使用映射类编写键/值对数据存储与检索程序。要求运行时提示输入若干对键名和键值,并能按输入的键名来检索键值。运行界面参见图 14-1(b)。

**提示**:部分代码参考如下。

```
try{
    System.out.println("  ==== 键/值对数据存储与检索  ==== ");
    Map<String,String> map = new …                   //HashMap 或 Hashtable 对象
    //TreeMap<String, String> map = new TreeMap<>();  //树映射也可
    Scanner sc = …
    System.out.println("请每行按下面格式输入若干对键/值数据(end结束):");
    System.out.println("键名　键值");
    String key, value;
    while (!((key = …).equalsIgnoreCase("end"))){
        value = …
        map.put(key, … );
    }
    …
```

```
    System.out.println("\n通过键名检索键值(end 结束):");
    do{
        System.out.println("请输入键名:");
        key = …
        if(key.equalsIgnoreCase("end")){ … }            //结束循环
        value = …
        System.out.printf("检索结果:%s-->%s\n", …, …);
    }while( … );
}catch(Exception e){ … }
```

213

# 第15章　爱好选择——图形用户界面

## 能力目标

- 了解图形用户界面包 java.awt 和 javax.swing 及其组件;
- 能使用窗体、对话框、面板等容器;
- 能使用标签、按钮、文本框、单选按钮和复选框等组件;
- 能编写关于兴趣爱好选择的图形界面程序。

## 15.1　任务预览

ch15.1

本章实训编写兴趣爱好选择程序,运行结果如图 15-1 所示。

(a) 程序主界面

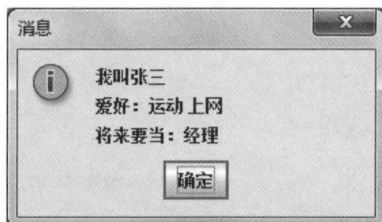

(b) 消息框

图 15-1　实训程序运行界面

## 15.2　图形用户界面及其组件

图形用户界面(Graphic User Interface,GUI)的应用程序直观形象、友好易用。前面章节主要讲述字符界面的程序设计,从本章开始,进入 GUI 编程。

GUI 编程离不开标签、按钮、文本框等组件,由于是面向对象编程,因此这些组件均是以类的面目出现。在 Java 程序中,多数图形组件有两种不同的类:一种存放在 java.awt 包,是重量级的;另一种则存于 javax.swing 包,属于轻量级类。

### 15.2.1　java.awt 包与重量级组件

在最初 JDK1.0 版本中,图形界面包只有 java.awt,简称 AWT(Abstract　　ch15.2.1

Window Toolkit)包。AWT 表示"抽象窗口工具包",其组件的建立和处理要依赖本地计算机,不同环境对相同组件有不同处理,组件的外观也不统一。由于要依靠本地计算机平台实现组件功能,因此 AWT 包的组件是"重量级"的。

　　组件分基本组件和容器,容器是可以容纳组件(含容器)的特殊组件。AWT 包的基本组件类有 Label、Button、TextField(文本框)等,容器类有 Frame 和 Panel 等。AWT 包还有所有组件的根类 Component,以及所有容器的根类 Container。

---

　　💡注意:Container 类直接继承 Component 类,因而容器也是组件。容器一般具有布局管理器(对应 LayoutManager 接口),容器中组件的排列位置由布局(Layout)管理。

---

　　【例 15-1】 使用 AWT 包的组件编程,运行时在文本框中输入姓名,单击按钮,便在文本区中显示问候语。

ch15.2.1 例 15-1

```java
import java.awt. * ;
import java.awt.event. * ;
class Ex1 extends Frame{                              //定义 Frame 子类
    private static final long serialVersionUID = 1L;  //序列号
    private Label lab = new Label("请输入您的姓名:");    //标签(字段)
    private TextField tf = new TextField(10);          //10 列宽文本框
    private Button but = new Button("确定");            //"确定"按钮
    private TextArea ta = new TextArea(1, 30);         //1 行 30 列文本区
    private Panel pan = new Panel();                   //面板

    public Ex1(){                                      //构造方法
        this.setTitle("自定义的 Frame 窗体");            //设置窗体标题
        this.setBounds(100, 200, 260, 150);            //设置窗体位置大小
        initialize();                                  //调用初始化方法
        this.setVisible(true);                         //设置窗体可见
    }

    public void initialize(){                          //初始化方法
        pan.add(lab);                                  //面板添加标签
        pan.add(tf);
        pan.add(but);
        pan.add(ta);
        this.add(pan);                                 //窗体添加面板
        but.addActionListener(new ActionListener(){    //按钮动作事件处理
            public void actionPerformed(ActionEvent e){
                ta.setText(tf.getText() + ",您好!");    //文本区显式
            }
        });
        this.addWindowListener(new WindowAdapter(){    //窗口关闭事件处理
            public void windowClosing(WindowEvent e){
                System.exit(0);                        //退出程序
            }
        });
    }
```

```
    public static void main(String[] args) {          //主方法
        new Ex1();                                      //构建本类对象
    }
}
```

程序运行结果如图 15-2 所示,在文本框中输入"张三",然后单击"确定"按钮,于是在文本区中便显示"张三,您好!"

(a) 初始运行界面          (b) 单击按钮结果

图 15-2　使用 AWT 组件的问候程序

💡 注意:由于组件(包括容器)类都实现了 Serializable 接口,因此定义 Frame 和 JFrame 等子类要求显式声明序列号,否则在 Eclipse 开发环境下会出现黄色警告符号。

## 15.2.2　javax.swing 包与轻量级组件

在 JDK1.2 版本中增加了 javax.swing 包,简称 Swing 包。Swing 包提供一组用 Java 语言编写的组件,这些组件在所有平台上的工作方式大致相同,达到跨平台的目标。因此 Swing 包的组件称为"轻量级"的。

ch15.2.2

为避免与 AWT 包的类混淆,Swing 包中大部分类以字母 J 开头命名,如 JComponent、JLabel、JButton、JTextField、JPanel 和 JFrame 等,其中后两个是常用的容器类。

【例 15-2】　使用 Swing 包的组件编写功能与例 15-1 相似的问候程序。

```
import javax.swing.*;
import java.awt.event.*;
class Ex2 extends JFrame{                                //定义 JFrame 子类
    private static final long serialVersionUID = 1L;     //序列号
    private JLabel lab = new JLabel("请输入您的姓名:");   //标签(字段)
    private JTextField tf = new JTextField(10);          //10 列宽文本框
    private JButton but = new JButton("确定");           //"确定"按钮
    private JTextArea ta = new JTextArea(2,20);          //2 行 20 列文本区
    private JPanel pan = new JPanel();                   //面板

    public Ex2(){                                         //构造方法
        this.setTitle("自定义的 JFrame 窗体");            //设置窗体标题
        this.setBounds(100, 200, 260, 150);              //设置窗体位置大小
        this.setDefaultCloseOperation(JFrame.EXIT_ON_CLOSE); //设置默认关闭操作
```

```
            initialize();                                    //调用初始化方法
            this.setVisible(true);                           //设置窗体可见
        }

        public void initialize(){                            //初始化方法
            pan.add(lab);                                    //面板添加标签
            pan.add(tf);
            pan.add(but);
            pan.add(ta);
            this.add(pan);                                   //窗体添加面板
            but.addActionListener(new ActionListener(){      //按钮动作事件处理
                public void actionPerformed(ActionEvent e){
                    ta.setText(tf.getText() + ",您好!");      //文本区显式
                    //JOptionPane.showMessageDialog(null,tf.getText() + ",您好!");
                                                             //消息框显示

                }
            });
        }

        public static void main(String[] args) {            //主方法
            new Ex2();                                       //构建本类对象
        }
    }
```

程序运行结果如图 15-3(a)所示。若在程序中把使用消息框的语句注释符去掉,则当单击"确定"按钮时还会弹出消息框显示问候语,如图 15-3(b)所示。

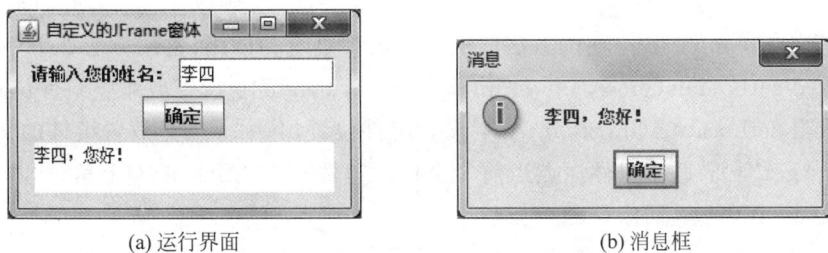

(a) 运行界面                          (b) 消息框

图 15-3　使用 Swing 组件的问候程序

对比两例的运行结果,可看出轻量级组件比重量级的美观。本书后面主要使用 Swing 包组件编程。

---

💡 注意:JFrame 窗体只需调用 setDefaultCloseOperation(JFrame. EXIT _ ON _ CLOSE)方法便可在关闭窗口时退出程序,而 Frame 窗体则须编写窗口关闭事件代码,否则无法关闭。

---

使用 Lambda 表达式,例 15-2 中的按钮动作事件处理可简化为下面代码:

```
but.addActionListener( (e) ->{                       //按钮动作事件处理
    ta.setText(tf.getText() + ",您好!");
```

爱好选择——图形用户界面

```
        //JOptionPane.showMessageDialog(null,tf.getText() + ",您好!");
    });
```

其中,(e)→{…} 就是 Lambda 表达式。这时编译器自动感知 Lambda 表达式符合方法 void actionPerformed(ActionEvent e) 的定义,并推断出参数 e 的类型为 ActionEvent。

### 15.2.3　组件类继承关系

ch15.2.3

组件的根类是 Component,它派生的子类(包括容器类)都属于组件。部分组件的继承关系如图 15-4 所示。

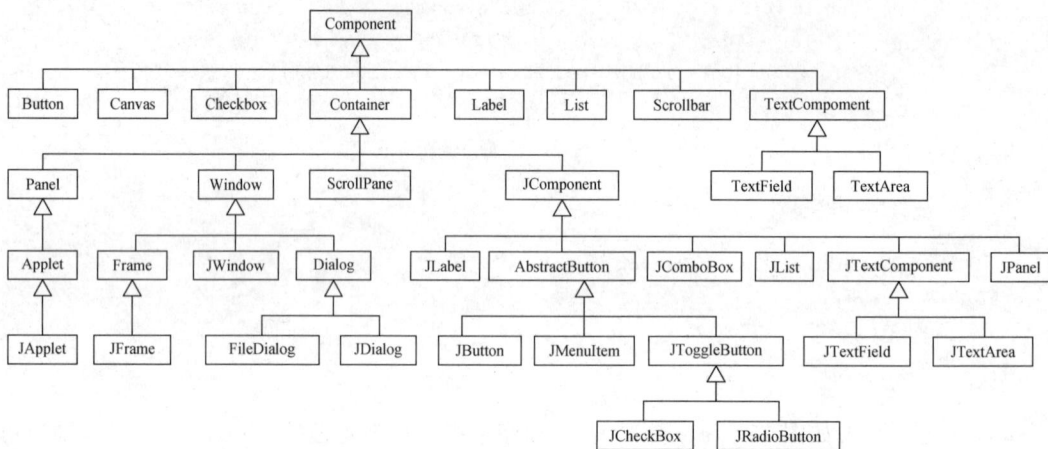

图 15-4　部分组件类继承关系

组件根类 Component 声明的方法能被所有组件继承和调用,常用方法如下。

(1) void setBounds(int x, int y, int width, int height):设置或调整组件位置和大小。

(2) void setLocation(int x, int y):设置组件位置,其中 x、y 是放置组件的父级坐标。

(3) int getX():返回组件原点当前 x 坐标。组件原点是组件的左上角。

(4) int getY():返回组件原点当前 y 坐标。

上面 4 个方法均涉及组件的坐标,需要强调的是:图形界面程序坐标系的坐标原点在左上角,横坐标的方向从左到右,纵坐标的方向从上往下。每个容器一般都有自己的坐标系,屏幕也有自己的坐标系。

(5) void setSize(int width, int height):按指定宽度和高度设置或调整组件大小。

(6) int getWidth():返回组件的当前宽度。

(7) int getHeight():返回组件的当前高度。

(8) void setBackground(Color bg):设置组件的背景色。

(9) Color getBackground():获取组件的背景色。

(10) void setForeground(Color fg):设置组件的前景色。

(11) Color getForeground():获取组件的前景色。

(12) void setFont(Font font):设置组件的字体。

(13) Font getFont():获取组件的字体。

（14）void setVisible(boolean b)：根据参数 b 的值显示或隐藏组件。

（15）boolean isVisible()：判断组件是否可见。窗体等容器默认是不可见的。

（16）void setEnabled(boolean b)：根据参数 b 的值启用或禁用组件。

（17）boolean isEnabled()：判断组件是否能用，即是否已启用，默认为能用。

（18）void setCursor(Cursor cursor)：设置组件光标，即鼠标经过组件所显示的图像。

（19）Cursor getCursor()：获取组件光标。

（20）Graphics getGraphics()：获取组件的图形上下文。如果没有则返回 null。

（21）void paint(Graphics g)：使用图形环境（画笔）g 绘制组件。

（22）void repaint()：重绘本组件。

（23）void update(Graphics g)：更新组件。

（24）void requestFocus()：组件请求获取焦点（光标定位）。

（25）void add(PopupMenu popup)：向组件添加弹出菜单（即快捷菜单）。

（26）void addKeyListener(KeyListener listener)：添加按键（键盘）事件监听器。

（27）void addMouseListener(MouseListener listener)：添加鼠标事件监听器。

（28）void addMouseMotionListener(MouseMotionListener listener)：添加鼠标移动监听器。

（29）void addMouseWheelListener(MouseWheelListener listener)：添加鼠标滚轮监听器。

类如果有 setXxx 方法，通常也有对应的 getXxx 方法。如组件有 setFont、setBackground 和 setForeground 方法，也有对应的 getFont、getBackground 和 getForeground 方法。

如果 setXxx 方法的参数类型是 boolean 型，则对应的方法一般是返回 boolean 类型的 isXxx 方法，而不是 getXxx。如 setVisible 对应 isVisible，setEnabled 对应 isEnabled。

从图 15-4 还可看出：JComponent 直接继承 Container 类，因而其所有子孙类对象都是容器，但实际编程时，一般不把 JLabel、JButton 和 JTextField 等当容器。

# 15.3　容　　器

使用较多的容器类是 JFrame、JPanel 和 JDialog。特别是 JFrame，编写独立运行的 Application 应用程序都需要这类容器。JPanel 是面板，JDialog 是对话框。不管哪类容器，都可放置 JPanel 面板以及 JLabel、JButton 等基本组件。

> 💡注意：JApplet 也是容器类，用于编写嵌入浏览器运行的小程序，但已不常用。

下面先讲述容器的根类 Container 类，然后介绍 JFrame、JDialog 和 JPanel。

## 15.3.1　容器根类 Container

所有容器都直接或间接继承 Container 类，它是容器的根。

根类 Container 声明的方法能被所有容器继承和调用，常用方法如下。

（1）Component add(Component comp)：将指定组件添加到容器尾部。

ch15.3.1

(2) void add(Component comp, Object constraints)：指定约束条件将指定组件添加到容器。约束也是对象，如 BorderLayout. CENTER 就是一个 String 型的约束对象。

(3) void remove(Component comp)：从容器中移除组件。

(4) void setLayout(LayoutManager mgr)：设置容器布局。布局管理器 LayoutManager 是接口类型，布局类如 BorderLayout 和 FlowLayout 等均实现了该接口。

(5) LayoutManager getLayout()：获取容器布局。

由于容器也是组件，因而拥有组件根类 Component 的所有方法。这些方法适用于所有容器，如 JFrame、JPanel 和 JDialog。

### 15.3.2　JFrame 窗体

JFrame 窗体能够独立存在，具有边框和标题，窗体上可放置 JPanel 面板以及其他组件，也可设置菜单。JFrame 窗体属于底层容器。

ch15.3.2

> 注意：底层容器也称"顶级"或"顶层"容器。笔者认为称"底层"容器比较形象和直观，因为它们是最基础的容器，其他容器和组件都可放在其上面。另外，JFrame 继承 Frame 类，间接也继承 Window(窗口)类，为区别起见，本书称 JFrame 为窗体。

窗体、窗口容器的默认布局都是边界布局 BorderLayout。

JFrame 窗体常用方法如下。

(1) JFrame()：构造方法，构造无标题的窗体。

(2) JFrame(String title)：构造方法，构造指定标题的窗体。

(3) Container getContentPane()：获取窗体的内容窗格(窗体里面的一个容器)。

> 注意：JDK1.5 版之前，Java 不允许直接把组件添加到 JFrame 容器中，只能把组件添加到一个称为内容窗格(ContentPane)的中间层里。内容窗格也是容器，属于 Container 类。JDK1.6 以后版本已取消了该限制，组件可以直接添加到 JFrame 容器上。

(4) void setDefaultCloseOperation(int operation)：设置单击窗体右上角关闭按钮时窗体所执行的操作。参数是 int 型的静态常量字段，是下面 4 个之一。

- HIDE_ON_CLOSE：隐藏本窗体(默认值)。
- DO_NOTHING_ON_CLOSE：不执行任何操作。
- DISPOSE_ON_CLOSE：关闭窗体并释放占用的资源。
- EXIT_ON_CLOSE：退出、结束整个应用程序。

上面 4 个字段都可用类名 JFrame 作前缀，例如 JFrame. EXIT_ON_CLOSE。其中前 3 个字段也可使用接口名 WindowConstants 作前缀，因为它们最初是在该接口中定义的。

(5) void setIconImage(Image image)：设置窗体左上角显示的图标。

(6) void setJMenuBar(JMenuBar menubar)：设置窗体菜单栏。

下面 4 个是从 Frame 类继承而来的常用方法：

(7) void setTitle(String title)：设置窗体的标题。

(8) void setResizable(boolean resizable)：设置窗体是否可由用户调整大小。

(9) boolean isResizable()：判断窗体是否可由用户调整大小，默认为可调整。

(10) void setExtendedState(int state)：按给定参数设置窗体的状态，参数是 Frame 类定义的 int 型静态常量字段。状态常量列举如下。

- NORMAL：正常状态。
- ICONIFIED：将窗口图标化（最小化）。
- MAXIMIZED_HORIZ：水平方向最大化。
- MAXIMIZED_VERT：垂直方向最大化。
- MAXIMIZED_BOTH：水平和垂直方向均最大化。

例如，假设 frame 是窗体，则执行下面语句后，窗体扩大到整个屏幕：

```
frame.setExtendedState(Frame.MAXIMIZED_BOTH);
```

下面是从 Window 类继承而来的两个常用方法。

(11) void dispose()：撤销、关闭窗体，释放窗体使用的所有资源。撤销后可以通过调用 pack 等方法，重新构造资源，再次显示窗口。

(12) void pack()：按窗体内各组件的大小和布局，重新调整窗口大小。

此外，还有从容器根类 Container 和组件根类 Component 继承而来的方法。

### 15.3.3　JDialog 对话框

JDialog 是对话框类，对话框也是有边框和标题的底层（顶级）容器。但对话框一般不单独使用，它常常扮演侍从角色而依附于其他容器（如 JFrame），所依附的容器是对话框的主角，称为对话框的所有者（Owner）。

ch15.3.3

对话框分模式（modal）和非模式两种，模式对话框打开后要求响应，因为打开后堵塞其他线程，无法操作其他窗口。非模式对话框打开后则可以操作其他窗口。

模式对话框又细分应用程序、文档和工具包 3 种模式。

JDialog 类常用方法如下。

(1) JDialog(Frame owner)：构造方法，构造指定所有者的非模式对话框。

(2) JDialog(Frame owner, boolean modal)：构造方法，构造指定所有者、模式/非模式对话框。模式参数 modal 为 true 表示有模式，为 false 表示非模式。

(3) JDialog(Frame owner, String title)：构造指定所有者和标题的非模式对话框。

(4) JDialog(Frame owner, String title, boolean modal)：指定所有者、标题、模式/非模式构造对话框。

由于 JFrame 继承 Frame，故上面 4 个构造方法的 owner 可以是 JFrame 窗体。

(5) JDialog(Window owner, String title, Dialog.ModalityType modalityType)：构造指定所有者、标题和模式类型的对话框。

下面是从 Dialog 类继承而来的两个方法。

(6) void setModalityType(Dialog.ModalityType type)：设置对话框的模式类型。

(7) Dialog.ModalityType getModalityType()：返回对话框的模式类型。

对话框模式类型取自下面 4 个枚举常量。

- MODELESS：无模式，对话框不阻塞任何窗口。

- APPLICATION_MODAL：应用程序模式，对话框阻塞同一个 Java 应用程序中的所有窗口。
- DOCUMENT_MODAL：文档模式，对话框阻塞同一文档的所有窗口。
- TOOLKIT_MODAL：工具包模式，对话框阻塞同一工具包运行的所有窗口。

这 4 个枚举常量在 Dialog 类的嵌套枚举类型 ModalityType 中定义，由于 JDialog 类继承了 Dialog 类，因而也拥有该嵌套枚举类型，于是使用这些枚举常量可加 JDialog. ModalityType 作前缀，如 JDialog. ModalityType. APPLICATION_ MODAL。

ch15.3.3 例 15-3

**【例 15-3】** 修改例 15-2 的问候程序，使用 JDialog 对话框显示问候语，并且把 main 方法从窗体类中移除，放置于单独定义的主类中。

```java
//MyFrame3.java 文件:
import javax.swing. * ;
import java.awt. event. * ;
public class MyFrame3 extends JFrame{                            //自定义窗体类
    private static final long serialVersionUID = 1L;
    private JLabel lab = new JLabel("请输入您的姓名:");
    private JTextField tf = new JTextField(10);
    private JButton but = new JButton("确定");
    private JPanel pan = new JPanel();
    private MyFrame3 thisFrame;                                   //代表本窗体的字段

    public MyFrame3(){                                            //构造方法
        thisFrame = this;                                        //本窗体字段赋值
        this.setTitle("自定义的 JFrame 窗体");
        this.setBounds(100, 200, 300, 250);
        this.setDefaultCloseOperation(JFrame.EXIT_ON_CLOSE);
        initialize();                                            //调用初始化方法
        this.setVisible(true);
    }

    public void initialize(){                                    //初始化方法
        pan.add(lab);                                            //面板添加标签
        pan.add(tf);
        pan.add(but);
        this.add(pan);                                           //窗体添加面板
        but.addActionListener(new ActionListener(){              //按钮动作事件处理
            public void actionPerformed(ActionEvent e){
                                                                 //构建并显示 JDialog 对话框:
                JDialog dialog = new JDialog(thisFrame, "JDialog 对话框");
                dialog.setModalityType(JDialog. ModalityType.APPLICATION_MODAL);
                dialog.setLocation(thisFrame.getX() + 50, thisFrame.getY() + 90);
                dialog.setSize(200, 150);
                dialog.add(new JLabel(tf.getText() + ",您好!"));
                dialog.setVisible(true);
            }
        });
```

```
        }
    }

//Ex3.java 文件:
public class Ex3 {                                      //主类
    public static void main(String[] args) {            //主方法
        new MyFrame3();                                 //构建窗体对象
    }
}
```

窗体类与主类分开,每个类功能相对单一,符合
模块化设计要求。

在窗体类"确定"按钮的动作事件处理方法中,
构建 JDialog 对话框,并设置为应用程序模式,然后
设置对话框的位置和大小,在对话框中添加显示问
候语的标签,最后设置对话框为可见。

运行程序,在窗体的文本框中输入"王五",单
击"确定"按钮,便出现图 15-5 所示的对话框。由
于是模式对话框,所以必须关闭对话框才能响应主
窗体。

图 15-5  依附窗体的对话框

注意:关于对话框,除 JDialog 类外,还有 FileDialog、JFileChooser、JOptionPane 和
JColorChooser 等,其中 FileDialog 是重量级组件,JFileChooser 和 JOptionPane 请参见 12.4 节,
JColorChooser 是颜色对话框类,请参见 18.3.2 小节。

## 15.3.4  JPanel 面板

ch15.3.4

JPanel 是面板类,面板是无边框无标题的容器,本身不能单独存在,
一定要放在别的容器上,如放在 JFrame 和 JDialog 上面,或者放在其他
JPanel 上面。面板上面允许再放置其他容器及组件。面板属于中间层容器。

在组件的叠放层次中,最上面一般是基本组件,当然也可以是 JPanel 面板,因为面板上
面也可以不放置组件。总之,JPanel 面板只能放在中间层或上层,而不能作为最底层的基
础容器。

JPanel 常用的构造方法有如下几种。

(1) JPanel():构造默认布局为 FlowLayout(流动布局)、有双缓冲功能的面板。

组件的(图像)双缓冲,是指组件除了屏幕图像的显示空间外,还有一个位于屏幕外部的
图像缓冲区,也称"离屏缓冲区"。离屏缓冲区的内容可快速复制到屏幕上。双缓冲的优点
在于屏幕能快速、无闪烁地更新,但需要较多内存空间。

(2) JPanel(LayoutManager layout):构造指定布局的面板。

注意:除 JPanel 外,还有 JScrollPane(滚动窗格)、JTabbedPane(选项卡窗格)、

爱好选择——图形用户界面

JSplitPane(拆分窗格)和 JLayeredPane(分层窗格)等中间层容器,这些中间层容器都不能单独存在,必须放在其他容器上面才能发挥作用。

# 15.4 常用组件

## 15.4.1 JLabel 标签与 ImageIcon 图像图标

标签用来显示文字或图标。图标是尺寸固定的小图片。一个标签可以同时显示文字和图标。但标签只能在运行时显示,不能动态编辑。

标签类 JLabel 常用方法如下。

ch15.4.1

(1) JLabel():构造没有文字的标签。

(2) JLabel(String text):构造显示指定文本的标签。

(3) JLabel(Icon image):构造显示指定图标的标签。

(4) JLabel(String text, Icon icon, int horizontalAlignment):构造指定文本、图标和水平对齐方式的标签。图标和文本是水平放置的,其中图标在左,文本在右。

标签的水平对齐参数取自静态常量字段 LEFT(默认)、CENTER 或 RIGHT 等,这些字段在 SwingConstants 接口中定义,该接口已被 JLabel 类实现,因此 JLabel 也拥有这些字段,可用 JLabel 作前缀调用,如 JLabel. LEFT。

---

💡注意:关于水平对齐的参数还有 LEADING 和 TRAILING,表示文本的开始边和结束边。对于从左到右方向的语言,这两个参数相当于 LEFT 和 RIGHT。

---

(5) void setText(String text):设置标签要显示的文本。

(6) String getText():返回标签显示的文本。

(7) void setIcon(Icon icon):设置标签要显示的图标。

(8) Icon getIcon():返回标签显示的图标。

(9) void setOpaque(boolean isOpaque):设置标签是否不透明,参数为 true 不透明,参数为 false 则透明。标签默认是透明的。该方法从 JComponent 类继承而来。

(10) void setHorizontalAlignment(int alignment):设置标签水平对齐方式。

(11) void setVerticalAlignment(int alignment):设置标签垂直对齐方式。

标签的垂直对齐参数取自静态常量字段 TOP、CENTER(默认)或 BOTTOM,它们也是 SwingConstants 接口定义的,也可用 JLabel 作前缀调用,如 JLabel. TOP。

图像图标类 ImageIcon 常用构造方法如下。

(1) ImageIcon(String filename):通过图像文件构造一个图标。文件名允许包含路径,路径可使用斜杠"/"作分隔符,如 new ImageIcon("images/myImage. gif")。图像文件的扩展名为 gif、png 和 jpg 等。

(2) ImageIcon(Image image):根据图像构造一个图标,即把图像转换成图标。

(3) ImageIcon(URL location):通过 URL(统一资源定位)构造图标。

标签可显示图标,图标一般以 ImageIcon 对象的形式出现,例如:

```
Icon ic = new ImageIcon("file.jpg");
JLabel lab = new JLabel("文字", ic, JLabel.CENTER);        //图标文字水平方向中间对齐
```

Icon 是图标接口,由于 ImageIcon 类实现了 Icon 接口,因此可以把其对象赋给 Icon 类声明的变量。

---

💡 **注意**:凡显示文字的组件,一般都有 setText 和 getText 方法,如 JButton 和 JTextField。显示图标的,一般都有 setIcon 和 getIcon 方法,如 JLabel 和 JButton。

---

## 15.4.2  JButton 按钮

按钮是进行互动操作使用最多的组件。按钮类 JButton 常用方法如下。

(1) JButton():构造没有文本的按钮。

(2) JButton(Icon icon):构造带图标的按钮。

(3) JButton(String text):构造带文本的按钮。

(4) JButton(String text, Icon icon):构造带文本和图标的按钮。

(5) void setHorizontalTextPosition(int textPosition):设置文本相对于图标的水平位置。

参数取自 SwingConstants 接口的静态常量字段 LEFT、CENTER 或 RIGHT 等,也可使用 JButton 作前缀调用,如 JButton.LEFT。默认文本在图标右边。

(6) void addActionListener(ActionListener listener):添加动作事件监听器,以便按钮能响应动作事件。这是按钮使用频率最高的方法。

(7) void setToolTipText(String text):设置工具提示文本,即光标在组件上方稍作停留时显示的文本。本方法来自 JComponent 类。

## 15.4.3  JTextField 文本框与 JPasswordField 密码框

JTextField 和 JPasswordField 都属于文本组件 JTextComponent,密码框派生于文本框。它们在程序运行过程中能动态编辑文字,均是单行。不同之处:JTextFiled 直接显示文本,而 JPasswordField 为保密起见只回显特殊符号(默认 * 号)。

文本框和密码框从 JTextComponent 类继承方法,常用的列举如下。

(1) void setText(String text):设置要显示的文本。

(2) String getText():返回文本内容。但不赞成密码框使用本方法。

(3) void setEditable(boolean b):设置文本内容能否编辑。当参数为 false 时不能编辑,这时的文本框是"只读"文本框,相当于一个标签。

文本框类 JTextFiled 常用方法如下。

(1) JTextField():构造文本框。

(2) JTextField(int columns):构造指定列数的文本框。

(3) JTextField(String text):构造显示给定字符串的文本框。

(4) JTextField(String text, int columns):构造带文本和列数的文本框。

列数是一行能同时显示的字符个数,是水平宽度指标,由于字符大小不一,所以列数只

是宽度的参考值。

（5）void setColumns(int columns)：设置文本框列数。

（6）void setHorizontalAlignment(int alignment)：设置文本水平对齐方式。参数取自静态常量 LEFT、CENTER、RIGHT 等，可使用本类名作前缀调用，如 JTextField. LEFT。

密码框类 JPasswordField 常用方法如下。

（1）JPasswordField()：构造一个密码框。

（2）JPasswordField(int columns)：构造指定列数的密码框。

（3）void setEchoChar(char c)：设置密码框回显字符。

（4）char[ ] getPassword()：获取密码框字符，存放在一个字符数组中。出于安全考虑，请使用本方法获取密码字符，而不要用已过时的 getText()方法。

---

注意：默认情况下，JPasswordField 禁用中文输入法。如果需要输入中文字符的密码，则要调用密码框从 Component 类继承而来的方法 enableInputMethods(true)。

---

【例 15-4】 编程，显示图 15-6 所示的用户登录界面，在登录窗体中输入姓名和密码。若输入密码 123，则单击"提交"按钮则弹出"登录成功"消息框；否则弹出"登录失败"消息框。若单击"取消"按钮，则清空姓名文本框和密码框，并退出程序。要求按钮同时使用图标和文字显示。

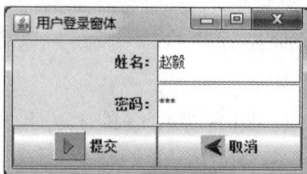

ch15.4.3 例 15-4

(a) 登录窗体        (b) 登录成功消息框        (c) 登录失败消息框

图 15-6　用户登录程序运行界面

代码如下：

```java
//MyFrame4.java 文件:
import javax.swing. * ;
import java.awt. * ;
import java.awt.event. * ;
public class MyFrame4 extends JFrame{                           //自定义窗体类
    private static final long serialVersionUID = 1L;
    private JLabel labName = new JLabel("姓名:");
    private JTextField tf = new JTextField();                   //文本框
    private JLabel labPassword = new JLabel("密码:");
    private JPasswordField pf = new JPasswordField();           //密码框
    private ImageIcon icon1 = new ImageIcon("submit.gif");      //图像图标
    private ImageIcon icon2 = new ImageIcon("cancel.gif");
    private JButton butSubmit = new JButton("提交", icon1);      //按钮
    private JButton butCancel = new JButton("取消", icon2);
```

```java
    private JPanel pan = new JPanel();                           //面板

    public MyFrame4(){                                           //构造方法
        this.setTitle("用户登录窗体");
        this.setBounds(100, 200, 280, 150);
        this.setDefaultCloseOperation(JFrame.EXIT_ON_CLOSE);
        initialize();                                            //调用初始化方法
        this.setVisible(true);
    }

    public void initialize(){                                    //初始化方法
        labName.setHorizontalAlignment(JLabel.RIGHT);
        labPassword.setHorizontalAlignment(JLabel.RIGHT);
        pf.setEchoChar('*');                                     //密码框设回显符
        pan.setLayout(new GridLayout(3, 2));                     //面板设 3 行 2 列网格布局
        pan.add(labName);
        pan.add(tf);
        pan.add(labPassword);
        pan.add(pf);
        pan.add(butSubmit);
        pan.add(butCancel);
        this.add(pan);
        butSubmit.addActionListener((e) ->{                      //"提交"按钮事件处理
            char[] cs = pf.getPassword();                        //密码字符数组
            if("123".equals(new String(cs))){
                JOptionPane.showMessageDialog(null,
                    tf.getText() + ",您好!\n 登录成功!");
            }else{
                JOptionPane.showMessageDialog(null,"密码不对!\n 登录失败!");
            }
        });
        butCancel.addActionListener((e) ->{                      //"取消"按钮事件处理
            tf.setText(null);                                    //清空文本框
            pf.setText(null);                                    //清空密码框
            System.exit(0);                                      //退出程序
        });
    }
}

//Ex4.java 文件:
public class Ex4 {                                               //主类
    public static void main(String[] args) {
        new MyFrame4();
    }
}
```

程序需要两个图形文件 submit.gif 和 cancel.gif 以构建按钮图标 ImageIcon 对象。在 Eclipse 环境编程,这两个图形文件要存放在项目所在的文件夹。

*爱好选择——图形用户界面*

## 15.4.4 JCheckBox 复选框

ch15.4.4

复选框也称复选按钮,默认图标是方框☐。一个复选框有选定☑和未选☐这两种状态。运行时单击复选框,能在两种状态之间进行切换。

复选框类 JCheckBox 常用的构造方法如下。

(1) JCheckBox():构造一个复选框。

(2) JCheckBox(String text):构造带文本的复选框。

(3) JCheckBox(String text, boolean selected):构造带文本和选择状态的复选框。

---

💡注意:一个复选框有两种状态,两个复选框通过组合便有 $2×2=2^2$ 种状态,以此类推,n 个复选框具有 $2^n$ 种状态。对于有多种组合形式的选择,可按需要使用多个复选框。复选框典型应用是习题的多项选择题。

---

复选框 JCheckBox 和单选按钮 JRadioButton 都有两种状态,它们均继承 JToggleButton 类,JToggleButton 又继承 AbstractButton 类。

JCheckBox 从 AbstractButton 类继承的常用方法如下。

(1) void setSelected(boolean b):设置复选框的选择状态。

(2) boolean isSelected():返回复选框的选择状态。如果勾选√复选框,则返回 true,否则返回 false。

(3) void addActionListener(ActionListener listener):添加动作事件监听器。

(4) void addItemListener(ItemListener listener):添加选项事件监听器。

【例 15-5】 编程,运用复选框进行多项爱好选择。运行结果如图 15-7 所示,单击各复选框,均能在下面只读文本框中动态地显示选择结果。

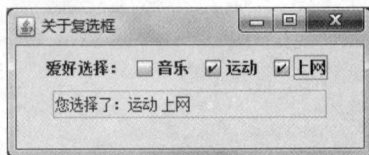

ch15.4.4 例 15-5

图 15-7 使用复选框

代码如下:

```java
//MyFrame5.java 文件:
import javax.swing.*;
import java.awt.event.*;
public class MyFrame5 extends JFrame implements ActionListener{    //实现动作监听器窗体类
    private static final long serialVersionUID = 1L;
    private JLabel lab = new JLabel("爱好选择:");
    private JCheckBox cbMusic =  new JCheckBox("音乐");
    private JCheckBox cbSport =  new JCheckBox("运动");
    private JCheckBox cbWeb =   new JCheckBox("上网");
    private JTextField tf = new JTextField(20);
```

```java
    private JPanel pan = new JPanel();

    public MyFrame5(){
        this.setTitle("关于复选框");
        this.setBounds(100, 200, 300, 120);
        this.setDefaultCloseOperation(JFrame.EXIT_ON_CLOSE);
        initialize();
        this.setVisible(true);
    }

    public void initialize(){
        pan.add(lab);
        pan.add(cbMusic);
        pan.add(cbSport);
        pan.add(cbWeb);
        tf.setEditable(false);
        pan.add(tf);
        this.add(pan);
        cbMusic.addActionListener(this);          //复选框添加动作监听器
        cbSport.addActionListener(this);          //复选框添加动作监听器
        cbWeb.addActionListener(this);            //复选框添加动作监听器
    }

    public void actionPerformed(ActionEvent e){   //动作事件处理方法
        StringBuffer sb = new StringBuffer("您选择了:");
        if (cbMusic.isSelected()){
            sb.append(cbMusic.getText() + " ");
        }
        if (cbSport.isSelected()){
            sb.append(cbSport.getText() + " ");
        }
        if (cbWeb.isSelected()){
            sb.append(cbWeb.getText() + " ");
        }
        tf.setText(sb.toString());
    }
}

//Ex5.java 文件:
public class Ex5 {                                //主类
    public static void main(String[] args) {
        new MyFrame5();
    }
}
```

　　上述程序采用了复选框的动作事件来显示选择结果。也可通过复选框的选项事件显示选择结果,只需更改 MyFrame5 类中有注释的语句行,更改的代码如下:

```
public class MyFrame5 extends JFrame implements ItemListener{      //实现选项监听器窗体类
        cbMusic.addItemListener(this);                             //复选框添加选项监听器
        cbSport.addItemListener(this);                             //复选框添加选项监听器
        cbWeb.addItemListener(this);                               //复选框添加选项监听器
    public void itemStateChanged(ItemEvent e){                     //选项事件处理方法
```

更改后程序运行结果与原来一样,参见图 15-7。

## 15.4.5  JRadioButton 单选按钮与 ButtonGroup 按钮组

ch15.4.5

单选按钮的图标是小圆○。一个单选按钮也有选定●和未选○两种状态。

单选按钮很少单个使用,通常是一组(多个)同时使用,每次只能选其中一个,选择过程中会把之前选中的状态清除,这就是"单选"。这时需要使用按钮组 ButtonGroup。

注意:单选按钮典型应用是单项选择题。如果选择题有 4 个选项,只允许选其中之一,则需使用一组 4 个单选按钮。

单选按钮类 JRadioButton 构造方法的参数形式与 JCheckBox 相同。与复选框一样,单选按钮也拥有继承而来的 setSelected、isSelected、addActionListener 和 addItemListener 等方法。

按钮组类 ButtonGroup 的常用方法有如下几种。

(1) ButtonGroup():构造一个按钮组对象。这是按钮组类唯一的构造方法。

(2) void add(AbstractButton b):将按钮添加到按钮组。

(3) void clearSelection():清除按钮组中所有按钮的选定状态。

(4) int getButtonCount():返回按钮组的按钮个数。

(5) void remove(AbstractButton b):从按钮组中移除按钮。

【例 15-6】 编程,使用单选按钮选择志向,每次只能选择一个。运行结果如图 15-8 所示,单击各个单选按钮,均会在下面只读文本框中动态地显示选择结果。

代码如下:

图 15-8  使用单选按钮

```java
//MyFrame6.java 文件:
import javax.swing.*;
import java.awt.event.*;
public class MyFrame6 extends JFrame implements ActionListener{    //实现动作监听器窗体类
    private static final long serialVersionUID = 1L;
    private JLabel lab = new JLabel("将来要当:");
    private JRadioButton rbManager = new JRadioButton("经理");
    private JRadioButton rbEngineer = new JRadioButton("工程师");
```

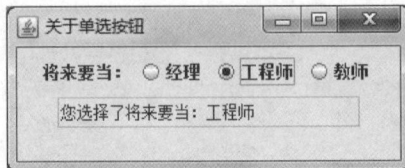

```java
        private JRadioButton rbTeacher = new JRadioButton("教师");
        private ButtonGroup bg = new ButtonGroup();
        private JTextField tf = new JTextField(20);
        private JPanel pan = new JPanel();

        public MyFrame6(){
            this.setTitle("关于单选按钮");
            this.setBounds(100, 200, 300, 120);
            this.setDefaultCloseOperation(JFrame.EXIT_ON_CLOSE);
            initialize();
            this.setVisible(true);
        }

        public void initialize(){
            pan.add(lab);
            pan.add(rbManager);
            pan.add(rbEngineer);
            pan.add(rbTeacher);
            bg.add(rbManager);
            bg.add(rbEngineer);
            bg.add(rbTeacher);
            tf.setEditable(false);
            pan.add(tf);
            this.add(pan);
            rbManager.addActionListener(this);      //单选按钮添加动作监听器
            rbEngineer.addActionListener(this);     //单选按钮添加动作监听器
            rbTeacher.addActionListener(this);      //单选按钮添加动作监听器
        }

        public void actionPerformed(ActionEvent e){           //动作事件处理方法
            StringBuffer sb = new StringBuffer("您选择了将来要当:");
            if (rbManager.isSelected()){
                sb.append(rbManager.getText() + " ");
            }
            else if (rbEngineer.isSelected()){
                sb.append(rbEngineer.getText() + " ");
            }
            else if (rbTeacher.isSelected()){
                sb.append(rbTeacher.getText() + " ");
            }
            tf.setText(sb.toString());
        }
    }

//Ex6.java 文件:
public class Ex6 {                                  //主类
    public static void main(String[] args) {
        new MyFrame6();
    }
}
```

第15章

爱好选择——图形用户界面

上述程序使用了单选按钮的动作事件显示选择结果。也可改为单选按钮的选项事件，只需更改窗体类 MyFrame6 中程序有注释的语句行，更改的代码如下：

```
public class MyFrame6 extends JFrame implements ItemListener{    //实现选项监听器窗体类
        rbManager.addItemListener(this);                         //单选按钮添加选项监听器
        rbEngineer.addItemListener(this);                        //单选按钮添加选项监听器
        rbTeacher.addItemListener(this);                         //单选按钮添加选项监听器
    public void itemStateChanged(ItemEvent e){                   //选项事件处理方法
```

更改后程序运行结果与原来一样，参见图 15-8。

## 15.5　本 章 小 结

轻量级的图形用户界面组件方便易用，与平台无关。

组件类有继承关系，所有组件拥有共同的根 Component，其方法适用所有组件。

容器也是组件，容器可嵌套，中间层容器可嵌套多层，但需放在底层容器之上。

基本组件有标签、按钮、文本框、复选框和单选按钮等，单选按钮通常成组使用。

## 15.6　习　题　15

1. 下列关于 AWT 与 Swing 之间关系的叙述，正确的是(　　)。

　　A. Swing 是 AWT 的提高和扩展

　　B. 不能同时使用 AWT 和 Swing 编程

　　C. AWT 中的类是从 Swing 继承的

　　D. AWT 和 Swing 在不同平台有相同表示

2. 下列关于 Swing 和 AWT 包对比的说法，错误的是(　　)。

　　A. Swing 包对 AWT 包进行了修订和扩展

　　B. Swing 的类依然含有与平台相关的技术，只是比 AWT 大大减少了

　　C. Swing 中的类基本上都以字母 J 开头

　　D. Swing 中常用控件类的父类是 JComponent

3. 建立图形用户界面的工具集所在包是(　　)。

　　A. java. lang　　　　　B. java. io　　　　　C. java. awt　　　　　D. java. util

4. 下列选项中属于容器组件的是(　　)。

　　A. JButton　　　　　B. JPanel　　　　　C. Canvas　　　　　D. JtextArea

5. 下列选项中，属于顶层容器的是(　　)。

　　A. JDialog　　　　　B. JPanel　　　　　C. JScrollPane　　　　　D. JToolBar

6. 下列 Swing 提供的 GUI 组件类和容器类中，不属于顶层容器的是(　　)。

　　A. JFrame　　　　　B. JApplet　　　　　C. JDialog　　　　　D. JMenu

7. 下列选项中，可以在 Swing 中创建一个"确定"按钮的语句是(　　)。

　　A. JLabel b＝new JLabel("确定");

B. JCheckbox b＝new JCheckbox("确定")；

C. JButton b＝new JButton("确定")；

D. JTextField b＝new JTextField("确定")；

8. 下列方法中用来设置一个 Label 组件文本的是(　　)。

　　A. setText()　　　　　　　　　　　　　B. setLabel()

　　C. setTextLabel()　　　　　　　　　　D. setLabelText()

9. 国际象棋棋盘由 8 行 8 列黑白方块相间组成,如图 15-9 所示。编写棋盘界面程序。

图 15-9　国际象棋棋盘

## 15.7　实训 15：兴趣爱好选择程序

1. 编写兴趣爱好选择程序。运行界面如图 15-1 所示,在文本框中输入姓名,勾选音乐、运动和上网等多选项,再在经理、工程师和教师中选择唯一志向,然后单击"确定"按钮,弹出相应的消息框。单击"退出"按钮或窗体右上角关闭按钮  ,退出程序。

提示：部分代码参考如下。

```java
//SelectFrame.java 文件:
import javax.swing. * ;
import java.awt. * ;
import java.awt.event. * ;
public class SelectFrame extends … implements ActionListener{    //实现动作监听器窗体
    private static final long serialVersionUID = … ;
    private JLabel labName = new JLabel("姓名:");
    private JTextField tf = …
    private JLabel labLove = new JLabel("爱好:");
    private JCheckBox cbMusic =    new JCheckBox("音乐"); …
    private JLabel labDo = new JLabel("将来要当:");
    private JRadioButton rbManager = new JRadioButton("经理"); …
    private JButton butOk = new JButton("确定"); …
    private ButtonGroup bg = new ButtonGroup();                //按钮组
    private JPanel panBottom = new JPanel();                   //底部面板
    private JPanel pan1 = new JPanel(); …                      //面板 1～4

    public SelectFrame(){
        this.setTitle("兴趣爱好选择");
        this.setBounds( … );
```

```
            this.setDefaultCloseOperation( … );
            initialize();                                    //调用初始化方法
            this.setVisible( … );
        }
    public void initialize(){                                //初始化方法
            bg.add(rbManager);   …
            pan1.add(labName);   …
            pan2.add(labLove);   …
            pan3.add(labDo);   …
            pan3.add(rbManager);
            pan4.add(butOk);   …
            panBottom.setLayout(new GridLayout(4,1));        //设 4 行 1 列网格布局
            panBottom.add(pan1);   …
            this.add(panBottom);
            butOk.addActionListener(this);   …
        }
    public void actionPerformed(ActionEvent e){              //动作事件处理方法
            if(e.getSource() == butOk){                      //事件源是"确定"按钮
                StringBuffer sb = …
                sb.append("我叫" + … ).append("\n 爱好:");
                if(cbMusic.isSelected()){ sb.append(cbMusic.getText() + " "); }
                …
                sb.append("\n 将来要当:");
                if(rbManager.isSelected()){    sb.append(rbManager.getText() + " ");    }
                …
                JOptionPane.showMessageDialog(this, sb);
            }
            if(e.getSource() == butExit){ … }
        }
}
```

2. 使用对话框代替消息框实现第 1 题功能。运行结果如图 15-10 所示。

(a) 程序主界面

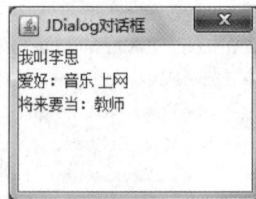
(b) 对话框

图 15-10   使用对话框的兴趣爱好选择程序

**提示**:部分代码参考如下。

```
JDialog dialog = new JDialog(this, "JDialog 对话框");
dialog.setModalityType( … );
dialog.setLocation( … );
```

```
dialog.setSize( … );
JTextArea ta = new JTextArea();
ta.append(sb.toString());
dialog.add(ta);
dialog.setVisible(true);
```

爱好选择——图形用户界面

# 第 16 章    鼠标测试——布局与事件

## 能力目标

- 能运用边界、流动、网格和卡片等常用布局；
- 理解事件及其监听处理，掌握动作事件、鼠标事件和选项事件；
- 能使用下拉组合框、列表框、文本区和滚动窗格等组件；
- 能运用布局和事件处理编写鼠标按键测试程序。

ch16.1

## 16.1    任 务 预 览

本章实训编写鼠标按键测试程序，运行结果如图 16-1 所示。

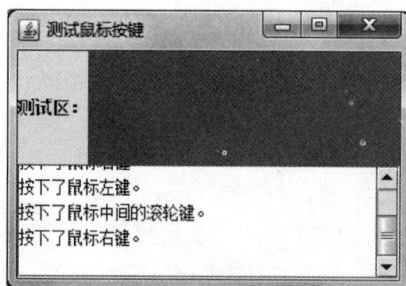

(a) 鼠标按键单击测试                     (b) 增加滚轮滚动测试

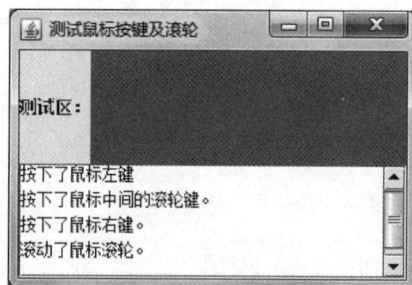

图 16-1    实训程序运行界面

ch16.2

## 16.2    布    局

容器是能容纳组件的组件。布局是管理容器中组件布放位置的对象。常用的布局类有 BorderLayout、FlowLayout、GridLayout 和 CardLayout，除此之外，布局还有 BoxLayout 和 GridBagLayout 等。所有布局类均实现了布局管理器接口 LayoutManager。

容器一般有默认的布局，如 JFrame 窗体默认是边界布局 BorderLayout，JPanel 面板默认是流式布局 FlowLayout。容器也可通过执行下面方法设置或更改布局：

```
容器对象.setLayout(布局对象);
```

布局管理器接口 LayoutManager 以及大部分布局类位于 java.awt 包中,也有少数布局类位于 javax.swing 包,如 BoxLayout。

## 16.2.1 BorderLayout 边界布局

BorderLayout 布局把容器划分为四周(东、南、西、北)和中部 5 个区域。这 5 个区域依次使用 BorderLayout 类的静态常量字段 EAST、SOUTH、WEST、NORTH 和 CENTER 进行标识。每个区域最多能(直接)放置一个组件。

ch16.2.1

如果一个区域要放置两个以上的组件,可先把这些组件放入一个面板,然后再把面板放置在区域中。即采用容器嵌套的方式放置多个组件。如果不采用这种方式,则后面的组件会挤走前面的。

区域中组件大小一般能随容器尺寸变化而自动调整。具体而言,NORTH 和 SOUTH 区域的组件可以在水平方向伸缩;而 EAST 和 WEST 组件则可以在垂直方向拉伸;CENTER 组件可同时在水平和垂直方向缩放。

如果四周区域都没有组件,则 CENTER 区域的组件自动填满整个容器。

BorderLayout 类有两个构造方法。

(1) BorderLayout():构造一个边界布局。这时组件之间没有间距。

(2) BorderLayout(int hgap, int vgap):给定组件水平和垂直间距来构造边界布局。参数 hgap 即 horizontal gap,指水平间距;vgap 即 vertical gap,是垂直间距。

在 BorderLayout 布局的容器中放置组件,可调用容器带约束参数的 add 方法,如:

```
容器对象.add(组件, BorderLayout.SOUTH);
```

该方法把组件添加到容器的南边区域。如果没有第二个参数,则默认放在中部。

【例 16-1】 编写关于边界布局的窗体程序,在窗体中放置 6 个按钮,其中南边放置两个按钮,运行结果如图 16-2 所示。

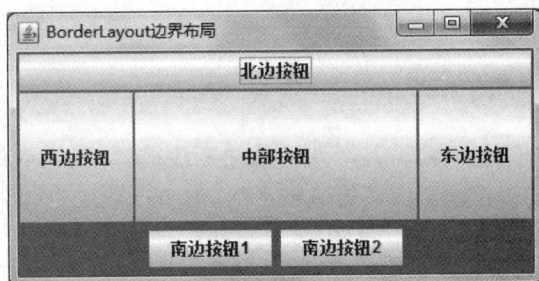

图 16-2　边界布局

代码如下:

```java
import javax.swing.*;
import java.awt.*;
public class Ex1 {
    public static void main(String[] args) {
```

鼠标测试——布局与事件

```
        JFrame fram = new JFrame("BorderLayout 边界布局");   //默认边界布局窗体
        JButton butEast = new JButton("东边按钮");
        JButton butSouth1 = new JButton("南边按钮 1");
        JButton butSouth2 = new JButton("南边按钮 2");
        JPanel panSouth = new JPanel();
        JButton butWest = new JButton("西边按钮");
        JButton butNorth = new JButton("北边按钮");
        JButton butCenter = new JButton("中部按钮");
        fram.setBounds(100, 200, 400, 200);
        fram.setDefaultCloseOperation(JFrame.EXIT_ON_CLOSE);
        fram.add(butEast, BorderLayout.EAST);             //窗体东边添加按钮
        panSouth.setBackground(Color.GRAY);               //南边面板设成灰色
        panSouth.add(butSouth1);
        panSouth.add(butSouth2);
        fram.add(panSouth, BorderLayout.SOUTH);           //窗体南边添加面板
        fram.add(butWest, BorderLayout.WEST);             //窗体西边添加按钮
        fram.add(butNorth, BorderLayout.NORTH);           //窗体北边添加按钮
        fram.add(butCenter, BorderLayout.CENTER);         //窗体中部添加按钮
        fram.setVisible(true);
    }
}
```

为了在窗体南边放置两个按钮,先把两个按钮放在一个面板上,然后把整个面板放在窗体南边。当然也可先放一个面板,然后在面板上再放两个按钮。为清晰起见,在程序中特意把面板设成灰色。

---

💡注意:BorderLayout 还支持相对定位常量 PAGE_START、PAGE_END、LINE_START 和 LINE_END。在组件水平方向为 ComponentOrientation. LEFT_TO_RIGHT (从左到右)的容器中,这些常量分别映射到绝对定位常量 NORTH、SOUTH、WEST 和 EAST。

---

## 16.2.2　FlowLayout 流动布局

ch16.2.2

流动布局的容器,各组件按添加顺序放置,默认顺序是从顶向下,从左到右,第一个组件位于容器第一行中间,因为行默认为居中对齐。随着组件不断增多,第一行放不下则放在第二行中间,第二行放满再放在第三行,其余以此类推。

流式布局类 FlowLayout 的构造方法有如下 3 个。

(1) FlowLayout():构造一个流布局,默认居中对齐,水平和垂直间隙为 5 像素。

(2) FlowLayout(int align):构造指定对齐方式的流布局,水平和垂直间隙也是 5 像素。

对齐方式参数取自静态常量字段 LEFT、CENTER(默认)或 RIGHT 等,这些常量均可用 FlowLayout 作前缀引用,例如 FlowLayout. LEFT。

(3) FlowLayout(int align, int hgap, int vgap):构造具有指定对齐方式、指定水平和垂直间隙的流布局。

【例 16-2】　编写关于 FlowLayout 布局的窗体程序,在窗体中放置多个按钮、标签和文本框。运行结果如图 16-3 所示。

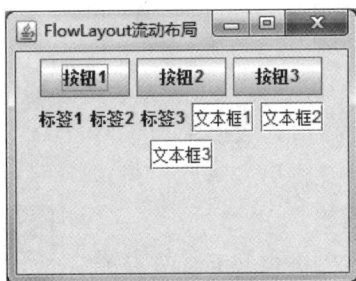

图 16-3　FlowLayout 流动布局

代码如下:

```java
import javax.swing.*;
import java.awt.FlowLayout;
public class Ex2 {
    public static void main(String[] args) {
        JFrame fram = new JFrame("FlowLayout 流动布局");      //窗体
        FlowLayout fl = new FlowLayout();                    //流动布局
        fram.setLayout(fl);                                  //窗体设置流动布局
        fram.setBounds(100, 200, 264, 200);
        fram.setDefaultCloseOperation(JFrame.EXIT_ON_CLOSE);
        fram.add(new JButton("按钮 1"));                     //窗体添加按钮
        fram.add(new JButton("按钮 2"));
        fram.add(new JButton("按钮 3"));
        fram.add(new JLabel("标签 1"));                      //窗体添加标签
        fram.add(new JLabel("标签 2"));
        fram.add(new JLabel("标签 3"));
        fram.add(new JTextField("文本框 1"));                //窗体添加文本框
        fram.add(new JTextField("文本框 2"));
        fram.add(new JTextField("文本框 3"));
        fram.setVisible(true);
    }
}
```

💡注意:在流动布局容器中,各组件显示的尺寸是其首选大小 PreferredSize,即默认大小。通过方法 setPreferredSize(Dimension preferredSize)可更改组件的首选大小,方法的参数是封装组件宽度和高度的 Dimension 类对象。

## 16.2.3　GridLayout 网格布局

网格布局把容器分为行与列组成的矩阵,容器被分成尺寸相同的多个矩形格子,每个格子放置一个组件。所有组件的大小一致,整齐划一。

网格布局类 GridLayout 的构造方法有以下 3 个。

ch16.2.3

鼠标测试——布局与事件

（1）GridLayout()：构造一个网格布局。

（2）GridLayout(int rows，int cols)：指定行数和列数构造网格布局。

（3）GridLayout(int rows，int cols，int hgap，int vgap)：指定行数、列数、水平和垂直间距构造网格布局。

构造了网格布局后，可使用 setXxx 形式的方法更改网格的行数、列数、水平和垂直间距。需要强调的是：网格布局的行、列数要求为正整数或 0，但不能同时为 0，同时为 0 将引发异常。当其中一个为 0 时，0 代表任意行、列数。

【例 16-3】 编写含 GridLayout 布局的计算器界面程序，在默认边界布局的窗体中部放置一个 4 行 4 列网格布局的面板，面板上放置 16 个按钮。窗体北边放置一个文本框，东边放置"＝"按钮。运行界面如图 16-4 所示。

代码如下：

图 16-4 网格布局

```java
import javax.swing.*;
import java.awt.*;
public class Ex3 {
    public static void main(String[] args) {
        JFrame fram = new JFrame("GridLayout 网格布局");        //窗体
        fram.setBounds(100, 200, 280, 200);
        fram.setDefaultCloseOperation(JFrame.EXIT_ON_CLOSE);
        JPanel pan = new JPanel();                               //面板
        GridLayout gl = new GridLayout(4,4,2,4);                 //4 行 4 列有间距网格布局
        pan.setLayout(gl);                                       //面板设置网格布局
        pan.add( new JButton("7"));                              //面板添加按钮
        pan.add( new JButton("8"));
        pan.add( new JButton("9"));
        pan.add( new JButton("/"));
        pan.add( new JButton("4"));
        pan.add( new JButton("5"));
        pan.add( new JButton("6"));
        pan.add( new JButton(" * "));
        pan.add( new JButton("1"));
        pan.add( new JButton("2"));
        pan.add( new JButton("3"));
        pan.add( new JButton(" - "));
        pan.add( new JButton("0"));
        pan.add( new JButton(" + / - "));
        pan.add( new JButton("."));
        pan.add( new JButton(" + "));
        fram.add(pan, BorderLayout.CENTER);                      //窗体中部添加面板
        JTextField tf = new JTextField();                        //文本框
        tf.setHorizontalAlignment(JTextField.RIGHT);             //设置文字水平右对齐
        fram.add(tf, BorderLayout.NORTH);                        //窗体北边添加文本框
        fram.add(new JButton(" = "), BorderLayout.EAST);         //窗体东边添加" = "按钮
```

```
            fram.setVisible(true);
    }
}
```

💡 注意：当网格布局行数为非 0 正整数时，指定的列数将被忽略，这时的实际列数将通过行数和布局中的组件总数来确定。如指定了 4 行 4 列，在布局中添加了 17 个组件，则它们将显示为 4 行 5 列。仅当将行数设置为 0 时，指定的非 0 列数才有效。

## 16.2.4 CardLayout 卡片布局与幻灯片播放

ch16.2.4

CardLayout 对象称为卡片布局。卡片布局的容器相当于一个盒子，里面叠放多张卡片（组件），每次只能看其中一张。卡片按添加顺序从上到下叠放，上面是第一张，默认显示第一张卡片。通过执行卡片布局 next 等方法，可以翻看其他卡片。

容器中每张卡片既可以是标签、按钮等基本组件，也可以是面板等容器。如果是面板作卡片，则每张卡片又可放置多个组件。

卡片布局类 CardLayout 常用方法如下。

(1) CardLayout()：构造一个卡片布局。

(2) CardLayout(int hgap, int vgap)：构造指定水平间距和垂直间距的卡片布局。

(3) void first(Container parent)：显示 parent 容器第一张卡片。

(4) void last(Container parent)：显示 parent 容器最后一张卡片。

(5) void next(Container parent)：翻看 parent 容器下一张卡片。

(6) void previous(Container parent)：翻看 parent 容器前一张卡片。

(7) void show(Container parent, String name)：显示 parent 容器用 name 标识的卡片。

在 CardLayout 布局的容器中放置卡片组件，通常调用容器中带约束参数的 add 方法，例如：

```
容器对象.add(卡片组件, "卡片 1");
```

该方法把卡片组件添加到容器中，第二个参数即是用来标识卡片的约束参数。卡片有了标识名称，就可以执行卡片布局的 show 方法显示这张卡片。

【例 16-4】 编写 CardLayout 布局的幻灯片播放程序，在默认边界布局的窗体中部放置一个卡片布局的面板，相当于一个卡片盒。卡片盒中放 3 张面板类型的卡片，每张卡片设置不同的背景色，并各放一个标签。窗体南边也安放一个面板，上面放置 4 个功能性按钮："上翻""下翻""播放"和"停止"。程序运行结果如图 16-5 所示。

代码如下：

```
//CardFrame.java 文件
import javax.swing.*;
```

241

鼠标测试——布局与事件

(a) 显示第一张卡片　　　　　　　　　(b) 单击"播放"按钮

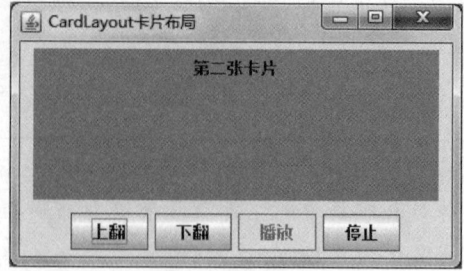

图 16-5　卡片布局程序

```java
import java.awt.*;
public class CardFrame extends JFrame{                        //窗体类
    private static final long serialVersionUID = 1L;
    private CardLayout cl = new CardLayout(10,5);             //卡片布局
    private JPanel panCards = new JPanel();                   //卡片容器(盒)
    private JPanel pan1 = new JPanel();                       //面板卡片 1
    private JPanel pan2 = new JPanel();                       //面板卡片 2
    private JPanel pan3 = new JPanel();                       //面板卡片 3
    private JLabel lab1 = new JLabel("第一张卡片");
    private JLabel lab2 = new JLabel("第二张卡片");
    private JLabel lab3 = new JLabel("第三张卡片");
    private JPanel panButs = new JPanel();                    //放按钮面板
    private JButton btnUp = new JButton("上翻");
    private JButton btnDown = new JButton("下翻");
    private JButton btnPlay = new JButton("播放");
    private JButton btnStop = new JButton("停止");
    private Thread thread = null;                             //声明线程
    private boolean play = false;                             //播放开关

    public CardFrame(){                                       //构造方法
        this.setTitle("CardLayout 卡片布局");
        this.setBounds(100, 200, 350, 200);
        this.setDefaultCloseOperation(JFrame.EXIT_ON_CLOSE);
        initialize();
        this.setVisible(true);
    }

    public void initialize(){                                //初始化方法
        panCards.setLayout(cl);                              //面板设卡片(盒)布局
        pan1.setBackground(Color.RED);                       //卡片面板设背景色
        pan2.setBackground(Color.GREEN);
        pan3.setBackground(Color.BLUE);
        pan1.add(lab1);                                      //卡片添加标签
        pan2.add(lab2);
        pan3.add(lab3);
        panCards.add(pan1, "卡片 1");                         //卡片盒添加约束卡片
        panCards.add(pan2, "卡片 2");
```

```
        panCards.add(pan3, "卡片 3");
        panButs.add(btnUp);                                    //面板添加按钮
        panButs.add(btnDown);
        panButs.add(btnPlay);
        btnStop.setEnabled(false);                             //禁用"停止"按钮
        panButs.add(btnStop);
        this.add(panCards, BorderLayout.CENTER);               //窗体中部添加卡片盒
        this.add(panButs, BorderLayout.SOUTH);                 //窗体南边添加按钮面板

        btnUp.addActionListener((e) ->{                        //"上翻"按钮事件处理
            cl.previous(panCards);                             //上翻卡片
        });
        btnDown.addActionListener((e) ->{                      //"下翻"按钮事件处理
            cl.next(panCards);                                 //下翻卡片
        });
        btnPlay.addActionListener((e) ->{                      //"播放"按钮事件处理
            btnPlay.setEnabled(false);
            btnStop.setEnabled(true);
            if(!play){                                         //如果未"播放"
                thread = new Thread(( ) ->{                    //构建播放线程对象
                    while(play){
                        cl.next(panCards);                     //播放,自动下翻
                        try { Thread.sleep(500); }
                        catch(InterruptedException ex) { break;} //中断则停播
                    }
                });
                play = true;
                thread.start();                                //启动播放线程
            }
        });
        btnStop.addActionListener((e) ->{                      //"停止"按钮事件处理
            play = false;                                      //停止播放
            thread.interrupt();                                //中断播放线程
            //thread.stop();                                   //不用线程不安全 stop 方法
            btnPlay.setEnabled(true);
            btnStop.setEnabled(false);
        });
    }
}


//Ex4.java 文件:
public class Ex4 {                                             //主类
    public static void main(String[] args) {
        new CardFrame();
    }
}
```

窗体类 CardFrame 内部定义了线程类 MyThread。程序运行时,单击"播放"按钮,便构建一个线程对象,以 500ms(0.5s)的时间间隔自动播放各张卡片,当放完最后一张卡片,再

从头开始,如此循环往复,直到单击"停止"按钮为止。这时可单击"上翻"或"下翻"按钮翻看各张卡片,也可再次单击"播放"按钮。请注意"播放"和"停止"按钮不能同时使用,当单击"播放"后,"停止"按钮才能使用,反之亦是。

停止卡片播放,可执行线程停止方法 stop。但由于该方法有安全隐患,已过时,故建议不要使用。于是在程序中使用了布尔型(开关)字段 play 控制线程的运行及停止。

在程序中,利用 Lambda 表达式构建"上翻""下翻""播放"和"停止"按钮动作监听器,在"播放"监听器内部也使用 Lambda 表达式构建线程对象,代码如下:

```java
thread = new Thread(( ) ->{                         //构建播放线程对象
    while(play){
        cl.next(panCards);                          //播放,自动下翻
        try { Thread.sleep(500); }
        catch(InterruptedException ex) { break;}    //中断则停播
    }
});
```

其中,Lambda 表达式( )->{…} 的参数为空,对应无参线程运行方法 run。

ch16.2.5

### 16.2.5  null 空布局

除了设置系统预定义的布局,容器布局还可设为 null,表示空布局,即没有布局。这时,需手工编写代码告知组件在容器的放置位置和大小,否则组件无法显示。因此 null 布局又称为"手工"布局。

设置组件位置和大小的常用方法如下。

(1) void setBounds(int x, int y, int width, int height):设置或调整组件的位置和大小。

(2) void setLocation(int x, int y):设置组件位置,其中 x、y 是放置组件的父级坐标。

(3) void setSize(int width, int height):按指定宽度和高度设置或调整组件大小。

其中第(1)个方法包含第(2)、(3)个方法的功能。

【例 16-5】 编写手工布局程序,把窗体布局设为空,然后在上面放置标签、文本框和按钮,这些组件都要显式设定位置和大小,否则无法显示。程序运行结果如图 16-6 所示。

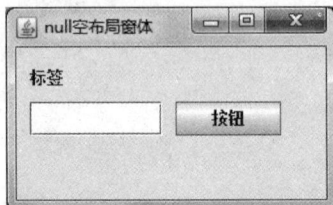

图 16-6  空(手工)布局

代码如下:

```java
import javax.swing. * ;
public class Ex5 {
    public static void main(String[] args) {
        JFrame fram = new JFrame("null 空布局窗体");
        fram.setLayout(null);                       //设置窗体为空布局
        JLabel lab = new JLabel("标签");
        lab.setBounds(10, 10, 30, 25);              //设置标签位置和大小
```

```
        JTextField tf = new JTextField();
        tf.setBounds(10, 40, 100, 25);                      //设置文本框位置和大小
        JButton but = new JButton("按钮");
        but.setBounds(120, 40, 80, 25);                     //设置按钮位置和大小
        fram.add(lab);
        fram.add(tf);
        fram.add(but);
        fram.setBounds(100, 200, 250, 150);
        fram.setDefaultCloseOperation(JFrame.EXIT_ON_CLOSE);
        fram.setVisible(true);
    }
}
```

# 16.3　事　　件

GUI 程序离不开事件(event)，通过事件驱动方式进行人机互动交流。事件有鼠标事件 MouseEvent 和键盘事件 KeyEvent 等，如用鼠标单击按钮、用鼠标单击菜单，在按钮或菜单中按下空格或 Enter 键等。

在 Java 语言中，触发按钮、菜单功能的，除了鼠标事件和键盘事件外，更多的是使用动作事件 ActionEvent，这是比鼠标和键盘事件更高级的语义事件。

语义事件能避开问题细节，适用范围更广，具有跨平台性。应该优先选择语义事件编写程序。除了动作事件外，语义事件还有选项事件 ItemEvent、文本事件 TextEvent 等。

## 16.3.1　事件处理模型

在面向对象程序设计中，事件与对象密切相关。对象引发事件，事件本身也是对象。事件发生后，响应、处理事件的事件监听器也是对象。

ch16.3.1

事件引发和处理涉及如下 4 个方面：

(1) 事件源。事件的来源，引发事件的组件对象，如按钮、菜单项和文本框等。

(2) 事件监听器。也是事件处理者，响应和处理事件的对象，即事件监听类的对象。

在 Java 中，事件监听类要实现相应的接口 XxxListener(或继承适配器类 XxxAdapter)，如动作事件监听类要实现动作监听接口 ActionListener，监听接口所声明的抽象方法，如 actionPerformed(ActionEvent e) 要在监听类中重写。重写的方法体语句就是事件处理的操作步骤。该方法便是事件处理方法。

一个事件源组件往往能引发多种事件，如按钮除了引发动作事件外，还能引发按键事件、鼠标事件、焦点事件(FocusEvent)等。但要响应事件，必须要有事件监听器，并且在事件源和事件监听器之间搭起传递消息的桥梁。

(3) 事件注册。事件源通过调用添加事件监听器方法实现事件注册，把事件委托给监听器来处理。事件注册就是在事件源和事件监听器之间搭起桥梁。

添加事件监听器方法的语法格式如下：

```
事件源.addXxxListener(监听器);
```

例如:

```
button.addActionListener(new ActionHandler());
panel.addMouseListener(new MouseHandler());
```

最后,事件处理离不开事件本身。

(4) 事件。是事件类的对象。事件有多种,就有对应的多个事件类,如 ActionEvent、ItemEvent、TextEvent 和 ComponentEvent(组件事件)等,其中 ComponentEvent 又有 FocusEvent、ContainerEvent、WindowEvent 和 InputEvent(输入事件)等,而 InputEvent 又有 KeyEvent 和 MouseEvent。此外,还有 ListSelectionEvent 等事件。

上面是事件处理的四要素。事件源、事件监听器和事件组成事件处理模型。

💡注意:事件监听对象有两种,或者是实现事件监听接口的对象,或者是继承事件适配器类的对象。事件监听类的形式又有内部类、匿名类和普通类 3 种。

## 16.3.2 事件类、监听接口/适配器类及方法

ch16.3.2

常用的事件类、监听接口/适配器类及其方法,以及触发事件的用户操作如表 16-1 所示。

**表 16-1 常用事件类、监听接口/适配器类及其方法以及触发事件操作**

| 事件类、监听接口/适配器类 | 监听接口/适配器方法与触发事件操作 |
|---|---|
| ActionEvent 动作事件<br>ActionListener 动作监听器 | actionPerformed(ActionEvent e) 单击按钮、菜单,按钮上按空格键,菜单上按 Enter 键或空格键,文本框上按 Enter 键,在单选按钮、复选框和下拉组合框作出选择等动作执行 |
| ItemEvent 选项事件<br>ItemListener 选项监听器 | itemStateChanged(ItemEvent e) 单选按钮、复选框、下拉组合框等选项状态改变 |
| TextEvent 文本事件<br>TextListener 文本监听器 | textValueChanged(TextEvent e) java. awt 包中文本组件 TextField 和 TextArea 的文本值改变 |
| CaretEvent 光标(插入符)事件<br>CaretListener 光标监听器 | caretUpdate(CaretEvent e) javax. swing 包中文本组件 JTextField 和 JTextArea 的光标位置更新 |
| ComponentEvent 组件事件<br>ComponentListener 组件监听器<br>ComponentAdapter 组件适配器 | componentHidden(ComponentEvent e) 组件隐藏<br>componentMoved(ComponentEvent e) 组件移动<br>componentResized(ComponentEvent e) 组件改变大小<br>componentShown(ComponentEvent e) 组件显示 |
| FocusEvent 焦点事件<br>FocusListener 焦点监听器<br>FocusAdapter 焦点适配器 | focusGained(FocusEvent e) 组件获得键盘焦点<br>focusLost(FocusEvent e) 组件失去键盘焦点 |
| ContainerEvent 容器事件<br>ContainerListener 容器监听器<br>ContainerAdapter 容器适配器 | componentAdded(ContainerEvent e) 添加组件到容器<br>componentRemoved(ContainerEvent e) 移除容器组件 |

| 事件类、监听接口/适配器类 | 监听接口/适配器方法与触发事件操作 |
|---|---|
| WindowEvent 窗口事件<br>WindowListener 窗口监听器<br>WindowAdapter 窗口适配器<br>WindowStateListener 窗口状态监听器<br>WindowFocusListener 窗口焦点监听器 | windowOpened(WindowEvent e) 窗口打开<br>windowActivated(WindowEvent e) 窗口激活<br>windowDeactivated(WindowEvent e) 窗口非激活<br>windowIconified(WindowEvent e) 窗口图标(最小)化<br>windowDeiconified(WindowEvent e) 窗口非图标化<br>windowClosing(WindowEvent e) 窗口正在关闭<br>windowClosed(WindowEvent e) 窗口关闭后<br>windowStateChanged(WindowEvent e) 窗口状态改变<br>windowGainedFocus(WindowEvent e) 窗口获得焦点<br>windowLostFocus(WindowEvent e) 窗口失去焦点 |
| KeyEvent 键盘事件<br>KeyListener 键盘监听器<br>KeyAdapter 键盘适配器 | keyPressed(KeyEvent e) 键盘按键按下<br>keyReleased(KeyEvent e) 键盘按键释放<br>keyTyped(KeyEvent e)敲击键盘按键 |
| MouseEvent 鼠标事件<br>MouseListener 鼠标监听器<br>MouseAdapter 鼠标适配器<br>MouseMotionListener 鼠标运动监听器<br>MouseMotionAdapter 鼠标运动适配器<br>MouseWheelEvent 鼠标滚轮事件(子类)<br>MouseWheelListener 鼠标滚轮监听器 | mouseClicked(MouseEvent e)鼠标单击(按下并释放)<br>mousePressed(MouseEvent e) 鼠标按下<br>mouseReleased(MouseEvent e)鼠标释放<br>mouseEntered(MouseEvent e) 鼠标进入组件<br>mouseExited(MouseEvent e) 鼠标离开组件<br>mouseDragged(MouseEvent e)拖曳鼠标<br>mouseMoved(MouseEvent e) 移动鼠标<br>mouseWheelMoved(MouseWheelEvent e)鼠标滚轮滚动 |
| ListSelectionEvent 列表选择事件<br>ListSelectionListener 列表选择监听器 | valueChanged(ListSelectionEvent e) 列表值改变 |

鼠标事件类 MouseEvent 还有派生子类 MouseWheelEvent(鼠标滚轮事件)。

# 16.4　事件适配器与鼠标事件

如果事件监听接口的方法不止一个,那么为简化编码,Java 会提供相应的事件适配器类 Adapter。如 ComponentAdapter、FocusAdapter、ContainerAdapter、WindowAdapter、KeyAdapter 和 MouseAdapter 等。

一个适配器类既可对应一个监听接口,也可对应多个监听接口。

ch16.4

例如,键盘适配器类 KeyAdapter 对应一个监听接口 KeyListener,该类头部声明如下:

```
public abstract class KeyAdapter extends Object implements KeyListener
```

而窗口适配器类 WindowAdapter 则对应 3 个监听接口,该类头部声明如下:

```
public abstract class WindowAdapter extends Object implements WindowListener,
    WindowStateListener, WindowFocusListener
```

即窗口适配器类同时实现窗口监听器、窗口状态监听器和窗口焦点监听器 3 个接口。

这3个接口各有7个、1个和2个方法,因此窗口适配器类共有10个方法(不含继承父类的方法),这10个方法分别是窗口打开、激活、停用、图标化、恢复原大小、正在关闭、关闭后、改变状态、获取焦点和失去焦点,方法名详见表16-1。

鼠标适配器类 MouseAdapter 也对应3个监听接口,其类头声明如下:

```
public abstract class MouseAdapter extends Object implements MouseListener,
    MouseMotionListener, MouseWheelListener
```

鼠标适配器类同时实现了鼠标监听器、鼠标运动监听器和鼠标滚轮监听器这3个接口,它们各有5个、2个和1个方法,因此鼠标适配器类共有8个方法(不含继承父类的方法),这8个方法分别是:鼠标单击、按下、释放、进入组件、离开组件、拖动、移动和滚动滚轮,详见表16-1。

适配器类的方法有方法体,但里面没有语句,只有一对大括号"{ }"。而监听器接口的方法则没有方法体,是抽象的方法。

事件监听对象也是事件处理对象,监听对象既可采用实现监听接口的方式产生,也可用继承适配器类(若有的话)的方式构建。使用后一方式能简化编码,因为只需针对感兴趣的事件操作重写少数的方法。如果用实现接口的方式,则必须定义接口中的所有方法。例如,关于鼠标事件的 MouseListener 共有5个方法:单击、按下、释放、进入和离开组件。编写鼠标单击事件处理程序,若采用实现 MouseListener 接口的方式编写监听类,则需要同时定义这5个方法,但如果用继承 MouseAdapter 类的方式编程,则只需重写一个单击方法。

**【例 16-6】** 编写鼠标按键测试程序,运行结果如图 16-7 所示。在灰色面板上分别单击鼠标左键、中间滚轮键和右键,在界面下方的文本框中显示相应的文字。

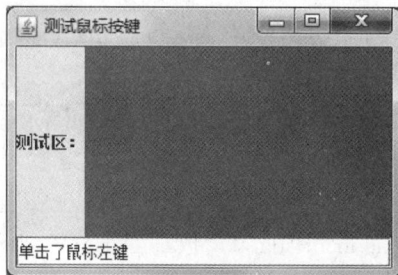

ch16.4 例 16-6

图 16-7　鼠标测试

代码如下:

```java
//MouseTestFrame.java 文件:
import javax.swing. * ;
import java.awt. * ;
import java.awt.event. * ;
public class MouseTestFrame extends JFrame {          //鼠标测试窗体类
    private static final long serialVersionUID = 1L;
    private JLabel lab = new JLabel("测试区:");
    private JPanel panTest = new JPanel();
```

```java
    private JTextField tf = new JTextField();

    public MouseTestFrame(){                              //构造方法
        this.setTitle("测试鼠标按键");
        this.setBounds(100, 200, 300, 200);
        this.setDefaultCloseOperation(JFrame.EXIT_ON_CLOSE);
        initialize();                                     //调用初始化方法
        this.setVisible(true);
    }

    public void initialize(){                             //初始化方法
        this.add(lab, BorderLayout.WEST);
        this.add(panTest, BorderLayout.CENTER);
        this.add(tf, BorderLayout.SOUTH);
        panTest.setBackground(Color.GRAY);                //设测试面板为灰色
        panTest.addMouseListener(new MouseHandler());     //面板添加鼠标事件监听器
    }

    //继承鼠标适配器类的事件监听(处理)类(内部类):
    private class MouseHandler extends MouseAdapter {
        public void mouseClicked(MouseEvent e){
            if(e.getButton() == MouseEvent.BUTTON1){
                tf.setText("单击了鼠标左键");
            }
            if(e.getButton() == MouseEvent.BUTTON2){
                tf.setText("单击了鼠标中间的滚轮键");
            }
            if(e.getButton() == MouseEvent.BUTTON3){
                tf.setText("单击了鼠标右键");
            }
        }
    }
}

//Ex6.java 文件:
public class Ex6 {                                        //主类
    public static void main(String[] args) {
        new MouseTestFrame();
    }
}
```

上述程序 MouseTestFrame 类内部的事件监听类,运用了继承适配器类的方式编写。也可采用实现监听接口的方式编写事件监听类,代码如下:

```java
//实现鼠标监听接口的事件监听(处理)类(内部类):
private class MouseHandler implements MouseListener {
    public void mouseClicked(MouseEvent e){
        if(e.getButton() == MouseEvent.BUTTON1){
            tf.setText("单击了鼠标左键");
```

鼠标测试——布局与事件

```
        }
        if(e.getButton() == MouseEvent.BUTTON2){
            tf.setText("单击了鼠标中间的滚轮键");
        }
        if(e.getButton() == MouseEvent.BUTTON3){
            tf.setText("单击了鼠标右键");
        }
    }
    public void mousePressed(MouseEvent e){ }
    public void mouseReleased(MouseEvent e){ }
    public void mouseEntered(MouseEvent e){ }
    public void mouseExited(MouseEvent e){ }
}
```

可见,事件监听类中多了后面 4 个方法,虽然方法体没有语句,但也要按部就班书写,否则程序不能编译运行。

ch16.5

# 16.5　选项事件与列表选择事件

能引发选项事件 ItemEvent 的有单选按钮、复选框、下拉组合框 JComboBox 等组件。这些组件都是选项事件的事件源。

列表选择事件 ListSelectionEvent 的事件源是列表框 JList。

***

💡 注意:列表框类全名是 javax.swing.JList<E>,而列表集则是 java.util.List<E>。

***

组合框和列表框均能存放多个选项,但组合框每次只能选一项,列表框则允许多选。组合框功能类似一组单选按钮,列表框功能则类似一组复选框。列表框通过按 Ctrl(或 Shift)键加鼠标单击可进行多项选择。

【例 16-7】 编写运行结果如图 16-8 所示的程序。使用下拉组合框存放若干班级名称,选择其中一个班级,在右边的列表框中显现该班所有学生姓名。若在列表框中选择姓名(可多选),则在下面的文本区中显示选择结果。列表框和文本区各置于一个滚动窗格上。

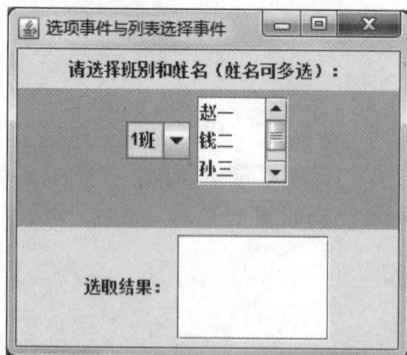

(a) 初始运行界面　　　　　　　　　　(b) 选择之后界面

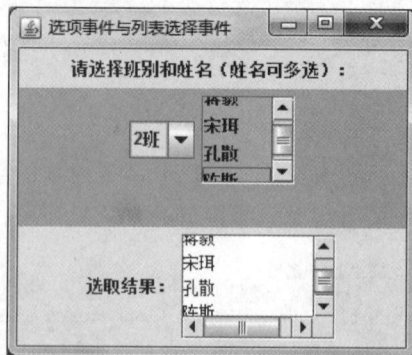

图 16-8　选项事件与列表选择事件

代码如下：

```java
//SelectFrame.java 文件：
import java.awt. * ;
import java.awt.event. * ;
import javax.swing. * ;
import javax.swing.event. * ;
public class SelectFrame extends JFrame {                    //窗体类
    private static final long serialVersionUID = 1L;
    private JPanel pan1 = new JPanel();
    private JPanel pan2 = new JPanel();
    private JPanel pan3 = new JPanel();
    private JLabel lab1 = new JLabel("请选择班别和姓名(姓名可多选):");
    private String[] classes = {"1 班","2 班","3 班"};          //数组
    private String[] names1 = {"赵一","钱二","孙三","李四"};
    private String[] names2 = {"蒋毅","宋珥","孔散","陈斯"};
    private String[] names3 = {"张扬","龚勋","黎敏","戴杰"};
    private JComboBox < String > cbb = new JComboBox <>(classes);    //组合框
    private JList < String > list = new JList <>(names1);        //列表框
    private JScrollPane sp1 = new JScrollPane(list);          //含列表滚动窗格
    private JLabel lab2 = new JLabel("选取结果:");
    private JTextArea ta = new JTextArea(4, 10);
    private JScrollPane sp2 = new JScrollPane(ta);            //含文本区滚动窗格

    public SelectFrame(){                                //构造方法
        this.setTitle("选项事件与列表选择事件");
        this.setBounds(100, 200, 300, 250);
        this.setDefaultCloseOperation(JFrame.EXIT_ON_CLOSE);
        initialize();                                //调用初始化方法
        this.setVisible(true);
    }

    public void initialize(){                            //初始化方法
        pan1.add(lab1);
        this.add(pan1, BorderLayout.NORTH);
        pan2.add(cbb);                                //面板2添加组合框
        list.setFixedCellWidth(50);                    //列表框设固定单元宽度
        list.setVisibleRowCount(3);                    //列表框设可见行数
        pan2.add(sp1);                                //面板2添加列表滚动窗格
        pan2.setBackground(Color.LIGHT_GRAY);          //设置面板2为浅灰色
        this.add(pan2, BorderLayout.CENTER);
        pan3.add(lab2);
        pan3.add(sp2);                                //面板3添加文本区滚动窗格
        this.add(pan3, BorderLayout.SOUTH);
        //下拉组合框添加选项事件监听器：
        cbb.addItemListener(new ItemHandler());
        //列表框添加选择事件监听器：
        list.addListSelectionListener(new ListSelectionHandler());
    }
```

鼠标测试——布局与事件

```
//组合框选项事件监听类(内部类):
private class ItemHandler implements ItemListener {
    public void itemStateChanged(ItemEvent e){
        if(cbb.getSelectedIndex() == 0){
            list.setListData(names1);                     //列表框设置列表数据
        }
        if(cbb.getSelectedIndex() == 1){
            list.setListData(names2);
        }
        if(cbb.getSelectedIndex() == 2){
            list.setListData(names3);
        }
        ta.setText(null);                                 //清空文本区
    }
}


//列表框选择事件监听类(内部类):
private class ListSelectionHandler implements ListSelectionListener{
    public void valueChanged(ListSelectionEvent e){       //列表值改变方法
        java.util.List < String > items = list.getSelectedValuesList();
                    //使用 java.util 包的泛型列表集 List 存放列表框选中的数据项
        StringBuffer sb = new StringBuffer();             //字符串缓冲对象
        sb.append(cbb.getSelectedItem());                 //追加组合框所选项
        for (int i = 0; i < items.size(); i++){
            sb.append("\n" + items.get(i));               //追加列表项
        }
        ta.setText(sb.toString());                        //显示在文本区
    }
}


//Ex7.java 文件:
public class Ex7 {
    public static void main(String[] args) {              //主类
        new SelectFrame();
    }
}
```

程序使用了 JComboBox、JList、JTextArea 和 JScrollPane 等组件,下面依次介绍。

## 16.5.1 JComboBox < E > 下拉组合框

ch16.5.1

下拉组合框简称"组合框",内部存放多个数据项(选项),运行时单击右边的倒三角按钮 ▾ ,会出现一个下拉列表,用于选择数据项,只能选一项。与一组单选按钮的单一选择功能相比,组合框实用性更强,因为它只需一个组件,占据空间小,且编码简明。

组合框的数据项与数组元素类似,也有从 0 开始的序号(索引)。

💡 注意：JComboBox 组件之所以称为下拉组合框，是因为除了下拉列表外，还可通过执行 setEditable(true) 方法，令它处于编辑状态，用于输入和修改数据内容，即同时具备列表和文本编辑功能，因而称"组合"。不过，所编辑的数据不会改变原来数据项内容。

泛型组合框类 JComboBox<E>的常用方法如下。

(1) JComboBox()：构造一个没有数据项的下拉组合框。

(2) JComboBox(E[] items)：以指定数组元素为数据项构造一个组合框。

(3) void addItemListener(ItemListener aListener)：添加选项事件监听器。

(4) void addActionListener(ActionListener listener)：添加动作事件监听器。

(5) void addItem(E item)：添加数据项。

(6) void insertItemAt(E item, int index)：在给定索引处插入数据项。

(7) Object getSelectedItem()：返回选中的数据项。

(8) Object getItemAt(int index)：返回指定索引处的数据项。

(9) int getSelectedIndex()：返回选项索引。没有，则返回−1。

(10) int getItemCount()：返回数据项总数。

(11) void removeItem(Object anObject)：移除指定的选项。

(12) void removeItemAt(int anIndex)：移除指定索引处的选项。

(13) void removeAllItems()：移除所有数据项。

(14) void setEditable(boolean aFlag)：设置是否可编辑。

作为事件源的组合框，使用最多的事件是选项事件和动作事件。

## 16.5.2　JList<E>列表框

列表框用于显示列表数据项（选项），每次可以从中选择一项或多项。在列表框中进行多项选择，有两种方式：一是按下 Ctrl 键不松手，再用鼠标逐个单击选择；二是先用鼠标单击一个选项，再按下 Shift 键加鼠标单击另一选项，可选择连续范围内的多个选项。与一组复选框相比，列表框显得简洁实用。

ch16.5.2

泛型列表框类 JList<E>的常用方法如下：

(1) JList()：构造一个没有数据项的空列表框。

(2) JList(E[] listData)：以数组元素作选项，构造一个列表框。

(3) JList(Vector<E> listData)：以 Vector 集合元素为选项构造列表框。

(4) void addListSelectionListener(ListSelectionListener listener)：添加列表选择事件监听器。

(5) void setSelectionMode(int selectionMode)：设置列表的选择模式。选择模式有 3 种，用 ListSelectionModel 接口的 int 型静态常量字段表示。

• SINGLE_SELECTION：单选模式，只能选择一个选项。

• SINGLE_INTERVAL_SELECTION：单间隔选择模式，选择连续范围内多个选项。

• MULTIPLE_INTERVAL_SELECTION：多间隔选择模式（默认），允许选择多个间隔的选项。

鼠标测试——布局与事件

（6）int getSelectedIndex()：返回选中的选项索引。若选中多项,则返回最小索引。

（7）int[] getSelectedIndices()：返回所有选中选项的索引数组。数组元素升序排列。

（8）E getSelectedValue()：返回选中的最小选项。

（9）List＜E＞getSelectedValuesList()：返回所有选中选项的列表集,列表集元素按这些选项索引的升序排列。

（10）boolean isSelectionEmpty()：判断是否为空选择。即没有选择返回 true。

（11）void setListData(E[] listData)：设置列表框选项数据为给定的数组元素。

（12）void setFixedCellHeight(int height)：列表框各单元设置固定的显示高度。

（13）void setFixedCellWidth(int width)：列表框各单元设置固定的显示宽度。

（14）void setLayoutOrientation(int layoutOrientation)：设置列表框选项的布局方向。共有 3 种,用 JList 类的 int 型静态常量字段表示。

- VERTICAL：单列垂直方向布局(默认)。
- HORIZONTAL_WRAP：水平换行布局,一行可显示两个以上选项,先行后列。
- VERTICAL_WRAP：垂直换行布局,一行可显示两个以上选项,但先列后行。

（15）void setVisibleRowCount(int visibleRowCount)：设置可见行数。默认 8 行。

### 16.5.3　JTextArea 文本区

ch16.5.3

　　　JTextArea 和 JTextField 都继承了 JTextComponent,它们都是文本组件。其中,JTextField 是单行文本框,而 JTextArea 则是多行的文本区。

---

💡注意：当文本内容改变时,java. awt 包中的 TextArea 和 TextField 能引发文本事件 TextEvent。但 javax. swing 包中的 JTextArea 和 JTextField 取消了文本事件,取而代之的是光标(插入符)事件 CaretEvent,该事件对应的事件监听器接口为 CaretListener,接口有一个方法 caretUpdate(CaretEvent e)。在文本组件 JTextArea 和 JTextField 中遇到光标位置更改,便引发该事件。

---

文本区类 JTextArea 常用方法如下。

（1）JTextArea()：构造一个空白的文本区。

（2）JTextArea(String text)：构造显示指定文本的文本区。

（3）JTextArea(int rows, int columns)：构造指定行数、列数的文本区。

（4）void append(String str)：在文本区后面追加文本。

（5）void insert(String str, int pos)：在文本区指定位置插入文本,位置从 0 开始。

（6）void replaceRange(String str, int start, int end)：用给定字符串替换从 start 到 end −1 范围内的文本。

（7）void setLineWrap(boolean wrap)：设置文本区是否自动换行。当参数为 true 时,如果一行字符显示不下,则自动换行。

下面是 JTextArea 从 JTextComponent 继承而来的常用方法。

（1）void setText(String t)：设置文本区内容。

（2）String getText()：返回(获取)文本区所有文本。

（3）void setCaretPosition(int position)：设置光标(文本插入符)位置。

（4）int getCaretPosition()：返回光标位置。

（5）void selectAll()：选中所有文本。文本将反白显示。

（6）void select(int start, int end)：选择从 start 到 end －1 范围的文本(反白显示)。

（7）void copy()：将当前选定范围内的文本复制到系统剪贴板。

（8）void cut()：将当前选定范围内的文本剪切到系统剪贴板。

（9）void paste()：将系统剪贴板内容粘贴到文本区中。

（10）void read(Reader in, Object desc)：从字符输入流 in 中读取内容,初始化文本区。其中参数 desc 用于描述流的对象(如 String 等),可以为 null。

（11）void write(Writer out)：将文本区内容写到字符输出流。

### 16.5.4　JScrollPane 滚动窗格与 JViewport 视口

ch16.5.4

滚动窗格 JScrollPane 是一种容器,内部自带一个"视口",即"观察孔",犹如照相机的取景器,通过它来观看景物或数据。滚动窗格隐含垂直和水平滚动条。当景物或数据较多,超出视口尺寸,滚动窗格自动显示水平和垂直滚动条。通过操作滚动条移动视口,能动态看到上下左右的内容。

视口本身也是一个容器性质的组件,类名为 JViewport。可以在视口上面设置(添加)、获取和移除组件,这些组件称为视口的视图(View)。

在滚动窗格自带的视口中,可以放置 JList 或 JTextArea 等视图组件。当组件内容较多超出视口大小时,视口下边和左边自动出现水平和垂直滚动条,如图 16-9 所示。

(a) 放列表框　　(b) 放文本区

图 16-9　在滚动窗格上放置组件

编写代码时,把 JList 或 JTextArea 对象作为 JScrollPane 构造方法的参数,实现滚动观看数据的功能,例如：

```
JList < String > list = new JList < String >(new String[]{"蒋毅","宋珥","孔散","陈斯"});
JScrollPane sp1 = new JScrollPane(list);              //含列表框的滚动窗格
JTextArea ta = new JTextArea(4, 10);
JScrollPane sp2 = new JScrollPane(ta);                //含文本区的滚动窗格
```

滚动窗格类 JScrollPane 常用方法如下。

（1）JScrollPane()：构造一个没有内容的滚动窗格。

（2）JScrollPane(Component view)：构造一个显示指定组件(视图)的滚动窗格,当组件内容超过视口大小将自动显示水平和垂直滚动条。

（3）JViewport getViewport()：返回滚动窗格的当前视口。

（4）void setViewportView(Component view)：设置滚动窗格视口的视图。

视口类 JViewport 常用方法如下。

（1）JViewport()：构造一个视口。

（2）void setView(Component view)：设置视口视图。若设为 null 则相当于移除。

(3) Component getView()：返回视口视图。

(4) void remove(Component child)：移除视口视图。

---

💡 注意：视口设置视图也可调用从 Container 类继承的 add(Component comp) 方法。

---

由于视口具有设置视图的方法,因此调用这些方法能从滚动窗格的视口中观看有关视图。例如：

```
scrollPaneObj.getViewport().setView(list);      //滚动窗格获取视图,再设置视口
scrollPaneObj.getViewport().add(list);          //或者:滚动窗格获取视图再添加视口
```

其中,getViewport 方法是获取滚动窗格自带的视口,再通过 setView 或 add 方法在视口中设置列表视图。于是便可在滚动窗格中看到列表内容。

# 16.6　本 章 小 结

布局是容器中如何布置组件的对象,有边框、流动和网格等布局。

事件处理需有事件源、监听处理器和两者的中介：委托注册,通过调用事件源方法 AddXxxListener 实现事件注册。

多于一个方法的事件监听器接口有相应的事件适配器类,继承适配器的事件监听类比实现接口的要简洁。

Action 动作事件使用频率最高。

# 16.7　习　题　16

1. 下列选项中,属于 JFrame 默认布局方式的是(　　　)。
   A. FlowLayout　　　B. BorderLayout　　　C. GridLayout　　　D. CardLayout
2. 如果要在容器底端放一个按钮,则应使用下列布局管理器(　　　)。
   A. BorderLayout　　　　　　　　　B. GridLayout
   C. FlowLayout　　　　　　　　　　D. GridbagLayout
3. 把组件放在 BorderLayout(　　　)区域时,组件可自动调整水平方向尺寸。
   A. North or South　　　　　　　　B. East or West
   C. Center　　　　　　　　　　　　D. North，South or Center
4. 下列(　　　)布局管理器中的按钮,其位置会随 JFrame 的大小而改变。
   A. FlowLayout　　　　　　　　　　B. CardLayout
   C. GridLayout　　　　　　　　　　D. BorderLayout
5. 下列选项中,面板 JPanel 的默认布局为(　　　)。
   A. BorderLayout　　　B. FlowLayout　　　C. GridLayout　　　D. CardLayout
6. 如果要求容器各组件的尺寸相同,则应使用的布局管理器是(　　　)。
   A. BorderLayout　　　B. GridLayout　　　C. FlowLayout　　　D. CardLayout

7. Java 图形用户界面事件处理需要用到的包是（    ）。

    A. java. awt                            B. java. awt. event

    C. java. io                               D. java. rmi

8. 对于方法 addActionListener(ActionListener)，下列描述中正确的是（    ）。

    A. 用户操作、触发事件的方法         B. 注册监听者

    C. 处理事件发生的接口方法         D. 以上说法都不对

9. 在窗体上单击一个按钮，将产生（    ）事件。

    A. ClickEvent         B. ActionEvent       C. MouseEvent     D. ButtonEvent

10. 事件处理模式中提供的事件类和事件监听者在（    ）包内。

    A. java.awt. * ;                       B. java.awt. event. * ;

    C. javax. swing. * ;                   D. 以上都不是

11. 下面关于事件监听的说法中正确的是（    ）。

    A. 所有组件都不允许附加多个监听器

    B. 监听器机制允许按需调用 addXxxListener 方法多次，且没有次序区别

    C. 组件不允许附加多个监听器

    D. 如果多个监听器加在一个组件上，那么事件只会触发一个监听器

12. 下列 Java 事件类中，属于键盘事件类的是（    ）。

    A. InputEvent                       B. KeyEvent

    C. MouseEvent                    D. WindowEvent

13. 下列选项中，可以处理下拉列表某一项事件的事件监听器是（    ）。

    A. ItemListener                    B. ActionListener

    C. KeyListener                    D. MouseListener

14. MouseListener 接口不能处理的鼠标事件是（    ）。

    A. 鼠标进入                       B. 单击鼠标右键

    C. 按下鼠标左键                 D. 鼠标移动

15. 在复选框中用鼠标单击一选项，要捕获所选项必须使用的接口是（    ）。

    A. KeyListerner                  B. MouseListener

    C. WindowListener             D. ItemListener

16. 下列监听器接口中不能添加到 TextArea 对象中的是（    ）。

    A. TextListener                   B. ActionListener

    C. ComponentListener         D. MouseListener

17. Java 语言下列接口（    ）不存在对应的 Adapter 类。

    A. MouseListener                B. KeyListener

    C. ActionListener             D. FocusListener

18. 编译和运行下面代码后显示的结果是（    ）。

```
import javax.swing. * ;
public class MyFrame extends JFrame{
    public MyFrame() {
        JButton helloBut = new JButton("Hello");
```

```
        JButton byeBut = new JButton("Bye");
        add(helloBut);
        add(byeBut);
        setSize(200, 200);
        setVisible(true);
    }
    public static void main(String[ ] args) {
        MyFrame but = new MyFrame();
    }
}
```

A. Hello 按钮占据整个窗体　　　　　B. Hello 和 Bye 按钮并排占据整个窗体

C. Bye 按钮占据整个窗体　　　　　　D. Hello 和 Bye 按钮都位于窗体上部

19. 编程实现摄氏和华氏温度相互转换(华氏 F＝摄氏 C×9/5＋32)。界面如图 16-10 所示,在左边文本框中输入温度值,单击转换按钮,在右边文本框中输出结果。

20. 设计一个如图 16-11 所示的库存查询界面,当选择商品时,即时显示商品价格和数量。商品有:{"花生油","青岛啤酒","米酒","冰淇淋","蛋糕"},对应的价格和数量分别是:{"56","8","10","20","90"}和{"232","50","109","48","30"}。

图 16-10　温度转换　　　　　　　　图 16-11　库存查询窗体

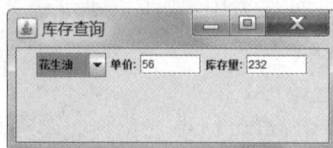

## 16.8　实训 16:鼠标测试

1. 编写鼠标按键测试程序,运行界面如图 16-1(a)所示。程序运行时,把鼠标移到窗体右上部灰色的面板,依次单击鼠标左键、中间滚轮键和右键,将在窗体下部带滚动窗格的文本区中显示相应的文字。

**提示**:设置窗体为 2 行 1 列的网格布局,在第一行上再放一个面板,设置该面板为边界布局,左边放文字标签,中部放灰色的测试面板。窗体类部分代码参考如下。

```
//TestFrame.java 文件:
import javax.swing. * ;
import java.awt. * ;
import java.awt.event. * ;
public class TestFrame extends JFrame {
    private JLabel lab = new JLabel("测试区:");
    private JPanel panTest = …                      //测试面板
    private JPanel panUp = …                         //边界布局的上方面板
    private JTextArea ta = …
    private JScrollPane sp = new JScrollPane(ta);    //含文本区的滚动窗格
```

```
public TestFrame(){                                    //构造方法
    this.setTitle( … );
    this.setBounds( … );
    this.setDefaultCloseOperation( … );
    initialize();
    this.setVisible( … );
}

public void initialize(){                              //初始化方法
    panUp.add( …, BorderLayout.WEST );
    panTest.setBackground(Color.GRAY);                 //设置测试面板为灰色
    panUp.add( …, BorderLayout.CENTER );
    this.setLayout(new GridLayout(2, 1));              //窗体设置2行1列网格布局
    this.add( … );  …
    panTest.addMouseListener(new MouseHandler());
}

private class MouseHandler extends MouseAdapter { //鼠标事件处理类(内部类)
    public void mouseClicked(MouseEvent e){
        if(e.getButton() == MouseEvent.BUTTON1){
            ta.append("按下了鼠标左键.\n");
        }
        if(e.getButton() == MouseEvent.BUTTON2){
            …                                          //滚动鼠标中间的滚轮
        }
        …
    }
}
}
```

2. 在上题基础上,增加鼠标滚轮滚动测试。程序运行时,把鼠标移到窗体右上部的灰色面板,滚动鼠标滚轮,将显示相应的文字。运行界面参见图 16-1(b)。

提示: 部分代码参考如下。

```
public void initialize(){                              //初始化方法
    …
    panTest.addMouseWheelListener(new MouseHandler());
}
private class MouseHandler extends MouseAdapter {      //鼠标事件处理类(内部类)
    …
    public void mouseWheelMoved(MouseWheelEvent e) {   //鼠标滚轮滚动
        textArea.append("滚动了鼠标滚轮\n");
    }
}
```

鼠标测试——布局与事件

# 第17章　简易记事本——工具栏与菜单

## 能力目标

- 学会使用工具栏、菜单栏和弹出(快捷)菜单；
- 能运用工具栏、菜单、文件对话框和文件流编写简易记事本程序。

## 17.1　任 务 预 览

本章实训编写简易记事本程序，运行结果如图 17-1 所示。

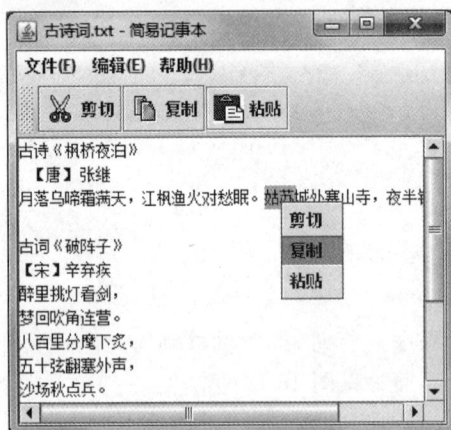

(a) 简易记事本主界面　　　　　　　　　　(b) 保存文件对话框

图 17-1　实训程序运行界面

## 17.2　JToolBar 工具栏

应用软件一般都使用工具栏。工具栏属于容器组件，类名是 JToolBar。

工具栏通常放置一些最常用的命令按钮，也可放置复选框和单选按钮等。相比于菜单命令，工具栏按钮简明直观，操作快捷。

为节省界面空间，工具栏按钮往往仅显示图标，当然也可以同时显示图标和文字。

为明确起见，工具栏按钮可使用 setToolTipText 方法设置工具提示文字，运行时当光标在按钮上稍作停留，便显示提示文字。

【例 17-1】 编程,在窗体的上部放置一个工具栏,工具栏放置 3 个带图标的按钮。然后在窗体的中部放置带滚动窗格的文本区。程序运行结果如图 17-2 所示。

(a) 光标停留"剪切"按钮　　　　(b) 拖到中部(悬浮式)　　　　(c) 拖到窗体左边

图 17-2　窗体放置工具栏

代码如下:

```java
//Frame1.java 文件:
import javax.swing. * ;
import java.awt. * ;
public class Frame1 extends JFrame {                    //带工具栏窗体类
    private static final long serialVersionUID = 1L;
    JToolBar toolBar = new JToolBar("工具栏");           //工具栏
    ImageIcon iconCut = new ImageIcon("cut.gif");        //图像图标
    ImageIcon iconCopy = new ImageIcon("copy.gif");
    ImageIcon iconPaste = new ImageIcon("paste.gif");
    JButton buttonCut = new JButton("剪切", iconCut);     //按钮
    JButton buttonCopy = new JButton("复制", iconCopy);
    JButton buttonPaste = new JButton("粘贴", iconPaste);
    JTextArea textArea = new JTextArea();
    JScrollPane scrollPane = new JScrollPane(textArea);  //含文本区滚动窗格

    public Frame1(){                                     //构造方法
        this.setTitle("带工具栏的窗体");
        this.setBounds(100, 200, 340, 320);
        this.setDefaultCloseOperation(JFrame.EXIT_ON_CLOSE);
        initialize();
        this.setVisible(true);
    }

    private void initialize(){                           //私有的初始化方法
        buttonCut.setToolTipText("剪切所选字符到剪贴板"); //设置工具提示文字
        buttonCopy.setToolTipText("复制所选字符到剪贴板");
        buttonPaste.setToolTipText("粘贴剪贴板的内容");
        toolBar.add(buttonCut);                          //工具栏添加按钮
        toolBar.add(buttonCopy);
        toolBar.add(buttonPaste);
        this.add(toolBar, BorderLayout.NORTH);           //窗体上边添加工具栏
        this.add(scrollPane, BorderLayout.CENTER);       //窗体中部置滚动窗格
```

第 17 章

简易记事本——工具栏与菜单

```
        }
    }

    //Ex1.java 文件:
    public class Ex1 {                                      //主类
        public static void main(String[] args) {
            new Frame1();
        }
    }
```

在 initialize 方法中,依次设置 3 个按钮的工具提示文字,然后调用工具栏的 add 方法,向工具栏添加这 3 个按钮。这些按钮均使用了图标,用到 3 个图像文件。在 Eclipse 开发环境下编程,图像文件要放在项目所在的文件夹。

工具栏一般安置在边界布局的窗体上边,当然也可放在其他位置。还可在程序运行后用鼠标把工具栏拖到左边、右边、下边或中部,如果拖到中部区域,则以浮动的方式显示,如图 17-2(b)所示。图 17-2(c)所示的是工具栏拖到窗体左边的情形。

工具栏类 JToolBar 的构造方法有以下 4 个。

(1) JToolBar():构造一个工具栏,默认方向为 HORIZONTAL,即水平方向。

(2) JToolBar(int orientation):构造指定方向的工具栏。方向不是 HORIZONTAL 就是 VERTICAL,使用 JToolBar 类名作前缀引用这两个静态常量字段。

(3) JToolBar(String name):构造指定名称的工具栏。名称用作浮动式工具栏的标题。

(4) JToolBar(String name, int orientation):构造指定名称和方向的工具栏。

JToolBar 常用方法是从 Container 类继承的 add(Component comp)方法,它将按钮等组件添加到工具栏。

───────────────────────────────────────────────

💡注意:例 17-1 程序的 3 个工具栏按钮都没有委托事件监听者,也没有编写事件处理方法,因此不能引发事件。因为后面的例子用到本例定义的窗体类 Frame1,因此该类工具栏、按钮、文本区等字段没有用 private 修饰,使用默认的包可访问性。初始化方法 initialize 则用 private 修饰,以保证该方法仅在本类内部使用。

───────────────────────────────────────────────

# 17.3 菜　　单

ch17.3

与工具栏相比,菜单的使用范围更广。在小型应用软件中离不开菜单,更不论大中型应用软件了。因为工具栏空间有限,只能执行少量功能。

菜单有两大类:菜单栏和弹出菜单。本节先介绍菜单栏,17.4 节介绍弹出菜单。

菜单栏也叫主菜单,位于窗体上部,紧挨标题栏。菜单栏由若干菜单“按钮”排成一行构成。单击菜单“按钮”,则会出现一个下拉菜单(列表),下拉菜单由多个菜单项(菜单命令)组成。

菜单栏类是 JmenuBar。菜单"按钮"类是 JMenu，简称"菜单"。菜单项（菜单命令）类是 JMenuItem。

【例 17-2】 在例 17-1 程序基础上，增加菜单栏，运行结果如图 17-3 所示。

(a)"文件"菜单　　　　　　　(b)"编辑"菜单　　　　　　　(c)"帮助"菜单

图 17-3　增加菜单栏的窗体

代码如下：

```java
//Frame2.java 文件：
import javax.swing. * ;
import java.awt.event. * ;

public class Frame2 extends Frame1 {                           //继承例 17-1 类 Frame1
    private static final long serialVersionUID = 2L;

    JMenuBar menuBar = new JMenuBar();                         //菜单栏

    JMenu menuFile = new JMenu("文件(F)");                     //菜单
    JMenu menuEdit = new JMenu("编辑(E)");
    JMenu menuHelp = new JMenu("帮助(H)");

    JMenuItem menuItemFileNew = new JMenuItem("新建(N)");      //菜单项
    JMenuItem menuItemFileOpen = new JMenuItem("打开(O)");
    JMenuItem menuItemFileSaveAs = new JMenuItem("另存为(S)");
    JMenuItem menuItemFileExit = new JMenuItem("退出(X)");

    JCheckBoxMenuItem checkBoxMenuItemEditAutoWrap =           //复选框菜单项
        new JCheckBoxMenuItem("自动换行");
    JMenuItem menuItemEditCut = new JMenuItem("剪切");
    JMenuItem menuItemEditCopy = new JMenuItem("复制");
    JMenuItem menuItemEditPaste = new JMenuItem("粘贴");

    JMenuItem menuItemHelpAbout = new JMenuItem("关于(A)");

    public Frame2(){
        this.setTitle("带菜单栏的窗体");
        initialize();
        this.setVisible(true);
    }
```

```java
        private void initialize(){                                    //私有的初始化方法
        menuFile.setMnemonic(KeyEvent.VK_F);                          //设置菜单助记符 F 键
        menuEdit.setMnemonic(KeyEvent.VK_E);
        menuHelp.setMnemonic(KeyEvent.VK_H);
        menuItemFileNew.setMnemonic(KeyEvent.VK_N);                   //设置菜单项助记符 N 键
        menuItemFileOpen.setMnemonic(KeyEvent.VK_O);
        menuItemFileSaveAs.setMnemonic(KeyEvent.VK_S);
        menuItemFileExit.setMnemonic(KeyEvent.VK_X);
        menuItemHelpAbout.setMnemonic(KeyEvent.VK_A);

        //设置"新建""打开"和"另存为"菜单项快捷键(加速器):
        menuItemFileNew.setAccelerator(KeyStroke.getKeyStroke(
            KeyEvent.VK_N, KeyEvent.CTRL_DOWN_MASK, true));           //新建 Ctrl + N
        menuItemFileOpen.setAccelerator(KeyStroke.getKeyStroke(
            KeyEvent.VK_O, KeyEvent.CTRL_DOWN_MASK, true));           //打开 Ctrl + O
        menuItemFileSaveAs.setAccelerator(KeyStroke.getKeyStroke(
            KeyEvent.VK_S, KeyEvent.CTRL_DOWN_MASK, true));           //另存为 Ctrl + S

        menuFile.add(menuItemFileNew);                                //添加"文件"菜单项
        menuFile.add(menuItemFileOpen);
        menuFile.add(menuItemFileSaveAs);
        menuFile.addSeparator();                                      //添加菜单项分隔符
        menuFile.add(menuItemFileExit);

        menuEdit.add(checkBoxMenuItemEditAutoWrap);                   //添加"编辑"菜单项
        menuEdit.addSeparator();
        menuEdit.add(menuItemEditCut);
        menuEdit.add(menuItemEditCopy);
        menuEdit.add(menuItemEditPaste);

        menuHelp.add(menuItemHelpAbout);                              //添加"帮助"菜单项

        menuBar.add(menuFile);                                        //菜单栏添加菜单
        menuBar.add(menuEdit);
        menuBar.add(menuHelp);

        this.setJMenuBar(menuBar);                                    //窗体设置菜单栏
        //"退出"菜单项添加动作事件监听器
        menuItemFileExit.addActionListener((e) ->{
            System.exit(0);                                           //程序退出运行
        });
    }
}


//Ex2.java 文件:
public class Ex2 {                                                    //主类
    public static void main(String[] args) {
        new Frame2();
    }
}
```

例 17-2 程序中,除了"退出"菜单项外,其他菜单项均没有编写事件处理代码,因此这些菜单项不能引发事件。另外,程序除了一般的菜单项,还使用了一个"自动换行"的复选框菜单项,其类型为 JCheckBoxMenuItem,顾名思义,这是像复选框那样可勾选(打√)的菜单项。

菜单和菜单项都可设置键盘按键助记符(Mnemonic)。设置助记符的菜单,运行时可用组合键"Alt+助记符键"激活菜单或执行菜单命令。

设置了助记符的菜单,通常要在菜单的文本中放置该助记符(字符),如"文件(F)"中的 F,"新建(N)"中的 N。程序运行时,助记符将自动加下画线显示,请参见如图 17-3(a)所示的"文件(F)"菜单及其"新建(N)"菜单项。

除了设置助记符,还可对菜单项设置快捷键(Accelerator,加速器),如例 17-2 设置菜单项"新建"快捷键为组合键 Ctrl+N,"打开"为 Ctrl+O,"另存为"则为 Ctrl+S。

菜单栏、菜单和菜单项都是组件,每个组件都是相应类的对象。

## 17.3.1　JMenuBar 菜单栏

菜单栏是条状的容器组件,上面可放置多个菜单或菜单项。

菜单栏类 JMenuBar 的常用方法如下。

ch17.3.1

(1) JMenuBar():构造一个菜单栏。

(2) JMenu add(JMenu c):在菜单栏中添加菜单。

(3) Component add(Component comp, int index):这是从 Container 类继承而来的方法,功能是将组件(菜单或菜单项等)添加到菜单栏指定的位置。索引位置从 0 开始,如果是 -1,则添加到最后位置。

## 17.3.2　JMenu 菜单

菜单也是容器,上面可放菜单项或其他菜单。运行时选择菜单,将出现下拉式菜单项列表,这就是"下拉菜单"。

ch17.3.2

菜单类 JMenu 继承 JMenuItem 类,因而菜单是特殊的菜单项。

菜单类 JMenu 常用方法如下。

(1) JMenu(String s):构造显示指定文本的菜单。

(2) JMenuItem add(JMenuItem menuItem):添加菜单项。由于菜单是特殊的菜单项,因此也可以在菜单中添加菜单,形成多级菜单,如二级菜单、三级菜单等。

(3) JMenuItem insert(JMenuItem mi, int pos):在指定位置插入菜单项。索引由 0 始。

(4) void addSeparator():在菜单中添加分隔符。

分隔符是 JSeparator 类的组件,用于分隔菜单或工具栏的组件。

(5) Component add(Component c):添加组件到菜单。

除了使用第(4)个方法,也可使用本方法在菜单中添加分隔符。如:

```
menuFile.add(new JSeparator())
```

(6) void remove(JMenuItem item):从菜单中移除菜单项。

(7) void remove(int pos):从菜单中移除指定位置的菜单项。

(8) void setMnemonic(int mnemonic):在菜单中设置键盘助记符。

键盘助记符是键盘事件类 KeyEvent 的静态常量字段,如 VK_0 和 VK_A。其中 VK_0~VK_9 表示数字键 0~9(对应字符编码 48~57),VK_A~VK_Z 表示字母键 A~Z(编码 65~90)。

设置键盘助记符的菜单,运行时按组合键"Alt+助记符键"激活。

需要说明的是,也可以直接使用字符型数据作键盘助记符。如在 setMnemonic 方法参数中除了使用 KeyEvent. VK_F,也可使用'F',但不推荐。

---

💡注意:KeyEvent 常量字段中的 VK 表示"虚拟键",这是平台无关的按键表示。字符编码有 ASCII 和 Unicode 等。美国信息交换标准代码(American Standard Code for Information Interchange,ASCII)是最早最经典的,每个字符编码占一个字节,而统一字符编码 Unicode 则占两个字节。英文字母或数字在两种格式上的编码是相同的,如字母 A,两种编码都是 65。

---

### 17.3.3　JMenuItem 菜单项

ch17.3.3

菜单项是菜单列表中的菜单命令。编写了菜单项动作事件处理的程序,运行时单击菜单项,将执行相应的操作。

菜单项类 JMenuItem 常用方法如下。

(1) JMenuItem(String text):构造显示指定文本的菜单项。

(2) JMenuItem(Icon icon):构造显示指定图标的菜单项。

(3) JMenuItem(String text, Icon icon):构造带指定文本和图标的菜单项。

(4) JMenuItem(String text, int mnemonic):构造带指定文本和键盘助记符的菜单项。

菜单项与菜单一样,可以指定键盘助记符。程序运行时,在菜单激活的情况下,按组合键"Alt+助记符键"能执行菜单项。

(5) void setAccelerator(KeyStroke keyStroke):设置菜单项快捷键(加速器)。参数是键击类 KeyStroke,该类只能调用其静态方法 getKeyStroke 返回对象。

如在例 17-2 中的"新建"菜单项,设置快捷键方法如下:

```
menuItemFileNew.setAccelerator(KeyStroke.getKeyStroke(
    KeyEvent.VK_N, KeyEvent.CTRL_DOWN_MASK, true));          //菜单项"新建"Ctrl + N
```

上面语句中,KeyStroke 类的 getKeyStroke 方法有 3 个参数,第一个表示 N 键,第二个表示 Ctrl 键,第三个参数 true 表示在按键释放时执行。于是"新建"菜单项便可通过快捷键 Ctrl+N 按下后释放来执行。设置了快捷键的菜单项,会在菜单项中显示对应的快捷键,如 Ctrl+N。

关于 KeyStroke 类的 getKeyStroke 的方法,有多种重载形式,限于篇幅,不再一一列举,读者可参考 JDK8 API 文档。

菜单项快捷键通常是"Ctrl+按键",程序运行时,菜单项所在的菜单不需要激活,直接按下组合键便可执行(助记符则要激活菜单才能执行)。

菜单项使用最多的是继承而来的添加动作事件监听器方法。

(6) void **addActionListener**(ActionListener llstener):添加动作事件监听器。

每个菜单项要触发事件,执行相应功能,一般都调用该方法,当然也需编写相应的事件监听和处理代码,如例 17-2 中的"退出"菜单项那样。

# 17.4　JPopupMenu 弹出菜单

ch17.4

菜单的另一类是弹出菜单,也称"快捷菜单",是右击的弹出菜单。弹出菜单也由多个菜单项组成。

弹出菜单与组件密切关联,在不同的组件上右击,弹出的菜单不尽相同。由于弹出菜单关联鼠标操作,因此必须编写鼠标事件代码。即要以组件为事件源添加鼠标事件监听器,才能触发组件的弹出菜单。而要执行菜单项操作,还需添加菜单项的动作事件监听器。也就是说,每个组件的弹出菜单都涉及两种事件及相应的处理。

【例 17-3】 在例 17-2 程序的基础上,增加文本区的弹出菜单,运行结果如图 17-4 所示。

代码如下:

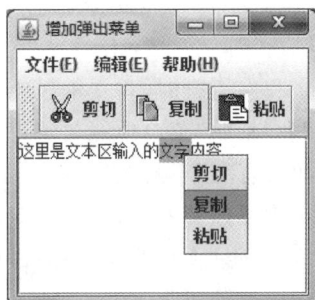

图 17-4　增加弹出菜单

```java
//Frame3.java 文件:
import javax.swing.*;
import java.awt.event.*;

public class Frame3 extends Frame2 {              //继承例 17-2 类 Frame2
    private static final long serialVersionUID = 3L;
    JPopupMenu popupMenu = new JPopupMenu();       //弹出菜单

    JMenuItem popupMenuItemCut = new JMenuItem("剪切");     //菜单项
    JMenuItem popupMenuItemCopy = new JMenuItem("复制");
    JMenuItem popupMenuItemPaste = new JMenuItem("粘贴");

    public Frame3(){
        this.setTitle("增加弹出菜单");
        initialize();
    }

    private void initialize(){                     //私有的初始化方法
        popupMenu.add(popupMenuItemCut);           //添加弹出菜单项
        popupMenu.add(popupMenuItemCopy);
        popupMenu.add(popupMenuItemPaste);

        //文本区添加鼠标事件监听器:
        textArea.addMouseListener(new MouseAdapter(){
            public void mouseReleased(MouseEvent e){
```

267

第17章

简易记事本——工具栏与菜单

```
                    if(e.isPopupTrigger()){              //若是弹出菜单触发事件
                        popupMenu.show(textArea, e.getX(), e.getY());
                    }
                }
            });
        }
    }


    //Ex3.java 文件:
    public class Ex3 {                                   //主类
        public static void main(String[] args) {
            new Frame3();
        }
    }
```

程序运行时,在文本区中按下鼠标右键并释放,则在鼠标释放位置弹出带有"剪切""复制"和"粘贴"菜单项的菜单,如图 17-4 所示。不过,由于还没有编写这些菜单项的事件处理代码,因此还不能执行各个菜单项的操作。

需要强调的是,虽然在 Frame2 中已定义了"剪切""复制"和"粘贴"这 3 个菜单项,但已用于"编辑"下拉菜单,不能再用于弹出菜单,因此弹出菜单还须另外定义 3 个菜单项。

弹出菜单类 JPopupMenu 的常用方法如下。

(1) JPopupMenu():构造弹出菜单。

(2) JMenuItem add(JMenuItem menuItem):添加菜单项。

(3) void insert(Component component, int index):在指定位置插入组件。

(4) void addSeparator():添加分隔符。

(5) void remove(int pos):移除指定位置组件。

(6) void show(Component invoker, int x, int y):在组件调用者的坐标中显示弹出菜单。

例如,在文本区中显示弹出菜单:

```
popupMenu.show(textArea, e.getX(), e.getY());
```

其中 e 为鼠标事件对象,e.getX()、e.getY()方法返回鼠标事件的 x、y 坐标。

---

💡注意:无论下拉菜单还是弹出菜单,均允许出现多级菜单。实现方式是在菜单项位置放置 JMenu 菜单,菜单内部再放置菜单项,便可形成"右拉"式多层菜单。

---

# 17.5　简易记事本

前面几节重点介绍工具栏、菜单栏和弹出菜单的建立和使用,程序例中的记事本功能还没介绍。如不能打开和保存文件,也无法对文本进行剪切、复制和粘贴。本节在例 17-3 的基础上,完成简易记事本的功能编码。

ch17.5

【例 17-4】 在例 17-3 程序的基础上,编写菜单项和工具栏按钮的动作事件处理代码,完成简易记事本的功能。运行结果如图 17-5 所示。

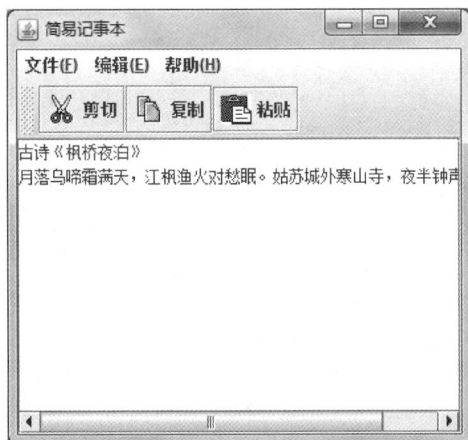

(a) "简易记事本"主界面

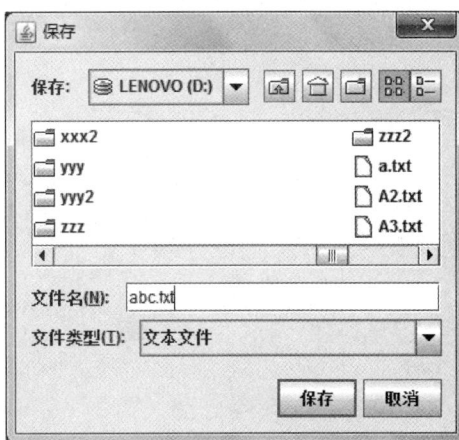

(b) "保存"文件对话框

(c) "打开"文件对话框

(d) 菜单消息框

图 17-5　简易记事本

代码如下：

```
//Frame4.java 文件:
import javax.swing. * ;
import java.awt.event. * ;
import java.io. * ;
import javax.swing.filechooser.FileNameExtensionFilter;

public class Frame4 extends Frame3 {                    //继承例 17-3 类 Frame3
    private static final long serialVersionUID = 4L;
    JFileChooser fileChooser = new JFileChooser();       //文件选择器(对话框)
    FileNameExtensionFilter fileFilter =                 //文件扩展名过滤器
        new FileNameExtensionFilter("文本文件", "txt");
    File file;

    public Frame4(){                                     //构造方法
        this.setTitle("简易记事本");
```

269

第 17 章

简易记事本——工具栏与菜单

```
            initialize();
    }

    private void initialize(){                          //私有的初始化方法
        //工具栏按钮添加动作事件监听(处理)器:
        buttonCut.addActionListener(new ActionHandler());
        buttonCopy.addActionListener(new ActionHandler());
        buttonPaste.addActionListener(new ActionHandler());

        //菜单项添加动作事件监听(处理)器:
        menuItemFileNew.addActionListener(new ActionHandler());
        menuItemFileOpen.addActionListener(new ActionHandler());
        menuItemFileSaveAs.addActionListener(new ActionHandler());

        checkBoxMenuItemEditAutoWrap.addActionListener(new ActionHandler());
        menuItemEditCut.addActionListener(new ActionHandler());
        menuItemEditCopy.addActionListener(new ActionHandler());
        menuItemEditPaste.addActionListener(new ActionHandler());

        menuItemHelpAbout.addActionListener(new ActionHandler());

        //弹出菜单项添加动作事件监听(处理)器:
        popupMenuItemCut.addActionListener(new ActionHandler());
        popupMenuItemCopy.addActionListener(new ActionHandler());
        popupMenuItemPaste.addActionListener(new ActionHandler());

        fileChooser.setFileFilter(fileFilter);          //文件对话框设置过滤器
    }

    //菜单项和按钮的动作事件监听处理类(内部类):
    private class ActionHandler implements ActionListener{
        public void actionPerformed(ActionEvent e){
            if( e.getSource() == buttonCut
                    || e.getSource() == menuItemEditCut
                    || e.getSource() == popupMenuItemCut){
                textArea.cut();
            }
            else if( e.getSource() == buttonCopy
                    || e.getSource() == menuItemEditCopy
                    || e.getSource() == popupMenuItemCopy){
                textArea.copy();
            }
            else if( e.getSource() == buttonPaste
                    || e.getSource() == menuItemEditPaste
                    || e.getSource() == popupMenuItemPaste){
                textArea.paste();
            }
            else if(e.getSource() == menuItemFileNew){
                newFile();                              //调用新建文件方法
            }
```

```java
        else if(e.getSource() == menuItemFileOpen){
            openFile();                                 //调用打开文件方法
        }
        else if(e.getSource() == menuItemFileSaveAs){
            saveAsFile();                               //调用保存文件方法
        }
        else if(e.getSource() == checkBoxMenuItemEditAutoWrap ){
            if(checkBoxMenuItemEditAutoWrap.isSelected()){
                textArea.setLineWrap(true);             //设置文本区自动换行
            }
            else {
                textArea.setLineWrap(false);            //取消文本区自动换行
            }
        }
        else if(e.getSource() == menuItemHelpAbout){
            JOptionPane.showMessageDialog(null,"程序设计:张三\n2019 年 2 月");
        }
    }
}


private void newFile(){                                 //新建文件方法
    if(! textArea.getText().equals("")){
        saveFile();                                     //调用保存文件方法
    }
    textArea.setText(null);                             //清空文本区
    file = null;
    this.setTitle("简易记事本");
}


private void openFile(){                                //打开文件方法
    if(! textArea.getText().equals("")){
        saveFile();                                     //调用保存文件方法
    }
    int option = fileChooser.showOpenDialog(this);
    if (option == JFileChooser.APPROVE_OPTION){         //若单击"打开"按钮
        file = fileChooser.getSelectedFile();
        try{
            FileReader fr = new FileReader(file);       //构建文件字符输入流
            textArea.read(fr, null);                    //读输入流内容到文本区
            this.setTitle(file.getName() + " – 简易记事本");
            fr.close();                                 //关闭流
        }
        catch(IOException e){
            JOptionPane.showMessageDialog(this, "异常:" + e.getMessage());
        }
    }
}


private void saveFile(){                                //保存文件方法
    if ( file != null && file.exists() ){               //若文件已打开(存在)
```

简易记事本——工具栏与菜单

```
        try{
            FileWriter fw = new FileWriter(file);          //构建文件字符输出流
            textArea.write(fw);                            //文本区内容写到输出流
            fw.close();                                    //关闭流
        }
        catch(IOException e){
            JOptionPane.showMessageDialog(this, "异常:" + e.getMessage());
        }
    }
    else{
        saveAsFile();                                      //调用另存为文件方法
    }
}

private void saveAsFile(){                                 //另存为文件方法
    int option = fileChooser.showSaveDialog(this);
    if (option == JFileChooser.APPROVE_OPTION){            //若单击"保存"按钮
        file = fileChooser.getSelectedFile();
        try{
            FileWriter fw = new FileWriter(file);          //构建文件字符输出流
            textArea.write(fw);                            //文本区内容写到输出流
            this.setTitle(file.getName() + " - 简易记事本");
            fw.close();                                    //关闭流
        }
        catch(IOException e){
            JOptionPane.showMessageDialog(this, "异常:" + e.getMessage());
        }
    }
}


//Ex4.java 文件:
public class Ex4 {                                         //主类
    public static void main(String[] args) {
        new Frame4();
    }
}
```

程序运行时,显示如图 17-5(a)所示的主界面,在中间的文本区中输入和编辑文本,其中文本剪切、复制和粘贴操作既可使用"编辑"菜单,也可使用工具栏按钮或快捷菜单。当执行"文件"|"另存为"菜单项时,显示如图 17-5(b)所示的"保存"文件对话框。当执行"文件"|"打开"菜单项时,显示如图 17-5(c)所示的"打开"文件对话框,选择了文件后,文件名会显示在主界面的标题栏上,如"abc.txt - 简易记事本"。如果文本区有内容,并且还没有存盘,则执行"打开"菜单时,首先显示"保存"文件对话框,以便选择文件进行存盘,然后才显示"打开"文件对话框。如果已有存盘文件,则弹出"打开"文件对话框之前自动存盘。当执行"文件"|"新建"菜单项时,如果文本区有内容并且已经打开了文件,则自动存盘,然后清空文本区;如果文本区有内容但还没有打开文件,则先弹出"保存"文件对话框,以便选择文件来保存

文本区已有的内容,然后才清空文本区。当执行"帮助"|"关于"菜单项时,显示图 17-5(d)所示的消息框。

当单击"编辑"|"自动换行"复选框菜单项时,进行勾选或取消勾选操作。如果是勾选状态,则一行文字太长,超出文本区宽度时,文本自动换行,这时不会显示水平滚动条。如果不是勾选状态,一行文本超出行宽时,文本区下面显示水平滚动条。这时的文本不会自动换行,除非按 Enter 键。

## 17.6  本 章 小 结

工具栏放置按钮等组件,简明直观。按钮可只放图标,使用工具提示文本说明功能。

菜单分为主菜单和弹出菜单。两种菜单都可按需要分层设计,形成多级菜单。

实现菜单功能要编写菜单项事件处理代码。

## 17.7  习  题  17

1. 菜单组成的基本要素不包括(　　)。
   A. 菜单栏　　　　　　　B. 菜单框　　　　　C. 菜单　　　　　　　D. 菜单项
2. 下列选项中,可以响应鼠标单击事件的是(　　)。
   A. JMenuItem　　　　　B. JPopupMenu　　　C. JMenuBar　　　　D. JToolBar
3. 若要增加菜单分割线可使用方法(　　)。
   A. addLine()　　　　　　　　　　　　　　　B. addSeparator()
   C. insertItem(String)　　　　　　　　　　D. insertLine()
4. 下列关于菜单的叙述中,正确的是(　　)。
   A. 菜单分三级定义,最高一级的是菜单条,菜单条中放菜单,菜单中放菜单项
   B. 菜单分三级定义,最高一级的是菜单,菜单中放菜单条,菜单条中放菜单项
   C. 菜单分两级定义,最高一级的是菜单,菜单中放菜单项
   D. 菜单分两级定义,最高一级的是菜单条,菜单条中放菜单项
5. 编写窗体界面程序。设计一个窗体,包含一个多行文本框,显示文件菜单,菜单有新建文件、打开文件、关闭文件和退出等内容。

## 17.8  实训 17:简易记事本

1. 编写简易记事本程序。要求使用两个类:一是主界面窗体类,二是主类。在窗体中部的文本区里输入和编辑文本,其中剪切、复制和粘贴文本既可使用编辑菜单,也可使用工具栏按钮和快捷菜单。通过执行菜单,能使用文件对话框打开和保存文件。程序运行界面参见图 17-1、图 17-3 和图 17-5。

**提示**:主界面窗体类代码架构参考如下,具体语句参见例 17-1~例 17-4。

```
//NotepadFrame1.java 文件:
import …
```

```java
public class NotepadFrame1 extends JFrame {
    JToolBar toolBar = new JToolBar("工具栏");                    //工具栏
    …
    JMenuBar menuBar = new JMenuBar();                          //菜单栏
    …
    JPopupMenu popupMenu = new JPopupMenu();                    //弹出菜单
    …
    JFileChooser fileChooser = new JFileChooser();             //文件选择器(对话框)
    FileNameExtensionFilter fileFilter = …                      //文件扩展名过滤器
    File file;

    public NotepadFrame1(){ … }                                //构造方法
    private void initialize(){ … }                             //初始化方法
    private class ActionHandler implements ActionListener{ … }     //动作事件监听类
    private void newFile(){ … }                                //新建文件方法
    private void openFile(){ … }                               //打开文件方法
    private void saveFile(){ … }                               //保存文件方法
    private void saveAsFile(){ … }                             //另存为文件方法
}
```

2. 在第 1 题基础上增加记事本程序功能,界面如图 17-6 所示。一是增加文件"保存"菜单项;二是修改文本框内容后,如果要新建或打开文件,或者退出程序,则弹出一个确认框,提示是否保存。三是在"保存"文件对话框输入文件名时,没有.txt 会自动添加。

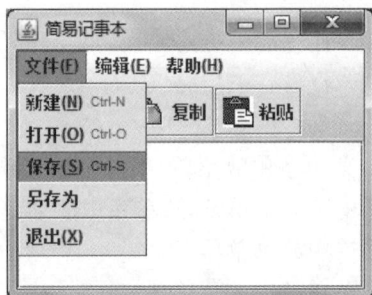

(a) 文件"保存"菜单项　　　　　　　　　　　　(b) 保存修改确认框

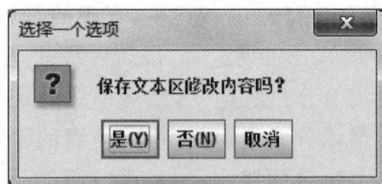

图 17-6　增加简易记事本功能

提示:部分代码参考如下。

```java
//NotepadFrame2.java 文件:
public class NotepadFrame2 extends JFrame {                    //简易记事本窗体
    …
    private String firstText = "";                             //文本区最初内容
    private String lastText = "";                              //文本区最后内容
    …
    this.setDefaultCloseOperation(JFrame.DO_NOTHING_ON_CLOSE);    //关闭窗体不作为
    …
    private class WindowHandler extends WindowAdapter{         //窗体事件监听类(内部类)
        public void windowClosing(WindowEvent e){
```

```java
        exitProgram();
    }
}

private void newFile(){                            //新建文件方法
    if(isSaveUpdate()){ saveFile(); }              //调用保存文件方法
    …
    firstText = lastText = "";
}

private void openFile(){                           //打开文件方法
    if(isSaveUpdate()){ … }                        //调用保存文件方法
    …
}

private void saveAsFile(){                         //另存为文件方法
    int option = fileChooser.showSaveDialog(this);
    if (option == JFileChooser.APPROVE_OPTION){    //若单击"保存"按钮
        …
        String strFile =   file.toString();
        strFile = strFile.endsWith(".txt") ? strFile : strFile + ".txt";
        file = new File(strFile);                  //自动加文件后缀.txt
        …
    }
}

private void exitProgram(){                        //退出程序方法
    if(isSaveUpdate()){ saveFile(); }
    System.exit(0);
}

private boolean isSaveUpdate(){                     //是否保存修改后内容
    lastText = textArea.getText();
    if(!firstText.equals(lastText) && JOptionPane.showConfirmDialog(
        this, "保存文本区修改内容吗?") == JOptionPane.YES_OPTION ){
            return true;
    } else{   return false; }
}
}
```

# 第18章  绘图——窗体与画布

## 能力目标

- 掌握 Graphics 类的绘图、绘文字方法;
- 能选取不同的颜色和字体进行绘制;
- 能在窗体和画布上绘制图形和图像;
- 能编写手动绘制直线、矩形、圆和椭圆的应用程序。

ch18.1

## 18.1  任 务 预 览

本章实训要编写手动绘图程序,运行结果如图 18-1 所示。

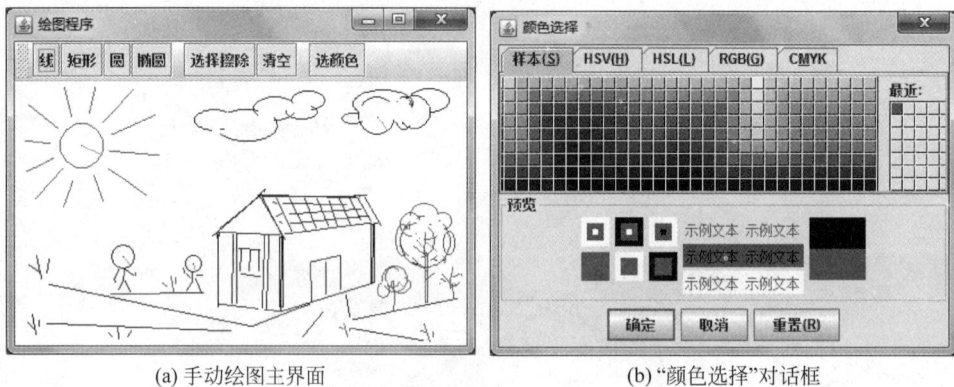

(a) 手动绘图主界面                                  (b) "颜色选择"对话框

图 18-1  实训程序运行界面

ch18.2

## 18.2  窗 体 绘 图

在 JFrame 等容器上能绘制图形。容器根类 Container 提供了绘图方法 paint。

**【例 18-1】** 编写绘图程序,使用窗体绘制太极图和文件图像。运行结果如图 18-2 所示。

**分析**:太极图由黑白分明、动感强烈的两条鱼构成,代表不断变化的阴阳两极,隐喻事物好和坏两个方面并非永恒不变,会随着时间环境迁移而转变。

从线条的角度观看,太极图由 5 部分组成:一个大圆、内部上下平滑连接的两个半圆(构成 S 形)和两个代表鱼眼的小圆。

从块状的角度看,则由 6 部分叠加而成,并且两两成对称状:左半部的黑半圆和右半部的白半圆,上半部叠加代表鱼头的白半圆和下半部代表鱼头的黑半圆,最后嵌入代表白鱼眼的小黑圆和黑鱼眼的小白圆。

图 18-2　在窗体上绘图

设大圆半径为 r,则鱼头所在的圆半径为 r/2,鱼眼的半径则为 r/8。程序如下:

```java
//Frame1.java 文件:
import java.awt.*;
import javax.swing.JFrame;

public class Frame1 extends JFrame {
    private static final long serialVersionUID = 1L;
    private Image img = this.getToolkit().createImage("cock.jpg");     //图像

    public Frame1(){                                         //构造方法
        this.setTitle("绘制图形图像");
        this.setBounds(100, 100, 360, 200);
        this.setDefaultCloseOperation(JFrame.EXIT_ON_CLOSE);
        this.setVisible(true);
    }

    public void paint(Graphics g){                           //绘制方法
        int width = this.getWidth();                         //窗体宽度
        int height = this.getHeight();                       //窗体高度
        int r = (height - 60)/2;                             //大圆半径
        g.setColor(Color.WHITE);                             //设置画笔为白色
        g.fillRect(0, 0, width, height);                     //填充矩形界面(白底色)
        //绘制太极图:
        g.setColor(Color.BLACK);                             //设置画笔为黑色
        g.fillArc(10, 50, 2 * r, 2 * r, 90, 180);            //左半部填充黑半圆
        g.drawArc(10, 50, 2 * r, 2 * r, -90, 180);           //右半部线框白半圆
        g.setColor(Color.WHITE);                             //设置画笔为白色
        g.fillArc(10 + r/2, 50, r, r ,90, 180);              //上半部白半圆(鱼头)
        g.setColor(Color.BLACK);                             //设置黑色
        g.fillArc(10 + r/2, 50 + r, r, r, -90,180);          //下半部黑半圆(鱼头)
        g.fillOval(10 + (7 * r)/8, 50 + 3 * r/8, r/4, r/4);  //上半部小黑圆(鱼眼)
        g.setColor(Color.WHITE);                             //设置画笔为白色
        g.fillOval(10 + (7 * r)/8, 50 + 11 * r/8, r/4, r/4); //下半部小白圆(鱼眼)

        g.drawImage(img, 50 + 2 * r, 50, 2 * r, 2 * r, this); //给定位置和尺寸绘图像
    }
}
```

```
//Ex1.java 文件:
public class Ex1 {                                           //主类
    public static void main(String[] args) {
        new Frame1();
    }
}
```

执行程序,绘制方法 paint(Graphics g)自动执行,运行过程中,每次改变窗体大小,也会自动执行。因此所绘制的太极图能自动适应窗体高度的变化,窗体高度改变,太极图尺寸也跟着改变。由于窗体标题和边框占有一定空间,所以编程时要作相应处理。

绘制方法 paint 在页面加载、改变尺寸、刷新时自动执行。但要绘制圆、圆弧等图形,需在方法体中调用 Graphics 类相关的方法;绘制文件图像(如雄鸡图)则要调用 Graphics 类的 drawImage 方法。

---

💡注意:用 Eclipse 编程,图像文件要放在项目的根目录。paint 方法除了自动执行,还可通过调用组件的重绘方法(repaint)执行。repaint 方法没有参数,执行 repaint 方法首先调用更新方法 update(Grahpics g),然后由其传递参数 g 执行 paint 方法。

---

## 18.2.1　图形上下文类 Graphics

ch18.2.1

在 paint 方法中用到 Graphics 类,它是图形上下文(图形环境)的抽象类,其对象不能直接构造,要从其他图形上下文中获取,或通过调用组件的 getGraphics()方法获取。

Graphics 对象封装了绘制颜色、字体、坐标系以及被绘组件等多种信息,可简单地理解为一支"画笔"。通过调用该"画笔"的绘图方法,能绘制几何图形、图像和文字。

Graphics 类常用方法如下。

(1) void setColor(Color c):设置"画笔"颜色。

(2) Color getColor():获取"画笔"当前颜色。

(3) void drawLine(int x1, int y1, int x2, int y2):用当前颜色在两点之间画一条直线段。4 个参数是两个端点的坐标,坐标的类型是整型,单位是像素(点)。

绘制图形涉及坐标系,图形上下文的坐标系就是其所处的容器组件坐标系,坐标原点位于组件的左上角。

(4) void drawRect(int x, int y, int width, int height):给定左上角的坐标(x, y)、宽度 width 和高度 height,绘制矩形线框。矩形的左边和右边分别位于横坐标 x 和 x+width 处,上边和下边分别位于纵坐标 y 和 y+height 处。若宽度或高度为负数,则绘制填充矩形。

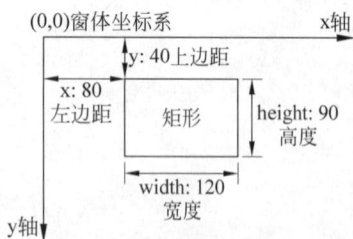

如要在窗体上用方法 drawRect(80,40,120,90)画矩形,各参数含义如图 18-3 所示。

下列方法涉及矩形的均有与本方法相同的 4 个参

图 18-3　窗体绘矩形示意图

数,即左边距、上边距、宽度和高度,简记为"左、上、宽、高"。

（5）void fillRect(int x, int y, int width, int height)：绘制填充(实心)矩形。

（6）void drawOval(int x, int y, int width, int height)：绘制椭圆(线框),椭圆外接于 4 个参数指定的矩形。椭圆覆盖区域的宽度为 width+1,高度为 height+1。如果宽、高相等,则变成一个圆,所以绘圆也是调用该方法。

（7）void fillOval(int x, int y, int width, int height)：绘制填充(实心)椭圆,椭圆外接于由 4 个参数指定位置和大小的矩形。参数的含义同方法(6)。

（8）void drawArc(int x, int y, int width, int height, int startAngle, int arcAngle)：绘制外接指定矩形的椭圆弧(线框)。弧的中心就是矩形中心,矩形位置和大小由前 4 个参数指定。最后两个参数是弧的起始角和跨越的角度(即弧度)。其中 0°角位于时钟 3 点钟位置(正右边),角度可正可负,正为逆时针方向,负是顺时针。角度由外接矩形指定,45°角位于从椭圆中心到外接矩形右上角的连线上。如：

```
g.drawArc(10,50, 2 * r, 2 * r, -90, 180);              //绘太极图右半部线框白半圆
```

（9）void fillArc(int x, int y, int width, int height, int startAngle, int arcAngle)：绘制填充椭圆弧,即椭圆扇区。参数的含义同方法(8)。

（10）void drawRoundRect(int x, int y, int width, int height, int arcWidth, int arcHeight)：绘制圆角矩形(线框)。前两个参数指定矩形的位置和大小,后两个参数分别是矩形圆角弧的宽度和高度。

（11）void fillRoundRect(int x, int y, int width, int height, int arcWidth, int arcHeight)：绘制填充(实心)圆角矩形。参数含义同方法(10)。

（12）void drawPolygon(int[] xPoints, int[] yPoints, int nPoints)：绘制闭合多边形,前两个参数是 x 和 y 坐标数组,用于定义各个端点,后一个参数给出端点总数(也是边数)。

（13）void fillPolygon(int[] xPoints, int[] yPoints, int nPoints)：绘制填充(实心)多边形。参数含义同方法(12)。

（14）void setFont(Font font)：设置字体。

（15）Font getFont()：获取当前字体。

（16）void drawString(String str, int x, int y)：使用图形上下文当前字体和颜色,绘制给定的字符串文本。后两个参数是文本起始处左侧基线的坐标。

（17）void drawChars(char[] data, int offset, int length, int x, int y)：绘制指定字符数组的文本。其中,参数 offset 是要绘制的数组元素起始索引,length 是要绘制的元素个数,即字符数。

（18）void drawBytes(byte[] data, int offset, int length, int x, int y)：绘制指定字节数组的文本。

Graphics 类绘制图像方法有多种重载形式,下面是其中的两种：

（19）boolean drawImage(Image img, int x, int y, ImageObserver observer)：在给定位置绘制图像。最后一个参数是图像观察器,可指定为当前对象 this,或设为 null。

（20）boolean drawImage(Image img, int x, int y, int width, int height, ImageObserver

observer)：在给定的位置、按给定尺寸绘制图像。图像按比例缩放到指定的尺寸。例 18-1 调用了这种形式的方法。

💡 注意：Graphics 有一个派生子类 Graphics2D，具有设置画笔线宽等二维功能。

### 18.2.2　工具包类 Toolkit

例 18-1 程序绘制图像时，用到图像文件和图像对象。由图像文件创建图像对象，使用了窗体的 getToolkit 方法。该方法返回工具包类 Toolkit 对象，然后再调用 createImage 方法创建图像对象。

Toolkit 类位于 java.awt 包中，本身是抽象类，不能直接构建对象，其方法由其他类实现。除了 createImage 方法，也可用 getImage 方法返回图像对象。

工具包类 Toolkit 关于构建图像的部分方法如下：

(1) Image createImage(String filename)：创建指定文件的图像对象。

(2) Image createImage(URL url)：创建指定 URL 处的图像对象。

统一资源定位(Uniform Resource Locator,URL)类参数给出图像文件的位置。

(3) Image getImage(String filename)：返回给定文件的图像对象。

(4) Image getImage(URL url)：返回给定 URL 处的图像对象。

Image 类的图像为像素(非矢量)，对应的图像文件格式是 GIF、JPEG 或 PNG。

(5) static Toolkit getDefaultToolkit()：获取默认的工具包。该方法是静态的，使用类名 Toolkit 作前缀调用，即 Toolkit.getDefaultToolkit()。

构建图像对象可以调用方法(5)和方法(2)来完成，如：

```
Image img = Toolkit.getDefaultToolkit().createImage("cock.jpg");
```

### 18.2.3　在窗体中手动绘图

例 18-1 在窗体中绘制固定形状的太极图，下面编写手动绘图程序。

【例 18-2】　编写在窗体中用鼠标手动绘图的程序。运行结果如图 18-4 所示。

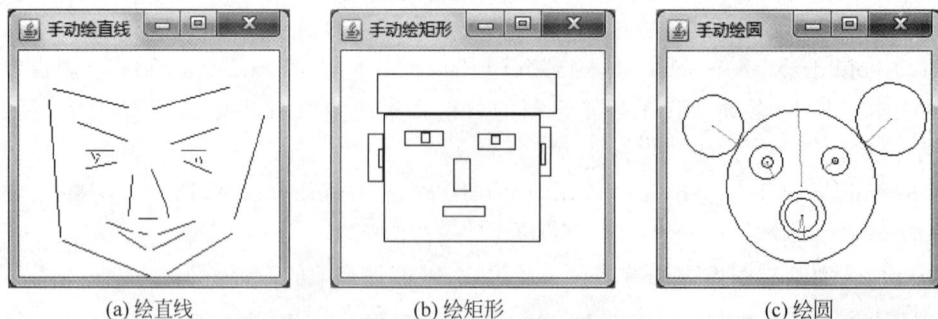

(a)绘直线　　　　　　　　(b)绘矩形　　　　　　　　(c)绘圆

图 18-4　在窗体上使用鼠标手动绘图

代码如下：

```
//Frame2.java 文件:
import javax.swing.*;
import java.awt.*;
import java.awt.event.*;

public class Frame2 extends JFrame{                          //窗体类
    private static final long serialVersionUID = 1L;
    public Frame2(){                                         //构造方法
        this.setTitle("手动绘直线");
        this.setBounds(100, 100, 210, 200);
        this.setDefaultCloseOperation(JFrame.EXIT_ON_CLOSE);
        this.addMouseListener(new MouseHandler());           //添加鼠标事件监听器
        this.setVisible(true);
    }

    //鼠标事件监听处理类(窗体内部类),功能是拖动鼠标在窗体绘制直线段:
    private class MouseHandler extends MouseAdapter{
        private int x1, y1, x2, y2;
                                                             //直线段起点和终点坐标
        public void mousePressed(MouseEvent e){              //按下鼠标键
            x1 = e.getX();                                   //获取起点坐标
            y1 = e.getY();
        }
        public void mouseReleased(MouseEvent e){             //释放鼠标键
            x2 = e.getX();                                   //获取终点坐标
            y2 = e.getY();
            Graphics g = getGraphics();                      //获取窗体画笔(图形上下文)
            g.drawLine(x1, y1, x2, y2);                      //绘直线
        }
    }

    public void paint(Graphics g){                           //绘制方法
        g.setColor(Color.WHITE);                             //设置画笔为白色
        g.fillRect(0, 0, this.getWidth(), this.getHeight()); //白色填充矩形(底色)
    }
}

//Ex2.java 文件:
public class Ex2 {                                           //主类
    public static void main(String[] args) {
        new Frame2();
    }
}
```

ch18.2.3_1

程序运行时自动调用绘制方法 paint，在窗体界面上绘制填充型白色矩形，相当于打上一层白的底色。然后在窗体上拖动鼠标绘制直线段。一次运行结果如图 18-4(a)所示。

💡 注意：类内部定义的类，若只在本类使用，则可用 private 修饰，如 MouseHandler。

281

第
18
章

ch18.2.3_2

如果要手动绘制矩形,可以把例 18-2 中的绘直线方法改为下面方法:

```
        g.drawRect(x1, y1, x2 - x1, y2 - y1);                    //绘制矩形
```

但这时只能拖动鼠标沿左上角到右下角的方向绘矩形(线框),沿其他方向则绘实心矩形,因为这时矩形的宽度 x2-x1 或高度 y2-y1 为负数。

Graphics 类只提供 4 个参数(左、上、宽、高)的方法绘制矩形。为了在任意对角方向拖动鼠标都能绘制矩形,把例 18-2 中的 MouseHandler 内部类中的 mouseReleased 方法修改为如下代码:

```
public void mouseReleased(MouseEvent e){              //释放鼠标键
    x2 = e.getX();                                     //获取终点坐标
    y2 = e.getY();
    Graphics g = getGraphics();                        //获取窗体画笔(图形上下文)
    int x, y, width, height;                           //矩形参数左、上、宽、高
    x = x1 < x2 ? x1 : x2;                             //x 坐标取两点中最小值
    y = y1 < y2 ? y1 : y2;                             //y 坐标取两点中最小值
    width = Math.abs(x2 - x1);                         //矩形宽度取绝对值
    height = Math.abs(y2 - y1);                        //矩形高度取绝对值
    g.drawRect(x, y, width, height);                   //绘制矩形
}
```

然后把构造方法中 setTitle 方法参数改为"手动绘矩形"。再运行程序,沿任意对角方向(右下到左上、右上到左下、左下到右上等)都可绘制矩形,一次运行结果如图 18-4(b)所示。

也可在在窗体中手动画圆。Graphics 类只提供了画椭圆的方法 drawOval,要画圆,只需设置相同的宽度和高度即可。不过,画椭圆方法的前两个参数是其外接矩形左上角的坐标,并非圆心坐标。由于画圆最简便直观的方式是选择圆心和半径,因此在拖动鼠标画圆时应该假设按下的点是圆心(而不是外接矩形的左上角),而释放鼠标的点应是圆周上的一点。这样两点之间的距离便是半径。

ch18.2.3_3

基于选择圆心和半径绘圆的思路,再次修改例 18-2 中的程序,把 MouseHandler 内部类的鼠标按下和鼠标释放方法改为下面的代码:

```
public void mousePressed(MouseEvent e){               //按下鼠标键
    x1 = e.getX();                                     //获取坐标
    y1 = e.getY();
    Graphics g = getGraphics();                        //获取画笔(图形上下文)
    g.drawLine(x1, y1, x1, y1);                        //画圆心
}
public void mouseReleased(MouseEvent e){              //释放鼠标键
    x2 = e.getX();                                     //获取坐标
    y2 = e.getY();
    Graphics g = getGraphics();                        //获取画笔(图形上下文)
    int dx = x2 - x1;                                  //两点横坐标之差
    int dy = y2 - y1;                                  //两点纵坐标之差
    int r = (int)Math.sqrt(dx * dx + dy * dy);         //计算圆的半径
```

```
      g.drawOval(x1 - r, y1 - r, 2 * r, 2 * r);          //画圆
      g.setColor(Color.LIGHT_GRAY);                       //设置亮灰色
      g.drawLine(x1, y1, x2, y2);                         //画半径
      g.setColor(Color.BLACK);                            //设置黑色
      g.drawLine(x1, y1, x1, y1);                         //补画圆心
}
```

再把构造方法中 setTitle 参数改为"手动绘圆"。最后运行程序,拖动鼠标手动画圆,一次运行结果如图 18-4(c)所示。

可见,结合鼠标事件,确实能在窗体中编写手动绘图程序。

# 18.3  颜色与字体

## 18.3.1  颜色类 Color

ch18.3.1～2

绘图要使用颜色,写文字也要使用颜色。图形上下文类与颜色有关的两个方法是
setColor 和 getColor。一般组件也有设置、获取前景色和背景色的方法 setForeground、
getForeground、setBackground 和 getBackground。这些都涉及颜色类及其对象。

颜色类 Color 常用构造方法如下。

(1) Color(int red, int green, int blue):构造由红、绿和蓝三原色组成的不透明颜色,
各颜色值均在 0～255 的范围内,在这个范围内的颜色值越大,浓度就越高。所合成的颜色
数多达 16M(256×256×256),堪称真彩色。

(2) Color(int red, int green, int blue, int alpha):构造由指定的红、绿、蓝三原色以及
透明度 alpha 组成的颜色,各颜色值和透明度均在 0～255 的范围内。其中,alpha 定义颜色
的透明度,值为 0 意味着颜色完全透明,为 255 则意味着颜色完全不透明。

红绿蓝这样常用的颜色,除了使用构造方法构建外,还可使用 Color 类的静态常量字段
表示。如红色可以用 Color.RED 表示。Color 类静态常量字段如表 18-1 所示。

表 18-1  Color 类静态常量字段

| 静态常量字段 | 颜　　色 | 使用构造方法构建 |
| --- | --- | --- |
| RED | 红色 | new Color(255, 0, 0) |
| GREEN | 绿色 | new Color(0, 255, 0) |
| BLUE | 蓝色 | new Color(0, 0, 255) |
| BLACK | 黑色 | new Color(0, 0, 0) |
| WHITE | 白色 | new Color(255, 255, 255) |
| YELLOW | 黄色 | new Color(255, 255, 0) |
| CYAN | 青色、蓝绿色 | new Color(0, 255, 255) |
| MAGENTA | 洋红色、红紫色 | new Color(255, 0, 255) |
| ORANGE | 橙色、桔黄色 | new Color(255, 200, 0) |
| PINK | 粉红色 | new Color(255, 175, 175) |
| LIGHT_GRAY | 浅灰色 | new Color(192, 192, 192) |
| GRAY | 灰色 | new Color(128, 128, 128) |
| DARK_GRAY | 深灰色 | new Color(64, 64, 64) |

💡注意：Color 类中的静态常量字段除了大写字母表示的，一般还有小写字母表示的，这是为了兼容 JDK 早期版本而设置的。为规范起见，建议使用大写字母的颜色字段。

## 18.3.2 颜色选择器类 JColorChooser 及其对话框

位于 javax.swing 包中的 JColorChooser 类提供颜色选择器，允许用户选择各种颜色。该类最常用的方法说明如下。

static Color showDialog(Component component，String title，Color initialColor)：显示有模式的颜色选择对话框，返回所选颜色。其中参数 component 是颜色对话框的父组件，可以为 null。参数 title 是颜色对话框的标题。第三个参数 initialColor 是初始设置的颜色。调用时 3 个参数都可设为 null。用类名作前缀直接调用，例如：

```
Color c = JColorChooser.showDialog(null, "颜色选择", Color.WHITE);
```

执行上面方法，显示如图 18-5(a)所示的"颜色选择"对话框。对话框有 5 个选项卡，单击"RGB(G)"选项卡，界面如图 18-5(b)所示。在每个选项卡中均可选取颜色，单击"确定"按钮返回所选中的颜色。如果单击"取消"按钮则返回 null 值。

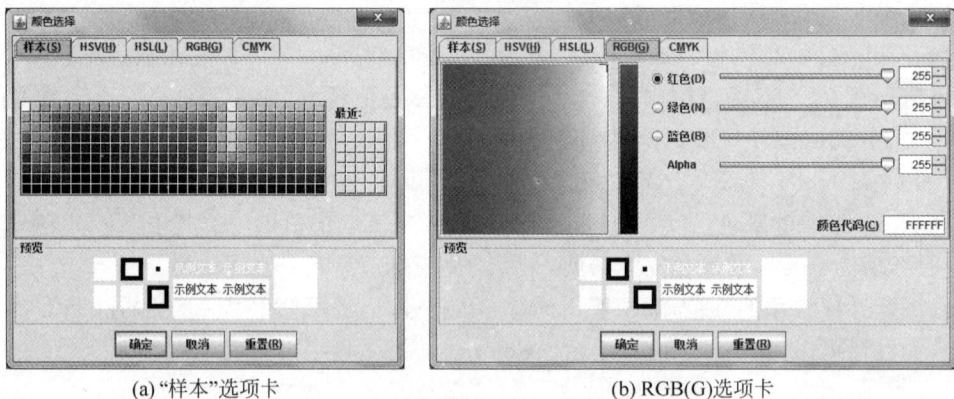

(a)"样本"选项卡　　　　　　　(b) RGB(G)选项卡

图 18-5　"颜色选择"对话框

## 18.3.3 字体类 Font

文本和字符串既可在组件中显示，也可通过 Graphics 对象绘制出来。至于显示或绘制什么风格的文字，如大号还是小号，就跟字体对象有关。

【例 18-3】 编写绘制文字的程序，在窗体内绘制不同颜色、不同种类、样式和字号的文字，运行结果如图 18-6 所示。

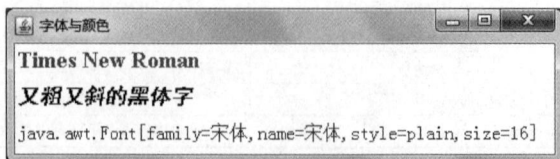

图 18-6　绘制不同颜色的字体

代码如下：

```
//Frame3.java 文件：
import javax.swing.*;
import java.awt.*;

publicclass Frame3 extends JFrame{                                    //窗体类
    private static final long serialVersionUID = 1L;
    public Frame3(){                                                  //构造方法
        this.setTitle("字体与颜色");
        this.setBounds(100, 100, 480, 140);
        this.setDefaultCloseOperation(JFrame.EXIT_ON_CLOSE);
        this.setVisible(true);
    }

    public void paint(Graphics g){                                    //绘制方法
        g.setColor(Color.WHITE);                                      //设置画笔为白色
        g.fillRect(0, 0, this.getWidth(), this.getHeight());          //绘白色填充矩形
        Font font;
        font = new Font("Times New Roman", Font.BOLD, 20);            //构建字体对象
        g.setFont(font);                                              //画笔设置字体
        g.setColor(Color.RED);                                        //画笔设置颜色
        g.drawString(font.getName(), 10, 60);                        //绘制字体名

        font = new Font("黑体", Font.BOLD|Font.ITALIC, 18);           //构建字体对象
        g.setFont(font);
        g.setColor(Color.BLACK);
        g.drawString("又粗又斜的黑体字", 10, 90);

        font = new Font("宋体", Font.PLAIN, 16);                      //构建字体对象
        g.setFont(font);
        g.setColor(Color.BLUE);
        g.drawString(g.getFont().toString(), 10, 120);               //绘制字体对象说明
    }
}

//Ex3.java 文件：
public class Ex3 {
    public static void main(String[] args) {
        new Frame3();
    }
}
```

字体类 Font 常用的方法如下。

（1）Font(String name，int style，int size)：给定名称、样式和字号，构建字体对象。

该构造方法有 3 个参数，第一个是字体名，例如"宋体""黑体"等，也可设为 null，表示默认的字体。第二个参数是字体的风格样式，取值于 Font 静态常量字段 PLAIN、BOLD 或 ITALIC，表示平体、粗体或斜体，它们之间可进行按位或运算（二进制按位相加但不进位），如"BOLD|ITALIC"，表示字体又粗又斜。第三个参数是字号，表示字体的磅值（point size）大小。

💡注意：1 磅等于用户坐标中的 1 个单位,如 1 个像素。

（2）String getFamily()：返回字体的家族名称,即字体的系列名。

（3）String getName()：返回字体名。

Java 平台有两种字体：物理字体和逻辑字体。物理字体是有字体库,即计算机中实际存在的字体,如宋体、仿宋、楷体、黑体、新宋体和 Times New Roman 等。逻辑字体是没有字体库,在计算机中实际不存在的字体。如不存在"宋体 2",于是"宋体 2"是逻辑字体。

Java 平台本身定义了 5 种逻辑字体,分别是 Serif、SansSerif、Monospaced、Dialog 和 DialogInput。这些逻辑字体虽然没有实际的字体库,但通过 Java 运行时环境可映射到一种或多种实际存在的物理字体。映射关系与语言环境有关,不同环境有不同的映射。

（4）int getStyle()：返回字体的样式。

（5）int getSize()：返回字体的字号(大小)。

（6）String toString()：将字体对象转换为字符串(说明)形式。

# 18.4 Canvas 画布绘图

在 JFrame 和 JPanel 等容器上可以绘图,也可在画布 Canvas 对象上绘图。

ch18.4

顾名思义,画布就是在上面绘图作画的"帆布",是专门用于绘图的组件。不过,画布不是容器,不能在上面放置别的组件,也不能单独存在,必须放在窗体等容器上面。

调用 Canvas 类不带参数的构造方法,可构造一个画布对象,如 new Canvas()。

【例 18-4】 编写在画布中手动绘图程序。一次运行结果如图 18-7 所示。

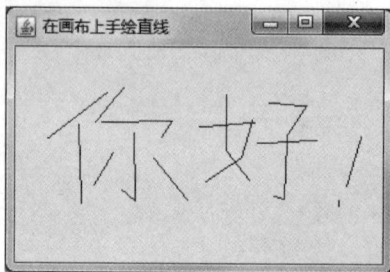

图 18-7　画布手动绘图

代码如下：

```java
//Frame4.java 文件:
import javax.swing.*;
import java.awt.*;
import java.awt.event.*;

public class Frame4 extends JFrame{                          //窗体类
```

```java
    private static final long serialVersionUID = 1L;
    Canvas canvas = new Canvas();                           //画布

    public Frame4(){                                        //构造方法
        this.setTitle("在画布上手绘直线");
        this.setBounds(100, 100, 300, 200);
        this.setDefaultCloseOperation(JFrame.EXIT_ON_CLOSE);
        canvas.addMouseListener(new MouseHandler());        //画布添加鼠标监听器
        this.add(canvas, BorderLayout.CENTER);              //窗体添加画布
        this.setVisible(true);
    }

    //鼠标事件监听处理类(窗体内部类):拖动鼠标绘直线
    private class MouseHandler extends MouseAdapter{
        int x1, y1, x2, y2;                                 //线段起点终点坐标
        public void mousePressed(MouseEvent e){             //按下鼠标键
            x1 = e.getX();
            y1 = e.getY();
        }
        public void mouseReleased(MouseEvent e){            //释放鼠标键
            x2 = e.getX();
            y2 = e.getY();
            Graphics g = canvas.getGraphics();              //获取画布画笔
            g.drawLine(x1, y1, x2, y2);                     //画直线
        }
    }
}

//Ex4.java 文件:
public class Ex4 {
    public static void main(String[] args) {
        new Frame4();
    }
}
```

  构建一个画布对象,并把它放在窗体中部。执行程序,在画布上拖动鼠标,通过在画布中获取图形上下文(画笔),绘制出直线段。

  参照 18.2.3 节的代码,也可在画布上手动绘制矩形和圆。

  例 18-4 程序只能绘制一种图形,通过设置按钮或菜单,能有选择地绘制不同的图形。

  【例 18-5】 编写在画布中手动绘图的程序,通过工具栏按钮选择,能绘制直线、矩形、圆和椭圆,并具有橡皮擦式的"擦除"功能。运行结果如图 18-8 所示。

  "椭圆"和"选择擦除"均采取对角矩形方式进行。单击"椭圆"按钮后,通过拖动鼠标选择矩形两个对角点而画其内接的椭圆。单击"选择擦除"按钮时,光标变为手指状🖑,这时拖动鼠标选择矩形对角点以擦除其内部的图形;当单击绘图按钮时,光标又变为默认箭头状🖺。

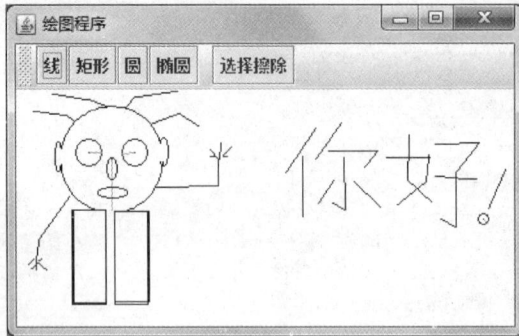

图 18-8　手动选择绘图

代码如下:

```java
//Frame5.java 文件源程序:
import javax.swing.*;
import java.awt.*;
import java.awt.event.*;

public class Frame5 extends JFrame{                          //绘图窗体类
    private static final long serialVersionUID = 1L;
    private JToolBar tb = new JToolBar("工具栏");
    private int butNum = 1;                                  //按钮编码
    private JButton butLine = new JButton("线");             //编码 1
    private JButton butRect = new JButton("矩形");           //编码 2
    private JButton butCircle = new JButton("圆");           //编码 3
    private JButton butOval = new JButton("椭圆");           //编码 4
    private JButton butErase = new JButton("选择擦除");      //编码 5
    private MyCanvas canvas = new MyCanvas();                //画布
    private Color color = Color.BLACK;                       //颜色

    public Frame5(){                                         //构造方法
        this.setTitle("绘图程序");
        this.setBounds(100, 100, 400, 250);
        this.setDefaultCloseOperation(JFrame.EXIT_ON_CLOSE);
        initialize();
        this.setVisible(true);
    }

    private void initialize(){                               //初始化方法
        tb.add(butLine);
        tb.add(butRect);
        tb.add(butCircle);
        tb.add(butOval);
        tb.addSeparator();
        tb.add(butErase);
        this.add(tb, BorderLayout.NORTH);
        this.add(canvas, BorderLayout.CENTER);
```

```java
        butLine.addActionListener(new ActionHandler());           //按钮委托事件监听
        butRect.addActionListener(new ActionHandler());
        butCircle.addActionListener(new ActionHandler());
        butOval.addActionListener(new ActionHandler());
        butErase.addActionListener(new ActionHandler());
    }

    //按钮动作事件监听处理类(窗体内部类):
    private class ActionHandler implements ActionListener{
        public void actionPerformed(ActionEvent e){
            canvas.setCursor(Cursor.getDefaultCursor());           //设置默认光标
            if (e.getSource() == butLine){
                butNum = 1;
            }
            else if (e.getSource() == butRect){
                butNum = 2;
            }
            else if (e.getSource() == butCircle){
                butNum = 3;
            }
            else if (e.getSource() == butOval){
                butNum = 4;
            }
            else if (e.getSource() == butErase){
                butNum = 5;
                canvas.setCursor(new Cursor(Cursor.HAND_CURSOR));//设置手状光标
            }
        }
    }

    //自定义画布类(窗体内部类):
    private class MyCanvas extends Canvas {
        private static final long serialVersionUID = 2L;
        private int x1, y1, x2, y2;

        private void diagonal(){                                   //两点转对角矩形方法
            int x, y, width, height;                               //矩形参数(左上宽高)
            x = x1 < x2 ? x1 : x2;                                 //x 坐标是两点中最小的
            y = y1 < y2 ? y1 : y2;                                 //y 坐标是两点中最小的
            width = Math.abs(x2 - x1);                             //矩形宽度
            height = Math.abs(y2 - y1);                            //矩形高度
            x1 = x; y1 = y; x2 = width; y2 = height;               //两点坐标转对角矩形参数
        }

        public MyCanvas(){                                         //画布构造方法
            this.addMouseListener(new MouseHandler());             //画布委托事件
        }

        //画布的鼠标事件监听处理类(画布内部类)——拖动鼠标绘图:
        private class MouseHandler extends MouseAdapter{
```

绘图——窗体与画布

```java
        public void mousePressed(MouseEvent e){          //按下鼠标键
            x1 = e.getX();
            y1 = e.getY();
            if (butNum == 1||butNum == 2||butNum == 3){   //如果画线、矩形或圆
                Graphics g = getGraphics();               //获取画布画笔
                g.setColor(color);
                g.drawLine(x1, y1, x1, y1);               //画第一点或圆心
            }
        }

        public void mouseReleased(MouseEvent e){          //释放鼠标键
            x2 = e.getX();
            y2 = e.getY();
            Graphics g = getGraphics();                   //获取画布画笔
            g.setColor(color);
            if (butNum == 1) {                            //若是画线
                g.drawLine(x1, y1, x2, y2);               //画直线
            }
            else if (butNum == 2) {                       //若是画矩形(对角画)
                diagonal();                               //调用两点转对角矩形方法
                g.drawRect(x1, y1, x2, y2);               //画矩形
            }
            else if (butNum == 3) {                       //若是画圆
                int dx = x2 - x1;                         //两点横坐标之差
                int dy = y2 - y1;                         //两点纵坐标之差
                int r = (int)Math.sqrt(dx * dx + dy * dy); //计算圆的半径
                g.drawOval(x1 - r, y1 - r, 2 * r, 2 * r);  //画圆
                g.setColor(Color.LIGHT_GRAY);             //设置亮灰色
                g.drawLine(x1, y1, x2, y2);               //画半径
                g.setColor(Color.BLACK);                  //设置黑色
                g.drawLine(x1, y1, x1, y1);               //补画圆心
            }
            else if (butNum == 4) {                       //若是画椭圆(对角画)
                diagonal();                               //调用两点转对角矩形方法
                g.drawOval(x1, y1, x2, y2);               //画椭圆
            }
            else if (butNum == 5) {                       //选择擦除(对角矩形图)
                diagonal();                               //调用两点转对角矩形方法
                g.setColor(Color.WHITE);
                g.fillRect(x1, y1, x2, y2);               //用白色填充矩形(擦除)
            }
        }
    }

    public void paint(Graphics g){                        //画布绘制方法
        g.setColor(Color.WHITE);
        g.fillRect(0, 0, this.getWidth(), this.getHeight()); //白色打底
    }
  }
}
```

```
//Ex5.java 文件:
public class Ex5 {
    public static void main(String[] args) {
        new Frame5();
    }
}
```

　　程序定义了两个类:窗体类 Frame5 和主类 Ex5。作为窗体类的字段,声明了一个工具栏和放在工具栏上的 5 个按钮("线""矩形""圆""椭圆"和"选择擦除")。窗体类字段还有按钮编码和画布等。窗体类内部又定义了两个类:一是 ActionHandler 类,用于各个按钮动作事件监听和处理;二是自定义的画布类 MyCanvas。在 MyCanvas 类内部,又定义了 MouseHandler 类,用于画布鼠标事件的监听和处理。单击 5 个按钮之一,拖动鼠标在画布上绘制直线、矩形、圆或椭圆,或者擦除鼠标拖曳区域内图形。当单击"选择擦除"图形按钮时,光标变成手指状🖑,单击其他 4 个绘图按钮,光标又恢复为箭头状🖾。

## 18.5　光标类 Cursor

ch18.5

　　例 18-5 程序关于光标形状的改变部分,涉及光标类 Cursor 以及画布从 Component 继承而来的设置光标方法 setCursor,这些代码如下:

```
canvas.setCursor(Cursor.getDefaultCursor());              //设置画布默认光标
canvas.setCursor(new Cursor(Cursor.HAND_CURSOR));         //设置画布手状光标
```

　　光标类 Cursor 位于 java.awt 包,常用字段和方法如下。

(1) static final int CROSSHAIR_CURSOR:十字光标类型字段。

(2) static final int DEFAULT_CURSOR:默认光标类型🖾字段。

(3) static final int HAND_CURSOR:手状光标类型🖑字段。

(4) static final int MOVE_CURSOR:移动光标类型字段。

(5) static final int TEXT_CURSOR:文字光标类型字段。

(6) static final int WAIT_CURSOR:等待光标类型字段。

(7) Cursor(int type):构造方法,用指定光标类型构造一个光标对象。

(8) static Cursor getDefaultCursor():返回默认类型的光标对象。

## 18.6　本 章 小 结

　　在窗体面板等容器和画布上,使用图形上下文"画笔"绘制图形、文字和图像。

　　直线、矩形、椭圆、圆、圆弧和扇形等几何图形直接调用相关方法绘制。

　　使用鼠标手动绘图需处理鼠标事件。

291

## 18.7　习　题　18

1. 程序绘图区域的坐标原点位于整个区域的(　　)。

A. 左上角　　　　　B. 右上角　　　　　C. 左下角　　　　　D. 右下角

2. 下列方法中,用于显示低层次图片代码的是(　　)。

A. update()　　　　B. paint()　　　　C. init()　　　　D. repaint()

3. 调用 repaint 方法,有可能(　　)。

A. 清除 paint 方法所画内容

B. 清除 paint 所画内容再次调用 paint 方法

C. 保留原来 paint 所画内容

D. 在 paint 所画基础上再次调用 paint 方法

4. 若要改变鼠标指针形状,可使用方法(　　)。

A. setShape　　　　B. setCrosshair　　　C. setCursor　　　D. setWait

5. 编程,执行时显示奥运五环旗。界面如图 18-9 所示,图案由五个尺寸相同的圆环交叉构成,颜色从左到右依次为蓝、黄、黑、绿、红。

图 18-9　奥运五环旗

## 18.8　实训 18:手动绘图

编写在画布中手动绘图程序,单击"工具栏"按钮选择绘制直线、矩形、圆和椭圆,也能选择擦除和清空图形,还能打开颜色对话框选颜色。运行界面参见图 18-1。

提示:部分代码参考如下。

```
//DrawFrame. java 文件(绘图窗体类源程序):
public class DrawFrame extends JFrame{                          //绘图窗体类
    private JToolBar tb = new JToolBar("工具栏");
    private int butNum = 1;                                      //按钮编码
    private JButton butLine = new JButton("线");                 //编码 1
    …
    private JButton butClear = new JButton("清空");              //编码 6
    private JButton butColor = new JButton("选颜色");            //编码 7
    private MyCanvas canvas = new MyCanvas();                    //画布
    private Color color = Color.BLACK;                           //颜色
```

```
    …
    public DrawFrame(){  …  }                                          //构造方法
    private void initialize(){  …  }                                   //初始化方法

    //按钮动作事件监听处理类(窗体内部类):
    private class ActionHandler implements ActionListener{
        public void actionPerformed(ActionEvent e){
            canvas.setCursor(Cursor.getDefaultCursor());               //设置默认光标
            if (e.getSource() == butLine){ butNum = 1; }
            …
            else if (e.getSource() == butClear){
                butNum = 6;
                canvas.repaint();                                      //清空所有图形
            }
            else if (e.getSource() == butColor){
                color = JColorChooser.showDialog(null, …);             //颜色选择对话框
            }
        }
    }


    //自定义画布类(窗体内部类):
    private class MyCanvas extends Canvas {
        …
        //画布的鼠标事件监听处理类(画布内部类)——拖动鼠标绘图:
        private class MouseHandler extends MouseAdapter{
            public void mousePressed(MouseEvent e){ … }                //按下鼠标键
            public void mouseReleased(MouseEvent e){ … }               //释放鼠标键
        }
        public void paint(Graphics g){ … }                            //画布绘制方法
    }
}
```

# 第 19 章

## 学生管理
## ——三层结构数据库编程

### 能力目标

- 能用 JDBC 连接数据库,能编写 Java 代码连接数据库;
- 能编写对数据库增加、删除、修改和查询的程序;
- 理解表示层、业务层和数据层,理解 N 层结构;
- 能编写三层结构的学生信息管理应用程序,并能打包发布。

ch19.1

## 19.1 任 务 预 览

本章实训编写三层结构学生信息管理程序,运行结果如图 19-1 所示。

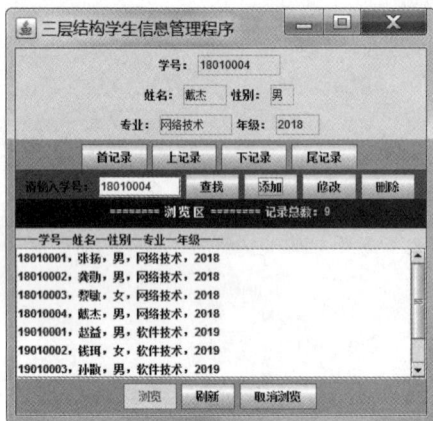

(a) "三层结构学生信息管理程序"主界面     (b) "添加学生记录"对话框

图 19-1 实训程序运行界面

## 19.2 建立数据库

一般情况下,应用程序的数据和代码是分离的。数据往往使用数据库存放,因为数据库方便检索,能持久地保存数据,能够动态增、删、改数据,还能被不同的应用程序共享。

管理信息系统离不开数据库。如果没有数据库,则每次运行都要输入大量的初始化数据,并且程序的运行结果无法永久保存,这是无法想象的。

使用数据库涉及数据库管理系统(DataBase Management System,DBMS)软件。流行的 DBMS 有 MySQL、Oracle 和 SQL Server 等,它们都属于关系型数据库管理软件。其中 MySQL 采用双授权政策,除了商业版,还有免费开源的社区版 Community Edition(GPL),后面两种是商业性质的。

MySQL 的官网网址是 https://www.mysql.com。MySQL 所用的结构化查询语言(Structured Query Language,SQL)是访问数据库最常用的标准化语言。MySQL 具有体积小、速度快、总体拥有成本低以及开放源码等优点,成为中小型网站数据库管理的首选软件。

---

💡注意:MySQL 原先由瑞典 MySQL AB 公司于 1999 年发布,2008 年被 Sun 公司收购,2013 年再被 Oracle 公司收购,目前属于 Oracle 旗下产品。

---

### 19.2.1　在 DBMS 上建立数据库

访问数据库之前首先要建立数据库。建立数据库可以直接在 DBMS 上完成。使用 DBMS 创建数据库的优点是:操作直观、界面友好、互动性强。

ch19.2.1

关于如何在 DBMS 上建立数据库,不在本书叙述范围,有需要的读者请参考数据库技术与应用方面的书籍。

### 19.2.2　运行 SQL 脚本建立数据库

除了使用 DBMS,还可通过运行 SQL 脚本建立数据库。

ch19.2.2

下面以 MySQL 为例,讲述通过 SQL 脚本创建一个学生数据库。前提是计算机已经下载安装好 MySQL 软件。

为了数据库能正常显示中文而不出现乱码,建议在启动 MySQL 服务之前,先把 MySQL 配置文件 my.ini 里面的字符集改为 utf8,即:

```
default - character - set = utf8
character - set - server = utf8
```

配置文件 my.ini 在安装目录中,如 C:\Program Files (x86)\MySQL\MySQL Server 5.5。

**【例 19-1】**　编写 SQL 脚本,建立学生数据库。数据库含有一个数据表,字段为学号、姓名、性别、专业和年级,并使用脚本录入 4 条记录。

代码如下:

```
drop database if exists Studb;
create database if not exists Studb character set utf8;
use Studb;
create table if not exists Stus (
Num char(8) primary key,
Name nvarchar(4) not null,
Sex nchar(1) not null,
Specialty nvarchar(7) null,
```

```
Year int null,
check(Sex = '男' or Sex = '女'),
check( (Year >= 2000 and Year <= 2030) or Year = 0 )
) character set utf8;
insert into Stus(Num, Name, Sex, Specialty, Year) values
   ('19010001', '赵益', '男', '软件技术', 2019),
   ('19010002', '钱珥', '女', '软件技术', 2019),
   ('19010003', '孙散', '男', '软件技术', 2019);
insert into Stus(Num, Name, Sex) values('19010004', '李四', '男');
```

用记事本等编辑器把上面脚本代码录入计算机,使用 UTF-8 编码、以 sql 为文件扩展名存盘,如保存在 d:/abc 目录下 createMySQLStuDB. sql 文件。设计算机已经启动 MySQL,进入 MySQL 命令行客户端(窗口),输入下面命令:

**source** d:/abc/createmysqlstudb.sql;

按 Enter 键执行脚本,便可生成学生数据库 Studb。执行过程如图 19-2 所示。

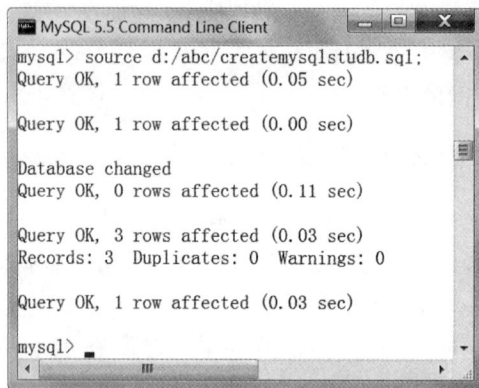

图 19-2　执行 SQL 脚本生成数据库

生成的数据库存放在与数据库同名的文件夹中,如:

C:\ProgramData\MySQL\MySQL Server 5.5\data\studb

文件夹里面有两个文件,如图 19-3 所示。

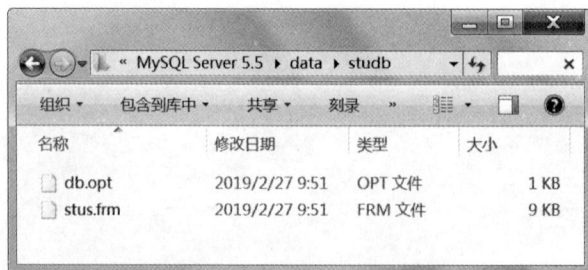

图 19-3　数据库所在位置

> 📍注意：存放数据库的文件夹默认是隐藏的。例 19-1 脚本可反复执行，执行时先删除原有 Studb 数据库，再重新建库。

# 19.3  连接数据库

ch19.3.1

## 19.3.1  驱动 jar 包与加载 JDBC 驱动程序

应用程序读写数据库之前，必须首先与数据库建立连接。连接之前首先要加载 Java 数据库连接(Java Database Connectivity，JDBC)驱动程序。

Java 连接 MySQL 驱动包在官网 https://dev.mysql.com/downloads/connector/j 上可免费下载，如下载驱动包 mysql-connector-java-5.1.47.zip，下载后解压提取里面的 jar 文件，如 mysql-connector-java-5.1.47.jar，该文件就是驱动 jar 包，把它复制到 JDK 安装目录的子目录 jre\lib\ext 中，如：

```
C:\Program Files\Java\jdk1.8.0_181\jre\lib\ext          //jre 在 jdk 目录下
```

于是便可在 Java 应用程序中使用如下语句加载 MySQL 数据库驱动程序：

```
Class.forName("com.mysql.jdbc.Driver");
```

Class 是 java.lang 包中类，forName 是该类的一个静态方法，方法参数是 MySQL 数据库驱动类 Driver 的类全名。

> 📍注意：编程时加载语句 Class.forName() 可省略，但驱动 jar 包不能省。

使用 JDBC 驱动程序连接数据库，是编写数据库应用程序的第一步。后续步骤将与具体的数据库(如学生数据库 Studb)连接，然后存取数据库的数据，这时要使用 JDBC API 的类或接口。

编写 Java 数据库应用程序的框架如图 19-4 所示。

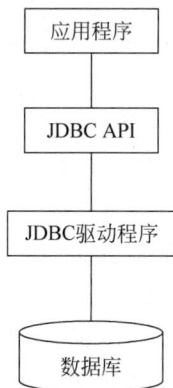

图 19-4  JDBC 应用框架

ch19.3.2

## 19.3.2　由 DriverManager 类建立数据库连接

JDBC API 所在的软件包是 java.sql,它含有多个类和接口,常用的有 DriverManager、Connection、Statement、PreparedStatement、ResultSet 等。

建立数据库连接要使用驱动器管理类 DriverManager,例如:

```
String url =
    "jdbc:mysql://localhost:3306/Studb?useUnicode = true&characterEncoding = UTF-8";
Connection con = DriverManager.getConnection(url,"root","root");        //建立连接
```

其中,Connection 是连接接口。getConnection 是 DriverManager 类的静态方法,用于建立(获取)数据库连接。

DriverManager 类中,建立连接的常用方法如下。

(1) static Connection getConnection(String url):给定参数 url 建立连接。参数 url 是统一资源定位的字符串,语法格式如下。

```
"jdbc:子协议://网址:端口/数据库名称?参数名 = 参数值"
```

其中,jdbc 是协议名,子协议有 mysql 和 sqlserver 等。协议、子协议、网址和端口之间用英文冒号分隔。端口后面以斜杠分隔数据库名称,后面再以问号分隔参数,参数以"名＝值"格式出现,多个时用 & 分隔。参数设置不是必需的,端口也可省略。

(2) static Connection getConnection(String url, String user, String password):指定 url、数据库用户名和密码建立连接。

注意:凡调用方法操作数据库,都需处理 SQLException 等异常。

ch19.3.3

## 19.3.3　Connection 连接与创建语句方法

由于 Connection 是接口类型,因此没有构造方法,不能 new 对象,连接对象只能通过 DriverManager 类的 getConnection 方法建立。

连接接口 Connection 常用方法如下。

(1) Statement createStatement():创建 Statement 语句对象,用于操作 SQL 语句。

(2) Statement createStatement(int resultSetType, int resultSetConcurrency):创建语句对象,语句对象将生成具有给定类型和并发性的 ResultSet(结果集)对象。

方法参数 resultSetType 是结果集类型,取自下面 3 个 ResultSet 静态常量。

- TYPE_FORWARD_ONLY:结果集光标只能向前(默认)。
- TYPE_SCROLL_INSENSITIVE:结果集光标可滚动而不敏感(不受底层数据更改的影响)。
- TYPE_SCROLL_SENSITIVE:结果集光标可滚动且敏感。

方法参数 resultSetConcurrency 是结果集并发类型,取自下面两个 ResultSet 静态常量。

- CONCUR_READ_ONLY：结果集只读模式，不可以更新（默认）。
- CONCUR_UPDATABLE：结果集是可以更新的并发模式。

（3）PreparedStatement prepareStatement(String sql)：创建 PreparedStatement（预编译语句）对象，以便将参数化的 SQL 语句发送到数据库。

（4）PreparedStatement prepareStatement（String sql，int resultSetType，int resultSetConcurrency)：创建预编译语句对象，生成具有给定类型和并发性的结果集。

（5）void close()：关闭连接，释放资源。

（6）void setAutoCommit(boolean autoCommit)：设置是否自动提交。若是（默认），则执行 SQL 语句即提交；否则，SQL 语句将聚集到事务中，直到调用 commit 方法或 rollback 方法为止。

（7）void commit()：提交事务，使数据更改成为持久性的。

（8）void rollback()：回滚事务，取消当前事务中的所有更改。

# 19.4 访问数据库

ch19.4.1

## 19.4.1 数据库编程步骤

数据库应用编程需要引用包 java.sql，用到包中的 DriverManager、Connection、Statement、PreparedStatement、ResultSet 和 SQLException 等类和接口。

编写 Java 数据库应用程序有如下基本步骤：

（1）建立数据库。

（2）下载数据库驱动 jar 包，加载 JDBC 驱动程序（加载可省略）。

（3）通过 DriverManager 建立数据库连接，涉及 DriverManager 和 Connection。

（4）由连接对象创建语句对象，涉及 Connection、Statement 和 PreparedStatement。

（5）由语句对象执行 SQL 语句，涉及 Statement、PreparedStatement 和 ResultSet。

（6）处理结果集，涉及 ResultSet。

（7）关闭结果集、语句和连接对象。

（8）捕获处理（1）～（7）步骤的异常，涉及 SQLException 等。

前面已经介绍了（1）～（3）步骤。下面通过一个简单例子概览各个步骤。

【例 19-2】 编程，读取例 19-1 所建 Studb 数据库的所有记录。

代码如下：

```java
import java.sql. * ;
public class Ex2 {
    public static void main(String[] args) {
        try{
            Class.forName("com.mysql.jdbc.Driver");
            //上面是加载 MySQL 数据库驱动程序的语句,可省略该语句
            String url =
    "jdbc:mysql://localhost:3306/Studb?useUnicode = true&characterEncoding = UTF-8";
            Connection con = DriverManager.getConnection(url,"root","root"); //连接
            Statement stmt = con.createStatement();      //连接创建语句
```

```
        ResultSet rs = stmt.executeQuery("select * from Stus");
                                                            //语句执行查询得结果集
        System.out.println(" == 学号 ==== 姓名 == 性别 == 专业 ======== 年级 == ");
        while(rs.next()){                                   //循环输出结果集所有行
            System.out.print(rs.getString(1) + "   ");      //字段(列)序号从 1 开始
            System.out.print(rs.getString(2) + "\t");
            System.out.print(rs.getString(3) + "   ");
            System.out.print(rs.getString(4) + "\t ");
            System.out.println(rs.getInt(5));
        }
        rs.close();                                         //关闭结果集
        stmt.close();                                       //关闭语句
        con.close();                                        //关闭连接
    }
    catch(Exception e){                                     //捕获处理异常
        System.err.println("异常:" + e);
    }
    }
}
```

程序运行结果如图 19-5 所示。

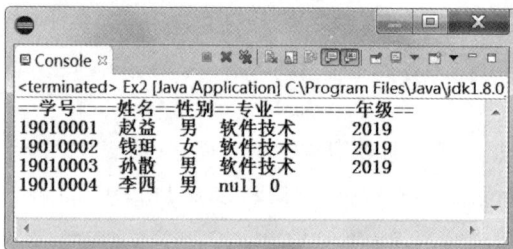

图 19-5　查询数据库

例 19-2 程序的 while 循环体可用下列语句替换,由数据表字段名获取数据:

```
System.out.print(rs.getString("Num") + "   ");          //通过字段(列)名显示数据
System.out.print(rs.getString("Name") + "\t");
System.out.print(rs.getString("Sex") + "   ");
System.out.print(rs.getString("Specialty") + "\t ");
System.out.println(rs.getInt("Year"));
```

## 19.4.2　Statement 语句及方法

ch19.4.2

　　由于 Statement 是接口类型,没有构造方法,只能通过 Connection 对象的
createStatement 方法创建 Statement 语句对象。

　　语句对象用于执行 SQL 语句,执行后或者返回 ResultSet 型结果集,或者返回 int 和
boolean 等数据。

　　Statement 常用方法如下。

（1）ResultSet executeQuery(String sql)：执行给定的 SQL 查询语句，返回结果集。查询语句通常为 SQL SELECT 语句。例如：

```
Statement stmt = con.createStatement();                    //连接对象创建语句
ResultSet rs = stmt.executeQuery("select * from Stus");    //语句执行查询得结果集
```

（2）int executeUpdate(String sql)：执行给定的 SQL 更新语句，返回非负整数。

SQL 更新语句一般是 INSERT、UPDATE 或 DELETE 等数据操作语言（Data Manipulation Language，DML）语句，这时返回所操作的行数；也可以是数据定义语言（Data Definition Language，DDL）语句，这时返回结果 0。

（3）boolean execute(String sql)：执行给定的 SQL 语句。SQL 语句可能返回多个结果：如果第一个结果为结果集，则本方法返回 true；如果 SQL 语句为更新计数或结果不存在，则返回 false。

（4）void close()：关闭语句，释放资源。

### 19.4.3  PreparedStatement 预编译语句及方法

PreparedStatement 继承 Statement，也是接口类型，其对象称为预编译 SQL 语句，简称"预编译语句"。因为该对象能预先编译一条 SQL 语句，然后可反复执行，并且还能带参数，即能够"动态"地执行 SQL 语句。

ch19.4.3

由于 PreparedStatement 是接口类型，没有构造方法，只能通过 Connection 对象的 prepareStatement 方法创建对象。

PreparedStatement 常用方法如下。

（1）ResultSet executeQuery()：执行 SQL 查询语句，返回结果集。

（2）int executeUpdate()：执行 SQL 更新语句。SQL 更新语句一般是 INSERT、UPDATE 或 DELETE 等 DML 语句，这时返回所操作的行数；若是 DDL 语句，则返回 0 结果。

（3）boolean execute()：执行 SQL 语句。SQL 语句的类型没有限制，有可能返回多个结果，如果第一个结果为结果集，则返回 true，否则返回 false。

（4）void setString(int parameterIndex, String x)：设置索引处参数为 String 型的 x 值。

SQL 语句中的参数用？号表示，允许多个，索引序号由 1 开始。例如：

```
sql = "update Stus set Sex = ?,Specialty = ? where Num = '19010001'";  //带 2 参数 SQL 语句
prpstmt = con.prepareStatement(sql);                         //连接创建预编译语句
prpstmt.setString(1, "女");                                   //设置参数 1 的值
prpstmt.setString(2, "网络技术");
prpstmt.executeUpdate();                                      //执行语句更改记录
```

（5）void setInt(int parameterIndex, int x)：设置索引处的参数为 int 型的 x 值。

（6）void setDouble(int parameterIndex, double x)：设置索引处参数为 double 型。

（7）void clearParameters()：清除当前参数值。

学生管理——三层结构数据库编程

使用预编译语句的优点：只需编译 SQL 语句一次，就可以执行多次，提高了效率。通过设置不同参数值，能得到不同的运行结果，增强了通用性。

### 19.4.4　ResultSet 结果集

ch19.4.4

结果集 ResultSet 也是接口类型，没有构造方法，不能直接构建对象，只能通过执行语句或预编译语句的 executeQuery 等方法创建对象。

结果集对应数据库的表，由若干行、列组成，行对应数据表记录，列对应数据表字段。结果集本身含有指向当前数据行的光标(也称游标)。最初，光标被置于第一行之前。执行结果集的 next 方法后光标移到下一行。如果结果集没有下一行，则 next 方法返回 false。因而可在 while 循环中使用 next 方法依次访问结果集的各行数据(请参见例 19-2 的 while 循环语句)。

结果集提供从当前行获取列值的方法，例如 getString、getInt 等。可以使用列的索引号或列的名称来获取列数据，如 getString(1)、getInt(5)或 getString("Num")、getInt("Year")，详见例 19-2。注意库表字段类型和 getXxx 方法名称的匹配性，如字段 Year 是 int 类型，对应的方法是 getInt 而不是 getString。

一般情况下，使用列索引效率高些。列号从 1 而非 0 开始。要按从左到右的顺序读取结果集每行的列数据，每列只能读取一次。

---

💡注意：方法 getXxx 的字段名参数不区分大小写，SQL 语句也不区分大小写，但 Java 代码是严格区分大小写的。

---

默认情况下，结果集对象不可更新，仅有向前移动的光标，只能按从头到尾的顺序依次读取各行各列的数据。不过，在调用连接对象的 createStatement(或 prepareStatement)方法创建语句(或预编译语句)对象时，可以给定参数，使之生成可滚动、可更新的结果集。

ResultSet 常用方法如下。

(1) boolean next()：将结果集光标从当前位置下移一行。

(2) boolean previous()：将结果集光标上移一行。

(3) boolean first()：将光标移到结果集第一行。

(4) boolean last()：将光标移到结果集最后一行。

(5) void afterLast()：将光标移动到结果集末尾，即位于最后一行之后。

(6) void beforeFirst()：将光标移动到结果集开头，即位于第一行之前。

(7) boolean absolute(int row)：将光标移动到结果集指定的行号位置。

(8) String getString(int columnIndex)：获取结果集当前行指定索引的串型列值。

(9) String getString(String columnLabel)：获取结果集当前行指定字段名的串型列值。

(10) int getInt(int columnIndex)：获取当前行指定索引的 int 型列值。

(11) int getInt(String columnLabel)：获取当前行指定字段名的 int 型列值。

(12) double getDouble(int columnIndex)：获取当前行指定索引的 double 型列值。

(13) double getDouble(String columnLabel)：获取当前行指定列名的 double 型列值。

（14）boolean getBoolean(int columnIndex)：获取当前行指定索引的 boolean 型列值。

（15）boolean getBoolean(String columnLabel)：获取当前行指列名的 boolean 型列值。

（16）void close()：关闭结果集,释放资源。

（17）int getRow()：获取当前行编号。

ch19.4.4 例 19-3

（18）boolean wasNull()：判断最后读取的列值是否为 Null(空)。

**【例 19-3】** 编程,插入、更改、删除 Studb 数据库记录,运行结果如

图 19-6 所示。

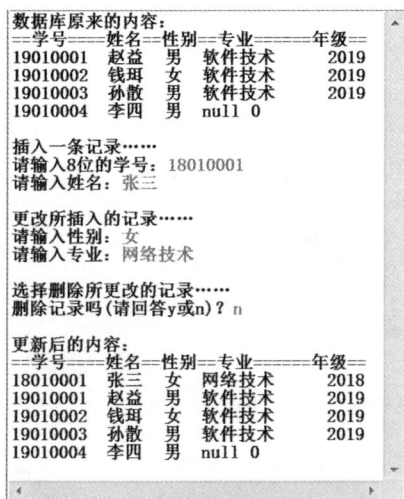

图 19-6 增删改数据库记录

代码如下：

```java
import java.sql.*;
import java.util.Scanner;
public class Ex3 {
    public static void main(String[] args) {
        Connection con = null;                          //声明连接
        Statement stmt = null;                          //声明语句
        PreparedStatement prpstmt = null;               //声明预编译语句
        ResultSet rs = null;                            //声明结果集
        try{
            String url =
              "jdbc:mysql://localhost/Studb?useUnicode = true&characterEncoding = UTF-8";
            con = DriverManager.getConnection(url,"root","root");    //建立连接
            stmt = con.createStatement();               //连接创建语句
            rs = stmt.executeQuery("select * from Stus");    //执行查询得结果集
            System.out.println("数据库原来的内容:");
            System.out.println(" == 学号 ==== 姓名 == 性别 == 专业 ====== 年级 ==");
            while(rs.next()){                           //循环输出结果集各行
                System.out.print(rs.getString(1) + "  "); //列号从 1 开始
                System.out.print(rs.getString(2) + "\t");
                System.out.print(rs.getString(3) + "  ");
```

```java
            System.out.print(rs.getString(4) + "\t ");
            System.out.println(rs.getInt(5));
}
Scanner sc = new Scanner(System.in);
String sql, num, name, sex, specialty, choice;
//插入一条记录:
System.out.println("\n 插入一条记录……");
System.out.print("请输入 8 位的学号:");
num = sc.nextLine();
System.out.print("请输入姓名:");
name = sc.nextLine();
sql = "insert into Stus(num,name,sex,year) values('" +
        num + "','" + name + "','男'," + (20 + num.substring(0,2)) + ")";
stmt.executeUpdate(sql);                           //语句执行插入操作
//更改所插入的记录:
System.out.println("\n 更改所插入的记录……");
System.out.print("请输入性别:");
sex = sc.nextLine();
System.out.print("请输入专业:");
specialty = sc.nextLine();
sql = "update Stus set Sex = ?,Specialty = ? where Num = '" + num + "'";
                                          //带 2 个?参数的 SQL 语句字符串
prpstmt = con.prepareStatement(sql);               //连接创建预编译语句
prpstmt.setString(1, sex);                         //设置预编译语句参数 1
prpstmt.setString(2, specialty);
prpstmt.executeUpdate();                           //执行语句更改记录
//选择删除所更改的记录:
System.out.println("\n 选择删除所更改的记录……");
System.out.print("删除记录吗(请回答 y 或 n)?");
choice = sc.nextLine();
sc.close();
if(choice.equalsIgnoreCase("y")){
    sql = "delete from Stus where Num = '" + num + "'";
    prpstmt.close();
    prpstmt = con.prepareStatement(sql);           //创建预编译语句
    prpstmt.executeUpdate();                       //执行语句删除记录
}
rs.close();
rs = stmt.executeQuery("select * from Stus");      //执行查询得结果集
System.out.println("\n 更新后的内容:");
System.out.println(" == 学号 ==== 姓名 == 性别 == 专业 ====== 年级 ==");
while(rs.next()){                                  //循环输出结果集各行
    System.out.print(rs.getString(1) + "   "); //列号从 1 开始
    System.out.print(rs.getString(2) + "\t");
    System.out.print(rs.getString(3) + "   ");
    System.out.print(rs.getString(4) + "\t ");
    System.out.println(rs.getInt(5));
```

```
            }
        }
        catch(Exception e){                          //捕获处理异常
            System.err.println("异常:" + e);
        }
        finally{
            try{
                if (rs != null ){ rs.close(); }       //关闭结果集
                if (stmt != null) { stmt.close();}    //关闭语句
                if (prpstmt != null) { prpstmt.close();}  //关闭预编译语句
                if (con != null) { con.close();}      //关闭连接
            }
            catch(SQLException se){
                System.err.println("关闭异常:" + se);
            }
        }
    }
}
```

程序使用了预编译语句 prpstmt，第一次使用时带两个参数，用于更改记录；第二次使用时不带参数，用于删除记录。实际上，这是两个不同的语句对象，第一个用于更改记录，更改完一条记录便丢弃了，然后再由连接对象 con 创建第二个用于删除的对象，只不过这两个对象都使用同一个 prpstmt 引用而已。

由于预编译语句可设置参数，具有代码与数据分离的功能，对比无参数功能的 Statement 语句，具有操作灵活且效率高的特点。若使用预编译语句插入记录，则只需一个带参数的语句对象，每次设置不同的参数，执行多次便可插入多条记录。例如：

```
String sql = "insert into Stus(num,name,sex,specialty) values (?, ?, ?, ?)";
prpstmt = con.prepareStatement(sql);              //连接创建预编译语句
prpstmt.setString(1, "13010002");                 //设置预编译语句参数值
prpstmt.setString(2, "王武");
prpstmt.setString(3, "女");
prpstmt.setString(4, "网络技术");
prpstmt.executeUpdate();                          //执行预编译语句插入一条记录
prpstmt.setString(1, "13010003");                 //设置预编译语句参数值
prpstmt.setString(2, "陈柳");
prpstmt.setString(3, "男");
prpstmt.setString(4, "网络技术");
prpstmt.executeUpdate();                          //执行预编译语句插入第二条记录
```

同一个预编译语句 prpstmt 执行两次，在数据库中插入两条不同的记录。

---

💡注意：连接、语句（包括预编译）与结果集对象的关闭顺序和创建时刚好相反。如果先关闭连接，则语句和结果集就不能用了，因为它们都连带关闭了。结果集依赖语句，语句又依赖连接。因为连接创建语句，语句再创建结果集。

ch19.5

# 19.5 三层结构应用程序概述

为方便开发和维护大中型应用程序,通常把代码在逻辑上分成若干层次结构,如二层、三层或 N 层等结构。层次之间相对独立,各层模块的修改维护尽量不影响其他层。

分层结构中,层与层之间允许相互操作,要求下层提供方法(也称"接口")给上层使用,即上层通过调用而使用下层的功能。一般情况下,下层不能直接调用上层的方法,更不能跨层操作。

---

💡 注意:方法也称"接口",是指模块间功能调用的交接口,而不是 interface 类型。

---

下层模块执行任务相对简单,上层模块通过调用多个下层模块,实现较为复杂的功能。

三层结构的数据库应用程序,3 个层次从上到下依次是表示层、业务层和数据层,如图 19-7 所示。

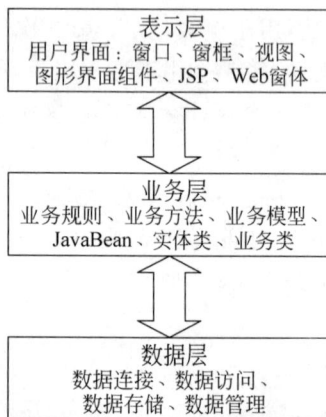

表示层
用户界面:窗口、窗框、视图、
图形界面组件、JSP、Web窗体

业务层
业务规则、业务方法、业务模型、
JavaBean、实体类、业务类

数据层
数据连接、数据访问、
数据存储、数据管理

图 19-7 三层逻辑结构

(1) 表示层:是应用程序的门面、人机交互的界面,一般是图形界面。表示层主要有两个任务:一是与人互动,提示用户输入数据,并告知处理结果;二是与业务层的互动,把用户输入的数据传送到业务层,并显示业务层的处理结果。具体来说,表示层由窗体等容器以及标签、文本框和按钮等组件组成,如果是 Java Web 应用系统,表示层是 Java 服务器页面(Java Server Page,JSP)。

(2) 业务层:包含核心业务的逻辑代码,由业务模型和业务方法等构成,用于实现业务规则,执行业务操作。具体而言,业务层负责处理来自表示层和数据层的数据、与它们实现互动操作,按需要把处理结果送回表示层,或发到数据层永久保存。业务层处于表示层和数据层之间,起承上启下作用。

(3) 数据层:负责与数据库的连接,进行数据查询、更新和存储等操作,并与业务层互动,相互传输数据。数据层的下面就是数据库。

无论哪一层,对于面向对象的程序设计,特别是 Java SE 版的应用程序,都是由类和接口等类型组成,视程序复杂情况,每一层由一个或多个类(接口)构成。

# 19.6 三层结构学生信息管理程序

下面运用三层结构编写学生信息管理程序,功能是访问例 19-1 所建的 Studb 数据库。该数据库有一个数据表,数据表有学号、姓名、性别、专业和年级等 5 个字段。运行主界面如图 19-1(a)所示,通过单击"上记录"和"下记录"等按钮能显示表记录,还能根据输入的学号"查找""添加""修改"和"删除"记录。其中添加记录通过如图 19-1(b)所示的对话框录入数据,修改记录也是通过专门的对话框进行。当要删除记录时,则显示一个确认框,只有单击"是"按钮才执行删除操作。

　　主界面的下半部是浏览区,底行有"浏览""刷新"和"取消浏览"3个按钮,开始时只有"浏览"能用,其余两个按钮被禁用。单击"浏览"按钮,在浏览区中显示所有记录,如果记录数太多以致浏览区无法全部显示,则自动在浏览区右边出现滚动条,这时用鼠标拖动滚动条便可浏览所有记录。当更改了库记录后,可单击"刷新"按钮,把更改结果显示在浏览区,也可单击"取消浏览"按钮,隐藏浏览区内容。

　　三层结构中的最底层是数据层,在编写数据层代码之前,先编写一个与数据库表(记录)对应的实体类,目的是实现对象/关系映射。

## 19.6.1　对象/关系映射

　　所谓对象/关系映射(Object/Relation Mapping,O/R 映射),是将程序中的对象实体及实体之间的关系映射到关系数据库中的表及表之间的关系。也可以反过来说,把关系数据库的数据模型映射到程序的对象模型。映射到数据库表的类就是"实体类"。实体类的对象映射为一条数据记录,实体类的各个属性映射为记录的各个字段。

ch19.6.1

　　例 19-1 创建的 Studb 数据库只有一个数据表,只需编写一个用于映射的实体类。如果有多个数据表,则要编写多个实体类。

---

　　💡 注意:O/R 映射是数据库编程的重要技术,流行的 Hibernate 等开源框架均有使用。

---

## 19.6.2　实体类与 JavaBean

【例 19-4】　编写映射到 Studb 数据库表的实体类。

代码如下:

ch19.6.2

```
import java.io.Serializable;
//实现两个接口 Serializable 和 Comparable < Stu >的学生实体类(JavaBean):
public class Stu implements Serializable, Comparable < Stu >{
    private static final long serialVersionUID = 1L;        //序列号
    private String num;                                     //学号
    private String name;                                    //姓名
    private char sex;                                       //性别
    private String specialty;                               //专业
    private int year;                                       //年级

    public Stu(){ }                                         //构造方法(也能自动生成)

    public String getNum(){
        return num;
    }
    public void setNum(String num) throws Exception{
```

```java
        if (num.matches("[\\d]{8}")){ this.num = num; }
        else { throw new Exception("学号必须为 8 位数字!"); }
    }

    public String getName(){
        return name;
    }
    public void setName(String name) throws Exception{
        if ( name == null || name.trim().length() == 0){
            throw new Exception("姓名不能为空!");
        }
        else if (name.trim().length()>4) {
            throw new Exception("姓名字符不能多于 4 个!");
        }
        else { this.name = name; }
    }

    public char getSex(){
        return sex;
    }
    public void setSex(char sex) throws Exception{
        if (sex == '男' || sex == '女' ){        this.sex = sex; }
        else { throw new Exception("性别必须是男或女!"); }
    }

    public String getSpecialty(){
        return specialty;
    }
    public void setSpecialty(String specialty) throws Exception{
        if (specialty == null || (specialty.trim().length()>= 0
                && specialty.trim().length()<= 7)) {
            this.specialty = specialty;
        }
        else { throw new Exception("专业字数不能超过 7 个!");        }
    }

    public int getYear(){
        return year;
    }
    public void setYear(int year) throws Exception{
        if ((year >= 2000 && year <= 2025) || year == 0){ this.year = year; }
        else { throw new Exception("年级要在 2000~2025 之间(或为 0)!"); }
    }

    public int compareTo(Stu otherStu){                          //顺序比较方法
        return this.num.compareTo(otherStu.num);
    }

    public String toString(){                                    //重写 toString 方法
        return num + "," + name + "," + sex + "," + specialty + "," + year;
    }
}
```

需要强调的是，本例只是代码片段，不能独立运行。Stu 类的类图如图 19-8 所示，类图中省略了 serialVersionUID 字段和各字段的 setXxx 和 getXxxx 方法。

实体类本质上是业务层的代码。用 Java 语言编写的实体类属于 JavaBean(组件)。

JavaBean 是完成特定功能的封装组件，是系统的一个部件，供其他代码使用，本身不能独立运行，因为不是完整的程序。

JavaBean 有如下 4 个规范和特征：

(1) 要声明为 public 公共类。

(2) 要实现序列化接口 Serializable。

(3) 需提供无参构造方法(供其他类调用)。若不能自动生成，则要显式编写。

(4) 方法是公共的，字段是私有的(封装性要求)。每个私有字段要有相应的公共读写方法，能对外公开使用。

| Stu |
| --- |
| num |
| name |
| sex |
| specialty |
| year |
| compareTo() |
| toString() |

图 19-8　Stu 类类图

假设字段名称是 xxx，类型是 Type，则应提供 getXxx 和 setXxx 形式的字段读写方法，分别用于读取字段值和为字段赋值。

字段读写方法的基本结构如下：

```
public Type getXxx() {
    return xxx;
}

public void setXxx(Type xxx) {
    this.xxx = xxx;
}
```

如果字段类型是 boolean 型，则把 getXxx 方法改为 isXxx 方法。

---

💡注意：在 Eclipse 环境编程可自动生成字段的 getXxx(或 isXxx)和 setXxx 方法，但 final 字段只有 get 方法。对于序列号 serialVersionUID 字段，get 方法也不需要。

---

在例 19-4 中，由于属性字段与库表字段有对应关系，需要校验各个字段的取值形式和范围，所以 setXxx 方法的声明中还抛出了异常，并且方法体使用了 if 语句加以判断。

例如，学号字段 num 的 setNum 方法：

```
public void setNum(String num) throws Exception{
    if (num.matches("[\\d]{8}")){ this.num = num; }
    else { throw new Exception("学号必须为 8 位数字!"); }
}
```

如果学号是 8 位数字，就把参数 num 赋给同名的字段；否则抛出消息为"学号必须为 8 位数字"的异常。其中"[\\d]{8}"是正则表达式，里面的 8 表示由 8 个字符组成，这 8 个字符就是用"[\\d]"描述的数字。setNum 方法虽然增多了校验和异常处理代码，但仍具备 setXxx 方法的基本结构。其他字段的读写方法也符合 JavaBean 的特征。

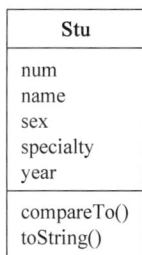

由于要使用按学号排序的功能,因而例 19-4 的 Stu 类还实现了 Comparable < Stu >接口。该接口是泛型可比较接口,并且在类内部实现了接口唯一方法 compareTo。由于要显示学生对象各字段的数据,所以重写了来自根类 Object 的 toString 方法。

总之,例 19-4 定义的 Stu 类是一个实体类,也是一个 JavaBean。

### 19.6.3 数据层

数据层是三层结构程序的最底层,直接与数据库打交道,因此涉及数据库连接,数据查询,记录添加、修改和删除等操作。不管哪层代码,都是以类(class)形式实施,数据层也不例外,而具体的操作都是由方法执行的。

ch19.6.3

**【例 19-5】** 编写学生信息管理程序的数据层。

代码如下:

```java
/** 数据层 */
import java.sql. * ;
import java.util.Vector;
import javax.swing.JOptionPane;

public class StuDataAccess {                              //数据层类
    //private static String driver = "com.mysql.jdbc.Driver";   //驱动程序(可省)
    private static String url =                           //数据库地址
        "jdbc:mysql://localhost/Studb?useUnicode = true&characterEncoding = UTF-8";
    private static Connection con;                        //连接
    private Statement stmt;                               //语句
    private PreparedStatement prpstmt;                    //预编译语句
    private ResultSet rs;                                 //结果集

    public static Connection createConnection(){          //建立连接方法
        try{
            if (con == null || con.isClosed()) {
                //Class.forName(driver);                  //加载驱动程序(可省)
                con = DriverManager.getConnection(url,"root","root"); //建立连接
            }
        }
        catch(Exception e){
            System.err.println("建立连接异常:" + e);
        }
        return con;
    }

    public static void closeConnection(){                 //关闭连接方法
        try{
            if(con != null && ! con.isClosed()){
                con.close();
            }
        }
        catch(SQLException se){
            JOptionPane.showMessageDialog(null, "关闭库连接异常:" +
                    se.getMessage());
```

```java
        }
    }

    private void closeResultSet(){                          //关闭结果集方法
        try{
            if (rs != null ){ rs.close();}
        }
        catch(SQLException se){
            JOptionPane.showMessageDialog(null, "关闭结果集异常:" +
                    se.getMessage());
        }
    }

    private void closeStatement(){                          //关闭语句方法
        try{
            if (stmt != null ){ stmt.close();}
            if (prpstmt != null){ prpstmt.close();}
        }
        catch(SQLException se){
            JOptionPane.showMessageDialog(null, "关闭语句异常:" +
                    se.getMessage());
        }
    }

    public Vector < Stu > getAllRecords(){                  //获取所有记录方法
        Vector < Stu > stus = new Vector < Stu >();         //学生记录集
        String sql = "select * from Stus";
        try{
            createConnection();
            stmt = con.createStatement();
            rs = stmt.executeQuery(sql);
            while(rs.next()){
                Stu stu = new Stu();                        //学生对象(实体)
                stu.setNum(rs.getString("Num"));
                stu.setName(rs.getString("Name"));
                stu.setSex(rs.getString("Sex").charAt(0));
                stu.setSpecialty(rs.getString("Specialty"));
                stu.setYear(rs.getInt("Year"));
                stus.add(stu);
            }
        }
        catch(Exception e){
            JOptionPane.showMessageDialog(null, "查找所有记录异常:" +
                    e.getMessage());
        }
        finally{
            closeResultSet();
            closeStatement();
            closeConnection();
        }
```

```java
        return stus;
    }

    //按学号查找学生记录方法:找到,返回 Stu 对象,否则,返回 null
    public Stu searchRecord(String num){                    //查找学生记录方法
        Stu stu = null;                                     //学生变量
        String sql = "select * from Stus where Num = ?";
        try{
            createConnection();
            prpstmt = con.prepareStatement(sql);
            prpstmt.setString(1, num);                      //参数索引从 1 开始
            rs = prpstmt.executeQuery();
            if(rs.next()){                                  //如果查找到记录
                stu = new Stu();                            //构建学生对象
                stu.setNum(rs.getString("Num"));
                stu.setName(rs.getString("Name"));
                stu.setSex(rs.getString("Sex").charAt(0));
                stu.setSpecialty(rs.getString("Specialty"));
                stu.setYear(rs.getInt("Year"));
            }
        }
        catch(Exception e){
            JOptionPane.showMessageDialog(null, "查找记录异常:" +
                    e.getMessage());
        }
        finally{
            closeStatement();
            closeConnection();
        }
        return stu;
    }

    //添加一条学生记录方法:成功,返回 1(更新语句数目);不成功,返回 0.
    public int addRecord(Stu stu){                          //添加学生记录方法
        String sql = "insert into Stus(Num,Name,Sex,Specialty,Year) values (?,?,?,?,?)";
        int recCount = 0;
        try{
            createConnection();
            prpstmt = con.prepareStatement(sql);
            prpstmt.setString(1, stu.getNum());
            prpstmt.setString(2, stu.getName());
            prpstmt.setString(3, String.valueOf(stu.getSex()));
            prpstmt.setString(4, stu.getSpecialty());
            prpstmt.setInt(5, stu.getYear());
            recCount = prpstmt.executeUpdate();             //执行更新
        }
        catch(SQLException se){
            JOptionPane.showMessageDialog(null, "添加记录异常:" +
                    se.getMessage());
        }
```

```java
        finally{
            closeStatement();
            closeConnection();
        }
        return recCount;
    }


    //修改一条学生记录:成功,返回1(更新语句数目);不成功,返回0.
    public int updateRecord(Stu stu){                       //修改学生记录方法
        String sql = "update Stus set Name = ?, Sex = ?, Specialty = ?, Year = ? where Num = ?";
        int recCount = 0;
        try{
            createConnection();
            prpstmt = con.prepareStatement(sql);
            prpstmt.setString(1, stu.getName());
            prpstmt.setString(2, String.valueOf(stu.getSex()));
            prpstmt.setString(3, stu.getSpecialty());
            prpstmt.setInt(4, stu.getYear());
            prpstmt.setString(5, stu.getNum());
            recCount = prpstmt.executeUpdate();              //执行更新
        }
        catch(SQLException se){
            JOptionPane.showMessageDialog(null, "修改记录异常:" +
                    se.getMessage());
        }
        finally{
            closeStatement();
            closeConnection();
        }
        return recCount;
    }


    //删除一条学生记录:成功,返回1(更新语句数目);不成功,返回0。
    public int deleteRecord(Stu stu){                       //删除学生记录方法
        String sql = "delete from Stus where Num = ?";
        int recCount = 0;
        try{
            createConnection();
            prpstmt = con.prepareStatement(sql);
            prpstmt.setString(1, stu.getNum());
            recCount = prpstmt.executeUpdate();              //执行更新
        }
        catch(SQLException se){
            JOptionPane.showMessageDialog(null, "删除记录异常:" +
                    se.getMessage());
        }
        finally{
            closeStatement();
            closeConnection();
        }
```

学生管理——三层结构数据库编程

```
        return recCount;
    }
}
```

图 19-9 数据层类成员

数据层类 StuDataAccess 也是程序片段,不能独立运行。类的成员如图 19-9 所示。

在 StuDataAccess 类中,把建立数据库连接、关闭连接、关闭语句、关闭结果集分别编成 4 个方法,其中后两个方法只在类的内部调用,因此设成私有的,而前两个方法则可设为公共的,以便对外使用。其余记录查找、添加、修改、删除等方法也设为公共的,因为要提供给业务层的代码调用。其中,获取所有记录方法 getAllRecords 的返回类型是泛型集合类 Vector < Stu >,集合的元素类型即是实体类 Stu,即方法的返回数据是学生对象集合(简称学生集)。

考虑到数据库连接字段的唯一性,因此在 StuDataAccess 类中设置为静态字段,相应的建立和关闭连接这两个方法也设为静态的。

## 19.6.4 业务层

前面的实体类 Stu 是业务层的代码,是"值 JavaBean"。

除了 Stu 类外,还要编写侧重于操作的业务层类,即"工具 JavaBean"。工具 JavaBean 主要用于封装业务操作,不太遵循 JavaBean 的规范。

ch19.6.4

【例 19-6】 继续编写学生信息管理程序的业务层代码。

代码如下:

```
/** 中间的业务层 */
import java.util.*;
public class StuService {                                    //业务类
    private static StuDataAccess dataAccess = new StuDataAccess();      //关联数据层
    private static Vector < Stu > stus = new Vector < Stu >();    //学生集
    private static int total ;                               //学生集元素总数
    private static int stusIndex ;                           //学生集当前元素索引

    public StuService(){                                     //无参数构造方法
        stus.clear();
        stus = dataAccess.getAllRecords();                   //调用数据层方法
        total = stus.size();
        stusIndex = 0;
    }

    public static int getTotal(){                            //获取记录总数
        return total;
    }
```

```java
    public static Vector < Stu > getStus(){                    //获取所有学生记录
        if (stus.isEmpty()){
            stus.clear();
            stus = dataAccess.getAllRecords();                 //调用数据层方法
            total = stus.size();
        }
        return stus;
    }


    public static Vector < Stu > reGetDBAllRecords(){          //重获所有库记录(刷新)
        stus.clear();
        stus = dataAccess.getAllRecords();                     //调用数据层方法
        total = stus.size();
        return stus;
    }


    public Stu getFirstStu(){                                  //获取学生集首记录
        if (stus.size()> 0 ){
            stusIndex = 0;
            return stus.get(stusIndex);
        }
        return null;
    }


    public Stu getPreviousStu(){                               //获取学生集上一记录
        if (stus.size()> 0 ){
            stusIndex -- ;
            if(stusIndex < = - 1) {
                stusIndex = total - 1;
            }
            return stus.get(stusIndex);
        }
        return null;
    }


    public Stu getNextStu(){                                   //获取学生集下一记录
        if (stus.size()> 0 ){
            stusIndex++;
            if(stusIndex > = total) {
                stusIndex = 0;
            }
            return stus.get(stusIndex);
        }
        return null;
    }

    public Stu getLastStu(){                                   //获取学生集尾记录
        if (stus.size()> 0 ){
            stusIndex = total - 1;
            return stus.get(stusIndex);
```

```java
        }
        return null;
    }


    public Stu getCurrentStu(){                              //获取学生集当前记录
        if(stusIndex >= 0 && stusIndex < total) {
            return stus.get(stusIndex);
        }
        else{
            return null;
        }
    }


    //在学生集中查找对象,返回元素索引.如果对象为空,或不在学生集,则索引为-1
    public int getIndex(Stu stu){                            //查找学生集元素
        int index = -1;
        if (stu != null){
            for(int i = 0; i < total; i++){
                if(stu.getNum().equals(stus.get(i).getNum())){
                    index = i;
                    break;
                }
            }
        }
        return index;
    }


    //在学生集中添加一个元素(非空的学生对象):
    public void addStuObj(Stu stu){                          //添加学生集元素
        if (stu != null){
            stus.add(stu);                                   //添加元素
            Collections.sort(stus);                          //学生集元素按学号排序
            stusIndex = getIndex(stu);                       //改变学生集元素索引
            total ++;
        }
    }


    //在学生集中修改元素(学生对象):
    public void updateStuObj(Stu stu){                       //修改学生集元素
        int index = getIndex(stu);
        if ( index >= 0 && index < total){                   //如果对象存在
            stus.set(index, stu);                            //用给定元素替换原元素
        }
    }


    //在学生集中删除元素(学生对象):
    public void deleteStuObj(Stu stu){                       //删除学生集元素
        int index = getIndex(stu);
        if ( index >= 0 && index < total){                   //如果对象存在
            stus.remove(index);                              //则删除该元素
```

```
            total--;
        }
    }


    //按学号查找学生库记录,找不到,返回 null
    public Stu searchStu(String num){                    //按学号查找学生记录
        if (num.length() == 0 || num == null ){
            return null;
        }
        else{
            Stu stu = dataAccess.searchRecord(num);
            stusIndex = getIndex(stu);                   //改变学生集元素索引
            return stu;
        }
    }


    //添加学生库记录:成功返回 1;记录已存在,返回 0;无法添加(如空记录),返回 -1
    public int addStu(Stu stu){                          //添加学生记录
        int result = 0;
        if (stu == null){
            result = -1;
        }
        result = dataAccess.addRecord(stu);              //调用数据层方法添加记录
        if(result == 1){                                 //如果成功添加
            addStuObj(stu);                              //则把对象添加到学生集
        }
        return result;
    }


    //修改学生库记录:成功返回 1;不成功,返回 0;无法修改(如空记录),返回 -1
    public int updateStu(Stu stu){                       //修改学生库记录
        int result = 0;
        if (stu == null){
            result = -1;
        }
        result = dataAccess.updateRecord(stu);           //调用数据层方法修改记录
        if (result == 1){                                //如果成功修改库记录
            updateStuObj(stu);                           //则修改学生集相应元素
        }
        return result;
    }


    //删除学生库记录:成功返回 1;不成功,返回 0;无法删除(如空记录),返回 -1
    public int deleteStu(Stu stu){                       //删除学生库记录
        int result = 0;
        if (stu == null){
            result = -1;
        }
        result = dataAccess.deleteRecord(stu);           //调用数据层方法删除记录
        if(result == 1){                                 //如果成功删除
            deleteStuObj(stu);                           //则删除学生集相应元素
        }
```

第
19
章

学生管理——三层结构数据库编程

```
            return result;
        }
    }
```

业务层类 StuService 的成员字段和方法如图 19-10 所示。

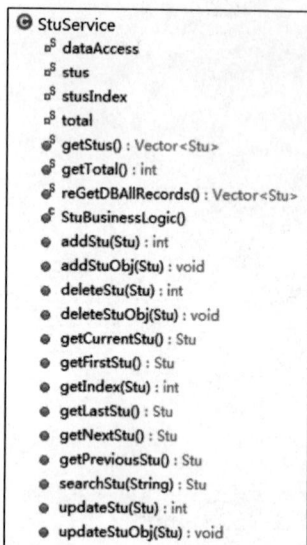

图 19-10　业务层类成员

StuService 类位于应用程序的中间层,起着承上启下的作用:表示层使用它,它则调用数据层。具体地说:它把数据层 StuDataAccess 的对象作为成员字段,并且在本类的成员方法中调用数据层对象的方法,通过数据层对数据库进行访问。

StuService 有一个成员字段 suts,用于存放所有学生对象,其类型是泛型集合 Vector < Stu >,即 suts 是学生集,它对应数据库表的所有记录。而实体类 Stu 的对象则是一个学生对象,它只对应数据库表的一条记录。

由于学生集是唯一的,因此在 StuService 类中把 suts 字段设为静态的,学生集当前元素索引 stusIndex、元素总个数 total 等字段也相应设为静态。同理,数据层对象 dataAccess 也设为静态的。

在 StuService 类的成员方法中,除了通过数据层对数据库操作的方法,还有获取学生集 suts 的首、尾、上、下元素和当前元素等方法,这些方法将直接被表示层调用。该类也定义了对学生集元素进行增、删、改的方法,供更新 stus 调用。

## 19.6.5　表示层

学生信息管理程序的表示层有 3 个类:一个是作为主界面的窗体类,其他两个是添加、修改记录的对话框类。此外,还有一个程序的入口主类。

ch19.6.5

【例 19-7】 编写学生信息管理程序的主界面窗体类,运行界面如图 19-11 所示。

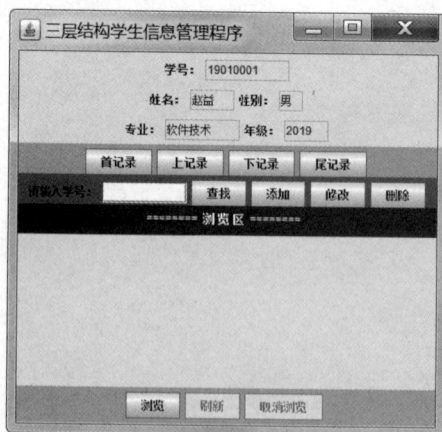

图 19-11　表示层主窗体

代码如下：

```java
import javax.swing. * ;
import java.awt. * ;
import java.awt.event. * ;

public class StuManFrame extends JFrame {
    private static final long serialVersionUID = 10L;           //序列号
    private StuService service = new StuService();              //关联业务层
    private Stu stu = new Stu();                                //实体类
    private StuManFrame thisObj = this;                         //当前类对象
    private JLabel labNum = new JLabel("学号:");                //5 个标签
    private JLabel labName = new JLabel("姓名:");
    private JLabel labSex = new JLabel("性别:");
    private JLabel labSpecialty = new JLabel("专业:");
    private JLabel labYear = new JLabel("年级:");
    private JTextField tfNum = new JTextField(8);               //5 个只读文本框
    private JTextField tfName = new JTextField(4);
    private JTextField tfSex = new JTextField(2);
    private JTextField tfSpecialty = new JTextField(7);
    private JTextField tfYear = new JTextField(4);

    private JButton butFirst = new JButton("首记录");          //按钮
    private JButton butPre = new JButton("上记录");
    private JButton butNext = new JButton("下记录");
    private JButton butLast = new JButton("尾记录");

    private JLabel labInputNum = new JLabel("请输入学号:");
    private JTextField tfInputNum = new JTextField(8);
    private JButton butSearch = new JButton("查找");           //按钮
    private JButton butAdd = new JButton("添加");
    private JButton butUpdate = new JButton("修改");
    private JButton butDelete = new JButton("删除");

    private JLabel labBrowse = new JLabel(" ======= 浏 览 区 ======= ");
    private JLabel labTotal = new JLabel();                     //记录总数标签
    private JLabel labTitle = new JLabel("——学号—姓名—性别—专业—年级——");
    private JList < Stu > list;                                 //列表框
    private JScrollPane scrollPane;                            //含列表框的滚动窗格
    private JButton butBrowse = new JButton("浏览");           //按钮
    private JButton butRefresh = new JButton("刷新");
    private JButton butCancelBrowse = new JButton("取消浏览");

    private JPanel panUp = new JPanel();                        //上部面板
    private GridLayout gridLay = new GridLayout(6, 1);          //按 6 行 1 列布局
    private JPanel panUp1 = new JPanel();
    private JPanel panUp2 = new JPanel();
    private JPanel panUp3 = new JPanel();
    private JPanel panUp4 = new JPanel();
    private JPanel panUp5 = new JPanel();
```

```java
    private JPanel panUp6 = new JPanel();

    private JPanel panDown = new JPanel();                       //下部面板
    private BorderLayout borderLay = new BorderLayout();         //按边框布局
    private JPanel panDownSouth = new JPanel();

    public StuManFrame(){                                        //构造方法
        this.setTitle("三层结构学生信息管理程序");
        this.setBounds(100, 100, 480, 450);
        this.setDefaultCloseOperation(JFrame.EXIT_ON_CLOSE);
        try{
            initialize();                                        //调用初始化方法
        }
        catch (Exception e){
            e.printStackTrace();                                 //输出异常跟踪轨迹
        }
        this.setVisible(true);
    }

    private void initialize(){                                   //初始化方法
        tfNum.setEditable(false);
        tfName.setEditable(false);
        tfSex.setEditable(false);
        tfSpecialty.setEditable(false);
        tfYear.setEditable(false);
        panUp1.add(labNum);
        panUp1.add(tfNum);
        panUp2.add(labName);
        panUp2.add(tfName);
        panUp2.add(labSex);
        panUp2.add(tfSex);
        panUp3.add(labSpecialty);
        panUp3.add(tfSpecialty);
        panUp3.add(labYear);
        panUp3.add(tfYear);
        panUp4.setBackground(Color.LIGHT_GRAY);
        panUp4.add(butFirst);
        panUp4.add(butPre);
        panUp4.add(butNext);
        panUp4.add(butLast);
        panUp5.setBackground(Color.GRAY);
        panUp5.add(labInputNum);
        panUp5.add(tfInputNum);
        panUp5.add(butSearch);
        panUp5.add(butAdd);
        panUp5.add(butUpdate);
        panUp5.add(butDelete);
        labTitle.setVisible(false);
        labBrowse.setForeground(Color.WHITE);
        labTotal.setForeground(Color.YELLOW);
```

```java
        panUp6.setBackground(Color.BLUE);
        panUp6.add(labBrowse);
        panUp6.add(labTotal);
        panUp.setLayout(gridLay);                              //上部面板设6行1列网格布局
        panUp.add(panUp1);
        panUp.add(panUp2);
        panUp.add(panUp3);
        panUp.add(panUp4);
        panUp.add(panUp5);
        panUp.add(panUp6);

        panDown.setLayout(borderLay);
        panDown.add(labTitle, BorderLayout.NORTH);
        panDownSouth.setBackground(Color.LIGHT_GRAY);
        panDownSouth.add(butBrowse);
        panDownSouth.add(butRefresh);
        panDownSouth.add(butCancelBrowse);
        panDown.add(panDownSouth, BorderLayout.SOUTH);
        stu = service.getFirstStu();
        this.displayRecord(stu);                               //显示一个学生记录
        list = new JList<Stu>(StuService.getStus());           //构建学生集列表
        scrollPane = new JScrollPane(list);                    //构建滚动窗格
        panDown.add(scrollPane, BorderLayout.CENTER);          //下部面板放置滚动窗格
        scrollPane.setVisible(false);                          //暂不显示滚动窗格

        this.setLayout(new GridLayout(2, 1));                  //窗体分上下两部分
        this.add(panUp);
        this.add(panDown);

        //按钮添加动作事件监听器:
        butFirst.addActionListener(new ActionHandler());
        butPre.addActionListener(new ActionHandler());
        butNext.addActionListener(new ActionHandler());
        butLast.addActionListener(new ActionHandler());
        butSearch.addActionListener(new ActionHandler());
        butAdd.addActionListener(new ActionHandler());
        butUpdate.addActionListener(new ActionHandler());
        butDelete.addActionListener(new ActionHandler());
        butBrowse.addActionListener(new ActionHandler());
        butRefresh.addActionListener(new ActionHandler());
        butCancelBrowse.addActionListener(new ActionHandler());
        butRefresh.setEnabled(false);
        butCancelBrowse.setEnabled(false);
    }

    //按钮动作事件监听处理类(私有内部类):
    private class ActionHandler implements ActionListener{
        public void actionPerformed(ActionEvent e){
            if(e.getSource() == butFirst){                     //"首记录"按钮
                stu = service.getFirstStu();                   //调用业务层方法获取首记录
```

```java
            displayRecord(stu);                           //显示学生记录
        }
        else if(e.getSource() == butPre){                 //"上记录"按钮
            stu = service.getPreviousStu();
            displayRecord(stu);
        }
        else if(e.getSource() == butNext){                //"下记录"按钮
            stu = service.getNextStu();
            displayRecord(stu);
        }
        else if(e.getSource() == butLast){                //"尾记录"按钮
            stu = service.getLastStu();
            displayRecord(stu);
        }
        else if(e.getSource() == butSearch){              //按学号"查找"按钮
            String num = tfInputNum.getText().trim();
            if (num.length() == 0 || num == null ){
                JOptionPane.showMessageDialog(null, "请输入学号再查找!");
                tfInputNum.requestFocus();
            }
            else{
                stu = service.searchStu(num);             //调用业务层查找方法
                if (stu == null){
                    JOptionPane.showMessageDialog(null,
                            "学号为" + num + "的记录不存在!");
                }
                displayRecord(stu);
            }
        }
        else if(e.getSource() == butAdd){                 //"添加":先查找再添加
            String num = tfInputNum.getText().trim();
            if (num.length() == 0 ){
                JOptionPane.showMessageDialog(null, "请输入要添加的学号!");
                tfInputNum.requestFocus();
            }
            else if (! num.matches("[\\d]{8}") ){         //如果学号不是 8 位数字
                JOptionPane.showMessageDialog(null, "学号必须是 8 位数字!");
                tfInputNum.requestFocus();
            }
            else{
                stu = service.searchStu(num);             //调用业务层查找方法
                if (stu != null){
                    JOptionPane.showMessageDialog(null, "该学号记录已存在!");
                }
                else{                                     //显示添加记录模式对话框做添加
                    AddDialog dialog = new AddDialog(thisObj, true, num);
                    stu = dialog.getStu();                //获取添加的学生对象
                }
                displayRecord(stu);
            }
```

```java
        }
        else if(e.getSource() == butUpdate){              //"修改":先查找再修改
            String num = tfInputNum.getText().trim();
            if (num.length() == 0 || ! num.matches("[\\d]{8}") ){
                JOptionPane.showMessageDialog(null,
                        "请输入要修改的学号!\n学号必须是8位数字!");
                tfInputNum.requestFocus();
            }
            else{
                stu = service.searchStu(num);              //调用业务层查找方法
                displayRecord(stu);
                if (stu == null){
                    JOptionPane.showMessageDialog(null,
                            "该学号的记录不存在,无法修改!");
                }
                else{                                      //显示修改记录模式对话框做修改
                    UpdateDialog dialog = new UpdateDialog(thisObj, true, stu);
                    stu = dialog.getStu();                 //获取修改的学生对象
                    displayRecord(stu);
                }
            }
        }
        else if(e.getSource() == butDelete){              //"删除":先查找后删除
            String num = tfInputNum.getText().trim();
            if (num.length() == 0 || ! num.matches("[\\d]{8}") ){
                JOptionPane.showMessageDialog(null,
                        "请输入要删除的学号!\n学号必须是8位数字!");
                tfInputNum.requestFocus();
            }
            else{
                stu = service.searchStu(num);              //调用业务层查找方法
                displayRecord(stu);
                if (stu == null){
                    JOptionPane.showMessageDialog(null,
                            "该学号的记录不存在!");
                }
                else{                                      //显示确认框,选择是否删除
                    int result = JOptionPane.showConfirmDialog(null,
                            "真的删除该记录吗?");
                    if (result == JOptionPane.YES_OPTION){
                        service.deleteStu(stu);            //调用业务层删除方法
                        stu = service.getCurrentStu();     //获取删除后的当前学生
                        displayRecord(stu);
                    }
                }
            }
        }
        else if(e.getSource() == butBrowse){              //"浏览"所有记录按钮
            butBrowse.setEnabled(false);
            butRefresh.setEnabled(true);
```

```java
                butCancelBrowse.setEnabled(true);
                list = new JList<Stu>(StuService.getStus());      //学生集所有元素
                scrollPane.setViewportView(list);                 //设置滚动窗格视图
                scrollPane.setVisible(true);
                labTitle.setVisible(true);
                labTotal.setText("记录总数:" + StuService.getTotal());
                thisObj.setVisible(true);
            }
            else if(e.getSource() == butRefresh){                 //"刷新"浏览按钮
                butBrowse.setEnabled(false);
                butCancelBrowse.setEnabled(true);
                list = new JList<Stu>(StuService.reGetDBAllRecords());   //重获库记录
                scrollPane.setViewportView(list);                 //设置滚动窗格视图
                scrollPane.setVisible(true);
                labTitle.setVisible(true);
                labTotal.setText("记录总数:" + StuService.getTotal());
                thisObj.setVisible(true);
            }
            else if(e.getSource() == butCancelBrowse){            //"取消浏览"按钮
                butCancelBrowse.setEnabled(false);
                butBrowse.setEnabled(true);
                butRefresh.setEnabled(true);
                scrollPane.setVisible(false);
                labTitle.setVisible(false);
                labTotal.setText("");
                thisObj.setVisible(true);
            }
        }
    }

    public void displayRecord(Stu stu){                          //显示学生记录方法
        if (stu != null ){                                       //若有学生,则显示
            tfNum.setText(stu.getNum());
            tfName.setText(stu.getName());
            tfSex.setText(String.valueOf(stu.getSex()));
            tfSpecialty.setText(stu.getSpecialty());
            tfYear.setText(String.valueOf(stu.getYear()));
        }
        else {                                                   //否则清空文本框
            tfNum.setText(null);
            tfName.setText(null);
            tfSex.setText(null);
            tfSpecialty.setText(null);
            tfYear.setText(null);
        }
    }
}
```

界面窗体类 StuManFrame 的主要字段是如图 19-11 所示的标签、文本框、按钮等图形组件以及业务层对象。方法有构造方法、初始化方法和显示记录方法,窗体类的成员还有一个私有内部类 ActionHandler,是所有按钮的动作事件监听和处理类,各个按钮功能均由内部类的 actionPerformed 方法提供。如单击"首记录",则调用业务层方法获取首记录,然后调用 displayRecord 方法显示记录内容。

在 StuManFrame 类中,记录"添加"和"修改"按钮事件处理方法用到 AddDialog 和 UpdateDialog 类,这就是下面将要编写的添加和修改记录对话框类。记录"删除"按钮则调用 JOptionPane 的 showConfirmDialog 方法,执行该方法将显示图 19-12 所示的确认框,确认是否真的执行删除操作,只有单击"是"按钮,才真正删除记录。

ch19.6.5 例 19-8

【例 19-8】 编写学生管理程序的"添加学生记录"对话框类,运行界面如图 19-13 所示。

图 19-12 删除记录确认框

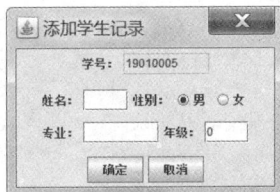

图 19-13 "添加学生记录"对话框

代码如下:

```java
import javax.swing. * ;
import java.awt. * ;
import java.awt.event. * ;

public class AddDialog extends JDialog {                        //添加学生记录对话框
    private static final long serialVersionUID = 10L;          //序列号
    private StuService service = new StuService();             //关联业务层
    private Stu stu = null;                                    //实体类对象
    private AddDialog thisObj = this;                          //当前对象
    private JLabel labNum = new JLabel("学号:");
    private JLabel labName = new JLabel("姓名:");
    private JLabel labSex = new JLabel("性别:");
    private JLabel labSpecialty = new JLabel("专业:");
    private JLabel labYear = new JLabel("年级:");
    private JTextField tfNum = new JTextField(8);
    private JTextField tfName = new JTextField(4);
    private JRadioButton rbMale = new JRadioButton("男", true);
    private JRadioButton rbFemale = new JRadioButton("女");
    private ButtonGroup butGroup = new ButtonGroup();
    private JTextField tfSpecialty = new JTextField(7);
    private JTextField tfYear = new JTextField("0", 4);         //4列宽文本框显示 0
    private JPanel pan1 = new JPanel();
    private JPanel pan2 = new JPanel();
```

学生管理——三层结构数据库编程

```java
    private JPanel pan3 = new JPanel();
    private JPanel pan4 = new JPanel();
    private JButton butOk = new JButton("确定");
    private JButton butCancel = new JButton("取消");

    public AddDialog(StuManFrame frame, boolean modal, String num) {
        super(frame, modal);
        this.setTitle("添加学生记录");
        this.setLocation(frame.getX() + 80, frame.getY( ) + 200);
        this.setSize(300, 200);
        tfNum.setText(num);                          //学号来自主窗体
        tfNum.setEditable(false);                    //学号不能修改
        initialize();                                //调用初始化方法
        this.setVisible(true);
    }

    private void initialize(){                       //初始化方法
        pan1.add(labNum);
        pan1.add(tfNum);
        butGroup.add(rbMale);
        butGroup.add(rbFemale);
        pan2.add(labName);
        pan2.add(tfName);
        pan2.add(labSex);
        pan2.add(rbMale);
        pan2.add(rbFemale);
        pan3.add(labSpecialty);
        pan3.add(tfSpecialty);
        pan3.add(labYear);
        pan3.add(tfYear);
        pan4.add(butOk);
        pan4.add(butCancel);
        this.setLayout(new GridLayout(4,1));
        this.add(pan1);
        this.add(pan2);
        this.add(pan3);
        this.add(pan4);
        butOk.addActionListener(new ActionHandler());      //按钮添加动作事件监听器
        butCancel.addActionListener(new ActionHandler());
    }

    //按钮动作事件监听处理类(内部类):
    private class ActionHandler implements ActionListener{
        public void actionPerformed(ActionEvent e){
            if(e.getSource() == butOk){                    //"确定"按钮
                try{
                    stu = new Stu();
                    stu.setNum(tfNum.getText());
                    stu.setName(tfName.getText().trim());
                    if(rbMale.isSelected()){ stu.setSex('男'); }
```

```
                else{stu.setSex('女'); }
                stu.setSpecialty(tfSpecialty.getText().trim());
                String strYear = tfYear.getText().trim();
                if (strYear.length() == 0) { stu.setYear(0); }
                else {        stu.setYear(Integer.parseInt(strYear)); }
                int recCount = service.addStu(stu);        //业务层添加记录方法
                thisObj.setVisible(false);                 //隐藏对话框
                if (recCount == 1){
                  JOptionPane.showMessageDialog(null, "成功添加一条记录!");
                }
            }
            catch(Exception ex){
                JOptionPane.showMessageDialog(null,"异常:" + ex.getMessage());
                tfName.requestFocus();
            }
        }
        else if(e.getSource() == butCancel){        //"取消"按钮
            stu = null;
            thisObj.setVisible(false);              //隐藏对话框
        }
    }
}

public Stu getStu(){                                //获取学生对象方法
    return this.stu;    ·
}
}
```

添加对话框类的字段主要是如图 19-13 所示的标签、文本框和按钮等组件,还有业务层对象等。方法有构造方法、初始化方法和获取学生对象方法,也有一个内部类,用于按钮动作事件监听和处理。

执行程序,在主界面文本框中首先输入 8 位数字学号,只有学号不重复,才能显示添加记录对话框。该对话框是主界面窗体的模式对话框,必须单击对话框的"确定""取消"按钮或右上角的关闭按钮 ▇ x ▇ ,才能回到主界面中。

【例 19-9】 编写"修改学生记录"对话框类,运行界面如图 19-14 所示。

ch19.6.5
例 19-9
例 19-10

图 19-14 "修改学生记录"对话框

本类代码与例 19-8 的"添加学生记录"对话框类似,请读者自行编写。

【例 19-10】 编写学生信息管理程序的主类。

代码如下:

```
public class StuMan {                              //主类
    public static void main(String[] args) {
        new StuManFrame();                         //构造主界面的窗体对象
    }
}
```

至此,编写完三层结构的学生信息管理程序,运行主类 StuMan,即出现图 19-11 中的主界面,单击各个按钮便执行相应的操作。如果要执行"查找""添加""修改"或"删除"按钮的功能,则首先要在左边的文本框中输入学号,即按学号进行增删改查操作。

💡 注意:N 层结构的程序,每层也可创建一个包存放,其他层要用就导包。

程序经过反复调试运行,如果没有错误,就可打包发布了。

ch19.7

# 19.7　打包发布程序

一个程序项目通常包含多个文件,项目做完了,要打成一个软件包进行发布。

发布就是将程序代码及用到的资源文件打包成一个易传播、易安装和易运行的压缩文件,如打成一个可执行的扩展名为 jar 的文件,即 jar 包。然后把软件包传送到具备运行环境的其他计算机。这样,双击软件包便可运行程序,无须再进入 Eclipse 等开发环境。jar 是 Java ARchive 的缩写,表示 Java 存档文件。

三层结构学生信息管理程序有 7 个源文件,编译后生成 10 个字节码文件(因为连内部类共有 10 个类),可在 Eclipse 等开发环境下,把这些字节码(以及清单等)文件打成一个软件 jar 包,便于传输发布。

在 Eclipse 开发环境中,打包发布程序的步骤如下:

(1) 打开程序项目,调试好程序,令程序能正常运行。

(2) 选择菜单 File|Export 命令,出现如图 19-15 所示的 Export(导出)对话框,选择导出目标类型为 Java 的 Runnable JAR file。单击 Next 按钮,出现如图 19-16 所示的对话框,选择 Launch configuration:(发行配置)下拉列表中的项,再输入 Export destination:(导出目标)下拉列表项。如通过 Browse 按钮输入 D:\StuManage.jar,然后单击 Finish 按钮,便在 D 盘根目录下生成一个名为 StuManage.jar 的软件包。

测试软件包:在"我的电脑"或"资源管理

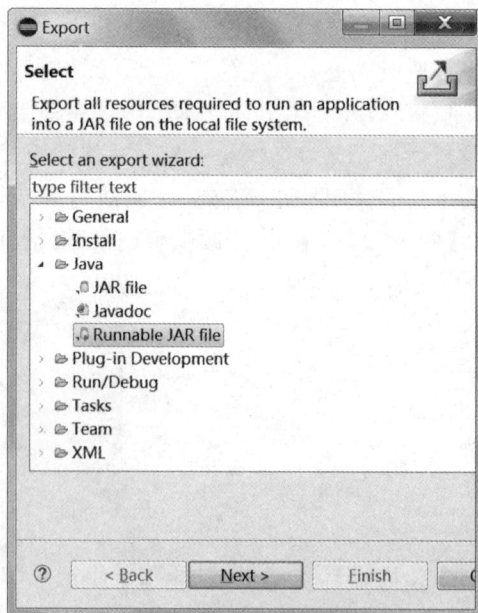

图 19-15　导出对话框

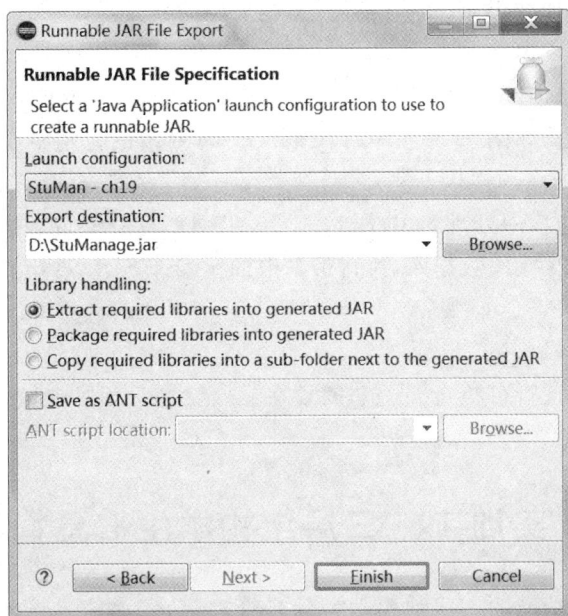

图 19-16　可运行 JAR 文件导出对话框

器"中,选择 D 盘根目录,双击 StuManage.jar 文件,即可运行程序,出现图 19-11 中的主界面。

(3) 把 StuManage.jar 文件发送(复制或通过网络传输)到其他计算机,只要计算机具备程序运行环境,即安装了 Java 运行环境 JRE(无须 JDK)、安装了 MySQL 数据库系统并建立了学生数据库 Studb,就可直接双击文件执行程序。

---

💡注意:在命令行窗口运行可执行 jar 包需添加参数-jar。如:

```
java - jar d:/StuManage.jar
```

---

# 19.8　本章小结

执行 SQL 脚本可创建数据库。加载 JDBC 驱动 jar 包后才能访问数据库。
使用连接对象创建语句对象,通过语句对象执行数据库增删改查操作。
三层结构应用程序有表示层、业务层和数据层。
分层设计能化繁为简,N 层结构的程序方便设计、编码、修改维护和扩充。

# 19.9　习　题　19

1. 下列选项中,提供 Java 存取数据库功能的包是(　　)。

    A. java.sql        B. java.awt        C. java.lang        D. java.swing

2. 在连接数据库加载 JDBC 驱动器时,可能发生的异常是(　　)。

    A. FileNotFoundException          B. ClassNotFoundException

    C. ClassCastException             D. RuntimeException

3. 在编写访问数据库的 Java 程序时,Connection 对象的作用是(　　)。

    A. 表示与数据库的连接          B. 存储查询结果

    C. 在指定的连接中处理 SQL 语句    D. 建立新的数据库连接

4. 使用 JDBC API 操作数据库,执行带参数的预编译 SQL 语句的对象是(　　)。

    A. Statement                B. PreparedStatement

    C. CallableStatement           D. PrepareStatement

5. 在命令行窗口运行可执行 jar 包,需要在 java 命令后面加参数(　　)。

    A. -d             B. -g             C. -jar           D. -verbose

# 19.10　实训 19:三层结构学生信息管理程序

1. 实现不带修改功能的三层结构学生信息管理程序,功能是访问例 19-1 脚本建立的 Studb 数据库,库表有学号、姓名、性别、专业和年级 5 个字段。运行界面参见图 19-1,能通过单击"上记录"和"下记录"等按钮依次读取数据库各个记录,并能按学号"查找""添加"和"删除"记录(禁用"修改"按钮),还能一次性"浏览"所有记录。

提示:请参考 19.2 节和 19.6 节,不需要主界面窗体的"修改"事件处理代码。

2. 在第 1 题基础上,编写修改学生记录的对话框类。运行界面参见图 19-14。

提示:部分代码参考如下。

```java
public class UpdateDialog extends JDialog {              //修改学生记录对话框
    private StuService service =    …
    private Stu stu;                                     //实体类
    private Stu updStu;
    private JLabel labNum = new JLabel("学号:");
    …
    public UpdateDialog(StuManFrame frame, boolean modal, Stu stu){    //构造方法
        super(frame, modal);
        this.stu = stu;
        this.setTitle("修改学生记录");
        …
    }

    private void initialize(){                           //初始化方法
        tfNum.setText(stu.getNum());
        tfNum.setEditable( … );                          //学号不能修改
        tfName.setText( … );
        if(stu.getSex() == '男') { … } else { … }
        …
    }
}
```

```
//按钮动作事件监听处理类(内部类):
private class ActionHandler implements ActionListener{
    public void actionPerformed(ActionEvent e){
        if(e.getSource() == butOk){
            try{
                updStu = new Stu();
                updStu.setNum( … );
                …
                if (recCount == 1){ … stu = updStu; }
            }catch(Exception ex){ … }
        }
        else if(e.getSource() == butCancel){ … }
    }
}

public Stu getStu(){ … }                         //获取学生对象方法
}
```

# 第20章  聊天——网络编程

## 能力目标

- 理解 UDP 协议与数据报套接字,能用 DatagramSocket 编写局域网聊天程序;
- 理解 TCP 协议,能区分服务器套接字和客户端套接字;
- 能使用 ServerSocket 和 Socket 编写一对多网络聊天程序。

ch20.1

## 20.1  任 务 预 览

本章实训编写一对多网络"群聊"程序,运行结果如图 20-1 所示。

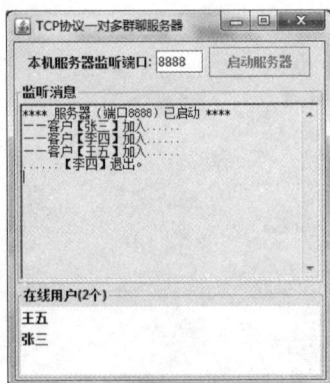
(a) 服务器

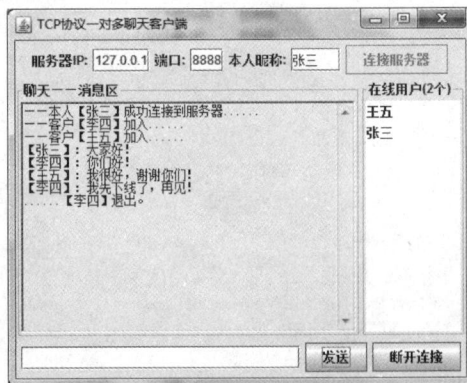
(b) 客户端 1

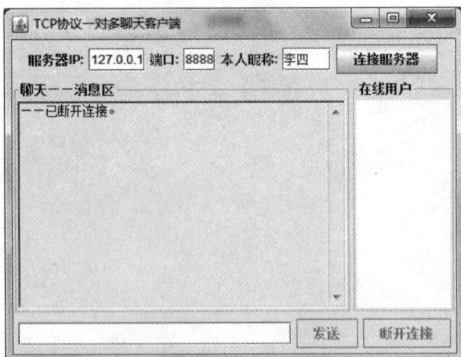
(c) 客户端 2

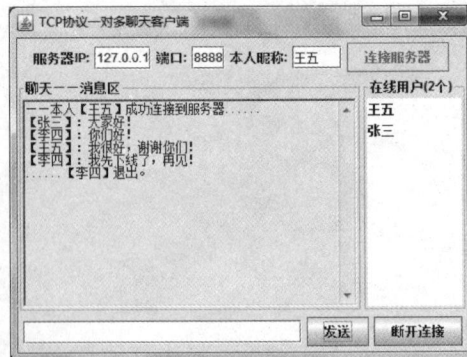
(d) 客户端 3

图 20-1  实训程序运行界面

# 20.2　基于 UDP 协议的网络通信

用过腾讯 QQ 和微信的人都知道,无论身处何方都能与天涯咫尺的朋友聊天(即时通)。

ch20.2

编写网络通信程序有两种做法:一是基于用户数据报协议(User Datagram Protocol,UDP),二是基于传输控制协议(Transmission Control Protocol,TCP)。

所谓协议(Protocol),是经过大家协商而制定的、共同遵守的规程。网络协议就是计算机网络所有通信设备(如计算机和交换机、路由器等)遵从的通信规则和技术规范。常见的网络协议是传输控制协议/因特网协议(Transmission Control Protocol/Internet Protocol,TCP/IP)。

TCP/IP 实际上代表一组协议,即"协议簇"。TCP/IP 协议簇除了 TCP 和 IP 外,还包括 HTTP、FTP、SMTP、UDP、ARP、ICMP 等协议。遵从 TCP/IP 协议簇的网络模型与经典的 7 层开放系统互联(Open System Interconnect,OSI)参考模型不同,它从实用的角度出发,只有 4 层体系结构,这 4 层结构从下到上分别是数据链路层、网络层、传输层和应用层。其中 UDP 和 TCP 协议就是传输层的两种不同协议。

通信是双方进行信息传递,目标是把信息从发送方(数据源)发送到接收方(目的地),可靠的通信是接收方每次都能成功地收到来自发送方的数据。基于 TCP 协议的通信是可靠的,但基于 UDP 协议的通信则是无连接、不可靠的通信,因为这种通信方式是发送方把要发送的数据打成一个数据包(称为数据报包(Datagram Packet),内含接收方地址)后,仅发送一次,并且发出后不再与接收方联系,也不管接收方能否成功接收,因此是"不可靠"的。由于收发双方没有在数据传输过程中一直保持连接状态,所以也是"无连接"的。不过,UDP 通信方式有一个优点,就是速度快,它适合在比较稳定的网络环境内传输少量的数据,如在一个单位内的局域网进行信息传递。

先来看一个在命令行窗口中运行的一对一(简洁版)聊天程序。

ch20.2 例 20-1

【例 20-1】　编写基于 UDP 协议字符界面一对一聊天程序。运行结果如图 20-2 所示。

(a) 客户 a　　　　　　　　　　　(b) 客户 b

图 20-2　在命令行窗口中运行一对一聊天程序

聊天——网络编程

源程序由 3 个类组成：聊天类、客户 a 主类和客户 b 主类，各存放在一个文件中。

(1) 聊天类源程序文件 Ex1Chat.java 代码如下。

```java
import java.net. * ;
import java.util.Scanner;

public class Ex1Chat{                                        //字符版 UDP 协议聊天类
    private int localPort, otherPort;                        //本机和对方端口
    private InetAddress otherIp;                             //对方 IP 地址(对象)
    private DatagramSocket socket;                           //收发用 UDP 套接字
    private DatagramPacket sendDp;                           //发送数据包
    private byte[] rcvBuf = new byte[1024];                  //接收缓冲区(字节数组)
    private DatagramPacket rcvDp = new DatagramPacket(rcvBuf, rcvBuf.length);
                                                             //接收数据包
    private Thread rcvThrd;                                  //接收线程
    private Scanner sc = new Scanner(System.in);             //用于输入发送消息

    //构造方法(参数有 3 个: 本机端口、对方 IP 地址、对方端口)
    public Ex1Chat(int localPort, String otherIpAddr, int otherPort)throws Exception{
        this.localPort = localPort;
        this.otherIp = InetAddress.getByName(otherIpAddr);   //获取对方 IP 地址对象
        this.otherPort = otherPort;
        link();                                              //调用连接对方方法
        send();                                              //调用发送消息方法
    }

    public void link() throws Exception{                     //连接对方方法
        socket = new DatagramSocket(localPort);              //构建收发数据报套接字
        rcvThrd = new Thread(new ReceiveRunnable());         //构建接收对方消息线程
        rcvThrd.start();                                     //启动线程
    }

    public void send() throws Exception{                     //发送消息方法
        String msg;
        while(true){
            System.out.print("【发送】:");
            msg = sc.nextLine();                             //输入发送消息(字符串)
            byte[] buf = msg.getBytes();                     //字符串转字节数组
            sendDp = new DatagramPacket(buf, buf.length, otherIp, otherPort);
                    //构建发送数据报包(发送内容, 发送长度, 对方 IP 地址, 端口)
            socket.send(sendDp);                             //调用套接字方法发送数据报包
            if(msg.equals("88")) {                           //发送 88 表示 bye-bye 结束程序
                socket.close();                              //关闭数据报套接字
                System.exit(0);                              //退出程序
            }
        }
    }

    //接收消息的线程关联类(私有内部类):
```

```
        private class ReceiveRunnable implements Runnable {
            public void run() {
                try {
                    while(true) {
                        socket.receive(rcvDp);                              //调用套接字方法接收数据报包
                        String msg = new String(rcvDp.getData(),0,rcvDp.getLength());
                                                                            //把收到的消息转为字符串
                        System.out.println("\n【接收】:" + msg);    //显示消息串
                        System.out.print("【发送】:");
                    }
                } catch (Exception e) { }
            }
        }
    }
```

（2）客户 a 主类源程序文件 Ex1a.java 代码如下。

```
public class Ex1a {                                           //客户 a 主类
    public static void main(String[] args) {
        try {
            new Ex1Chat(1111, "localhost", 2222);
                            //构建聊天对象,本机 1111 端口与(对方)本机 2222 端口聊天
        } catch (Exception e) {
            e.printStackTrace();
        }
    }
}
```

（3）客户 b 主类源程序文件 Ex1b.java 代码如下。

```
public class Ex1b {                                           //客户 b 主类
    public static void main(String[] args) {
        try {
            new Ex1Chat (2222, "localhost", 1111);
                            //构建聊天对象,本机 2222 端口与(对方)本机 1111 端口聊天
        } catch (Exception e) {
            e.printStackTrace();
        }
    }
}
```

由于是两个用户进行聊天,所以要在本地计算机打开两个命令行窗口,代表两个客户端。在两个命令行窗口中,均要预先使用 cd 命令进入编译过的字节码 class 文件所在的文件夹,然后分别输入命令 java Ex1a 和 java Ex1b 运行程序,一次的运行结果参见图 20-2。如果要终止聊天,则发送 88(表示 bye-bye)结束程序。

335

💡注意：也可在 Eclipse 开发环境中依次运行 Ex1a 和 Ex1b 类,这时 Console(控制台)窗格会自动在两个客户端之间切换。单击 Console 窗格中的 Display Selected Console(显

示所选择的控制台)按钮 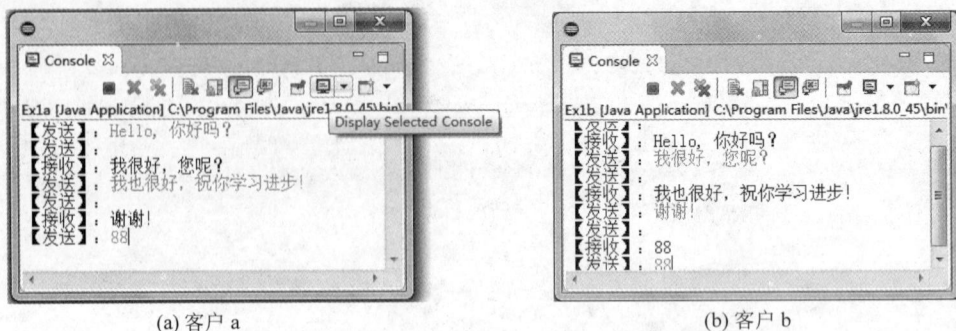,可主动切换两个客户端运行界面,如图 20-3 所示。

(a) 客户 a

(b) 客户 b

图 20-3　在 Eclipse 运行聊天程序控制台界面

UDP 协议的网络通信程序,除了使用线程接收对方的消息外,还要使用 java. net 包中的 InetAddress、DatagramSocket 和 DatagramPacket 等类,下面依次介绍。

### 20.2.1　IP 地址类 InetAddress

ch20.2.1

网络通信必须有发送方和接收方(计算机),它们的位置用具有唯一性的 IP 地址来标识。IP 地址犹如传统信函的通信地址,只是它定位的是计算机等网络设备。在 Java 语言中,InetAddress 类就是用来封装 IP 地址的,通信双方使用 InetAddress 对象来确定要发送的位置。也就是说,发送方要往哪个位置发送数据,必须使用 InetAddress 对象明确定位。

InetAddress 类没有构造方法,使用静态方法获取对象,常用的方法如下。

(1) static InetAddress getByName(String host):给定主机名返回一个 IP 地址对象。其中主机名使用字符串表示,也可以是字符串形式的 IP 地址,如"192.168.88.101"。

需要强调的是:主机名 localhost 代表本地机,即当前正在使用的计算机。IP 地址"127.0.0.1"也是指代本机,该地址称为"回送地址",一旦程序使用回送地址发送数据,将不进行实质性的网络传输,只在本机内部进行通信。

如果给出的主机名不正确,getByName 方法会抛出 UnknownHostException 异常。不过,该方法允许主机名为 null,这时方法返回本机 IP 地址对象。

(2) static InetAddress getByAddress(byte[] addr):给定字节数组表示的 IP 地址,返回一个 IP 地址对象。如果给出 IP 地址不对,该方法也抛出 UnknownHostException 异常。

(3) static InetAddress getLocalHost():返回本机的 IP 地址对象。

---

💡注意:InetAddress 类不提供构造方法,不能用 new 构建对象,但可调用上面 3 个静态方法获取对象,如 InetAddress. getByName("localhost")。

---

(4) String getHostAddress():从 IP 地址对象中获取字符串表示的 IP 地址。

(5) String getHostName():从 IP 地址对象中获取字符串表示的主机名。如果无法获取,则返回其字符串形式的 IP 地址,这时相当于执行方法(4)。

（6）boolean isLoopbackAddress()：检查 IP 地址对象是否由回送地址构建。

## 20.2.2　数据报套接字类 DatagramSocket

ch20.2.2

Socket 原是"插孔"之意，若用于网络通信，则称为"套接字"。

套接字是两台机器之间通信的端点，可看作连接两端的通信渠道，如看作插入两端插孔之间的一条通信线路。在 Java 程序中，一个套接字对象相当于发送方或接收方的通信实体，作用相当于一名收发人员，具有接收和发送数据的功能。

基于 UDP 协议的套接字就是数据报套接字 DatagramSocket，常用方法如下。

（1）DatagramSocket()：构建数据报套接字对象，并绑定到本机任何可用端口。

（2）DatagramSocket(int port)：构建数据报套接字，绑定本机指定的端口。

（3）DatagramSocket(int port，InetAddress laddr)：构建数据报套接字对象，将其绑定到指定的本机端口和 IP 地址。

上述构造方法均会抛出 SocketException 异常，故调用时要进行相应处理。

虽然方法（1）没有在参数中明确指明端口，但一个套接字对象必须要跟一个端口绑定，即一个套接字必须跟本机的 IP 地址和一个端口关联。不同的套接字（相当于不同的收发员），它们的 IP 地址和端口不能相同，这样才能相互通信。

说明：端口是计算机的通信进出口。端口使用整数编号，也称"端口号"，一台计算机有多个端口。端口号必须为 0～65 535。应用程序一般使用 1024～65 535 的端口。

一台计算机有 6 万多个端口，每个套接字绑定一个端口。理论上一台计算机可同时构建很多个套接字。如果把一台计算机比喻为一个邮局，多个套接字就是其中的多名收发员，端口号就相当于员工的编号，因而同一台计算机可同时进行多个不同功能的通信。

（4）void send(DatagramPacket p)：使用套接字发送数据报包。其中，数据报包 DatagramPacket 对象含有发送的数据内容、长度（大小）、对方主机 IP 地址和端口。使用本方法要处理 IOException 异常。

（5）void receive(DatagramPacket p)：使用套接字接收数据报包，参数 p 是接收的数据报包，包中除了数据，还有发送方的 IP 地址和端口。使用本方法也要处理 IOException。

---

💡 注意：receive 方法在收到数据报包之前一直处于阻塞（等待）状态。

---

方法（4）和（5）的参数均涉及 DatagramPacket，将在 20.2.3 节介绍。

（6）InetAddress getLocalAddress()：获取套接字绑定的本机地址。

（7）int getLocalPort()：获取套接字绑定的本机端口。

（8）void bind(SocketAddress addr)：把套接字绑定到给定的 IP 地址和端口。

（9）void connect(InetAddress address，int port)：将套接字连接到对方地址和端口。当套接字连接到远程地址时，包就只能从该地址发送或接收。数据报套接字默认是不连接的。

（10）void close()：关闭数据报套接字，切断与之关联的通道。

（11）boolean isClosed()：判断数据报套接字是否已关闭。若是，则为 true。

### 20.2.3 数据报包类 DatagramPacket

ch20.2.3

数据报包 DatagramPacket 对象用来实现"无连接"包投递服务。每条报文(对象)仅根据本包中所包含的信息从一台机器路由到另一台机器。从一台机器发送到另一台机器的多个包可能选择不同的路由,也可能按不同的顺序到达。它不对包能否成功投递做担保,因此是不可靠的。

DatagramPacket 类常用方法(含构造方法)如下。

(1) DatagramPacket(byte[] buf, int length):构建只用于接收的数据报包对象,用来接收指定长度的数据包,并存放在称为"缓冲区"的字节数组中。接收长度不能超过存放空间的长度,即参数 length 必须小于或等于 buf.length。

(2) DatagramPacket(byte[] buf, int offset, int length):构建只用于接收的数据报包对象,用来接收指定长度的数据包,并存放到缓冲区 buf 中指定的位置(偏移量 offset)。

(3) DatagramPacket(byte[] buf, int length, InetAddress address, int port):构建仅用于发送的数据报包对象,将长度为 length 的缓冲区数据发送到指定 IP 地址和端口的主机。

(4) DatagramPacket(byte[] buf, int offset, int length, InetAddress address, int port):构建仅用于发送的数据报包对象,将偏移量为 offset、长度为 length 的缓冲区数据发送到指定 IP 地址和端口的主机。

上述 4 个构造方法中,前两个构建接收对象,后两个构建发送对象。构造发送用的数据报包对象必须在参数中指明发送目标,包括 IP 地址和端口。

(5) byte[] getData():获取发送或接收的数据,并存放在字节数组缓冲区中。

(6) int getOffset():获取发送或接收数据的缓冲区偏移量。

(7) int getLength():获取发送或接收数据的长度。

(8) InetAddress getAddress():获取发送或接收的对方主机 IP 地址。

(9) int getPort():获取发送或接收的对方主机端口。

(10) void setData(byte[] buf):把字节数组写入数据报包中。

(11) void setData(byte[] buf, int offset, int length):给定字节数组数据、偏移量和长度,写到数据报包中。

(12) void setLength(int length):设置用于收发数据的缓冲区长度(字节数)。

(13) void setAddress(InetAddress iaddr):设置数据报包要发送的对方 IP 地址。

(14) void setPort(int iport):设置数据报包要发送的对方主机端口。

### 20.2.4 基于 UDP 协议网络编程步骤

ch20.2.4

基于 UDP 协议编写一对一网络通信(聊天)程序,一般有如下几个步骤。

(1) 构建本机的 DatagramSocket 套接字对象。

(2) 构建并启动接收线程,在线程中不断调用套接字 receive 方法接收对方消息,并存放在 DatagramPacket 包中,再从中提取并显示消息。

(3) 按需要(多次)输入要发送的消息,与对方的 IP 地址和端口一起打成 DatagramPacket 包,再调用套接字的 send 方法发送。

（4）最后关闭套接字，退出程序。

【例 20-2】 编写基于 UDP 协议的一对一 GUI 聊天程序。运行结果如图 20-4 所示。

ch20.2 例 20-2

只需编写一个带窗体的主类，通信双方运行相同的程序。不过在连接对方之前必须设置好对方的 IP 地址和端口，其中对方 IP 地址和端口两者之中至少有一个与本方的不一样，才能达到两个不同套接字（收发员）之间相互通信的目标。本方的 IP 即是本机的 IP。

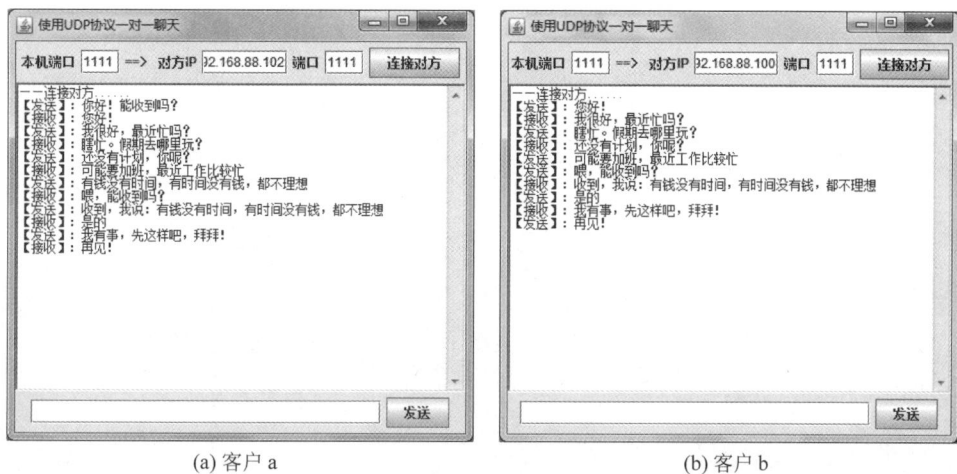

(a) 客户 a      (b) 客户 b

图 20-4　在两台计算机上一对一聊天程序运行界面

程序代码如下：

```java
import javax.swing.*;
import java.awt.*;
import java.awt.event.*;
import java.io.IOException;
import java.net.*;

public class Ex2 extends JFrame {
    private static final long serialVersionUID = 1L;
    private JPanel upPan = new JPanel();
    private JLabel localPortLbl = new JLabel("本机端口");
    private JTextField localPortTxt = new JTextField("1111",3);    //预设本机端口
    private JLabel sepLbl = new JLabel(" ==>");
    private JLabel otherIpLbl = new JLabel("对方 IP");
    private JTextField otherIpTxt = new JTextField("127.0.0.1",5); //预设本机对方
    private JLabel otherPortLbl = new JLabel("端口");
    private JTextField otherPortTxt = new JTextField("2222",3);    //预设对方端口
    private JButton linkOtherBtn = new JButton("连接对方");
    private TextArea textArea = new TextArea();
    private JPanel downPan = new JPanel();
    private JTextField sendMsgTxt = new JTextField(30);
    private JButton sendBtn = new JButton("发送");
```

聊天——网络编程

```java
private DatagramSocket socket;                                    //收发用 UDP 套接字
private DatagramPacket sendDp;                                    //发送数据包
private int localPort, otherPort;                                //本机和对方端口
private InetAddress otherIp;                                     //对方 IP 地址
private byte[] rcvBuf = new byte[1024];                          //接收字节数组缓冲区
private DatagramPacket rcvDp = new DatagramPacket(rcvBuf, rcvBuf.length);
                                                                 //接收数据包
private Thread th;                                               //接收线程

public Ex2(){                                                    //构造方法
    this.setTitle("使用 UDP 协议一对一聊天");
    this.setDefaultCloseOperation(JFrame.EXIT_ON_CLOSE);
    this.setBounds(100, 100, 430, 400);
    initialize();                                               //调用初始化方法
    this.setVisible(true);
}

private void initialize () {                                     //初始化方法
    upPan.add(localPortLbl);
    upPan.add(localPortTxt);
    upPan.add(sepLbl);
    upPan.add(otherIpLbl);
    upPan.add(otherIpTxt);
    upPan.add(otherPortLbl);
    upPan.add(otherPortTxt);
    upPan.add(linkOtherBtn);
    this.add(upPan, BorderLayout.NORTH);
    this.add(textArea, BorderLayout.CENTER);
    downPan.add(sendMsgTxt);
    downPan.add(sendBtn);
    this.add(downPan, BorderLayout.SOUTH);
    linkOtherBtn.addActionListener(new LinkHandler());          //可多次"连接对方"
    sendBtn.addActionListener(new SendHandler());
    sendBtn.setEnabled(false);
}

//"连接对方"按钮的动作事件监听处理类(私有内部类):
private class LinkHandler implements ActionListener {
    public void actionPerformed(ActionEvent arg0) {
        try {
            if(th!= null) { th = null; }
            if(socket!= null && ! socket.isClosed()) { socket.close(); }
            if(socket!= null) { socket = null; }
            String otherPortStr = otherPortTxt.getText();
            String OtherIpStr = otherIpTxt.getText().trim();
            String localPortStr = localPortTxt.getText();
            otherPort = Integer.parseInt(otherPortStr);         //对方端口
            localPort = Integer.parseInt(localPortStr);         //本机端口
            if(localPort < 1|| localPort > 65535 ||otherPort < 1||otherPort > 65535){
```

```
                        JOptionPane.showMessageDialog(null,"端口超出范围(1～65535)!");
                            return;
                    }
                    otherIp = InetAddress.getByName(OtherIpStr);          //对方 IP 地址对象
                    socket = new DatagramSocket(localPort);               //收发套接字
                    th = new Thread(new ReceiveRunnable());               //创建接收线程
                    th.start();                                           //启动接收线程
                    textArea.append("——连接对方……\n");
                    sendBtn.setEnabled(true);
                } catch (Exception e) {
                    sendBtn.setEnabled(false);
                    String msg;
                    if(e instanceof SocketException){
                        msg = "套接字异常!\n(例如本地端口在使用,重试或更换端口)\n";
                    } else if(e instanceof UnknownHostException){
                        msg = "IP 地址异常!\n";
                    } else if(e instanceof NumberFormatException){
                        msg = "端口格式有错!\n";
                    } else {
                        msg = "异常!\n";
                    }
                    JOptionPane.showMessageDialog(null, msg + e);
                }
            }
        }


//"发送"按钮的动作事件监听处理类(私有内部类):
private class SendHandler implements ActionListener {
    public void actionPerformed(ActionEvent arg0) {
        String msg = sendMsgTxt.getText();
        byte[] buf = msg.getBytes();
        sendDp = new DatagramPacket(buf, buf.length, otherIp, otherPort);
        try {
            if(socket!= null){
                socket.send(sendDp);
                textArea.append("【发送】:" + msg + "\n");
                sendMsgTxt.setText("");
            }
        } catch (IOException e) {
            JOptionPane.showMessageDialog(null, "发送异常!\n" + e);
            //e.printStackTrace();
        }
    }
}


//接收消息的线程关联类(私有内部类):
private class ReceiveRunnable implements Runnable{
    public void run() {
```

341

第
20
章

聊天——网络编程

```
        try {
            while(true) {
                socket.receive(rcvDp);
                String msg = new String(rcvDp.getData(),0,rcvDp.getLength());
                textArea.append("【接收】:" + msg + "\n");
            }
        } catch (Exception e) {
            return;
        }
    }
}

    public static void main(String[] args) {                    //主方法
        new Ex2();
    }
}
```

图 20-4 是程序在一个局域网中两台不同计算机上的运行结果。可以看出,并不是每次发送消息对方都能收到,反映了基于 UDP 协议的通信并不可靠。当然,该程序也可在同一台计算机中(测试性地)运行,这时要运行两次,出现两个运行界面,代表两个客户,如图 20-5 所示。这时要求每个界面的本机端口均要与另一界面的对方端口一致,而两个界面的对方 IP 地址都设为本机回送地址"127.0.0.1"或"localhost"。

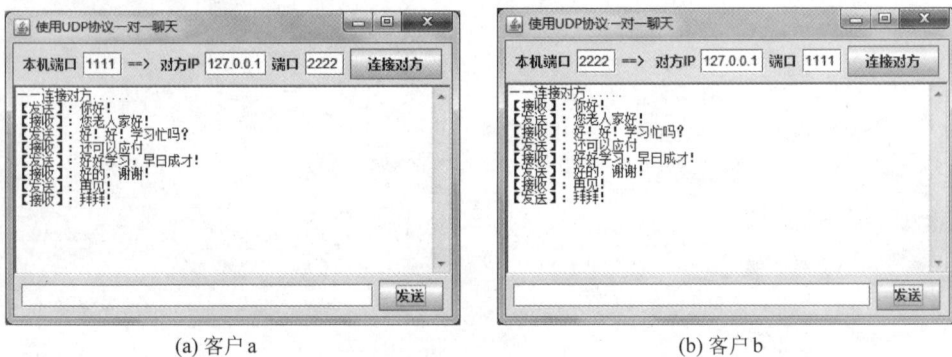

(a) 客户 a          (b) 客户 b

图 20-5    同一台计算机一对一聊天程序运行界面

💡注意:除了一对一通信,还可编写基于 UDP 协议的一对多(多播)聊天程序。这时要使用多播数据报套接字 MulticastSocket,它具有加入多播组的 joinGroup 方法,可发送和接收 IP 多播包,当然能成功接收则必须在数据包的生存时间范围内(用 setTimeToLive 方法设置生存时间)。多播包的 IP 地址是一个"组"。对于因特网协议第 4 版(Internet Protocol version 4,IPv4),多播 IP 地址范围为 224.0.0.0~239.255.255.255。也可不用多播数据报套接字来编写一对多聊天程序,这时需要一个专门的服务器程序来转发多个客户端的消息。

# 20.3　基于 TCP 协议的网络通信

编写网络通信程序,除了使用 UDP 协议外,还可基于 TCP 协议编写,这时的网络通信是有连接的。就是说,收发双方接通后,便建立了虚拟链路,发送方所发的数据都能到达接收方,因为这时虚拟链路一直处于连接状态,接收方收到数据要向发送方回发确认信息,发送方若收不到确认信息,会重发之前的数据。这种通信还能保证多个数据包按发送顺序依次接收,所以这种通信也是可靠的。

基于 TCP 协议的通信程序适用于各种网络环境,特别适合传输大批量的数据,其缺点是相比于 UDP 协议,需要占用较多的网络资源。

## 20.3.1　基于 TCP 协议网络编程步骤

TCP 通信模式是客户机/服务器(Client/Server,C/S)。一个完整的应用程序分为两个部分:客户机(前端)和服务器(后台)。后台程序在服务器主机运行,前端在客户终端机运行。当然,调试程序时,一台计算机也可同时充当服务器和(多个)客户机的角色。

TCP 编程采用 Socket 套接字作通信对象。相比于 UDP 协议的 DatagramSocket,TCP 协议的 Socket 对象不直接收发消息,而是通过输入输出(I/O)流传递消息。其中服务器端还使用了专门的 ServerSocket 对象。

**1. 基于 TCP 协议的服务器编程步骤**

(1) 创建 ServerSocket 对象,用于监听并接收客户端的连接。

(2) 创建线程监听客户端连接。若有连接,则通过 ServerSocket 对象的 accept 方法返回一个 Socket 对象。如果有多个客户端连接,则产生多个对应的 Socket 对象。

(3) 通过 Socket 对象的 I/O 流收发对应客户端的消息。所收到的每条消息都可通过其余各 Socket 对象转发送到对应的客户端中,形成一对多人的"群聊"。

(4) (可选)最后关闭所有 I/O 流及 Socket 对象,并关闭 ServerSocket 对象。

**2. 基于 TCP 协议的客户机编程步骤**

(1) 输入服务器 IP 地址和端口,创建 Socket 对象,用于连接服务器。

(2) 通过 Socket 对象的 I/O 流与服务器传输数据、收发消息。

(3) 最后断开连接,关闭 I/O 流及 Socket 对象。

【例 20-3】　编写基于 TCP 协议的一对多群聊程序。运行结果如图 20-6 所示。

(1) 基于 TCP 协议的服务器程序如下(存放在文件 Ex3Server.java):

```
import javax.swing.*;
import javax.swing.border.TitledBorder;
import java.io.*;
import java.net.*;
import java.util.Vector;
import java.awt.*;
```

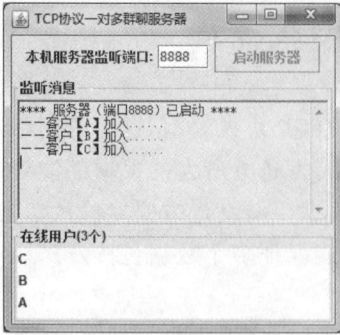

(a) 服务器

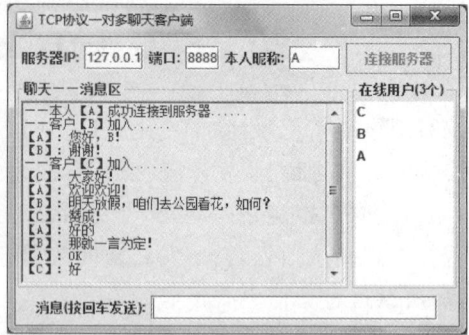

(b) 客户机 A

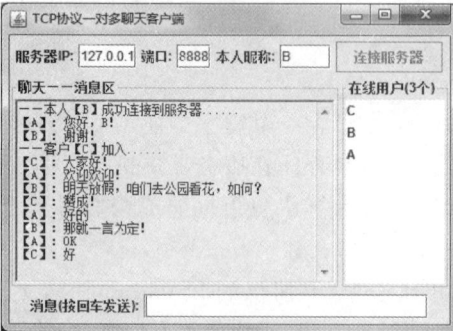

(c) 客户机 B

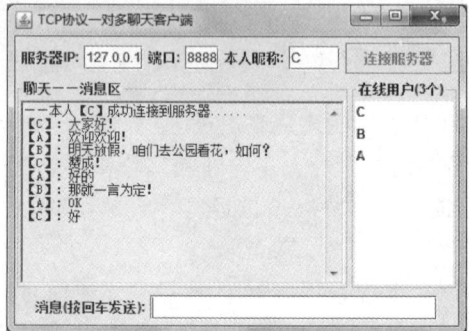

(d) 客户机 C

图 20-6　一对多群聊程序运行界面

```java
import java.awt.event.*;

public class Ex3Server extends JFrame {                      //服务器窗体类
    private static final long serialVersionUID = 1L;
    private JPanel panUp = new JPanel();                     //上方面板
    private JLabel lblLocalPort = new JLabel("本机服务器监听端口:");
    private JTextField tfLocalPort = new JTextField("8888",4); //预设端口 8888
    private JButton butStart = new JButton("启动服务器");
    private JPanel panMid = new JPanel(new BorderLayout());   //中间面板
    private TextArea taMsg = new TextArea();                  //监听消息文本区
    private JList<String> lstUsers = new JList<String>();     //在线用户列表框
    private JScrollPane spDown = new JScrollPane(lstUsers);   //下方滚动窗格
    private int localPort;                                    //本机端口
    private ServerSocket ss;                                  //服务器套接字
    private Vector<Client> clients = new Vector<Client>();    //在线客户端集合
    private Vector<String> clientNames = new Vector<String>(); //在线客户名集

    public Ex3Server(){                                       //构造方法
        this.setTitle("TCP 协议一对多群聊服务器");
        this.setDefaultCloseOperation(JFrame.EXIT_ON_CLOSE);
        this.setBounds(100, 100, 320, 300);
        init();                                              //调用初始化方法
        this.setVisible(true);
```

```java
    }
    private void init() {                                        //初始化方法
        panUp.add(lblLocalPort);
        panUp.add(tfLocalPort);
        panUp.add(butStart);
        this.add(panUp, BorderLayout.NORTH);
        panMid.setBorder(new TitledBorder("监听消息"));            //中间面板带标题边界
        taMsg.setEditable(false);
        panMid.add(taMsg);
        this.add(panMid, BorderLayout.CENTER);
        lstUsers.setVisibleRowCount(4);
        spDown.setBorder(new TitledBorder("在线用户"));            //下方滚动窗格设标题
        this.add(spDown, BorderLayout.SOUTH);
        butStart.addActionListener(new startServerHandler());
    }

    //"启动服务器"按钮的动作事件监听处理类(私有内部类):
    private class startServerHandler implements ActionListener {
        public void actionPerformed(ActionEvent ae) {
            try {
                localPort = Integer.parseInt(tfLocalPort.getText());
                ss = new ServerSocket(localPort);                //创建本机服务器套接字对象
                Thread acptThrd = new Thread(new AcceptRunnable());
                                                //创建监听、接收客户端连接请求的线程
                acptThrd.start();                               //启动线程
                taMsg.append(" **** 服务器(端口" + localPort + ")已启动 **** \n");
                butStart.setEnabled(false);
            } catch (IOException e) {
                JOptionPane.showMessageDialog(null,
                "建立服务器套接字出现异常!\n(例如端口已使用,可更换端口重试.)");
            } catch (Exception e) {
                JOptionPane.showMessageDialog(null, "异常:\n" + e);
            }
        }
    }

    //接收客户端连接请求的线程关联类(私有内部类)
    private class AcceptRunnable implements Runnable{
        public void run() {                                     //线程运行方法
            while(true) {                                       //连续不断
                try {                                           //尝试
                    Socket socket = ss.accept();                //接收连接客户端套接字
                    Client client = new Client(socket); //创建客户对象
                    taMsg.append("——客户【" + client.nickname + "】加入 …… \n");
                    Thread clientThread = new Thread(client); //创建客户线程
                    clientThread.start();                       //启动线程
                    clients.add(client);                        //添加客户端对象到集合
                    updateUsers();                              //调用更新在线用户方法
                } catch (IOException e) {
```

345

第20章

聊天——网络编程

```
                        taMsg.append("异常:接收客户端不成功!\n");
                    } catch (Exception e) {
                        JOptionPane.showMessageDialog(null, "异常:\n" + e);
                    }
                }
            }
        }

    public void updateUsers(){                              //更新用户表方法
        clientNames.removeAllElements();
        StringBuffer allname = new StringBuffer();          //存放所有竖线分隔客户
        for(Client client:clients){
            clientNames.add(0, client.nickname);
            allname.insert(0, "|" + client.nickname);
        }
        for(Client client:clients){                         //把所有在线客户名发到各客户端
            client.ps.println(allname);
        }
        spDown.setBorder(new TitledBorder("在线用户(" +
            clientNames.size() + "个)"));                   //下方面板标题更新在线用户数
        lstUsers.setListData(clientNames);                  //更新在线用户列表框
    }


//服务器端用来存放客户机端对象的客户类(私有内部类、线程关联类):
private class Client implements Runnable {
    private Socket socket;                                  //客户端套接字
    private BufferedReader br;                              //输入缓冲流
    private PrintStream ps;                                 //数据输出流
    private String nickname;                               //客户名昵称

    public Client(Socket socket) throws IOException{        //构造方法
        this.socket = socket;
        InputStream is = socket.getInputStream();           //获取套接字输入流
        br = new BufferedReader(new InputStreamReader(is)); //构建缓冲输入流
        OutputStream os = socket.getOutputStream();         //获取套接字输出流
        ps = new PrintStream(os);                           //构建 PrintStream 流
        nickname = br.readLine();                           //获取客户名
        for(Client c: clients){                             //把消息发给所有客户端
            c.ps.println("——客户【" + nickname + "】加入……");
        }
    }

    public void run() {                                     //客户类线程运行方法
        try{
            while(true){
                String usermsg = br.readLine();             //读当前客户端发来消息
                if(usermsg!= null && usermsg.length()>0){   //如果有消息
                    for(Client c: clients){                 //把消息发给所有客户端
                        c.ps.println(usermsg);
                    }
```

```
                        if(usermsg. startsWith("……")){          //若是退出消息
                            taMsg. append(usermsg + "\n");
                            break;                               //终止当前线程运行
                        }
                    }
                }
            } catch (Exception e) {
                JOptionPane. showMessageDialog(null, "异常:\n" + e);
            } finally {
                try {
                    clients. remove(this);                       //移除当前已退出客户对象
                    updateUsers();                               //调用更新在线用户方法
                    if(br!= null) br. close();                   //关闭输入流
                    if(ps!= null) ps. close();                   //关闭输出流
                    if(socket!= null && ! socket. isClosed()){
                        socket. close();                         //关闭套接字
                    }
                    socket = null;
                } catch (IOException e) { }
            }
        }
    }

    public static void main(String[] args) {                     //主方法
        new Ex3Server();
    }
}
```

在服务器程序中,有一个内部私有类 Client,专门用来存放各客户端的对象。该类也是线程关联类,表明一个服务器可以同时与多个客户机关联,实时收发各客户端的数据。

(2)基于 TCP 协议的客户机程序如下(存放在文件 Ex3Client. java):

```
import javax. swing. * ;
import javax. swing. border. TitledBorder;
import java. io. * ;
import java. net. * ;
import java. awt. * ;
import java. awt. event. * ;

public class Ex3Client extends JFrame {                          //客户机窗体类
    private static final long serialVersionUID = 2L;
    private JPanel panUp = new JPanel();                         //上方面板
    private JLabel labServerIp = new JLabel("服务器 IP:");
    private JTextField tfServerIp = new JTextField("127.0.0.1"); //预置 IP
    private JLabel labServerPort = new JLabel("端口:");
    private JTextField tfServerPort = new JTextField("8888");     //预置端口
    private JLabel labNickname = new JLabel("本人昵称:");
    private JTextField tfNickname = new JTextField("A", 4);       //预置客户昵称
    private JButton butLink = new JButton("连接服务器");
```

```java
    private JPanel panMid = new JPanel(new BorderLayout());           //中间面板
    private JPanel panMidLeft = new JPanel(new BorderLayout());       //消息区面板
    private TextArea taMsg = new TextArea();                          //消息文本区
    private JList<String> lstUsers = new JList<String>();             //在线用户列表框
    private JScrollPane spUsers = new JScrollPane(lstUsers);          //滚动窗格
    private JPanel panDown = new JPanel();                            //下方面板
    private JLabel labSend = new JLabel("消息(按回车发送):");
    private JTextField tfSendMsg = new JTextField(24);                //发送消息文本框
    private InetAddress serverIp;                                     //服务器 IP 地址
    private int serverPort;                                           //服务器端口
    private String nickname;                                          //客户名(昵称)
    private Socket socket;                                            //客户端套接字
    private Thread rcvThrd;                                           //接收服务器消息线程
    private BufferedReader br;                                        //输入缓冲流
    private PrintStream ps;                                           //输出流

    public Ex3Client(){                                               //构造方法
        this.setTitle("TCP 协议一对多聊天客户端");
        this.setBounds(500, 100, 430, 300);
        init();                                                       //调用初始化方法
        this.setVisible(true);
    }

    private void init() {                                             //初始化方法
        panUp.add(labServerIp);
        panUp.add(tfServerIp);
        panUp.add(labServerPort);
        panUp.add(tfServerPort);
        panUp.add(labNickname);
        panUp.add(tfNickname);
        panUp.add(butLink);
        this.add(panUp, BorderLayout.NORTH);
        panMidLeft.setBorder(new TitledBorder("聊天——消息区"));
        taMsg.setEditable(false);
        panMidLeft.add(taMsg);
        panMid.add(panMidLeft, BorderLayout.CENTER);
        spUsers.setBorder(new TitledBorder("在线用户"));
        lstUsers.setFixedCellWidth(92);
        panMid.add(spUsers, BorderLayout.EAST);
        this.add(panMid, BorderLayout.CENTER);
        panDown.add(labSend);
        panDown.add(tfSendMsg);
        this.add(panDown, BorderLayout.SOUTH);
        butLink.addActionListener(new linkServerHandler());
        this.addWindowListener(new WindowHandler());
        tfSendMsg.addActionListener(new SendHandler());
    }

    //"连接服务器"按钮的动作事件监听处理类(私有内部类):
    private class linkServerHandler implements ActionListener {
```

```java
    public void actionPerformed(ActionEvent ae) {
        linkServer();                                           //调用连接服务器方法
    }
}


public void linkServer(){                                       //连接服务器方法
    try {
        serverIp = InetAddress.getByName(tfServerIp.getText());
        serverPort = Integer.parseInt(tfServerPort.getText());
        socket = new Socket(serverIp, serverPort);              //创建客户端套接字
        InputStream is = socket.getInputStream();               //套接字获取字节输入流
        br = new BufferedReader(new InputStreamReader(is));      //构建缓冲输入流
        OutputStream os = socket.getOutputStream();             //套接字获取字节输出流
        ps = new PrintStream(os);                               //构建数据输出流
        nickname = tfNickname.getText().trim();
        ps.println(nickname);                                   //发送用户名(昵称)
        rcvThrd = new Thread(new ReceiveRunnable());            //创建接收消息线程
        rcvThrd.start();                                        //启动线程
        taMsg.setText("——本人【" + nickname + "】成功连接到服务器……\n");
        butLink.setEnabled(false);                              //屏蔽"连通服务器"按钮
    } catch (UnknownHostException e) {
        JOptionPane.showMessageDialog(null, "服务器 IP 格式有错!\n" + e);
    } catch (IOException e) {
        JOptionPane.showMessageDialog(null,
            "连接失败.\n(服务器或未启动!)\n" + e);
    } catch (Exception e) {
        JOptionPane.showMessageDialog(null, "异常:\n" + e);
    }
}


//接收服务器消息的线程关联类(私有内部类):
private class ReceiveRunnable implements Runnable {
    public void run() {                                         //线程运行方法
        try{                                                    //尝试
            while(true){                                        //连续不断
                String usermsg = br.readLine();                 //接收消息
                if(usermsg.startsWith("|")){                    //以"|"开头的为用户名
                    usermsg = usermsg.substring(1);             //去掉前面一个"|"
                    String[] users = usermsg.split("[|]");      //获取用户数组
                    lstUsers.setListData(users);                //更新在线用户列表框
                    int n = users.length;                       //在线用户数
                    spUsers.setBorder(
                        new TitledBorder("在线用户(" + n + "个)"));
                } else {
                    taMsg.append(usermsg + "\n");
                }
            }
        } catch(Exception e){                                   //捕获到异常
            taMsg.setText("——已断开连接.\n");
            lstUsers.setListData(new String[0]);                //清空在线用户
```

```
                    spUsers.setBorder(new TitledBorder("在线用户"));
                    butLink.setEnabled(true);
                }
            }
        }

        //发送消息文本框的动作事件监听处理类(私有内部类):
        private class SendHandler implements ActionListener {
            public void actionPerformed(ActionEvent ae) {
                String msg = tfSendMsg.getText();
                ps.println("【" + nickname + "】:" + msg);          //向服务器发送消息
                tfSendMsg.setText("");                             //清空消息文本框
            }
        }

        //窗口关闭的动作事件监听处理类(私有内部类):
        private class WindowHandler extends WindowAdapter {
            public void windowClosing(WindowEvent we) {
                cutServer();                                       //调用断开连接方法
                System.exit(0);                                    //退出客户机程序
            }
        }

        private void cutServer(){                                  //断开连接方法
            try {
                taMsg.setText("");                                 //清空聊天区
                if(ps!= null) {
                    ps.println(" ……【" + nickname + "】退出.");    //发送用户退出消息
                }
                lstUsers.setListData(new String[0]);               //清空所有在线用户
                if(br!= null) br.close();                          //关闭输入流
                if(ps!= null) ps.close();                          //关闭输出流
                if(socket!= null && !socket.isClosed()){
                    socket.close();                                //关闭套接字
                }
                socket = null;
            } catch (IOException e) {
                JOptionPane.showMessageDialog(null, "客户端断开连接异常:\n" + e);
            } catch (Exception e) {
                return;
            }
        }

        public static void main(String[] args) {                  //主方法
            new Ex3Client();
        }
    }
```

同一个客户机程序在不同计算机上执行,便产生多个客户端,形成多人聊天。

运行客户机程序后,出现窗体主界面,输入(远程)服务器的 IP 地址、端口及本人昵称后,便可单击"连接服务器"按钮。若服务器端程序已运行并成功启动(通过单击"启动服务器"按钮启动),则本客户机窗体将显示"——本人【xxx】成功连接到服务器……"的消息,服务器和其他在线客户端则收到"——客户【xxx】加入……"的消息,同时服务器和所有在线客户端均自动更新在线用户名和人数;若服务器还没启动,则弹出异常消息。

客户端成功连接后,便可接收当前所有在线用户发出的消息,也可在窗体下面的文本框中输入内容后按 Enter 键,把消息发给所有在线用户,形成"群聊"。若用户要退出聊天,则直接关闭程序即可,这时服务器和其他在线客户端均收到"……【xxx】退出"的消息,并同时更新在线用户名和人数。

---

💡 注意:C/S 模式的应用程序,服务器必须先启动,客户端才能成功连接。

---

在服务器和客户机的程序中,均使用了 PrintStream 输出流,它能输出各种形式的数据,并且比其他输出流更加方便。该流的行输出方法 println 无须调用 flush 方法便能自动刷新,也不会抛出 IOException 异常。

基于 TCP 协议网络程序所使用的类主要有 ServerSocket、Socket 和 InetAddress,均位于 java.net 包。其中 InetAddress 类已在 20.2.1 节介绍过,下面仅介绍前两个类。

## 20.3.2 服务器套接字类 ServerSocket

ServerSocket 类是服务器端使用的套接字,专用于监听客户端的连接,其本身不能直接收发数据,因而在服务器端传输到客户端的数据也只能使用 Socket 类套接字。

ch20.3.2

ServerSocket 类常用方法如下。

(1) ServerSocket(int port):构造方法,构建绑定本机指定端口的服务器套接字。

(2) Socket accept():监听并接收来自客户端的连接请求,连接成功,则返回 Socket 套接字对象。该方法在成功连接之前一直处于阻塞(等待)状态。

(3) void bind(SocketAddress endpoint):将服务器套接字绑定到特定地址(IP 地址和端口)。

(4) void close():关闭服务器套接字,终止服务功能。

以上 4 个方法均会抛出 IOException 异常,因此调用时要作相应处理。

(5) InetAddress getInetAddress():获取服务器套接字所绑定的本地地址。若未绑定,则为 null。

(6) int getLocalPort():获取服务器套接字监听的端口。若尚未绑定则为-1。

(7) boolean isBound():判断服务器套接字是否绑定。若成功绑定则为 true。

(8) boolean isClosed():判断服务器套接字是否关闭。若已关闭则为 true。

## 20.3.3 套接字类 Socket

Socket 类是实现客户端通信的套接字,与基于 UDP 协议的 DatagramSocket 类似,它用于收发通信双方的数据,一个 Socket 对象相当于邮局的一名收发员。不过,基于 TCP 协议的 Socket 对象不直接收发数据,而是使用 I/O 流进行收发,因而也称"流"套接字。

ch20.3.3

Socket 类常用方法如下。

（1）Socket(InetAddress address，int port)：构造方法，构建一个套接字对象，并将其连接到指定的(远程)IP 地址和端口。

（2）Socket(String host，int port)：构造方法，构建一个套接字对象，并将其连接到指定的(远程)主机和端口。

（3）Socket(InetAddress address，int port，InetAddress localAddr，int localPort)：构造方法，构建一个连接到指定远程 IP 地址及端口的套接字，并指定绑定的本地 IP 地址和端口。

（4）Socket(String host，int port，InetAddress localAddr，int localPort)：构造方法，构建一个连接到指定的远程主机及端口的套接字，并指定绑定的本地 IP 地址和端口。

（5）InputStream getInputStream()：获取套接字的输入流。

（6）OutputStream getOutputStream()：获取套接字的输出流。

（7）void bind(SocketAddress bindpoint)：将套接字绑定到本机地址。

（8）void connect(SocketAddress endpoint)：将套接字连接到服务器。

（9）void connect(SocketAddress endpoint，int timeout)：将套接字连接到服务器，并指定一个超时值。若超时值为零则表示无限时。在建立连接或者发生错误之前，将一直处于阻塞状态。

（10）void close()：关闭套接字。

---

💡 注意：若关闭套接字的 InputStream 或 OutputStream 流，则会关闭关联的套接字。

---

以上 10 个方法均会抛出 IOException 异常，调用时要作相应处理。

（11）InetAddress getInetAddress()：返回套接字连接的远程 IP 地址。未连接为 null。

（12）int getPort()：返回套接字连接的远程端口。若未连接则返回 0。

（13）InetAddress getLocalAddress()：返回套接字绑定的本机 IP 地址。

（14）int getLocalPort()：返回套接字绑定到的本机端口。

（15）boolean isBound()：判断套接字是否绑定。若成功绑定本机地址则返回 true。

（16）boolean isConnected()：判断套接字是否连接。若成功连接服务器则为 true。

（17）boolean isClosed()：判断套接字是否关闭。若已关闭则为 true。

至此，介绍完 Java 网络编程的基本知识。

## 20.3.4 TCP 和 UDP 协议通信特征比较

为便于理解和对比，下面把基于 TCP 和基于 UDP 两种协议的网络通信特征以表格形式列出，如表 20-1 所示。

ch20.3.4

表 20-1　TCP 和 UDP 协议通信特征比较

| 特　　征 | TCP　协　议 | UDP　协　议 |
|---|---|---|
| 是否连接 | 有连接 | 无连接 |
| 传输可靠否 | 可靠 | 不可靠(数据会丢失) |
| 传输数据量 | 少量、大量数据均可 | 适用少量数据 |
| 速度 | 较慢 | 较快 |
| 占用资源 | 较多 | 较少 |
| 运行环境 | 局域网、因特网均可 | 适用于稳定的局域网 |

# 20.4　本章小结

基于 UDP 和 TCP 两种协议均可编写网络即时通(聊天)程序。

通信双方均采用套接字收发数据。套接字与本机 IP 地址和端口绑定。

TCP 协议的套接字除了绑定本机,还连接远程 IP 地址和端口,是有连接的通信。

TCP 协议传输数据稳定可靠,适用广域网,是因特网的首选。

UDP 协议传输数据虽不太可靠,但速度快,占用资源少,适用于微小型局域网。

# 20.5　习　题　20

1. 用套接字方法建立两个程序的通信后,如果双方通信完毕,应(　　)。
   - A. 发送"再见"信息
   - B. 直接退出程序
   - C. 调用方法 close()关闭套接字连接
   - D. 重新启动计算机以断开通信连接

2. 基于 UDP 的通信,可用(　　)类创建发送数据包的对象。
   - A. DataSocket
   - B. DatagramSocket
   - C. DataPacket
   - D. DatagramPacket

3. 一个接收数据包在 UDP 通信环境中接收数据时,应使用的方法是(　　)。
   - A. connect()
   - B. receive()
   - C. accept()
   - D. get()

4. 要获取一个 InetAddress 对象的主机名,可调用方法(　　)。
   - A. getName()
   - B. getHostName()
   - C. getAddress()
   - D. getHostAddress()

5. 在本地机 2001 端口创建服务器套接字的选项是(　　)。
   - A. ServerSocket ss＝new ServerSocket(2001，"localhost");
   - B. Socket ss＝new Socket(2001，"localhost");
   - C. Socket ss＝new Socket(2001);
   - D. ServerSocket ss＝new ServerSocket(2001);

6. 当服务器的套接字连接建立后,接收客户端的套接字应调用(　　)方法。
   - A. connect()
   - B. accept()
   - C. link()
   - D. receive()

7. 下列常见的系统定义异常中,有可能是网络原因导致的异常是(　　)。
   - A. ClassNotFoundException
   - B. IOException
   - C. FileNotFoundException
   - D. UnknownHostException

8. 如果本机拥有多个 IP 地址,则执行下列代码的结果是(　　)。

```
try {
    InetAddress addrs[] = InetAddress.getAllByName("localhost");
    for(int i = 0; i < addrs.length; i++) {
        System.out.println(addrs[i].getHostAddress());
    }
```

```
    } catch (Exception e) {
        System.out.println("异常");
    }
```

A. 显示所有 IP 地址        B. 显示其中一个 IP 地址

C. 异常        D. 编译出错

## 20.6　实训 20：编写网络聊天程序

1. 使用客户机/服务器模式，基于 TCP 协议编写一对多"群聊"程序。运行界面如图 20-1 所示。其中客户机端单击"连接服务器"或"断开连接"按钮，均能即时更新服务器和所有客户机的在线人数和客户名。

**提示**：服务器、客户机程序请参考例 20-3。客户机的"断开连接"按钮部分代码参考如下。

```
//"断开连接"按钮的动作事件监听处理类(私有内部类):
private class CutHandler implements ActionListener {
    public void actionPerformed(ActionEvent ae) {
        butSend.setEnabled(false);              //禁用"发送"按钮
        butCut.setEnabled(false);               //禁用"断开连接"按钮
        cutServer();                            //调用断开连接方法
        butLink.setEnabled(true);               //启用"连接服务器"按钮
    }
}
```

2. (选做)编写基于 UDP 协议的一对多群聊程序。运行界面参考图 20-1。

3. (选做)采用数据库编写基于 TCP 协议的一对多群聊程序。要求使用数据库存放用户名，并且用户要经过注册才能登录。

# 第21章 动画——综合运用与计时器

## 能力目标

- 能编写"气球飘飘"程序,定时放飞若干大小不等的彩色气球;
- 能编写图像幻灯片程序,结合多线程,设定时间间隔自动放映;
- 能编写"空中飞翔"动画程序,设定间隔控制放映速度,能定格画面;
- 理解计时器,能使用计时器编写动画程序。

## 21.1 任 务 预 览

ch21.1

本章实训编写"空中飞翔"动画程序,运行结果如图21-1所示。

(a) 运行界面1

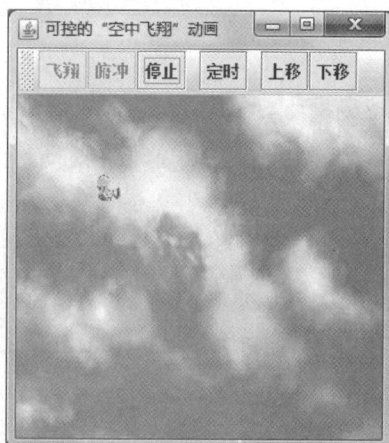

(b) 运行界面2

图 21-1 实训程序运行界面

## 21.2 气 球 飘 飘

ch21.2

在喜庆节日,常可看到天空中气球飘飘的景象。编程能模拟气球飘动的效果。

**【例 21-1】** 编写"气球飘飘"程序:在窗体中每隔一定时间(如 0.5s)随机产生 10 个模拟气球的实心椭圆。各气球大小、位置和色彩不一,最大不超过窗体尺寸的 1/5。运行界面如图 21-2 所示。

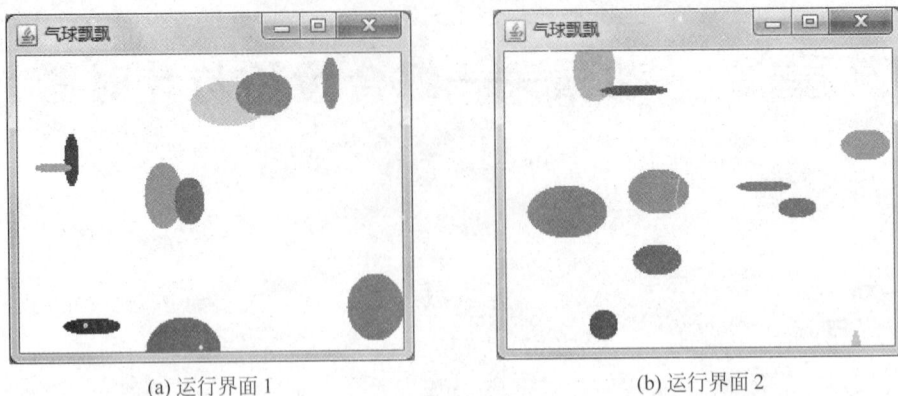

(a) 运行界面 1            (b) 运行界面 2

图 21-2 气球飘飘

**分析**：在窗体上绘制实心椭圆调用"画笔"的 fillOval 方法即可。要求各椭圆大小、位置和色彩不一，涉及随机数问题，可用 Random 类解决。

代码如下：

```java
//Frame1.java 文件
import javax.swing.*;
import java.awt.*;
import java.util.Random;

public class Frame1 extends JFrame{                         //窗体类
    private static final long serialVersionUID = 1L;
    private Random rand = new Random();                     //随机对象
    public Frame1(){                                        //构造方法
        this.setTitle("气球飘飘");
        this.setBounds(100, 100, 300, 250);
        this.setDefaultCloseOperation(JFrame.EXIT_ON_CLOSE);
        this.setVisible(true);
    }

    public void paint(Graphics g){                          //绘制方法
        int width, height;                                  //窗体宽、高
        width = this.getWidth();
        height = this.getHeight();
        g.setColor(Color.WHITE);
        g.fillRect(0, 0, width, height);                    //窗体白色打底
        int x, y, w, h;                                     //椭圆左、上、宽、高
        Color color;                                        //椭圆颜色
        for (int i = 1; i <= 10; i++){                      //循环 10 次绘实心椭圆
            x = rand.nextInt(width);                        //左上角在窗体随机位置
            y = rand.nextInt(height);
            w = rand.nextInt(width/5);                      //宽不超过窗体 1/5
            h = rand.nextInt(height/5);                     //高不超过窗体 1/5
            color = new Color(rand.nextInt(256),
```

```
                    rand.nextInt(256), rand.nextInt(256));    //颜色随机
            g.setColor(color);                                //画笔设置颜色
            g.fillOval(x, y, w, h);                           //绘制实心椭圆
        }
        try {
            Thread.sleep(500);                                //休眠500ms(0.5s)
        }
        catch(InterruptedException e){ }                      //休眠要处理中断异常
        this.repaint();                                       //调用paint方法重绘
    }
}

//Ex1.java 文件
public class Ex1 {                                            //主类
    public static void main(String[] args) {
        new Frame1();
    }
}
```

程序运行时，每次执行 paint 方法，绘制完 10 个实心椭圆，画面休眠 0.5s，再执行 repaint 方法，该方法又调用 paint 方法（构成循环控制），于是重新绘制 10 个随机的实心椭圆。如此循环往复，就像放电影一样，给人感觉气球在不断飘动。只要不关闭程序，"气球"将持续飘动。

也可运用多线程来编写"气球飘飘"程序，具体做法：在窗体类中实现 Runnable 接口，编写 run 方法，把循环定时控制绘图的代码放在 run 方法中，然后在主类的 main 方法中构造线程对象并启动线程运行。

【例 21-2】 运用多线程编写与例 21-1 功能相同的"气球飘飘"程序，运行结果参见图 21-2。

为节省篇幅，下面只给出与例 21-1 不同的代码，相同部分则略去。

ch21.2 例 21-2

```
//Frame2.java 文件
…
public class Frame2 extends JFrame implements Runnable{ //实现接口的窗体类
    …
    public void run(){                                   //线程运行方法
        while(true){
            try {
                Thread.sleep(500);                       //休眠500ms(0.5m)
            }
            catch(InterruptedException e){ }             //休眠要处理中断异常
            this.repaint();                              //调用paint方法重绘
        }
    }

    public void paint(Graphics g){   …  }                //要去掉方法体末尾5行try开始的语句
}
```

动画——综合运用与计时器

```
//Ex2.java 文件
public class Ex2 {                                    //主类
    public static void main(String[] args) {
        Thread t = new Thread(new Frame2());          //构建线程
        t.start();                                    //启动线程
    }
}
```

# 21.3　图像幻灯片

21.2 节讲述了编写放映"气球"幻灯片的程序,其中气球用绘图方法绘制。

本节编写放映图像幻灯片的程序,图像来自文件。由于一个文件存放一幅图像,因此放映几个图像,就需要几个图像文件。

ch21.3

【例 21-3】 编写图像幻灯片程序,运行时循环放映 6 幅存放在文件中的小孩图像。运行界面如图 21-3 所示。

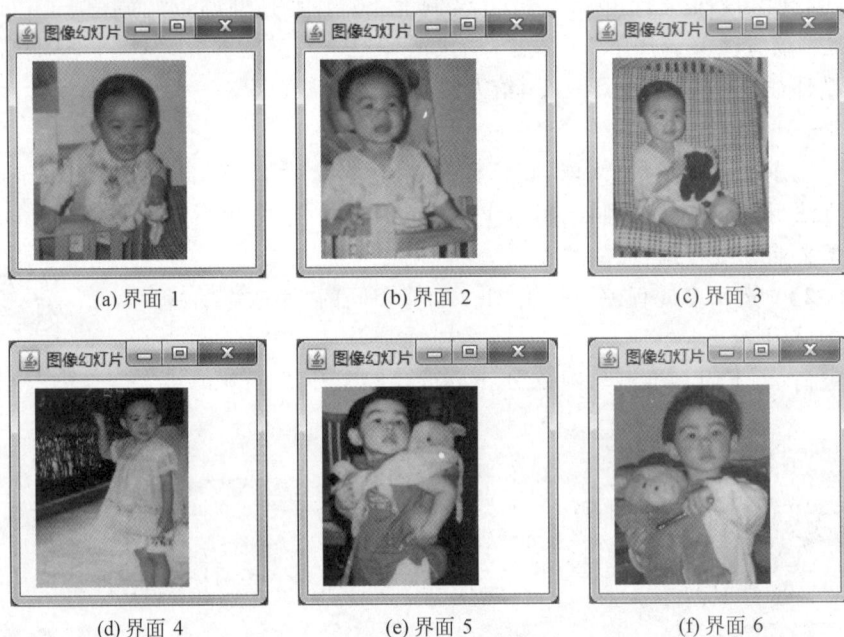

(a) 界面 1　　　　　　　(b) 界面 2　　　　　　　(c) 界面 3

(d) 界面 4　　　　　　　(e) 界面 5　　　　　　　(f) 界面 6

图 21-3　图像幻灯片程序运行界面

为方便编程,各图像文件统一命名格式,如 6 个文件命名为 child0.jpg～child5.jpg,均存放于文件夹 images 中。在 Eclipse 环境中编程,要把 images 放在项目的根目录。由于不能直接显示图像文件,还须构建 6 个图像对象,可使用数组一起存放。

代码如下:

```
//Frame3.java 文件:
import javax.swing.*;
```

```java
import java.awt.*;                                              //实现接口窗体类
public class Frame3 extends JFrame implements Runnable{
    private static final long serialVersionUID = 1L;
    private Image[] imgs = new Image[6];                        //构建图像数组
    private int n = 0;                                          //数组索引

    public Frame3(){                                           //构造方法
        this.setTitle("图像幻灯片");
        this.setBounds(100, 100, 202, 200);
        this.setDefaultCloseOperation(JFrame.EXIT_ON_CLOSE);
        initialize();                                          //调用初始化方法
        this.setVisible(true);
    }

    public void initialize(){                                 //初始化方法
        for (int i = 0; i < 6; i++){
            imgs[i] = Toolkit.getDefaultToolkit().
                createImage("images/child" + i + ".jpg");      //图像数组元素赋值
        }
    }

    public void run() {                                        //线程运行方法
        while(true){
            try {
                Thread.sleep(500);                             //休眠 0.5s
            }
            catch(InterruptedException e){ }                   //处理中断异常
            this.repaint();                                    //调用 paint 方法重绘
        }
    }

    public void paint(Graphics g){                            //绘制方法
        g.setColor(Color.WHITE);
        g.fillRect(0, 0, this.getWidth(), this.getHeight());   //窗体打白底色
        g.drawImage(imgs[++n > 5?n = 0:n], 20, 36, 120, 150, this);  //循环绘 6 幅图
    }
}


//Ex3.java 文件:
public class Ex3 {                                             //主类
    public static void main(String[] args) {
        new Thread(new Frame3()).start();                      //构建并启动线程
    }
}
```

上述程序使用了多线程(当然也可不用),程序运行后图像不断播放,从第一幅放到最后一幅,再从头开始,只要程序不结束,就一直循环播放。

动画——综合运用与计时器

如果能在窗体中放置一些按钮,以控制图像的放映状态和放映速度,则效果更好。

**【例 21-4】** 编写可控的图像幻灯片程序,通过工具栏的 5 个按钮"放映""停止""定时""上翻"和"下翻"等控制图像的放映状态。运行结果如图 21-4 所示。

ch21.3 例 21-4

(a) 初始界面　　　　　　　(b) 自动放映　　　　　　　(c) 定时输入框

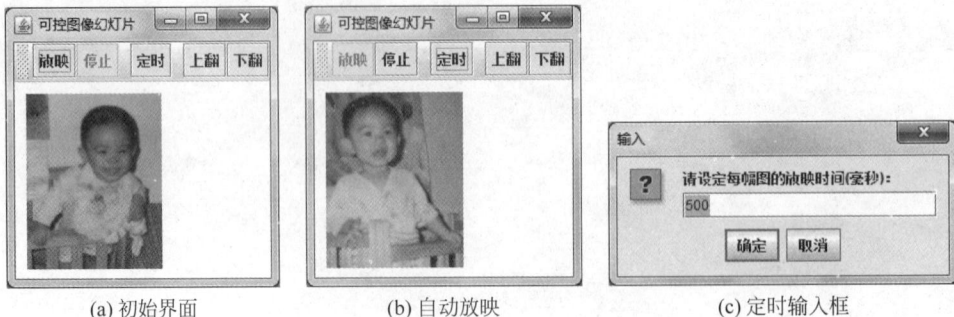

图 21-4　可控制的图像幻灯片

代码如下:

```java
//Frame4.java 文件:
import javax.swing. * ;
import java.awt. * ;
import java.awt.event. * ;

public class Frame4 extends JFrame{                          //窗体类
    private static final long serialVersionUID = 1L;
    private JToolBar tb = new JToolBar("工具栏");
    private JButton butPlay = new JButton("放映");
    private JButton butStop = new JButton("停止");
    private JButton butTime = new JButton("定时");
    private JButton butUp = new JButton("上翻");
    private JButton butDwon = new JButton("下翻");
    private Image[] imgs = new Image[6];                     //构建图像数组
    private int index = 0;                                   //数组索引
    private int time = 500;                                  //每幅图放映时间(ms)
    private MyPanel pan = new MyPanel();                     //自定义面板
    private Thread thread;                                   //线程
    private boolean play = false;                            //放映开关

    public Frame4(){                                         //构造方法
        this.setTitle("可控图像幻灯片");
        this.setBounds(100, 100, 242, 240);
        this.setDefaultCloseOperation(JFrame.EXIT_ON_CLOSE);
        initialize();                                        //调用初始化方法
        this.setVisible(true);
    }
```

```java
public void initialize(){                              //初始化方法
    for (int i = 0; i<6; i++){
        imgs[i] = Toolkit.getDefaultToolkit().
            createImage("images/child" + i + ".jpg");  //图像数组元素赋值
    }
    butPlay.addActionListener(new ActionHandler());     //按钮注册事件监听器
    butStop.addActionListener(new ActionHandler());
    butTime.addActionListener(new ActionHandler());
    butUp.addActionListener(new ActionHandler());
    butDwon.addActionListener(new ActionHandler());
    tb.add(butPlay);
    tb.add(butStop);
    tb.addSeparator();
    tb.add(butTime);
    tb.addSeparator();
    tb.add(butUp);
    tb.add(butDwon);
    this.add(tb, BorderLayout.NORTH);
    this.add(pan, BorderLayout.CENTER);
    butStop.setEnabled(false);                          //禁用"停止"按钮
}


//按钮动作事件监听处理类(私有的内部类):
private class ActionHandler implements ActionListener{
    public void actionPerformed(ActionEvent e){         //动作执行方法
        if(e.getSource() == butPlay){                   //若是"放映"按钮
            play = true;                                //启用放映
            thread = new Thread(pan);                   //构建线程
            butPlay.setEnabled(false);                  //禁用"放映"按钮
            butStop.setEnabled(true);                   //启用"停止"按钮
            thread.start();                             //启动线程
        }
        else if(e.getSource() == butStop){              //若是"停止"按钮
            play = false;                               //关闭放映
            thread.interrupt();                         //中断线程
            butPlay.setEnabled(true);                   //启用"放映"按钮
            butStop.setEnabled(false);                  //禁用"停止"按钮
        }
        else if(e.getSource() == butTime){              //若是"定时"按钮
            String str = JOptionPane.showInputDialog(
                "请设定每幅图的放映时间(毫秒):", time);
            if (str == null){ return; }                 //输入框单击"取消"
            try {
                int t = Integer.parseInt(str);
                if (t < 0) { throw new Exception();}
                time = t;
            }
            catch(Exception ex){
                JOptionPane.showMessageDialog(null, "警告:请输入正整数!");
            }
```

```
            }
        else if(e.getSource() == butUp){             //若是"上翻"按钮
            index = -- index < 0 ? 5 : index;        //数组索引循环自减
            pan.repaint();                            //执行面板 paint 方法
        }
        else if(e.getSource() == butDwon){           //若是"下翻"按钮
            index = ++ index > 5 ? 0 : index;        //数组索引循环自增
            pan.repaint();                            //执行面板 paint 方法
        }
    }
}


    //自定义面板类(私有内部类),该类与线程关联:
    private class MyPanel extends JPanel implements Runnable{
        private static final long serialVersionUID = 1L;
        public void paint(Graphics g){               //绘图方法
            g.setColor(Color.WHITE);
            g.fillRect(0, 0, this.getWidth(), this.getHeight()); //设白底色
            g.drawImage(imgs[index], 10, 10, 120, 150, this);    //绘制图像
        }

        public void run(){                           //线程运行方法
            while(play){
                try{Thread.sleep(time); }            //线程休眠
                catch(InterruptedException e){break;}  //有中断异常则停止
                index = ++ index > 5 ? 0 : index;    //数组索引循环自增
                this.repaint();                      //执行 paint 方法
            }
        }
    }
}

//Ex4.java 文件:
public class Ex4 {                                   //主类
    public static void main(String[] args) {
        new Frame4();
    }
}
```

由于在窗体中添加了放置按钮的工具栏,于是使用继承 JPanel 类的自定义面板放映图像,而不是直接在窗体中放映。如果直接在窗体中放映,则显示图像时会刷掉工具栏,即看不到工具栏。

程序使用了 5 个按钮,当单击"放映"按钮时,按预设的时间(如 500ms)循环放映 6 幅小孩图像,直到单击"停止"按钮为止。不管是处于自动放映还是停止状态,均可单击"上翻"或"下翻"按钮翻看前后图像,也可执行"定时"按钮,弹出如图 21-4(c)所示的输入框,重新设定每幅图像放映时的停留间隔。

程序共有 4 个类,其中窗体类 Frame4 和主类 Ex4 是并列定义的。Frame4 内部又定义了两个私有类:一是 ActionHandler 类,用于各个按钮的动作事件监听和处理;二是自定义

的面板类 MyPanel,该类实现 Runnable 接口,与线程关联,用于图像的自动放映。

---

💡 注意:也可构建 Canvas(画布)放映图像,但轻量级的 JPanel 效果更佳。

---

# 21.4 动 画

所谓动画,就是活动的图画。在屏幕上显示一帧图片,隔一小段时间再显示下一帧图片,如此循环往复。由于人的眼睛存在视觉停留,只要时间段足够小,如 1/24s(约 42ms),人们就不会感觉画面有停顿,只感觉到画面在连续不断地运动。

ch21.4

定时刷新椭圆"气球"、自动放映图像,都可以说是动画,因为画面不断在"动"。只不过这些画面的间隔时间不够短,还有各个画面之间的图片不连贯,因而不如卡通电影好看。

程序可实现动画。最简单的动画是一个图像沿着一条固定的轨迹做直线运动。为了渲染气氛,可以使用一个背景图作衬托。

【例 21-5】 编写可控的"空中飞翔"动画程序。在窗体工具栏上放 5 个按钮:"飞翔""停止""定时""上移"和"下移",以控制图像的放映状态。当单击"飞翔"按钮时,在蓝天白云背景下,一个飞鸟从窗体右下角向左上角飞去,由于越飞越远,图像显得越来越小,最后消失在画面中。消失后下一个飞鸟重复对角飞翔的过程。运行结果如图 21-5 所示。

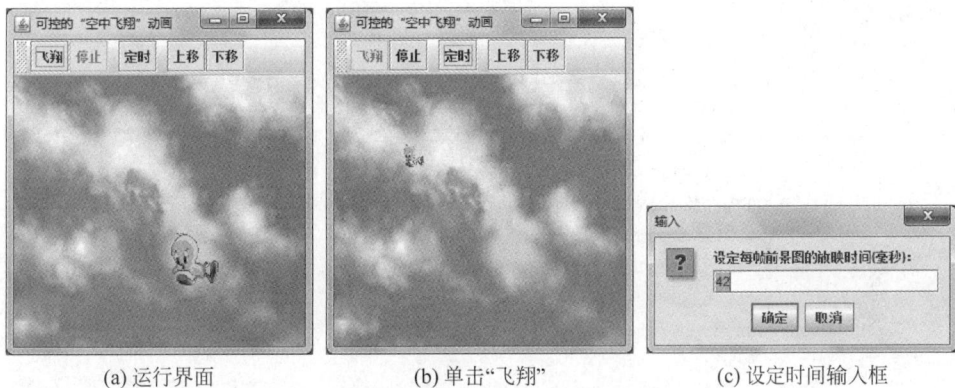

(a) 运行界面          (b) 单击"飞翔"          (c) 设定时间输入框

图 21-5 "空中飞翔"动画

**分析**:只需使用两个图像文件,一个是作为背景的蓝天白云图,另一个就是前景图飞鸟。这两个文件放在 Eclipse 项目根目录下的 images 目录。飞鸟往左上角方向运动越来越小,只需不断减少图像的显示尺寸便可。为增强飞翔效果,飞鸟最好使用图形交互格式(Graphics Interchange Format,GIF)类型的图像文件,并且选用由多幅图组成的本身就含有动画效果的图像。

代码如下:

363

```java
//Frame5.java 文件:
import javax.swing. * ;
```

```java
import java.awt. * ;
import java.awt.event. * ;

public class Frame5 extends JFrame{                                      //窗体类
    private static final long serialVersionUID = 1L;
    private JToolBar tb = new JToolBar("工具栏");
    private JButton butFly = new JButton("飞翔");
    private JButton butStop = new JButton("停止");
    private JButton butTime = new JButton("定时");
    private JButton butUp = new JButton("上移");
    private JButton butDwon = new JButton("下移");
    private int time = 42;                                               //前景图每次放映毫秒数
    private MyPanel pan = new MyPanel();                                 //自定义面板
    private Thread thread;                                               //多线程
    private boolean fly = false;                                         //飞翔开关
    private Image backImage, foreImage;                                  //背景图、前景图
    private int x = 150, y = 150, width = 50, height = 50;               //前景图位置尺寸初值

    public Frame5(){                                                     //构造方法
        this.setTitle("可控的"空中飞翔"动画");
        this.setBounds(100, 100, 300, 330);
        this.setDefaultCloseOperation(JFrame.EXIT_ON_CLOSE);
        initialize();                                                    //调用初始化方法
        this.setVisible(true);
    }

    public void initialize(){                                            //初始化方法
        Toolkit toolkit = Toolkit.getDefaultToolkit();                   //工具包
        backImage = toolkit.createImage("images/cloud.jpg");             //背景白云图
        foreImage = toolkit.createImage("images/flyer.gif");             //前景飞鸟图
        butFly.addActionListener(new ActionHandler());
        butStop.addActionListener(new ActionHandler());
        butTime.addActionListener(new ActionHandler());
        butUp.addActionListener(new ActionHandler());
        butDwon.addActionListener(new ActionHandler());
        tb.add(butFly);
        tb.add(butStop);
        tb.addSeparator();
        tb.add(butTime);
        tb.addSeparator();
        tb.add(butUp);
        tb.add(butDwon);
        this.add(tb, BorderLayout.NORTH);
        this.add(pan, BorderLayout.CENTER);
        butStop.setEnabled(false);                                       //禁用"停止"按钮
    }

    private void up(){                                                   //"上移"方法
        x -= 6; y -= 6; width -= 2; height -= 2;                         //减少前景图位置和尺寸
        if(x < 0){                                                       //若位置出界
```

```java
        x = 300; y = 300; width = 100; height = 100;        //位置和尺寸复位
    }
}

private void down(){                                        //"下移"方法
    x += 6; y += 6; width += 2; height += 2;                //增加前景图位置和尺寸
    if(x > 300){                                            //若位置出界
        x = 0; y = 0; width = 0; height = 0;                //位置和尺寸复位
    }
}


//按钮动作事件监听处理类(私有内部类):
private class ActionHandler implements ActionListener{
    public void actionPerformed(ActionEvent e){             //动作执行方法
        if(e.getSource() == butFly){                        //若是"飞翔"按钮
            fly = true;                                     //开启飞翔
            thread = new Thread(pan);                       //构建线程
            butFly.setEnabled(false);                       //禁用"飞翔"按钮
            butStop.setEnabled(true);                       //启用"停止"按钮
            thread.start();                                 //启动线程
        }
        else if(e.getSource() == butStop){                  //若是"停止"按钮
            fly = false;                                    //关闭飞翔
            butFly.setEnabled(true);                        //启用"飞翔"按钮
            butStop.setEnabled(false);                      //禁用"停止"按钮
        }
        else if(e.getSource() == butTime){                  //若是"定时"按钮
            String str = JOptionPane.showInputDialog(
                    "设定每帧前景图的放映时间(毫秒):", time);
            if (str == null){ return; }                     //输入框单击"取消"
            try {
                int t = Integer.parseInt(str);
                if (t < 0){ throw new Exception(); }
                time = t;
            }
            catch(Exception ex){
                JOptionPane.showMessageDialog(null, "警告:请输入正整数!");
            }
        }
        else if(e.getSource() == butUp){                    //若是"上移"按钮
            up();                                           //调用上移方法
            pan.repaint();                                  //执行面板 paint 方法
        }
        else if(e.getSource() == butDwon){                  //若是"下移"按钮
            down();                                         //调用下移方法
            pan.repaint();                                  //执行面板 paint 方法
        }
    }
}
```

```
//自定义面板类(私有内部类),该类与线程关联:
private class MyPanel extends JPanel implements Runnable{
    private static final long serialVersionUID = 1L;
    public void paint(Graphics g){                              //绘制方法
        g.drawImage(backImage, 0, 0, 300, 300, this);           //绘制背景图
        g.drawImage(foreImage, x, y, width, height, this);      //绘制前景图
    }
    public void run(){                                          //线程运行方法
        while (fly){
            try{
                Thread.sleep(time);                             //线程休眠
            }
            catch(InterruptedException e){break;}               //中断异常则停止
            up();                                               //调用上移方法
            this.repaint();                                     //执行 paint 方法重绘
        }
    }
}


//Ex5.java 文件:
public class Ex5 {                                              //主类
    public static void main(String[] args) {
        new Frame5();
    }
}
```

在窗体内部自定义的面板子类中,使用多线程控制飞鸟的飞翔过程。在工具栏中单击 "定时"按钮,出现时间输入框,可更改飞鸟飞翔过程中每次在一个位置的停留时间,时间越 短,速度越快。

JPanel 是轻量级组件,具有双缓冲功能,编写动画程序不会产生闪烁现象。

# 21.5  计时器 Timer

在结束本章之前,介绍运用计时器 Timer 类编写简单动画程序。

计时器也称"定时器",与多线程密切相关。适当运用计时器能简化动画 编程。

ch21.5.1

名为 Timer 的类有 3 个,分属不同的包。下面介绍其中两个。

## 21.5.1  图形包 Swing 的 Timer

位于 javax.swing 包的 Timer 在指定时间间隔能触发一个或多个动作事件 ActionEvent,于是可构建动作事件监听器定时执行任务,即把动作事件监听器作定时执行 的对象。

典型的代码如下:

```
int delay = 1000;                                          //延迟毫秒数
ActionListener taskPerformer = new ActionListener() {      //执行任务的动作事件监听对象
      public void actionPerformed(ActionEvent e) {
           //...执行一个任务代码...
      }
   };
new Timer(delay, taskPerformer).start();                   //构建并启动计时器
```

创建任务对象,利用计时器每隔 1s 执行一次任务,即定时触发事件执行任务。计时器参数 delay 既是初始延迟时间,也是每次事件触发的间隔时间,它以毫秒为单位。

Swing 包 Timer 类常用方法有:

(1) Timer(int delay, ActionListener listener):构造方法。指定间隔时间和执行任务的动作事件监听器构建计时器。

(2) void addActionListener(ActionListener listener):计时器添加动作事件监听器。

(3) boolean isRunning():判断计时器是否正在运行,是则返回 true。

(4) void restart():重启计时器。

(5) void setDelay(int delay):设置计时器事件触发间隙,单位是毫秒。

(6) void setInitialDelay(int initialDelay):设置初始延迟,即首个事件等待时间。

(7) void setRepeats(boolean flag):设置是否重复引发事件(默认是)。

(8) void start():启动计时器,开始向监听器发送动作事件。

(9) void stop():停止计时器。

图形包计时器的特点是:指派线程处理 GUI 事件比较简单,并且线程安全,能共享。

【例 21-6】 编写"弹弹球"程序。图形界面上有一个不断运动的红色小球,当碰到边界时又反弹回来,如此这般一直在界面范围内走动。运行界面如图 21-6 所示。

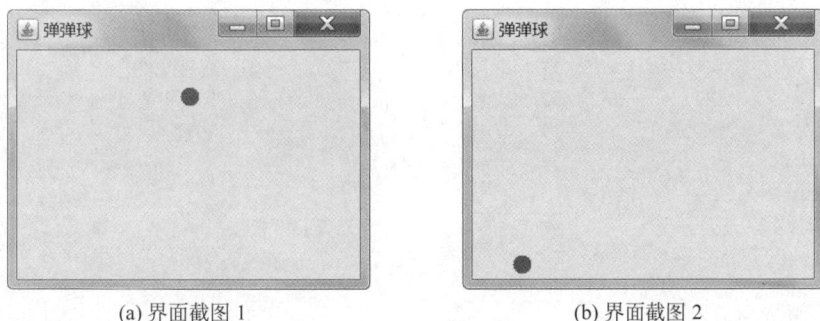

(a) 界面截图 1                           (b) 界面截图 2

图 21-6 "弹弹球"运行界面

代码如下:

```
//Frame6.java 文件(使用 javax.swing.Timer 计时器实现弹弹球):
import java.awt. * ;
import javax.swing. * ;
public class Frame6 extends JFrame {                       //窗体类
     private static final long serialVersionUID = 1L;
```

```java
    private JPanel pan = new JPanel();                    //主面板
    private Ball ball = new Ball();                       //小球

    public Frame6() {                                     //构造方法
        this.setTitle("弹弹球");
        this.setBounds(100, 100, 400, 300);
        this.setDefaultCloseOperation(JFrame.EXIT_ON_CLOSE);
        ball.setSize(20, 20);                             //小球设置大小
        pan.setLayout(null);                              //设置面板为空布局
        pan.add(ball);                                    //面板添加小球
        this.add(pan);                                    //窗体添加面板
        this.setVisible(true);
    }

    private class Ball extends JPanel {                   //窗体内部小球类(置于面板)
        private static final long serialVersionUID = 2L;
        private int x, y;                                 //小球位置坐标
        private int xMove = 4, yMove = 3;                 //小球每次移动距离
        //计时器(参数 1 为时间,大则速度小,参数 2 为监听器,用 Lambda 表达式实现):
        private Timer t = new Timer(20, (e) ->{
            if( (x += xMove)> pan.getWidth() || x < 0){   //若小球越过水平方向界面
                xMove = - xMove;                          //则改变方向
            }
            if( (y += yMove)> pan.getHeight() || y < 0){  //若小球超出垂直方向界面
                yMove = - yMove;                          //也改变方向
            }
            this.setLocation(x, y);                       //小球重新定位

        });

        public void paint(Graphics g) {                   //绘制方法
            g.setColor(Color.RED);                        //画笔设红色
            g.fillOval(0, 0, 20, 20);                     //绘制实心小球
            t.start();                                    //启动定时器
        }
    }
}

//Ex6.java 文件:
public class Ex6 {                                        //主类
    public static void main(String[] args) {
        new Frame6();
    }
}
```

  弹弹球派生于面板类,实际上它是画圆的小面板,可理解为把弹弹球放在小面板上。内部包含计时器,在指定时间(如 20ms)内移动一段距离(如 x 轴方向 4,y 轴为 3),于是小球便不断移动,当到达边界时,移动方向取反,于是反弹回来继续运动。

  Ball 类构建 Timer 对象时,使用 Lambda 表达式作动作事件监听器,代码更显简明。

## 21.5.2　工具包 Timer 和 TimerTask

JDK1.3 版之后,多增一个 java.util 包的 Timer 类,作为一种工具,该计时器功能较强,不局限于 GUI 定时事件,执行效率也较高。与该类搭配的还有计时器任务类 TimerTask。

Timer 工具用于指定时间安排后台线程执行任务,任务也可定期重复执行,也允许同时执行多个任务,其任务就是 TimerTask 对象。

类 java.util.Timer 常用方法如下。

(1) Timer():构造方法,构建一个计时器对象。

(2) void cancel():取消计时操作、终止计时器安排的所有任务。

(3) void schedule(TimerTask task, long delay, long period):给出首次执行时间(方法调用后延迟的时间)和重复执行的时间间隔,安排指定任务。时间单位均是毫秒。

(4) void schedule(TimerTask task, Date firstTime, long period):给出首次执行时间和重复执行的时间间隔,安排指定任务。

方法(3)和(4)实际运行时,任务一般以近似的间隔周期执行(如稍慢),并非完全精准。如果没有第 3 个参数 period,则任务只执行一次,不再重复。

(5) void scheduleAtFixedRate(TimerTask task, long delay, long period):安排任务在指定的延迟后开始,按固定的速率重复执行。

(6) void scheduleAtFixedRate(TimerTask task, Date firstTime, long period):安排任务在指定的时间开始,按固定的速率重复执行。

---

💡 注意:工具包 Timer 类是线程安全的,若有多个任务线程,则同步共享一个计时器。

---

工具 Timer 对象调用 schedule 或 scheduleAtFixedRate 方法即启动了计时操作,它没有 start 方法。

计时器的 schedule 或 scheduleAtFixedRate 方法第一个参数是要执行的任务对象,属于 TimerTask 类。

计时器任务类 TimerTask 是抽象的,本身不能实例化,需派生子类才能构建对象。

TimerTask 类也在 java.util 包中,常用方法如下。

(1) abstract void run():计时器要执行的线程任务,该方法是抽象的,必须重写。

(2) boolean cancel():取消计时器任务。成功取消会返回 true。本方法可反复调用,但取消任务之后再调用将返回 false,表示无效。

---

💡 注意:TimerTask 类是实现 Runnable 接口的,故与线程关联。

---

【例 21-7】　使用 java.util.Timer 类编写与例 21-6 相同功能的"弹弹球"程序。

代码如下:

```
//Frame7.java 文件(使用 java.util.Timer 计时器实现弹弹球):
import java.awt.*;
```

```java
import javax.swing.*;
import java.util.Timer;                                   //显式导入 Timer 包
import java.util.TimerTask;                               //显式导入 TimerTask 包
public class Frame7 extends JFrame {                      //窗体类
    private static final long serialVersionUID = 1L;
    private JPanel pan = new JPanel();                    //主面板
    private Ball ball = new Ball();                       //小球

    public Frame7() {                                     //构造方法
        this.setTitle("弹弹球");
        this.setBounds(100, 100, 400, 300);
        this.setDefaultCloseOperation(JFrame.EXIT_ON_CLOSE);
        ball.setSize(20, 20);                             //小球设置大小
        pan.setLayout(null);                              //设置面板为空布局
        pan.add(ball);                                    //面板添加小球
        this.add(pan);                                    //窗体添加面板
        this.setVisible(true);
    }

    private class Ball extends JPanel {                   //窗体内部小球类(置于面板)
        private static final long serialVersionUID = 2L;
        private int x, y;                                 //小球位置坐标
        private int xMove = 4, yMove = 3;                 //小球每次移动距离

        Ball(){                                           //小球类构造方法
            Timer t = new Timer();                        //计时器
            TimerTask task = new TimerTask() {            //计时器任务,匿名子类对象
                public void run() {                       //重写 run 方法
                    if( (x += xMove) > pan.getWidth() || x < 0){  //若小球越过两边
                        xMove = - xMove;                  //则改变方向
                    }
                    if( (y += yMove) > pan.getHeight() || y < 0){ //若小球超出两端
                        yMove = - yMove;                  //也改变方向
                    }
                    setLocation(x, y);                    //小球重新定位
                }};
            t.schedule(task, 0, 20);                      //安排计时器重复执行任务,间隔 20ms
        }

        public void paint(Graphics g) {                   //绘制方法
            g.setColor(Color.RED);                        //画笔设红色
            g.fillOval(0, 0, 20, 20);                     //绘制实心小球
        }
    }
}

//Ex7.java 文件:
public class Ex7 {                                        //主类
    public static void main(String[] args) {
        new Frame7();
    }
}
```

程序执行结果与例 21-6 类似,参见图 21-6。

除了构建计时器,还需构建计时器任务。由于 TimerTask 类是抽象的,不能实例化,但可派生子类,子类重写抽象的 run 方法后便可构建对象。本例程序直接使用 TimerTask 的匿名子类来构建对象。

# 21.6 本章小结

本章主要介绍如何运用 Java 语言编写动画应用程序。

从"气球飘飘""图像幻灯片"到"空中飞翔",演绎了动画的编程过程。

绘图与多线程等结合在一起,便可编写动画程序。

图形包计时器定时触发事件执行任务,工具包计时器则安排任务定期执行。

适当运用计时器,定时执行多线程任务,能简化动画编码,但不是必需的。

# 21.7 习 题 21

1. 编写随机画圆程序。设计一个窗体,每隔 1s 在窗体上随机绘制一个红色实心圆,只要窗体不关闭,就持续绘制下去。一次运行结果如图 21-7 所示。

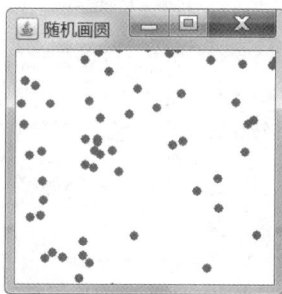

图 21-7 随机画圆

2. 结合多线程编写 GUI 计时器程序。运行界面如图 21-8 所示,窗体由 1 个标签和 3 个按钮组成。标签用于显示时、分、秒,格式为 hh∶mm∶ss。单击"开始"按钮启动计时,单击"停止"按钮停止计时,单击"重置"按钮则把时间清零为 00∶00∶00。

(a) 初始界面      (b) 计时界面

图 21-8 计时器运行界面

3. 编程。利用 Swing 图形包 Timer 实现第 2 题 GUI 计时功能。

4. 编程。利用工具包 java.util.Timer 实现第 2 题 GUI 计时功能。

5. 编程。利用 Swing 图形包 Timer 编写例 21-1"气球飘飘"程序。

6. 编程。利用工具包 Timer 编写例 21-1"气球飘飘"程序。

7. 编写 3 个不同颜色弹弹球同时弹跳程序。小球开始位置随机。运行结果参见图 21-9。

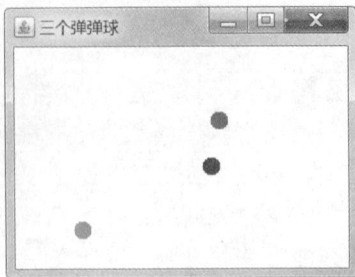

图 21-9　运行结果

## 21.8　实训 21：编写动画程序

1. 编写可控的"空中飞翔"动画程序。在蓝天白云背景下，一只飞鸟从窗体右下角向左上角飞去，飞得越高，图像越小，最后消失在画面中。消失后下一个飞鸟又重复上述对角飞翔的过程。要求在窗体中放置工具栏，工具栏上有 6 个按钮："飞翔""俯冲""停止""定时""上移"和"下移"，以控制图像的放映状态。其中"飞翔"或"俯冲"后必须"停止"才能再次"飞翔"或"俯冲"。运行界面如图 21-1 所示。

**提示**：前景图和背景图要放在项目的根目录。部分程序代码参考如下。

```
//MovieFrame.java 文件(窗体类程序)：
public class MovieFrame extends JFrame{                    //动画窗体类
    private JButton butFly = new JButton("飞翔");
    private JButton butDive = new JButton("俯冲");
    …
    private int time = … ;                                 //每幅图放映时间(ms)
    private MyPanel pan = new MyPanel();                    //自定义面板
    private Thread thread;                                  //线程
    private int flyDive = 0;                                //1飞翔,2俯冲,0停止开关
    private Image backImage, foreImage;                    //背景图、前景图
    private int x = … , y = … , width = … , height = … ;   //前景图位置和尺寸设初值

    public MovieFrame(){ … }                               //构造方法
    public void initialize(){ … }                          //初始化方法
    private void up(){ … }                                 //"上移"方法
    private void down(){ … }                               //"下移"方法
    //按钮动作事件监听处理类(私有内部类)：
    private class ActionHandler implements ActionListener{ … }
    //自定义面板类(私有内部类),该类与线程关联：
    private class MyPanel extends JPanel implements Runnable{ … }
        public void paint(Graphics g){ … }                 //绘制方法
        public void run(){                                 //线程运行方法
```

```
            while (flyDive!= 0){
                try{Thread.sleep(time);}            //线程休眠
                catch(InterruptedException e){break;} //中断异常则停播
                if(flyDive == 1){                     //若是"飞翔"
                    up();                             //调用上移方法
                }
                else if(flyDive == 2){                //若是"俯冲"
                    down();                           //调用下移方法
                }
                this.repaint();                       //执行 paint 方法重绘
            }
        }
    }
}
```

2. 综合运用所学知识,自行设计一个动画程序。

# 附录　习题答案

## 第 1 章

1. A　　2. C　　3. B　　4. D　　5. D　　6. B　　7. C　　8. A　　9. D

## 第 2 章

1. C　　2. A　　3. C　　4. B　　5. B　　6. B　　7. B　　8. C　　9. D
10. A　　11. A　　12. B　　13. D　　14. D　　15. B

## 第 3 章

1. D　　2. C　　3. A

4. 计算矩形面积和周长的方法代码如下：

```
public static double area(double a, double b) { return a * b; }
public static double girth(double a, double b) { return (a + b) * 2; }
```

5. 计算圆面积和周长的方法代码如下：

```
public static double area(double radius) { return Math.PI * radius * radius; }
public static double girth(double radius) { return 2 * Math.PI * radius; }
```

6. 重载两个数相加方法代码如下：

```
public static int add(int x, int y) { return x + y; }
public static double add(int x, double y) { return x + y; }
public static double add(double x, int y) { return x + y; }
public static double add(double x, double y) { return x + y; }
```

## 第 4 章

1. D　　2. A　　3. C　　4. C　　5. B　　6. D　　7. A　　8. C　　9. A
10. C

11. 判断三边是否构成三角形方法代码如下：

```
public static boolean isTriangle(double a, double b, double c) {
    boolean yn;
    if(a > 0 && b > 0 && c > 0 && a + b > c && b + c > a && c + a > b) { yn = true; }
    else { yn = false; }
    return yn;
```

```
    }
    //根据三边长判断是哪种三角形方法:
    public static String triangle(double a, double b, double c) {
        String str;
        if(isTriangle(a,b,c)) {
            if(a==b && b==c && c==a) str = "等边三角形";
            else if(a==b || b==c || b==c ) str = "等腰三角形";
            else str = "一般三角形";
        }else str = "不是三角形";
        return str;
    }
```

12. 按三边长计算三角形面积方法代码如下：

```
public static double area(double a, double b, double c) {
    if(! isTriangle(a,b,c)) return 0;        //若不构成三角形,则返回面积 0
    double h = (a+b+c)/2;                     //半周长
    double ar = Math.sqrt(h*(h-a)*(h-b)*(h-c));  //调用平方根方法
    return ar;                                //返回面积
}
```

# 第 5 章

1. D    2. C    3. B

4. 计算 $1+1/2+2/3+\cdots+99/100$ 的代码如下：

```
double tot = 1;
for(double d = 1; d <= 99; d++) { tot += d/(d+1); }
System.out.println(tot);
```

5. 使用递归调用方法计算 1~100 的累加代码如下：

```
public class X5 {
    public static int sum(int n) {
        if(n>1) { return sum(n-1)+n ;}
        else{ return 1; }
    }
    public static void main(String[] args) {
        System.out.println(sum(100));
    }
}
```

6. 非递归计算斐波纳契数列项方法一代码如下。

```
public static long fib(int n) {         //计算第 n 项斐波纳契数列项
    if(n<1) return 0;
    if(n<3) return 1;                    //斐波纳契数列前两项均为 1
    long f1 = 1, f2 = 1, f3 = 2;         //相邻 3 项变量
```

```java
for(int i = 3; i <= n; i++) {        //从第 3 项开始循环计算各项
    f3 = f1 + f2;                    //每项为前两项之和
    f1 = f2;                         //下次循环各项后移,第 2 项变成第 1 项
    f2 = f3;                         //第 3 项变成第 2 项
}
return f3;                           //返回第 n 项结果
}
```

非递归计算斐波纳契数列项方法二代码如下。

```java
public static long fib(int n){       //计算第 n 项斐波纳契数列项
    if (n < 1) { return 0; }
    if (n < 3) { return 1; }
    long[] array = new long[n + 1];  //创建整型数组
    array[1] = 1;
    array[2] = 1;
    for (int i = 3; i <= n; i++){
        array[i] = array[i - 1] + array[i - 2];
    }
    return array[n];
}
```

7. 计算 1~20 中满足特定条件奇数的平方。主方法代码如下:

```java
public static void main(String[] args) {
    int square;
    for(int i = 1; i < 20; i += 2) {
        if(i == 5 || i == 15) continue;
        square = i * i;
        if(square >= 300) break;
        System.out.printf("%d 的平方:%d\n", i, square);
    }
}
```

8. 标准化考试学生做对 44 题。主方法代码如下:

```java
public static void main(String[] args) {
    for(int i = 0; i <= 50; i++) {
        if(i * 2 - (50 - i) == 82) { System.out.println("做对" + i + "题"); }
    }
}
```

9. 小孩做对 15 题。代码如下:

```java
for(int i = 0; i <= 20; i++) {
    if(i * 5 + (20 - i) * (-3) == 60) { System.out.println("做对" + i + "题"); }
}
```

10. 这条阶梯最少有 119 阶。代码如下：

```
int n = 0;
do {
    ++n;
    if(n % 2 == 1 && n % 3 == 2 && n % 5 == 4 && n % 6 == 5 && n % 7 == 0) {
        System.out.println("阶梯最少有" + n + "阶");
        break;
    }
}while( true );
```

11. 自由落体第 10 次落地共经过 299.61m，反弹高度 0.10m，代码如下：

```
double s = 100, h = s/2;                //第 1 次落地经过距离及反弹高度
for(int i = 2; i <= 10; i++) {          //计算第 i(2~9)次落地经过距离及反弹高度
    s += h * 2;                         //经过距离(累加上次落地后反跳再落下的距离)
    h /= 2;                             //反跳原高度一半
    //System.out.printf("第 %d 次落地共经历 %.3f 米,反弹 %.3f 米\n",i,s,h);
}
System.out.printf("第 10 次落地共经历 %.2f 米,反弹 %.2f 米\n",s,h);
```

12. 输出由星号构成的直角三角形方法代码如下：

```
public static void triangle(int h) {        //输出 n 行高直角三角形方法
    for(int i = 0; i < h; i++) {
        for(int j = 0; j < i + 1; j++) { System.out.print('＊'); }
        System.out.println();
    }
}
```

13. 输出乘法表代码如下：

```
for (int i = 1; i <= 9; i++){                //i 控制行
    for (int j = 1; j <= i; j++){            //j 控制列
        System.out.printf("%d× %d = %2d  ", j, i, j * i);
    }
    System.out.println();                    //换行
}
```

14. 百钱买百鸡共有 4 种买法(含公鸡 0 只、母鸡 25 只、小鸡 75 只)。代码如下：

```
int n = 0;                                           //n 种买法
for(int i = 0; i <= 100/5; i++) {                    //公鸡数量 i
    for(int j = 0; j <= (100 - i * 5)/3; j++){       //母鸡数量 j
        int k = 100 - i - j;                         //小鸡数量 k
        if(5 * i + 3 * j + k/3.0 == 100) {           //百钱买百鸡
            n++;
            System.out.printf("第 %d 种买法:公鸡 %d 母鸡 %d 小鸡 %d 只\n",n,i,j,k);
        }
```

```
    }
}
System.out.printf("共有%d种买法",n);
```

15. 计算 1~10 阶乘之和得 4 037 913。代码如下：

```
int s = 0, f = 1;                                //累加、阶乘变量
for(int i = 1; i <= 10; i++) {
    f *= i;                                      //计算 i 的阶乘
    s += f;                                      //累加阶乘值
}
System.out.println(s);
```

16. 互不相同且无重复位的三位数总数为 24。代码如下：

```
int n = 0;                                            //计数变量
for(int a = 1; a <= 4; a++) {                         //百位数 a,三位数模式 abc
    for(int b = 1; b <= 4; b++) {                     //十位数 b
        if(b == a) continue;                          //拦截 b 等于 a 情况
        for(int c = 1; c <= 4; c++) {                 //个位数 c
            if(c == a || c == b) continue;            //拦截 c 等于 a 或 b 情况
            n++;                                       //统计个数
            System.out.printf("%d%d%d\t",a,b,c);
        }
    }
    System.out.println();
}
System.out.printf("三位数总数:%d", n);
```

17. 计算有多少种不同邮资。代码如下：

```
for(int i = 1; i <= 5 + 4; i++) {                     //列举 1~9 张
    System.out.printf("%d张邮票邮资分别是:", i);
    for(int j = 0; j <= 5; j++) {                     //穷举 5 张 3 分邮票
        if(j > i) break;
        for(int k = 0; k <= 4; k++) {                 //穷举 4 张 5 分邮票
            if(k + j > i) break;
            if(j + k == i) System.out.printf("%d分,",j * 3 + k * 5);
        }
    }
    System.out.println();
}
```

# 第 6 章

1. C     2. B     3. B     4. C     5. B     6. D     7. 不正确

## 第 7 章

1. B    2. C    3. C    4. A    5. C    6. C    7. C    8. A    9. D

10. B    11. D    12. C    13. A    14. D    15. A    16. B    17. B    18. C

19. 设张三工资 5000,奖金 1000,则算出实发工资 5970.0 元,所得税 30.0 元。代码如下:

```java
class Emp{                                          //员工类
    private String id, name;
    private double salary, bonus;
    public Emp(String id, String name, double salary, double bonus){
        this.id = id;
        this.name = name;
        this.salary = salary;
        this.bonus = bonus;
    }
    public double tax() {                           //计税方法
        double tot = salary + bonus;
        return tot - 5000 > 0 ? (tot - 5000) * 0.03 : 0;   //超过 5000 元才需缴纳个人所得税
    }
    public double realSalary() { return salary + bonus - tax();}   //实发工资方法
    public String getId() { return id;}
    public void setId(String id) {this.id = id;}
    public String getName() { return name; }
    public void setName(String name) { this.name = name;}
    public double getSalary() { return salary; }
    public void setSalary(double salary) { this.salary = salary;}
    public double getBonus() { return bonus; }
    public void setBonus(double bonus) { this.bonus = bonus; }
    public static void main(String[] args) {        //主方法
        Emp p = new Emp("101", "张三", 5000, 1000);
        System.out.println("姓名:" + p.getName());
        System.out.println("实发工资:" + p.realSalary());
        System.out.println("所得税:" + p.tax());
    }
}
```

## 第 8 章

1. C    2. D    3. C    4. D    5. C    6. B    7. D    8. C    9. C

10. D    11. D    12. D    13. D    14. C

15. 底圆半径 10、高度 5 的圆柱底面积 314.16、周长 62.83、圆柱体积 1570.80。代码如下:

```java
class Circle{                                       //圆类
    private double radius;
    public Circle(double r){ radius = r; }
```

```
        public double area() { return Math.PI * radius * radius; }
        public double perimeter(){ return 2 * Math.PI * radius; }
        public void show(){
            System.out.printf("圆半径%.2f、面积%.2f、周长%.2f\n",
                    radius, area(), perimeter());
        }
    }
class Cylinder extends Circle{                          //继承圆类的圆柱类
    private double height;
    public Cylinder(double r, double h){
        super(r);
        height = h;
    }
    public double volume(){    return area() * height;    }
    public void showVolume(){
        System.out.printf("圆柱体积:%.2f\n", volume());
    }
}
public class X15 {                                      //主类
    public static void main(String[] args) {
        Cylinder c = new Cylinder(10, 5);      //设底圆半径10,高度5
        c.show();
        c.showVolume();
    }
}
```

## 第 9 章

1. D    2. D    3. B    4. D    5. C    6. A    7. A    8. B    9. A
10. D    11. D    12. B    13. A    14. B    15. C    16. A

## 第 10 章

1. D    2. A    3. C    4. B    5. C    6. C    7. B    8. B    9. D
10. A    11. D    12. C    13. A    14. B    15. B    16. C    17. B    18. C
19. D    20. C

## 第 11 章

1. C    2. C    3. D    4. B    5. A    6. C

## 第 12 章

1. C    2. C    3. B    4. B    5. D    6. D    7. C    8. C    9. A
10. D    11. B    12. B    13. B    14. B    15. D    16. A    17. D    18. A

19. 程序运行时,需在项目根目录中给出要查找的文件,如 abc.txt,否则引发异常。代
码如下:

```
import java.io. * ;
public class X19 {
    //在文件中查找文本方法:
    public static void findInFile(String file, String text) throws Exception {
        BufferedReader br = new BufferedReader(new FileReader(file));
        int no = 0;
        String row;
        while((row = br.readLine()) != null) {
            no++;
            if(row contains(text)) {
                System.out.println(no + ":" + row);          //输出行号和该行内容
            }
        }
        br.close();
    }
    public static void main(String[] args) {                 //测试的主方法
        try {
            findInFile("abc.txt", "日");                      //调用查找文本方法
        }catch(Exception e) { e.printStackTrace();}
    }
}
```

20. 程序运行时,需在项目根目录中给出要添加行号的文件,如 abc.txt,否则引发异常。代码如下:

```
import java.io. * ;
public class X20 {
    //给文件添加行号并存到另一文件方法:
    public static void AddRowNo(String file, String toFile) throws Exception{
        BufferedReader br = new BufferedReader(new FileReader(file));
        BufferedWriter bw = new BufferedWriter(new FileWriter(toFile));
        int no = 0;
        String row;
        while((row = br.readLine()) != null) {
            bw.write(++no + ":" + row);
            bw.newLine();
            System.out.println(no + ":" + row);
        }
        br.close();
        bw.close();
    }
    public static void main(String[] args) {                 //测试主方法
        try {
            AddRowNo("abc.txt", "abc2.txt");                 //调用添加行号方法
        }catch(Exception e) { e.printStackTrace(); }
    }
}
```

21. 程序运行时,需在项目根目录中给出要合并文件 file1.txt 和 file2.txt,否则引发异常。代码如下:

```java
import java.io.*;
public class X21 {
    public static void merge(String file1, String file2, String file)
        throws IOException{                                 //合并两个文件到另一文件方法
        BufferedReader br1 = new BufferedReader(new FileReader(file1));
        BufferedReader br2 = new BufferedReader(new FileReader(file2));
        BufferedWriter bw = new BufferedWriter(new FileWriter(file,true));      //追加模式
        String row;
        while((row = br1.readLine()) != null){              //合并 file1
            bw.append(row);
            bw.newLine();
        }
        while((row = br2.readLine()) != null){              //合并 file2
            bw.append(row);
            bw.newLine();
        }
        br1.close(); br2.close(); bw.close();
    }
    public static void display(String file) throws IOException{     //显示文件内容方法
        BufferedReader br = new BufferedReader(new FileReader(file));
        String row;
        while((row = br.readLine()) != null){
            System.out.println(row);
        }
        br.close();
    }
    public static void main(String[] args) {                //测试主方法
        String file1 = "file1.txt",file2 = "file2.txt", file = "file.txt";
        try {
            merge(file1, file2, file);                      //调用文件合并方法
            display(file);                                  //调用显示文件方法
        } catch (Exception e) {e.printStackTrace(); }
    }
}
```

22. 补充反序列化还原对象方法代码如下:

```java
ByteArrayInputStream bais = new ByteArrayInputStream(bs);   //字节数组输入流
DataInputStream dis = new DataInputStream(bais);            //数据输入流
int workNo = dis.readInt();
String name = dis.readUTF();                                //读取输入流字符串
return new Employee(workNo, name);
```

23. 显示当前目录绝对路径和所有.txt 文件代码如下:

```java
import java.io.*;
public class X23 {
```

```java
public static void main(String[] args) {
    File f = new File(".");                      //圆点.表示当前目录
    String p = f.getAbsolutePath();              //绝对路径
    p = p.substring(0, p.length() - 2);          //绝对路径去掉了后面的\.
    System.out.println("当前目录的绝对路径:");
    System.out.println(p);
    f = new File(p);                             //去掉了后面\.的目录路径对象
    File[] fs = f.listFiles((file) ->{           //获取目录中所有过滤文件
        if(file.getName().endsWith(".txt"))      //文件名包含扩展名.txt
            return true;
        else return false;
    });
    System.out.println("当前目录所有扩展名为.txt 的文件:");
    for(int i = 0; i < fs.length; i++) {
        System.out.println(fs[i].getName());
    }
}
```

## 第 13 章

1. D    2. D    3. B    4. B    5. C    6. A    7. D    8. A    9. B
10. C    11. C    12. D    13. D    14. C    15. D    16. C    17. A    18. B
19. D    20. C    21. B

22. 请参考例 13-5 编程。代码略。

23. 输出当前日期时间的快慢线程程序如下:

```java
class DateThread extends Thread{
    private int second;
    public DateThread(String name, int second) {         //线程类
        super(name);
        this.second = second;
    }
    public void run() {
        for(int i = 0; i < 5; i++) {
            try{ Thread.sleep(second * 1000); }
            catch(InterruptedException e) { }
            System.out.println(getName() + ":" + new java.util.Date());
        }
    }
}
public class X23 {                                        //主类
    public static void main(String[] args) {
        new DateThread("Fast Thread", 1).start();
        new DateThread("Slow Thread", 3).start();
    }
}
```

24. 本题不需要线程同步,是简化版生产者消费者程序。最后输出 2280 或 2660。代码如下:

```
class Data{                                        //数据类(共享的仓库)
    private int sum;
    public void set(int a) { sum += a; }           //入仓方法,累加运算
    public int get() {return sum; }                //出仓方法
}
class Compute extends Thread{                       //计算 i * (i + 1)线程类(生产者)
    private Data data;
    public Compute(Data data) { this.data = data; }
    public void run() {
        for(int i = 1; i < 20; i++) {
            try { Thread.sleep(100); }
            catch(InterruptedException e) { }
            data.set(i * (i + 1));
        }
    }
}
class Output extends Thread{                        //输出线程类(消费者)
    private Data data;
    public Output(Data data) {this.data = data; }
    public void run() {
        for(int i = 1; i < 20; i++) {
            try { Thread.sleep(100); }
            catch(InterruptedException e) { }
            System.out.println(data.get());
        }
    }
}
public class X24 {                                  //主类
    public static void main(String[] args) {
        Data data = new Data();                     //共享数据对象
        new Compute(data).start();                  //构建并启动计算线程
        new Output(data).start();                   //构建并启动输出线程
    }
}
```

25. 线程 B 要关联线程 A,才能吵醒 A。代码如下:

```
class A extends Thread{                             //线程 A 类
    public void run() {
        while(true) {
            try {Thread.sleep(60 * 60 * 1000); }    //休眠 1h
            catch (InterruptedException e) {
                System.out.println("讨厌!不要吵");  //被中断就输出
            }
        }
    }
```

```
    }
    class B extends Thread{                                    //线程 B 类
        private Thread a;
        public B(Thread a) { this.a = a; }                     //关联线程 A
        public void run() {
            while(true) {
                try { Thread.sleep(1000); }                    //每隔 1s
                catch (InterruptedException e) { }
                System.out.println("快起床,快起床,快起床!");
                synchronized(a) { a.interrupt(); }             //同步 a(可选),打断 a 线程
            }
        }
    }
    public class X25 {                                         //主类
        public static void main(String[] args) {
            A a = new A();
            a.start();                                         //启动线程 A 对象 a
            new B(a).start();                                  //传递 a 构建启动线程 B
        }
    }
```

26. 本题是简化型的生产者消费者程序,按票号递增销售,车票生产一张销售一张。可省略仓库类和生产者线程类。代码参考如下:

```
    class SaleWin extends Thread{                              //售票窗口线程类(消费者)
        private static int ticketNo;                          //共享车票号
        public SaleWin(String name) {                         //传递窗口对象名
            super(name);
        }
        public void run() {
            while(ticketNo < 100) {
                System.out.println(getName() + "售" + (++ticketNo) + "号票");   //++隐含生产
                try { Thread.sleep((long)(Math.random() * 1000));}    //不到 1s 售一张票
                catch(InterruptedException e) { }
            }
        }
    }
    public class X26 {                                         //主类
        public static void main(String[] args) {
            System.out.println(" 窗口 A \t 窗口 B \t 窗口 C \t 窗口 D");
            SaleWin wa = new SaleWin("A");
            SaleWin wb = new SaleWin("\tB");                   //制表键令窗口分列输出
            SaleWin wc = new SaleWin("\t\tC");
            SaleWin wd = new SaleWin("\t\t\tD");
            wa.start();  wb.start();  wc.start();  wd.start();  //启动 4 个窗口线程
        }
    }
```

27. 共 5 个类,增加产品类,还有仓库、生产者线程、消费者线程以及主类。代码如下:

```java
class Product{                                        //产品类
    private int id;                                   //序号
    private String name;                              //产品名
    public Product(int id, String name) {
        this.id = id;
        this.name = name;
    }
    public String toString() {
        return id + "号" + name;
    }
}
class Storage {                                       //仓库类
    private int max, num;                             //最大库存量,库存数
    private Product[ ] stores;                        //使用数组存放产品
    public Storage(int max){                          //构造方法
        this.max = max;
        stores = new Product[max];                    //只能在构造方法内部创建数组
    }
    public synchronized void input(Product product) { //同步产品入仓方法
        while ( num >= max) {                         //若产品数超出最大库存量
            try{ wait();}                             //则等待(不入仓)
            catch(InterruptedException e){}
        }
        stores[num++] = product;                      //直到有通知才入仓,库存增 1
        System.out.printf("%s 入仓,库存 %d\n", product, num);
        notify();                                     //通知出仓
    }
    public synchronized Product output() {            //同步的产品出仓方法
        while (num <= 0) {                            //若库存没有产品
            try{ wait();}                             //则等待(不出仓)
            catch(InterruptedException e){}
        }
        Product product = stores[ -- num];            //通知才出仓库存减 1(栈式后进先出)
        System.out.printf("\t\t%s 出仓,库存 %d\n", product, num);
        notify();                                     //通知入仓
        return product;                               //返回出仓产品
    }
}
class Producer extends Thread {                       //生产者(线程)类
    private  Storage store;                           //仓库
    public Producer(Storage store) {                  //传递仓库参数构造方法
        this.store = store;
    }
    public void run() {                               //线程运行方法
        for(int i = 0; i < 20; i++){                  //循环 20 次
            Product p = new Product(i + 1,"冰箱");    //生产冰箱
            System.out.println(" ---- 生产" + p);
            store.input(p);                           //调用同步产品入仓方法
```

```
                    try { Thread. sleep((long)(Math. random() * 100));}    //休眠不超过 0.1s
                    catch(InterruptedException e) { }
            }
        }
    }
class Consumer extends Thread {                                            //消费者(线程)类
        private Storage store;                                             //仓库
        public Consumer(Storage store) {                                   //传递仓库参数构造方法
            this. store = store;
        }
        public void run() {                                                //线程运行方法
            for(int i = 0; i < 20; i++){                                   //循环 20 次
                try { Thread. sleep((long)(Math. random() * 100));}        //休眠不超过 0.1s
                catch(InterruptedException e) { }
                Product p = store. output();                               //调用同步产品出仓方法
                System. out. println("\t\t---- 消费" + p);
            }
        }
    }
public class X27 {                                                         //主类
    public static void main(String[ ] args) {
        Storage store = new Storage(5);                                    //最大库存量为 5 的仓库
        System. out. println(" ==== 构建最大库存量 5 仓库 ==== \n");
        Producer producer = new Producer(store);                           //生产者(线程对象)
        Consumer consumer = new Consumer(store);                           //消费者(线程对象)
        producer. start();                                                 //启动生产线程
        consumer. start();                                                 //启动消费线程
    }
}
```

# 第 14 章

1. B    2. D    3. D    4. C    5. B

6. 通过学号检索结果:2019002- ->[学号 = 2019002,姓名 = 钱尔,成绩 = 80],代码如下:

```
import java.util.Hashtable;
class Student{                                                            //学生类
    private int num;
    private String name;
    private int score;
    public Student(int num, String name, int score) {
        this. num = num;
        this. name = name;
        this. score = score;
    }
    public String toString() {
        return "[学号 = " + num + ",姓名 = " + name + ",成绩 = " + score + "]";
```

```java
        }
        public int getNum() { return num; }
    }
public class X6 {                                                //主类
    public static void main(String[] args) {
        Hashtable < Integer, Student > ht = new Hashtable <>();
        Student s1 = new Student(2019001,"赵毅",90);
        ht.put(s1.getNum(), s1);
        Student s2 = new Student(2019002,"钱尔",80);
        ht.put(s2.getNum(), s2);
        Student s3 = new Student(2019003,"孙散",75);
        ht.put(s3.getNum(), s3);
        Student s4 = new Student(2019004,"李思",88);
        ht.put(s4.getNum(), s4);
        int key = 2019002;
        System.out.println("通过学号检索:");
        System.out.printf("%d-->%s\n", key, ht.get(key));
        System.out.printf("散列表有如下%d个元素:\n",ht.size());
        ht.forEach((k,v) -> System.out.println(k + "-->" + v));
    }
}
```

7. 使用列表集动态存放每次待抽号,随机抽取索引号,没有重号,一次成功,效率较高。代码如下:

```java
//按号抽奖方法(起始号、终止号、抽取数、排除号):
private static int[] raffle(int fr, int to, int am, int...out) throws Exception{
    if (to < fr){ throw new Exception("终止号不能小于起始号");        }
    if ((to - fr + 1) - out.length < am) {
        throw new Exception("抽取范围的数量不能小于抽取数");
    }
    Random rd = new Random();                          //随机对象
    ArrayList < Integer > list = new ArrayList <>();    //列表集 list 存放待抽号码
    for(int i = fr; i <= to; i++){ list.add(i); }
    for(int i = 0;i < out.length;i++){                  //去掉参数传入的所有排除号
        list.remove((Integer)out[i]);                   //移除对象
    }
    int n;
    int[] ns = new int[am];                             //抽出号码存放数组 ns
    for(int i = 0; i < am; i++){
        n = rd.nextInt(to - fr + 1 - out.length - i);   //随机抽取 list 索引号(无重号)n
        ns[i] = list.get(n);                            //获取索引 n 元素值(抽取的号)
        list.remove(n);                                 //马上移除 list 已抽元素
    }
    Arrays.sort(ns);                                    //排序数组所抽号码
    return ns;                                          //方法返回抽号数组
}
```

8. 共 5 个类:TV 产品类、泛型仓库类、生产者线程类、消费者线程类和主类。代码如下:

```java
import java.util. * ;
class TV{                                          //电视机(产品)类
    private int id;                                //序号
    public TV(int id) { this.id = id; }
    public String toString() { return id + "号 TV"; }
}
class Storage < P >{                               //产品类型参数的仓库类
    private int max, num;                          //最大库存量,库存数
    private List < P > stores = new Vector <>();   //使用同步 Vector 集合存放产品
    public Storage(int max){                       //构造方法
        this.max = max;
    }
    public synchronized void input(P product) {    //同步产品入仓方法
        while ( num > = max) {                     //若产品数超出最大库存量
            try{ wait();}                          //则等待(不入仓)
            catch(InterruptedException e){}
        }
        stores.add(product);                       //直到被通知唤醒才入仓
        num ++ ;                                   //库存增 1
        notify();                                  //通知出仓
        System.out.printf(" % s 入仓,库存:% d\n", product, num);
    }
    public synchronized P output() {               //同步的产品出仓方法
        while (num < = 0) {                        //若库存没有产品
            try{ wait();}                          //则等待(不出仓)
            catch(InterruptedException e){}
        }
        P product = stores.remove(0);              //直到被通知唤醒才出仓
        num -- ;                                   //库存减 1
        System.out.printf("\t\t % s 出仓,库存:% d\n", product, num);
        notify();                                  //通知入仓
        return product;                            //返回出仓产品
    }
}
class Producer extends Thread {                    //生产者(线程)类
    private   Storage < TV > store;                //仓库
    public Producer(Storage < TV > store) {        //传递仓库参数构造方法
        this.store = store;
    }
    public void run() {                            //线程运行方法
        for(int i = 0; i < 20; i++){               //循环 20 次
            TV p = new TV(i + 1);
            System.out.println(" ---- 生产" + p);
            store.input(p);                        //调用同步产品入仓方法
            try { Thread.sleep((long)(Math.random() * 100));} //休眠不超过 0.1s
            catch(InterruptedException e) { }
```

```
        }
    }
}
class Consumer extends Thread {                        //消费者(线程)类
    private Storage < TV > store;                      //仓库
    public Consumer(Storage < TV > store) {            //传递仓库参数构造方法
        this.store = store;
    }
    public void run() {                                //线程运行方法
        for(int i = 0; i < 20; i++){                   //循环 20 次
            try { Thread.sleep((long)(Math.random() * 100));}    //休眠不超过 0.1s
            catch(InterruptedException e) { }
            TV p = store.output();                     //调用同步产品出仓方法
            System.out.println("\t\t ---- 消费" + p);
        }
    }
}
public class X8 {                                      //主类
    public static void main(String[] args) {
        Storage < TV > store = new Storage <>(5);      //最大库存 5 电视机仓库
        System.out.println(" ==== 构建最大库存量 5 电视仓库 ==== \n");
        Producer producer = new Producer(store);       //生产者(线程对象)
        Consumer consumer = new Consumer(store);       //消费者(线程对象)
        producer.start();                              //启动生产线程
        consumer.start();                              //启动消费线程
    }
}
```

# 第 15 章

1. A    2. B    3. C    4. B    5. A    6. D    7. C    8. A

9. 实现国际象棋棋盘界面程序。代码如下：

```
import java.awt. * ;
import javax.swing. * ;
public class X9 {
    public static void main(String[] args) {
        JFrame fr = new JFrame("国际象棋");
        fr.setDefaultCloseOperation(JFrame.EXIT_ON_CLOSE);
        fr.setBounds(10,10,200,200);
        fr.setLayout(new GridLayout(8,8));             //设置窗体 8 行 8 列网格布局
        for(int i = 0;i < 8;i++){                      //i 行
            for(int j = 0;j < 8;j++){                  //j 列
                JLabel lab = new JLabel();
                lab.setOpaque(true);                   //设置标签不透明
                if((i + j) % 2 == 0){                  //如果行号加列号为偶数
                    lab.setBackground(Color.BLACK);    //则设置标签背景为黑色
                }else {                                //否则
```

```
                lab.setBackground(Color.WHITE);          //设置标签背景为白色
            }
            fr.add(lab);
        }
    }
    fr.setVisible(true);
}
}
```

# 第 16 章

1. B    2. A    3. A    4. A    5. B    6. B    7. B    8. B    9. B
10. B    11. B    12. B    13. A    14. D    15. D    16. B    17. C    18. C

19. 摄氏温度与华氏温度转换,如华氏 99 度转摄氏得 37.22(保留 2 位小数)。代码
如下:

```
import java.awt.event.*;
import javax.swing.*;
public class X19 extends JFrame implements ActionListener{
    private static final long serialVersionUID = 1L;
    private JPanel pan = new JPanel();
    private JTextField tf1 = new JTextField(6);
    private JTextField tf2 = new JTextField(6);
    private JButton but1 = new JButton("摄氏转换为华氏");
    private JButton but2 = new JButton("华氏转换为摄氏");
    public X19(){                                    //构造方法
        this.setDefaultCloseOperation(EXIT_ON_CLOSE);
        this.setBounds(10, 10, 210, 160);
        pan.add(tf1);
        pan.add(tf2);
        pan.add(but1);
        pan.add(but2);
        this.add(pan);
        but1.addActionListener(this);
        but2.addActionListener(this);
        this.setVisible(true);
    }
    public void actionPerformed(ActionEvent e){      //按钮动作事件处理方法
        try{
            double d1,d2 = 0;
            d1 = Double.parseDouble(tf1.getText());
            if(e.getSource() == but1){
                d2 = d1 * 9/5 + 32;
            }else if(e.getSource() == but2){
                d2 = (d1 - 32) * 5/9;
            }
            String str = String.format("%.2f", d2);
            tf2.setText(str);
```

391

```java
        }
        catch(Exception ex){
            tf2.setText("无法转换!");
        }
    }
    public static void main(String[] args) {          //主方法
        new X19();
    }
}
```

20. 库存商品查询,使用 Lambda 表达式实现选项事件处理。代码如下:

```java
import javax.swing.*;
public class X20 extends JFrame {
    private static final long serialVersionUID = 1L;
    private String[] goods = {"花生油","青岛啤酒","米酒","冰淇淋","蛋糕"};
    private String[] prices = {"56","8","10","20","90"};
    private String[] nums = {"232","50","109","48","30"};
    private JLabel labPrice = new JLabel("单价:");
    private JLabel labNum = new JLabel("库存量:");
    private JTextField tfPrice = new JTextField(6);
    private JTextField tfNum = new JTextField(6);
    private JComboBox<String> cbb = new JComboBox<String>(goods);
    private JPanel pan = new JPanel();
    public X20(){                                     //构造方法
        this.setTitle("库存查询");
        this.setDefaultCloseOperation(JFrame.EXIT_ON_CLOSE);
        this.setBounds(100, 100, 380, 160);
        pan.add(cbb);
        pan.add(labPrice);
        pan.add(tfPrice);
        pan.add(labNum);
        pan.add(tfNum);
        this.add(pan);
        tfPrice.setText(prices[0]);
        tfNum.setText(nums[0]);
        cbb.addItemListener((e) ->{                   //用 Lambda 表达式实现选项事件
            int i = cbb.getSelectedIndex();
            tfPrice.setText(prices[i]);
            tfNum.setText(nums[i]);
        });
        this.setVisible(true);
    }
    public static void main(String[] args) {          //主方法
        new X20();
    }
}
```

## 第 17 章

1．B　　2．A　　3．B　　4．A

5．显示文件菜单的窗体界面。代码如下：

```java
import javax.swing.*;
public class X5 extends JFrame {                              //窗体类
    private static final long serialVersionUID = 1L;
    JMenuBar mb = new JMenuBar();
    JMenu mnFile = new JMenu("文件");
    JMenuItem miNew = new JMenuItem("新建");
    JMenuItem miOpen = new JMenuItem("打开");
    JMenuItem miClose = new JMenuItem("关闭");
    JMenuItem miExit = new JMenuItem("退出");
    JTextArea ta = new JTextArea();
    public X5(){                                              //构造方法
        this.setTitle("窗体界面");
        this.setDefaultCloseOperation(JFrame.EXIT_ON_CLOSE);
        this.setBounds(10, 10, 400, 200);
        mnFile.add(miNew);
        mnFile.add(miOpen);
        mnFile.add(miClose);
        mnFile.addSeparator();
        mnFile.add(miExit);
        mb.add(mnFile);
        this.setJMenuBar(mb);
        this.add(ta);
        this.setVisible(true);
    }
    public static void main(String[] args) {                 //主方法
        new X5();
    }
}
```

## 第 18 章

1．A　　2．B　　3．B　　4．C

5．奥运五环旗。利用能设置线宽的二维画笔绘五环。代码如下：

```java
import java.awt.*;
import javax.swing.JFrame;
public class X5 extends JFrame{                              //窗体类
    public X5() {                                            //构造方法
        super("奥林匹克会旗");
        this.setDefaultCloseOperation(EXIT_ON_CLOSE);
        this.setBounds(10, 10, 400, 260);
        this.setVisible(true);
    }
```

393

```java
public void paint(Graphics g) {                                     //绘制方法
    Color[] cs = { Color.BLUE, Color.YELLOW, Color.BLACK,
            Color.GREEN, Color.RED };                               //五色蓝黄黑绿红
    Graphics2D g2 = (Graphics2D)g;                                  //转成二维画笔
    g2.setStroke(new BasicStroke(8));                               //设置笔宽为8
    for(int i = 0; i < 5; i++) {
        g2.setColor(cs[i]);                                         //画笔设置颜色
        g2.drawOval(80 + i * 42, 80 + (i % 2) * 35, 70, 70);        //画圆,单号下移
    }
}
public static void main(String[] args) {                            //主方法
    new X5();
}
}
```

# 第 19 章

1. A    2. B    3. A    4. B    5. C

# 第 20 章

1. C    2. D    3. B    4. B    5. D    6. B    7. D    8. A

# 第 21 章

1. 随机画圆。代码如下：

```java
import java.awt.Color;
import java.awt.Graphics;
import java.util.Random;
import javax.swing.JFrame;
public class X1 extends JFrame implements Runnable{
    private static final long serialVersionUID = 1L;
    Random rd = new Random();
    int x, y;
    public X1(){
        super("随机画圆");
        this.setDefaultCloseOperation(EXIT_ON_CLOSE);
        this.setBounds(10, 10, 300, 300);
        new Thread(this).start();
        this.setVisible(true);
    }
    public void run() {
        while(true){
            try { Thread.sleep(1000);}
            catch (InterruptedException e) {}
            this.repaint();
        }
    }
```

```
    public void paint(Graphics g){
        g.setColor(Color.RED);
        x = rd.nextInt(this.getWidth());
        y = rd.nextInt(this.getHeight());
        g.fillOval(x, y, 10, 10);                        //画实心小圆
    }
    public static void main(String[] args) {
        new X1();
    }
}
```

2. 计时器窗体类,也是按钮监听和处理器,并重写线程运行方法,代码如下:

```
import javax.swing.*;
import java.awt.*;
import java.awt.event.*;
class TimerFrame extends JFrame implements Runnable, ActionListener{   //窗体类
    private static final long serialVersionUID = 1L;
    private JLabel lab = new JLabel("00:00:00");          //图形界面组件
    private JButton butStart = new JButton("开始");
    private JButton butStop = new JButton("停止");
    private JButton butReset = new JButton("重置");
    private JPanel pan = new JPanel();                    //放置按钮面板
    private int hour = 0, min = 0, sec = 0;               //时、分、秒字段
    private Thread myThread;                              //线程字段
    private boolean time;                                //计时开关(默认 false)
    public TimerFrame(){                                 //构造方法
        this.setTitle("计时器");
        this.setDefaultCloseOperation(JFrame.EXIT_ON_CLOSE);
        this.setBounds(100, 100, 300, 150);
        initialize();                                    //调用初始化方法
        this.setVisible(true);
    }
    public void initialize(){                            //初始化方法
        lab.setHorizontalAlignment(JLabel.CENTER);       //设置标签文字水平中对齐
        this.add(lab);                                   //窗体添加组件
        pan.add(butStart);                               //面板添加按钮
        pan.add(butStop);
        pan.add(butReset);
        this.add(pan, BorderLayout.SOUTH);               //窗体添加面板
        butStart.addActionListener(this);                //注册动作事件监听器
        butStop.addActionListener(this);
        butReset.addActionListener(this);
    }
    public void actionPerformed(ActionEvent e){          //动作事件处理方法
        if(e.getSource() == butStart){                   //若事件源为"开始"按钮
            if(! time){                                  //如果非计时状态
                myThread = new Thread(this);             //构建计时线程
                time = true;
```

```
            myThread.start();                                    //启动线程
        }
    }
    else if(e.getSource() == butStop){                           //若事件源为"停止"按钮
        time = false;
        myThread.interrupt();                                    //中断计时线程
    }
    else if(e.getSource() == butReset){                          //若事件源为"重置"按钮
        time = false;
        myThread.interrupt();                                    //中断计时线程
        hour = min = sec = 0;                                    //时、分、秒字段清零
        showTime();                                              //调用显示时间方法
    }
}
public void run(){                                               //计时线程运行方法
    while(time){
        showTime();                                              //调用显示时间方法
        try{      Thread.sleep(1000);}                           //间隔 1s 计时
        catch(InterruptedException e){break;}
        if(++sec >= 60){                                         //逢 60 进 1
            sec = 0;
            if(++min >= 60){ hour ++;      min = 0; }
        }
    }
}
public void showTime(){                                          //显示时间方法
    StringBuffer sb = new StringBuffer();
    sb.append(hour < 10 ? "0" + hour + ":" : hour + ":");        //补足 0 显示两位数
    sb.append(min < 10 ? "0" + min + ":" : min + ":");
    sb.append(sec < 10 ? "0" + sec : sec);
    lab.setText(sb.toString());                                  //窗体标签显示时间
    }
}
public class X2 {                                                //主类
    public static void main(String[] args) {
        new TimerFrame();
    }
}
```

3. 使用 Swing 图形包 Timer 实现 GUI 计时功能。代码如下：

```
import javax.swing.*;
import java.awt.*;
import java.awt.event.*;
public class X3 extends JFrame implements ActionListener{       //窗体类
    private static final long serialVersionUID = 1L;
    private JLabel lab = new JLabel("00:00:00");                //图形界面组件
    private JButton butStart = new JButton("开始");
    private JButton butStop = new JButton("停止");
```

```java
private JButton butReset = new JButton("重置");
private JPanel pan = new JPanel();                              //放置按钮面板
private int hour = 0, min = 0, sec = 0;                         //时、分、秒字段
private Timer timer;                                            //Swing 图形包计时器
public X3(){                                                    //构造方法
    this.setTitle("Timer 实现计时器");
    this.setDefaultCloseOperation(JFrame.EXIT_ON_CLOSE);
    this.setBounds(100, 100, 300, 150);
    initialize();                                               //调用初始化方法
    this.setVisible(true);
}
public void initialize(){                                       //初始化方法
    lab.setHorizontalAlignment(JLabel.CENTER);                  //设置标签文字水平中对齐
    this.add(lab);                                              //窗体添加组件
    pan.add(butStart);                                          //面板添加按钮
    pan.add(butStop);
    pan.add(butReset);
    this.add(pan, BorderLayout.SOUTH);                          //窗体添加面板
    butStart.addActionListener(this);                           //注册动作事件监听器
    butStop.addActionListener(this);
    butReset.addActionListener(this);
}
public void actionPerformed(ActionEvent e){                     //动作事件处理方法
    if(e.getSource() == butStart){                              //若事件源为"开始"按钮
        if(timer!= null && timer.isRunning()) {                 //若计时器非空且正在运行
            timer.stop();                                       //则停止
            timer = null;                                       //并清空
        }
        timer = new Timer(1000, (e2) ->{                        //给定 1s 间隔和监听器构建计时器
            showTime();                                         //调用显示时间方法
            if(++sec >= 60){                                    //逢 60 进 1
                sec = 0;
                if(++min >= 60){ hour ++; min = 0; }
            }
        });
        timer.start();                                          //启动计时器
    }
    else if(e.getSource() == butStop){                          //若事件源为"停止"按钮
        timer.stop();                                           //停止计时器
    }
    else if(e.getSource() == butReset){                         //若事件源为"重置"按钮
        hour = min = sec = 0;                                   //时、分、秒字段清零
        showTime();                                             //调用显示时间方法
    }
}
public void showTime(){                                         //显示时间方法
    StringBuffer sb = new StringBuffer();
    sb.append(hour < 10 ? "0" + hour + ":" : hour + ":");       //补足 0 显示两位数
    sb.append(min < 10 ? "0" + min + ":" : min + ":");
    sb.append(sec < 10 ? "0" + sec : sec);
```

```
        lab.setText(sb.toString());                    //窗体标签显示时间
    }
    public static void main(String[] args) {           //主方法
        new X3();
    }
}
```

4. 用工具包 Timer 实现 GUI 计时。为节省篇幅,下面只给出与第 3 题不同的代码。

```
...
import java.util.Timer;                                //显式导入工具包 Timer
import java.util.TimerTask;                            //显式导入工具包 TimerTask
public class X4 extends JFrame implements ActionListener{ //窗体类
    ...
    private Timer timer;                               //工具包计时器
    private TimerTask task;                            //计时器任务
    public X4(){ ... }                                 //构造方法
    public void initialize(){ ... }                    //初始化方法
    public void actionPerformed(ActionEvent e){        //动作事件处理方法
        if(e.getSource() == butStart){                 //若事件源为"开始"按钮
            if(timer!= null ) {                        //若计时器非空
                timer.cancel();                        //则取消(停止)计时功能
                timer = null;                          //并清空
            }
            timer = new Timer();                       //构建计时器对象
            task = new TimerTask() {                   //构建计时器任务对象
                public void run() {                    //重写任务线程执行方法
                    showTime();                        //调用显示时间方法
                    if(++sec >= 60){                   //逢 60 进 1
                        sec = 0;
                        if(++min >= 60){ hour ++; min = 0; }
                    }
                }
            };
            timer.scheduleAtFixedRate(task, 1000, 1000);
                                //计时器以固定速率安排任务,间隔执行
        }
        else if(e.getSource() == butStop){             //若事件源为"停止"按钮
            timer.cancel();                            //取消计时器
        }
        else if(e.getSource() == butReset){            //若事件源为"重置"按钮
            hour = min = sec = 0;                      //时、分、秒字段清零
            showTime();                                //调用显示时间方法
        }
    }
    public void showTime(){ ... }                      //显示时间方法
    public static void main(String[] args){            //主方法
        new X4();
    }
}
```

5. 图形包计时器实现"气球飘飘"。为节省篇幅,下面只给出与例 21-1 不同的代码。

```
…
public class X5 extends JFrame{                    //窗体类
    …
    public X5(){                                   //构造方法
        …
        Timer t = new Timer(500, (e) ->{           //传递间隔时间构建计时器
            this.repaint();                        //调用 paint 方法重绘
        });
        t.start();                                 //启动计时器
        this.setVisible(true);
    }
    public void paint(Graphics g){ … }             //绘制方法(删除后面 5 行)
    public static void main(String[] args) {       //主方法
        new X5();
    }
}
```

6. 用工具包计时器编写"气球飘飘"程序。下面只给出与例 21-1 不同的代码。

```
…
import java.util.Timer;                            //显式导入工具包 Timer
import java.util.TimerTask;                        //显式导入工具包 TimerTask
public class X6 extends JFrame{                    //窗体类
    …
    public X6(){                                   //构造方法
        …
        Timer t = new Timer();                     //工具包计时器
        TimerTask task = new TimerTask() {         //计时器任务
            public void run() {
                repaint();
            }
        };
        t.scheduleAtFixedRate(task, 500, 500);
                            //传递初始和间隔时间以固定速率安排计时器任务
        this.setVisible(true);
    }
    public void paint(Graphics g){ … }             //绘制方法(删除后面 5 行)
    public static void main(String[] args) {       //主方法
        new X6();
    }
}
```

7. 用工具包计时器在白色窗体上实现 3 个弹弹球,代码如下:

```
import java.awt. * ;
import javax.swing. * ;
import java.util.Timer;                            //显式导入工具包 Timer
```

```java
import java.util.TimerTask;                                    //显式导入工具包 TimerTask
public class X7 extends JFrame {                               //窗体类
    private static final long serialVersionUID = 1L;
    Timer timer = new Timer();                                 //工具计时器可安排多个任务
    X7 th = this;                                              //本窗体对象
    public X7() {                                             //构造方法
        this.setTitle("三个弹弹球");
        this.setBounds(100, 100, 400, 300);
        this.setDefaultCloseOperation(JFrame.EXIT_ON_CLOSE);
        Ball b1 = new Ball(Color.RED);                        //红色小球
        b1.setSize(20, 20);                                   //小球设置大小
        Ball b2 = new Ball(Color.BLUE);                       //蓝色小球
        b2.setSize(20, 20);                                   //小球设置大小
        Ball b3 = new Ball(Color.GREEN);                      //绿色小球
        b3.setSize(20, 20);                                   //小球设置大小
        this.setLayout(null);                                 //窗体设置空布局
        this.add(b1);                                         //添加小球
        this.add(b2);                                         //添加小球
        this.add(b3);                                         //添加小球
        this.setVisible(true);
    }
    private class Ball extends JPanel {                        //窗体内部小球类(置于面板)
        private static final long serialVersionUID = 2L;
        private int x = (int)(Math.random() * (th.getWidth() - 40));   //小球 x 初值随机
        private int y = (int)(Math.random() * (th.getHeight() - 75));  //小球 y 初值随机
        private int xMove = 4, yMove = 3;                     //小球每次移动距离
        TimerTask task;                                       //计时器任务
        Color c;                                              //小球颜色
        Ball(Color c){                                        //小球类构造方法
            this.c = c;                                       //传递颜色参数
            task = new TimerTask() {                          //计时器任务
                public void run() {                           //重写 run 方法
                    if( (x += xMove)> th.getWidth() - 40 || x < 0){   //若小球越过左右侧
                        xMove = - xMove;                      //则改变方向
                    }
                    if( (y += yMove)> th.getHeight() - 75 || y < 0){  //若小球超出上下边
                        yMove = - yMove;                      //也改变方向
                    }
                    setLocation(x, y);                        //小球重新定位
                }};
            timer.schedule(task, 0, 20);                      //安排计时器任务,间隔 20ms
        }
        public void paint(Graphics g) {                       //绘制方法
            getContentPane().setBackground(Color.WHITE);      //窗体内容窗格设白背景
            g.setColor(c);                                    //画笔设红色
            g.fillOval(0, 0, 20, 20);                         //绘制实心小球
        }
    }
    public static void main(String[] args) {                  //主方法
        new X7();
    }
}
```

# 图 书 资 源 支 持

感谢您一直以来对清华版图书的支持和爱护。为了配合本书的使用,本书提供配套的资源,有需求的读者请扫描下方的"书圈"微信公众号二维码,在图书专区下载,也可以拨打电话或发送电子邮件咨询。

如果您在使用本书的过程中遇到了什么问题,或者有相关图书出版计划,也请您发邮件告诉我们,以便我们更好地为您服务。

**我们的联系方式:**

资源下载、样书申请

地　　址:北京市海淀区双清路学研大厦 A 座 701

邮　　编:100084

电　　话:010－62770175－4608

资源下载:http://www.tup.com.cn

客服邮箱:tupjsj@vip.163.com

QQ:2301891038(请写明您的单位和姓名)

书 圈

扫一扫,获取最新目录

**用微信扫一扫右边的二维码,即可关注清华大学出版社公众号"书圈"。**